KB160548

최신판 | ROAD ENGINEERING

앞서가는 도로공학

횡단구성 · 선형 · 교차로 · 포장

김낙석 · 이관호 · 사봉권 · 박효성 저

ROAD
ENGINEERING

이책의 특징

- 횡단구성 – 차로, 중앙분리대, 길어깨, 자전거도로, 시설한계
- 선형 – 평면곡선반경, 편경사, 완화곡선, 오르막차로, 선형 조합
- 교차로 – 평면교차로 형태, 입체교차 설계원칙, IC, Juction
- 포장 – 아스팔트포장, 콘크리트포장, 한국형 도로포장 설계법

예문사

사전적 의미에서 도로란 자동차, 보행자 등이 원활하게 통행할 수 있도록 설치된 길을 말한다. 실제로 길을 통해 사람과 문물의 교류가 이어지면서 인류의 문명이 발달되어 왔다. 인류의 역사를 되돌아보면 세계를 지배한 민족의 공통점 중 하나는 길에 대한 중요성을 일찍이 인지하였다는 점이다. 도로의 중요성을 가장 먼저 깨우친 민족은 고대 로마인이었는데 17세기 프랑스 시인 라 퐁텐(Jean de la Fontaine)이 '모든 길은 로마로 통한다(All roads lead to Rome)'라는 말을 남길 정도였다.

우리나라의 도로 총연장은 2017년 12월 31일 기준 110,091km이며, 이 중 고속국도는 4,717km(4.3%), 일반국도는 13,983km(12.7%)이다. 정부가 1960년대 후반부터 대도시권을 거점으로 구축하기 시작한 고속국도망이 70년대 이후에 경제성장을 위한 사회기반시설(SOC ; Social Overhead Capital)의 중심이 되었음을 우리 모두 알고 있는 사실이다. 그 시대는 우리나라가 도로건설의 초기단계에 있었기에 정부가 도로망 확충에 모든 역량을 집중하였다.

미국, EU 등의 사례를 보면 정부가 SOC 건설에 일정기간 집중적으로 투자한 후에는 시설확충에서 유지관리로 건설의 정책방향을 전환하였던 흐름을 알 수 있다. 우리나라도 최근 자동차 수요의 지속적인 증가, 여가통행의 수요 증대, 교통안전 서비스의 요구 증대 등 사회 · 경제적인 여건변화를 감안하면 도로정책의 패러다임을 신규건설에서 유지관리 쪽으로 전환할 필요성이 제기되고 있는 시점이다.

이와 같은 시대적인 배경을 고려하여 저자는 공학도들이 졸업 이후 건설현장 업무를 수행할 때 직접 접하게 되는 도로의 횡단구성, 선형설계, 교차로, 포장설계, 유지보수 등을 중심으로 교재를 구성하였다. 초판 발행 이후에 개정된 『도로용량편람(2013)』, 『도로의 구조 · 시설기준에 관한 규칙(2013)』 등의 주요 개정내용을 반영하여 이번에 1차 개정판을 출간하게 되었다.
출간과정에서 도움을 주신 예문사 정용수 사장님께 감사의 뜻을 전한다.

2019년 여름
저 자 씀

contents

01 도로의 발전사

02 도로와 교통량

03 도로의 횡단구성

04 도로의 선형설계

Road Engineering

contents

05 평면교차로와 인터체인지

06 도로의 포장설계

07 도로의 포장공법 및 유지관리

Road Engineering

contents

01

도로의 발전사

1 고대 로마시대의 도로

1.1 도로의 중요성

사람들은 살아가면서 어려운 난관에 부딪칠 때면 흔히들 이렇게 기원한다. '칠흑 같은 어둠에서 벗어날 수 있는 길을 찾게 해 달라', 혹은 '내가 가야할 길을 열어 달라'고. 이 경우 길은 물론 은유적인 표현이지만 한 가지 분명한 점은 앞으로 가야 할 곳에 대한 지향성과 방향성을 내포하고 있다는 사실이다.

'길' 하고 물으면 대부분의 경우 '도로'라는 단어를 떠올리지만, 크게 생각해보면 꼭 도로만이 길을 뜻하지는 않는다. 차가 다니는 도로뿐만 아니라, 기차가 다니는 철로, 배가 오가는 바닷길, 비행기가 날아다니는 하늘길도 있다. 그렇지만 '길' 하면 도로를 연상하게 되는 것은 도로가 가장 오래된 형태의 길일 뿐더러 가장 보편적으로 사용하여 왔기 때문이다. 도로란 사전적 의미에서 자동차, 보행자 등의 원활한 통행을 위하여 설치된 길을 말한다. 실제로 길을 통해 사람과 문물의 교류가 이어져 왔으며 인류 문명이 발달되어 왔다. 세계를 지배한 민족의 공통점 중 하나는 이 길에 대한 중요성을 인지하였다는 점이다. 인류 역사상 도로의 중요성을 가장 먼저 깨우친 민족은 고대 로마인이었다. 사회기반시설을 뜻하는 인프라스트럭처(Infrastructure)의 이탈리어 발음이 인프라스트루트라(Infrastruttura)라는 사실에서도 로마인이 '인프라의 아버지'였다는 점을 유추해볼 수 있다.

로마인들은 인프라를 사람이 사람다운 생활을 하기 위해 필요한 대사업으로 보고 인프라를 구축하는 것을 국가의 책무로 여겼다. 여러 인프라 중에서 로마인이 가장 주력한 시설은 도로였다. 17세기 프랑스 시인 라 퐁텐(Jean de la Fontaine)이 '모든 길은 로마로 통한다(All roads lead to Rome)'라는 말을 남길 정도였다. 최근 일본 작가 시오노 나나미(鹽野七生)도 『로마인 이야기』 제10권 제목을 '모든 길은 로마로 통한다'라고 했을 만큼 고대 로마시대에 도로는 중요하였다.

1.2 인류 최초의 도로, 아피아 가도

기원전 312년에 로마는 도로건설의 시발점이었던 아피아 가도(街道)를 건설하기 시작하였다. 아피아 가도(Appia way)라는 이름은 고대 로마제국의 감찰관 아피우스 클라우디우스 카이쿠스(Appius Claudius Caecus)가 삼니움(Samnium) 전쟁에서 이 도로를 군사용으로 처음 사용한 뒤 붙여졌다.

아피아 가도의 규모는 로마에서 아드리아해(Adriatic sea)에 인접한 항구도시 브린디시 (Brindisi)까지 총 연장 500km로서 전차 6대가 옆으로 나란히 달릴 수 있을 정도였다. 아피아 가도의 용도는 두 가지이다. 첫째는 군대의 신속한 이동을 위한 전략적 목적이었고, 둘째는 정복한 이민족들을 로마로 동화시키기 위한 정치적 목적이었다. 고대 로마제국은 이탈리아 반도를 통일할 때부터 도로 건설을 시작하여 전성기였던 2세기까지 600년 동안 15만km의 도로를 건설하였다. 오늘날 우리나라의 도로 총 연장 10.5만km와 비교할 때 엄청난 규모였음을 알 수 있다.

[Fig. 1.1] 로마시대 도로망　　　[Fig. 1.2] 로마시대 아피아 가도의 노선

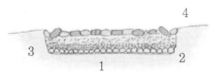

1. 바닥을 평탄하게 고르고 돌을 깐다.
2. 깨진 돌, 자갈, 모래 등으로 다진다.
3. 시멘트와 깨진 돌을 섞어서 다진다.
4. 표면포장용 돌을 서로 끼워 넣는다.

[Fig. 1.3] 아피아 가도의 기초공사　　　[Fig. 1.4] 오늘날 아피아 가도의 전경

고대 로마제국은 도로의 건설 못지않게 유지관리에 힘썼다는 사실을 주목할 필요가 있다. 아피아 가도의 원활한 유지관리를 위하여 차도 양옆에 배수로를 설치하였고 도로 표면을 완만한 아치형으로 만들어서 빗물이 자연스럽게 배수되도록 하였다. 또한 도로 주변에 나무 심는 것을 금지하여 뿌리가 도로 하층으로 잠식하는 것을 막았다. 더욱 놀라운 점은

도로 실명제를 채택하였다는 사실이다. 이 도로의 입안자이며 총감독자였던 재무관 아피우스의 이름을 따서 아피아 가도라고 불렀다. 6세기에 아피아 가도를 지나갔던 비잔틴제국(Byzantine Empire)의 관리들이 건설된 지 800년이 지났는데도 완벽한 상태를 유지하고 있던 로마시대의 도로에 경탄했을 정도였다. 오늘날 이탈리아는 이 도로에 아스팔트포장을 덧씌워서 사용하고 있다.

최근 도로의 연장 증가, 포장의 노후화 등으로 보수구간이 늘면서 유지보수비가 증가함에 따라 도로시설물의 효율적인 유지관리를 위하여 자산관리 개념을 도입하는 추세이므로 고대 로마시대에 건설된 아피아 가도가 21세기에도 자산가치를 보존하고 있다는 점은 시사하는 바가 크다.

2 우리나라 국토개발의 선구자, 다산(茶山)

우리나라 왕조가 도로건설에 소극적이었던 이유는 길을 닦아놓으면 외부침략의 경로만 제공해 주어 막대한 피해를 입고 백성들이 고통을 당한다는 판단 때문이었다. 무려 931회에 걸친 이민족의 침략을 받음으로써 3년마다 난리를 경험했으니 무도(無道)가 상책(上策)이라고 주장할만했다. 931회나 되는 이민족의 침입을 분석해 보면 중국의 한족, 만주족, 몽골족과 같은 대륙에서의 침략이 약 54%, 나머지는 일본 왜구의 노략질이었다.

길에 대한 판단이 이처럼 부정적이었으니 도로의 사정은 어땠으며, 이방인들은 이런 길을 어떻게 보았을까. 구한말 러시아 대장성이 발간한 『코리아(KOREA)』에는 우리 왕조시대의 도로사정에 대해 '도로에 관한 한 이 지구상에서 가장 형편없는 나라가 코리아다'라고 전제하고 '한반도의 도로는 수 세기 동안 단 한 번도 개량된 적이 없다'고 기록되어 있다.

우리 선조들 중에 국토건설에 관해 선구자적인 혜안을 지닌 이들도 없지 않았다. 그중에서 가장 두드러진 인물로 꼽을 수 있는 이가 다산(茶山) 정약용(丁若鏞) 선생이다. 정약용은 18년이란 긴 귀양생활을 하면서 500여 권의 저서를 남겼는데, 대표적인 작품이 『목민심서(牧民心書)』와 『경세유표(經世遺表)』다.

목민심서가 지방의 부패한 관리들의 실상을 고발하면서 백성을 위한 정치를 펼 것을 일깨우는 관리의 도리를 담은 책이라면, 경세유표는 정부기구의 제도적 개혁론을 주된 내용으로 하고 있다. 제목을 그대로 해석하면 '신하가 감히 죽음을 각오하고 진언한다'는 뜻이다. 조세행정, 조직개편 등에 대한 개선책을 주로 제시했지만 국토정책, 도시계획에 관한 내용도 상당히 있다.

실제로 정약용은 건축이나 설계에 관해 해박한 식견을 가지고 있었다. 그는 한강에 배다리를 놓는 방법을 고안하였는데, 노량진에 설치된 배다리는 정조의 화성 행차를 위한 시설이었다. 정조의 아버지는 뒤주에 갇혀 비참하게 죽은 사도세자다. 효성이 지극했던 정조는 스물여덟의 꽃다운 나이에 당파싸움에 휘말려 생을 마감한 아버지의 무덤을 양주의 배봉산에서 수원의 화성으로 옮기고 '현릉원'이라 불렀다. 이후 정조는 이 곳에 수시로 들렀는데, 그때마다 한강을 건너는 것이 큰일이었다. 이에 정약용이 새로운 아이디어를 제안하였는데, 노량진에 수십 척의 배를 서로 엮어서 묶어놓고 그 위에 나무판을 깔아 다리 역할을 하게 만드는 방법으로, 요즘 말로 '부교공법'이었다. 하지만 처음에는 이 배다리의 가설을 반대한 신하가 많았다. 우선 익숙하지 않을 뿐만 아니라 갑자기 물이 불어나면 위험하고 비용이 많이 든다는 이유에서 였다. 이때 정약용은 안전하면서도 경비를 절감할 수 있는 방안을 강구하여 반대파를 설득했

[Fig. 2.1] 주교도

다. 정약용이 설계한 이 배다리공법이야 말로 신기술·신공법의 모범적인 사례였다. 당시 이 배다리를 통해 왕의 행차가 지나가는 장면은 '주교도(舟橋圖)'라는 그림으로 남아있는데, 지금도 워커힐호텔에 가면 그 작품을 감상할 수 있다.

3 동서양을 연결하는 실크로드

역사를 되돌아보면 전쟁을 위한 군용로 못지않게 활발하게 이용된 길은 교역로였다. 교역로 가운데 가장 대표적인 길은 '실크로드'이다. 중국 장안에서 출발하여 중앙아시아, 서아시아를 거쳐 고대 동로마의 수도 콘스탄티노플(이스탄불)에 이르는 장장 7,000km의 길이다. 실크로드라는 명칭은 19세기 독일의 지리학자 리히티호펜의 처음 사용했다. 중국에서 만들어져 중앙아시아를 경유해 인도와 유럽으로 수출되는 주요 품목이 비단이었다는 점을 착안하여 이 교역로를 독일어로 '자이덴슈트라센(Seidenstrassen)'이라고 명명하여, 영어로 실크로드 (Silk road)라고 부르게 되었다.

『서유기(西遊記)』의 주인공 삼장법사는 서역남로를 지나며 『대당서역기(大唐西域記)』를 썼다. 또한 신라 고승 혜초(蕙超)는 천산남로를 넘어 인도에 이르러 『왕오천축국전(往五天

쯰國傳)』을 썼고, 베네치아인 마르코 폴로도 이 코스를 따라 원의 수도 베이징에 왔다. 이 교역은 중국 농민과 북방 유목민 간의 물물교환으로 시작되어 점차 확대되었다. 기원전 4~3세기부터는 상인들이 릴레이 식으로 다니는 동서교역의 통로가 되면서 처음에는 생활필수품에서 점차 사치품에 이르기까지, 물론 중국의 비단도 이 길을 통해 유럽으로 전해졌다. 오늘날 베이징에서 열차를 타고 장안(長安)과 서안(西安)을 거쳐 둔황(敦煌)에 이르면 거대한 모래산인 명사산이 나오는데, 그 규모가 동서 30km, 남북 20km에 달한다. 계속 달리면 세상에서 가장 낮은 땅, 투루판에 닿는데 가장 낮은 곳이 해발 154m로 사해(死海) 다음으로 낮다. 더 가면 쿠처에 다다른다. 투루판에서 카슈가르까지 천산산맥과 타클라마칸 사막 사이의 길이 천산남로이다. 그 당시 천산남로는 로마제국과 당나라를 동서로 잇는 가장 번화한 길이다.

이 실크로드를 통한 교역상품은 비단뿐만 아니라, 보석, 옥, 직물도 오갔다. 천산남로를 통해 불교가 인도에서 중국으로 전해졌고, 로마에서는 이단시되었던 그리스도교의 한 파인 네스토리우스파도 중국으로 전해졌으니 '비단길'은 '종교길'이기도 했다. 결국 상품이든, 종교든, 문화든 서로 통하려면 길이 필요했고 새로운 세상은 그 길을 개척한 사람들의 것이라는 사실은 예나 지금이나 변함이 없다.

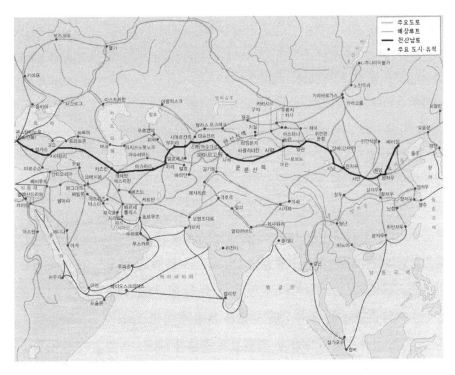

[Fig. 3.1] 실크로드의 노선

4 세계 최초의 고속도로, 아우토반

현재 독일은 미국, 캐나다, 중국에 이어 가장 긴 고속도로망을 가지고 있다. 또한 독일이 고속도로의 운영체계와 관리시설을 세계적으로 가장 우수한 수준으로 구축할 수 있었던 것은 바로 아우토반 때문이다. 진정한 의미에서 이 세상 첫 고속도로는 아우토반이다. 아우토반 건설이 실제 시작된 시기는 히틀러가 집권한 1932년 9월부터였다. 1935년 5월 19일 프랑크푸르트와 다름슈타트 구간이 최초 개통된 이후 1938년까지 3,000km를 건설했고 1942년까지 3,819km를 건설했다.

히틀러가 아우토반을 건설한 이유는 군사적 목적이 가장 컸으나, 이는 실효성이 떨어진 전략이었다. 군대와 보급물자 수송을 위해서는 적의 공격으로부터 위장이 되어야 하는데, 사방이 탁 트인 아우토반은 적합지 않았고 오히려 군부 작전계획에 장애가 되었다. 이 때문에 1937년부터 나치스 정권은 아우토반의 표면을 검게 칠하도록 명령하기도 했다. 전후 독일은 아우토반을 확장하여 총 연장 15,000km에 이르는 고속도로를 건설했다. 오늘날 독일 대부분의 지역에서 아우토반까지 50km 이내이며, 다른 나라와 달리 통행료를 징수하지 않는다. 전후 독일이 이룬 경제발전을 흔히 '라인강의 기적'이라고 표현했지만, 자동차산업의 발달에 끼친 영향 측면에서는 '아우토반의 기적'이라고 부르는 것이 적합할 정도였다. 독일 메르세데스 벤츠(Mercedes Benz), 비엠더블유(BMW), 아우디(Audi), 폴크스바겐(Volkswagen) 등에서 생산하는 고급 승용차의 진면목은 오늘도 무제한 속도로 달릴 수 있는 아우토반에서 유감없이 발휘된다.

[Fig. 4.1] 독일 고속도로, 아우토반

5 우리나라 고속도로건설사

5.1 고속도로시대의 개막

1961년 5·16혁명으로 정권을 잡은 군사정부는 일단 구정권의 모든 정책을 백지화했다. 다만, 민주당 정권이 수립했던 국토건설사업을 새로운 각도에서 재검토하기 시작한 점은 예외였다. 국토건설과 경제개발을 중시한 박정희 정권의 의지를 엿볼 수 있는 대목이다. '제1차 경제개발 5개년계획(1962~1966)'이 성공적으로 수행됨에 따라 1964년 수립했던 '국토건설계획 기본구상'을 보다 의욕적인 계획으로 수정할 필요성이 제기됐다. 이 국토건설계획은 1967년 제6대 대통령 선거유세에서 '대(大)국토건설계획'으로 세상에 알려졌다. 이 중 도로계획의 주요 사업으로 처음 등장한 것이 바로 고속도로 건설이었다.

박정희 전(前) 대통령이 고속도로 건설이라는 장대한 포부를 품게 된 것은 1964년에 서독을 방문했을 때였던 것으로 알려지고 있다. 흔히 '라인강의 기적'이라고 일컬어지는 전후(戰後) 서독의 경제부흥이 '아우토반(Autobhan)'이라는 고속도로를 토대로 이루어졌다는 사실에 주목한 박 전(前) 대통령은 아우토반을 실제 주행하면서 유심히 살폈다.

이렇게 태동한 고속도로 건설의 꿈이 드디어 현실로 나타났다. 1967년에 '국가기간고속도로건설추진위원회'가 구성되었고, 그 산하에 '건설계획조사단'도 설치되었다. 1968년 2월 1일 경부고속도로 기공식이 거행됐다. 경부고속도로의 건설재원은 도로공채를 발행하고 석유류국세, 양곡차관, 대일청구권 자금 등으로 충당했다. 또한 부족한 기술력은 외국 교포기술자를 초청하고 육군 공병단을 동원하여 해결했다.

같은 해 12월에 서울-인천, 서울-오산고속도로가 개통되었고, 1970년 7월 7일 경부고속도로가 최종 완공됐다. 재원도, 기술력도, 경험도 넉넉지 않은 상황에서 428km의 고속도로를 불과 2년 만에 완공한 것은 가히 기록적인 일이었다. 이를 기념하여 국토교통부는 1992년부터 경부고속도로 개통일인 7월 7일을 '도로의 날'로 정했다.

5.2 '7×9 고속도로망' 구축

그동안 우리 국토는 전체가 균형 있게 발전했다고 보기는 어렵다. 과거 제3공화국이나 제5공화국 시절에는 고속도로 건설계획을 대통령이 직접 수립했다. 경부고속도로를 입안하고 노선을 정한 사람도 박정희 전(前) 대통령이었다. 88올림픽고속도로 역시 전두환 전(前) 대통령의 작품이었다. 당시 광주직할시와 대구직할시를 동서로 잇는 88고속도로는 '동서화합'이라는 국가적 차원의 슬로건에서 지시되었다.

하지만 1984년부터는 이러한 하향식 도로계획에 커다란 변화가 생겼다. 대통령이 최고의 도로계획가였던 시대가 더 이상 아니었다. 정치적 목적을 우선하는 임기응변식 도로계획이 아니라, 국가의 미래를 내다보며 국토계획이라는 큰 틀 안에서 '네트워크'라는 큰 그림을 먼저 그리고 우선순위에 따라 하나씩 건설하는 도로계획의 새로운 패러다임이 등장하기 시작했다.

오늘날 우리나라 고속도로의 청사진은 [Fig. 5.1]과 같이 남북 7개축, 동서 9개축으로 구성된 '7×9 고속도로망'이다. 이 계획이 완성되는 2020년이면 30~40km 간격의 격자형 고속도로 6,502km(고속도로 5,946km, 국도 556km)가 만들어진다. 이를 통해 인구·산업의 수도권 집중을 막고 지방 분산형 국토 골격을 세울 예정이다.

그동안 대한민국의 도로발전을 눈여겨보던 중국이 시장개방 이후부터 도로건설에 열중하기 시작했다. 경제발전을 사회주의 정책의 최우선 과제로 선정한 중국은 베이징－상하이, 베이징－텐진 고속도로 건설을 착수한 후 최근 10년 동안 무려 3만km에 달하는 고속도로를 건설했다. 2002년 한 해에만 건설한 고속도로가 5,693km. 우리나라가 1960년대 말부터 지금 까지 건설한 고속도로 총 연장이 3,447km임을 감안하면, 중국은 한 해에 우리의 2배를 건설했다. 중국은 우리의 도로정책을 벤치마킹하여 [Fig. 5.2]와 같이 남북 13개 노선, 동서 15개 노선의 고속도로망을 구축하는 '13×15 플랜'을 수립하였다. 중국은 2020년까지 13종 15횡의 10만km의 고속도로 완성을 목표로 하고, 우선 단기적으로 5종 7횡의 고속도로망을 건설하고 있다.[1]

[Fig. 5.1] 우리나라의 7×9망 간선도로망

[Fig. 5.2] 중국의 5종7횡 고속도로망

---

1) 남인희, '남인희의 길', 삶과꿈, 2006.

6 미래형 고속도로 '스마트 하이웨이'

6.1 개요

1. 스마트 하이웨이는 교통사고 발생률을 줄이고 고속도로의 이동성, 편리성, 안전성 등을 향상시키기 위하여 정보통신기술(ICT)과 도로 및 자동차 기술을 융합시킨 지능형 고속도로로서, 국토교통부에서 2007년부터 추진하고 있는 중점 교통정책프로젝트로서 핵심적인 국가 연구개발(R&D) 사업 중의 하나이다.

2. 스마트 하이웨이에는 낙하물이나 사고, 고장 등의 돌발상황을 자동으로 검지하는 시스템인 Smart-I가 도입되어 빠른 대응과 조치가 가능하며, 도로상의 다양한 실시간 상황들을 빠르게 전송하는 도로전용 통신기술 'WAVE(Wireless Access in Vehicular Environments)'가 도입되어 신속한 교통정보 전송이 가능하다. 또한 고속주행 중 차선변경이나 감속 없이도 자동으로 통행료 정산이 가능한 무정차 다차로 기반의 스마트 톨링(smart tolling) 시스템이 도입되어 교통정체 및 교통사고 예방 효과를 기대할 수 있다.

3. 국토교통부는 2007년부터 스마트 하이웨이 프로젝트에 대한 연구·개발을 착수하였으며, 2022년 개통예정인 서울~세종 고속도로를 스마트 하이웨이로 건설한다고 발표하였다. 미국, EU 등 국외에서도 고속도로 설계속도를 140km/h로 상향 조정하였고, 무인자동차 주행을 위한 미래형 스마트 하이웨이 연구·개발에 매진하고 있다.

6.2 국내·외 스마트 하이웨이 동향

1. 국내의 발전 동향

- 도로이용자 : 보다 쾌적하고 편리하며 안전한 도로통행여건 요구, 자동차에 대한 개념 변화(단순통행수단 → 가치창출수단), 통행행태의 다양화 욕구 증대, 승용차와 내비게이션 보급, 해외여행 욕구 증대
- 도로건설기술 : 도로설계 및 포장기술 향상, 300km/h급 고속철도와 100km/h 고규격 국도 출현, 선진국 수준으로 고속도로 성능 향상, 투자예산 제약
- 자동차기술 : 주행성 및 안전성 향상, 전자·정보·통신기술을 복합 활용한 지능형 고규격 차량개발 경쟁, 400km/h 초고속 고성능 자동차 개발 등이 현실화되었으나, 지난 40년간 고속도로 설계속도는 100~120km/h 수준에 불과
- IT, ITS기술 : 컴퓨터, ITS(지능형 교통체계, Intelligent Transport System), 정보,

GIS, 통신기술의 비약적 발전, 국가 간 지능형 도로교통체계 구축, 지능형 도로와 자동차 연계기술개발 경쟁(ITS 등), 국가 간 기술표준선점 경쟁

- 남북한/국제교역 : 국가 간 분업구조 확대와 교역규모 증가, 남북화해 무드, 동북아 국가 간 장거리 통행수요 출현 예상
- 물류비용 : 국가와 지역 간 교역확대로 물류비가 산업경쟁력의 핵심으로 대두됨에 따라 트럭 등 차종별 전용차선/도로의 출현 가능성 증대

2. 국외의 발전 동향

1) 속도 무제한 자동차전용도로 상용화 – 독일 아우토반
- 설계속도는 120km/h이나 지형여건으로 도로선형은 우수
- 전체 50% 구간은 속도 무제한(권장속도 130km/h) 등 도로여건에 따라 다양한 도로주행 여건 마련

2) 고속도로 설계기준의 고규격화
- 유럽 : 고속도로 설계속도의 상향화
- 일본 : 도메이 – 메이신 구간(연장 490km)을 설계속도 140km/h로 건설 추진으로 쾌적한 주행여건 조성 추구
- 미국 : 기존 고속도로 속도 상향 조정

3) 경제블록 내에 초대형 도로건설과 도로공간의 복합적 활용
- 사례 : 미국 Trans – Texas Corridor Project(오클라호마주 – 멕시코 경계)
- 총연장 960km, 최대폭 366m(승용차전용 6차로+화물차전용 4차로+철도 6개선로 (초고속, 통근, 화물열차)+폭 61m Utility zone
- 추진방법 : 사업기간 50년(150조 원), 민간자본건설(50년 유료)

4) 고속도로망의 시설 확충과 도로망의 초광역화
- 아시안 하이웨이와 한반도 주변국가 간의 초광역 고속도로 네트워크 확충
- 미주 대륙과 아시아 간 베링해협 연결도로, 한일해저터널 건설사업구상 중

5) 최첨단 IT, GIS 기술이 지원되는 지능형 교통체계(ITS) 도입 경쟁
- 도로 – 자동차 – 운전자 간 정보통신체계 조성으로 고속주행 여건과 안전하고 편리한 통행환경 조성
- 내비게이션, 교통정보서비스 등 일부 기술은 이미 상용화되었고 국가 간, 기업 간 기술표준 선점, 시설확충 노력이 활발히 진행

6.3 국내 스마트 하이웨이 개발의 핵심목표

1. 설계속도 160km/h의 자동 사고예방감지시스템 개발을 통해 도로통행의 3대 요소인 '운전자 − 도로 − 차량' 간의 '역할 재조정'과 '안전성 확보'가 기술개발 핵심
   - IT기술을 도로와 자동차기술에 접목하여 자동차 − 운전자 − 도로시설 간 정보의 공유 − 통신 − 제어(communication & control)를 통하여 자동차와 도로기능은 높이고 운전자의 역할은 감소시켜 편의성·안전성 향상 및 도로용량 증대 추구
   - 차량 간 주행간격 최소화로 도로의 용량증대와 소요부지를 최소화할 수 있어 보다 환경친화적인 고속도로 공급 가능
2. 지능형 고속도로의 서비스 수준 : 도로와 자동차의 지능화 수준, 정보전달 및 제어의 적극성, 적용범위(구간, 노선망, IC)에 따라 초보적 정보전달 수준에서 무인자동운전 등 다양한 수준 존재

6.4 국내 스마트 하이웨이 개발의 기대효과

1. 관련 응용기술을 적극 활용하여 고기능·고규격의 차세대 도로기술을 개발하여 국민에게 보다 안전하고 편리한 도로통행환경과 한국형 차세대 도로 경쟁력 제공
   - 세계 도로건설 시장과 자동차시장에서 기술적 우위와 표준화, IT기술 보급을 선점할 수 있는 기회 마련
   - 도로기술 수출 : 차세대 수준의 도로건설기술 향상으로 해외에 기술 수출 가능
   - 국토자원의 효율적 이용 : 고규격·고용량의 도로건설로 제한된 국토자원의 효율적 이용 및 고속 이동성을 통해 실질적인 국토균형발전 도모
2. 정보통신기계 기술수준의 발전을 통해 지능형 교통체계(ITS) 구축, 제어 관제기술 발전 및 응용기술 개발에 기여
   - 경제성장과 고용기회 확대 : 건설사업 확대로 경제 활성화 및 고용 창출 기여
   - 국토균형 발전 : 지역 간 통행여건 개선으로 접근성이 획기적으로 향상되어 국토균형발전 도모
   - 해외시장 개척 : 중국, 몽골, 러시아와 중앙아시아를 통과하는 초장거리 도로네트워크 구축을 통해 해외 도로건설시장 진출기회 선점
3. 자동차 산업 고도화를 통해 독일 사례와 같이 속도 무제한 아우토반을 기반으로 세계 최고 수준의 자동차 기술개발 계기 마련
   - 질 높은 통행 서비스 : 안전하고 쾌적한 통행여건 제공으로 최고의 교통 질 확보 및

세계 최고수준의 고속망 구축으로 국가 신인도 향상
- 국가 간 자유교류 확대 : 국가 간, 대륙 간 모든 국민에게 자유로운 교류 기회를 제공하여 세계 차원에서 국가 간 동반성장에 기여
- 물류비용 절감 : 승용차와 트럭의 주행속도를 높이고 안전한 통행을 보장할 수 있어 물류비 절감과 함께 산업 경쟁력 강화와 해외자본투자 유치에도 기여

6.5 향후 개발전략

1. 향후 스마트 하이웨이 개발이 완료될 경우, 시속 160km의 무인운전주행도 가능하여 국내 거점도시 간의 이동성은 획기적으로 향상되고, IT기술을 활용한 무사고·무정체 고속도로가 가능할 전망이며, 첨단 고기능 고속도로 기술을 패키지 상품으로 개발하여 미래 해외도로시장 선점도 가능할 것으로 예상된다.

2. 이외에 국토자원의 효율적 이용, 정보통신·자동화 기술수준의 발전과 국제표준화 선점, 경제성장과 고용기회 확대, 국토균형 발전, 해외도로건설시장 개척, 자동차 산업 고도화, 고규격 도로망 구축에 따른 국가 신인도 향상, 물류비용 절감 등을 기대할 수 있다.

3. 중·장기적으로 자동차 및 정보통신기술의 발전수준을 고려한 수요 부응형·차세대형 도로망체계 구축, 도시 및 지역 개발에 미치는 영향 등을 고려한 보다 전략적이고 미래지향적인 활용방안 모색이 필요하다.[2]

---

2) 국토연구원, '스마트 하이웨이(Smart Highway) 개발과 개발방향', 국토정책 Brief 제149호, 2007.

02

도로와 교통량

Road Engineering

1 교통수요 예측 및 분석

교통(Transport)이란 사람이나 화물을 한 장소에서 다른 장소로 이동시키는 모든 활동 혹은 과정을 말한다. 즉, 교통이란 장소와 장소 간의 거리를 극복하기 위한 행위로서 사람의 움직임에 편의를 제공하는 수단을 말한다.

도로와 교통량과의 관계를 살펴보기 위해서는 전체적으로 교통수요를 예측하고, 이를 바탕으로 하여 교통량을 분석하는 과정을 살펴보아야 한다. 교통수요의 예측 및 분석은 다음 그림과 같이 ① 관련 계획 검토 → ② 교통현황 조사 및 분석 → ③ 장래교통 수요예측 → ④ 과업노선 서비스수준 분석 → ⑤ 경제성 분석 등 일련의 절차를 거쳐야 한다.

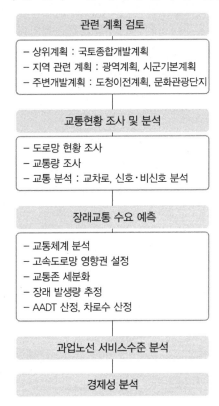

[Fig. 1.1] 교통수요 예측 및 분석 흐름도

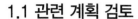

1.1 관련 계획 검토

1. 국가계획

1) 국가계획(National Planning)은 국가의 모든 물적·인적자원을 전체적으로 조화롭게 사용함으로써 국민의 생활수준과 사회적 능력 및 복지를 향상시키기 위한 수단이다.

2) 우리나라의 경우에 경제 발전 계획은 박정희 정부 주도로 1962년부터 1996년까지 총 7차에 걸쳐 실행된 '경제개발 5개년 계획'을 예로 들 수 있다. 4차부터 '경제사회개발' 으로 수정되었고, 5차부터는 '경제사회발전 5개년 계획'으로 명칭이 바뀌었다.

2. 국가종합개발계획

1) 국토종합계획은 대한민국 국토 전체의 장기적인 발전 방향을 제시하는 종합적인 성격의 계획으로 우리나라의 최상위 국토계획이다.

2) 대한민국정부는 제1차 국토종합개발계획(1972~1981)부터 제4차 국토종합계획 수정 계획(2011~2020)까지 40여 년 동안 4차례의 계획을 수립·추진하고 있다.

3. 국가기간교통망계획

국가기간교통망계획은 국가기간교통시설 투자의 기본방향에 관한 20년 장기 계획이다. 국가기간교통망계획 중 도로·철도 등 부문별 교통시설의 노선, 사업기간, 사업비 등에 관한 구체적인 투자계획은 각 부문별 계획에서 확정된다.

4. 도로정비기본계획

『제2차 도로정비기본계획('11~'20)』 주요내용을 보면 국토 간선도로망의 총규모는 기존계획 수준을 유지하되 전국 도로망(7×9)과 수도권 도로망(7×4×3R)을 하나로 통합 하는 등 도로체계의 선진화를 지향하고 있다.

1.2 교통현황 조사 및 분석

1. 도로망 현황

도로는 도로를 관리하기 위하여 법적 도로 기능 등을 기준으로 분류된다. 현재 도로의 계획·건설·관리를 위하여 『도로법』에 의해 고속국도, 일반국도, 특별시·광역시도, 지방도, 시도, 군도 및 구도의 7개 등급으로 분류된다.

2. 교통량 조사

1) 교통량 조사 방법은 크게 '기계장비' 조사 방법과 '인력동원' 조사 방법이 있다.

2) '기계장비' 교통량 조사 방법 중 자동차량인식시스템(AVI, Automatic Vehicle Identification)은 주·야간에 상관없이 카메라가 설치된 지점에서 통과차량 번호판을 자동 인식하여 구간통행시간 및 구간통행속도를 산출하는 시스템이다.

3. 교통수요 분석

1) 국토교통부는 계속되는 교통체계 변화에 따라 현실적인 교통수요를 분석하기 위하여 GIS DB 기반의 교통수요 분석용 네트워크를 구축·시행하고 있다.

2) 지역적 및 구체적인 교통수요 분석을 위하여 교차로에 대한 신호·비신호 분석, 다차로·2차로에 대한 서비스수준 분석 등이 필요하다.

1.3 장래교통 수요 예측

1. 교통체계 분석

1) 교통체계상의 통행자 행태 분석, 교통수요 분석, 교통망 분석 등을 토지 이용 및 활동체계의 변화 등과 연계하여 분석한다.

2) 도로, 철도, 터미널 등의 교통시설물 건설에 앞서 시간적·재정적 낭비를 최소화하기 위하여 컴퓨터 시뮬레이션 분석을 실시하여 건설의 타당성을 분석한다.

2. 고속도로망 영향권 설정

우리나라의 경우에 고속도로 7×9망의 영향권은 전국을 대상으로 설정하되 통행배정과정에 수요 및 편익 산정을 위하여 적절한 모형을 설정하여 직접 영향권과 간접 영향권으로 구분하여 분석한다.

3. 교통존 세분화

교통존이란 각 존의 중심(centroid)을 기준으로 여객과 화물의 이동을 분석하는 기본단위로서, 사회·경제적 특성, 교통여건 등을 파악하여 현재교통량을 분석하고, 장래교통량을 추정하기 위하여 세분화하여 분석한다.

4. 장래 발생량 추정

한정된 예산 범위 내에서 교통계획을 수립할 때 사전에 장래의 교통체계에서 발생·예상되는 교통수요를 현재 시점에서 예측하는 과정으로, 교통존의 발생량(trip production)과 도착량(trip attraction)을 추정하여 분석한다.

5. AADT 산정, 차로수 산정

1) 연평균 일 교통량(AADT, Annual Average Daily Traffic)은 1년 동안 도로의 어느 지점 또는 구간을 통과한 양방향 총차량대수를 1년 동안의 일수(365일)로 나눈 교통량을 말한다.
2) 도로의 차로수란 양방향 차로(오르막차로, 회전차로, 변속차로 및 양보차로는 제외한다.)의 수를 합한 것으로, 도로의 구분·기능, 설계시간교통량, 도로 계획목표연도의 설계서비스수준, 지형상황 등을 종합적으로 고려하여 정한다.

1.4 과업노선 서비스수준 분석

1) 서비스수준이란 도로상의 혼잡과 차량의 지체가 어느 정도 나타나는지에 대하여 실제 도로를 주행하는 운전자들이 느끼는 상태를 객관적으로 표시하기 위해 설정된 기준을 말한다.
2) 서비스수준은 교통류의 상태를 측정하거나 교통사업을 평가할 때 유용하게 사용되며, 일반적으로 6단계로 구분된다.

1.5 경제성 분석

경제성 분석은 당해 사업에 투자될 총비용과 총편익을 현재가치로 환산하여 비교함으로써, 사업의 경제적 타당성을 평가하고, 투자우선순위, 최적투자시기 등을 결정하는 과정을 말한다.

2 교통량 O-D 조사

교통(Transport)이란 사람이나 화물을 한 장소에서 다른 장소로 이동시키는 모든 활동 혹은 과정을 말한다. 즉, 교통이란 장소와 장소 간의 거리를 극복하기 위한 행위로서 사람의 움직임에 편의를 제공하는 수단을 말한다.

교통량 기·종점(Origin-Destination, O-D) 조사는 도로의 한 지점을 일정한 시간(1일, 주간, 12시간, 1시간, 15분) 동안에 통과하는 차량대수를 조사하는 것이다. 교통량 O-D 조사를 통하여 장래교통량을 추정하고, 그 결과를 이용하여 차로수, 도로폭, 도로포장 두께, 노선 및 인터체인지 위치 등의 도로설계기준을 결정한다.

2.1 우리나라 O-D 조사의 발전과정

1. 1960년 일반교통량조사와 함께 노측면접에 의한 O-D 조사 실시

O-D 조사를 위한 재원 확보도 못한 상태에서 실시한 결과, 조사자료가 빈약하여 실질적으로 활용되지 못하였다.

2. 1967년 우리나라 최초의 도시내 O-D 조사 실시

- 조사명칭 : 서울특별시 가로교통상태조사(기종점 및 교차로조사)
- 조사권역 : 9개 中 Zone, 22개 細分 Zone, 11개 역 외 Zone 설정

3. 1970년 사람통행에 대한 O-D 조사 실시

- 조사대상 : 표본율 2%
- 조사방법 : 우편엽서방법, 가정방문방법의 절충형
- 조사권역 : 21개 구획, 86개 Zone으로 세분
- 조사결과 : 표본자료의 확대방법(단일 확대계수 적용)이 미숙하여 조사결과를 실질적으로 사용하지는 못했다.

4. 1973년 교통량 O-D 조사 실시

표본자료 확대를 위해 Zone별로 확대계수를 적용하였지만 통행목적별·통행수단별 등의 편차는 보정하지 않아 비슷한 문제점이 노출되었다.

5. 1977년 교통량 O-D 조사 실시

- 111개 Zone으로 분할하여 일반인구과 학생인구의 확대계수를 별도 적용
- 학생중심으로 조사되는 편차를 줄이기 위해 일반가구는 표본조사 실시

6. 1993년 2월 교통체계효율화법 제정

- 한국교통연구원(KOTI)에서 '국가교통 D/B 구축사업' 착수
- 매 5년 단위의 전국대상 교통량조사 실시(현재 3단계 완료, 4단계 시행 중)
- 종합적이고 체계적인 신뢰성 있는 교통 D/B를 구축하여 국가기간교통망계획 등 정책수립에 활용 중

7. 2009년 12월 『국가통합교통체계효율화법』으로 전부개정

- 육상·해상·항공 교통의 통합연계체계를 구축하고, 교통 및 물류의 환경변화에 적극적으로 대응하는 한편,
- 지능형 교통체계의 구축과 수집·분석된 지능형 교통정보를 활용할 수 있는 체계를 마련하는 등 기존 제도의 운영 중에 나타난 일부 미비점을 개선·보완하기 위하여 『교통체계효율화법』을 『국가통합교통체계효율화법』으로 전부개정

2.2 교통량 O-D 조사의 종류

1. 광의의 개념

1) 사회경제 지표조사 : 총인구, 경제활동인구, 산업별 총생산액, 자동차보유대수
2) 토지이용 지표조사 : 건축물의 연면적, 용도별 면적, 용도별 활동인구
3) 교통시설 현황조사 : 차로수, 도로폭, 측방여유폭, 평면곡선 반지름, 신호체계
4) 교통운영 현황조사 : 교통소통, 지체도, 교통사고, 교통요금, 교통정책

2. 협의의 개념

1) 여객통행 실태조사 : 여객 O-D 조사(소득별, 수단별, 거리별, 가구 특성별)
2) 화물통행 실태조사 : 화물 O-D 조사(수단별, 거리별, 시간대별)
3) 차량통행 실태조사 : 차량 O-D 조사(차종별, 노선별)

2.3 기 · 종점 O-D 조사(Origin-Destination)

조사지역 결정	⇒	조사내용 결정	⇒	교통존 설정	⇒	조사방법 결정	⇒	조사결과 보정

1. 조사지역 결정

교통량 분석에 영향을 미치는 대상 內 지역과 대상 外 지역을 설정한다.

2. 조사내용 결정

교통량조사의 목적에 따라 광의의 개념, 협의의 개념 중에서 설정한다.

3. 교통존(Traffic Zone) 설정

1) 교통존 개념

교통존이란 각 존의 중심(Centroid)을 기준으로 여객과 화물의 이동을 분석하는 기본단위로서, 사회 · 경제적 특성, 교통여건 등을 파악하여 현재교통량을 분석하고, 장래교통량을 추정한다.

2) 교통존 설정기준

- 가급적 유사한 토지 이용, 인구수가 포함되도록 한다.
- 행정구역 단위와 일치되도록 한다.
- 전국을 256개 시 · 군 · 구별 中 Zone으로 구분한다.(KOTI 적용 기준)
- 간선도로, 지형(강, 산, 철도 등)은 Zone 경계와 일치되도록 한다.
- 교통존은 모든 활동이 Centroid에 집중된다는 가정하에, 조사결과 발생되는 오차가 크지 않도록 설정한다.
- 교통존에 통학권이 포함되도록 설정하여, Centroid의 접근비용이 주요시설의 접근비용을 대표하도록 한다.

3) 교통존 크기

- 교통존을 적게 설정하면 조사비용 · 기간은 증가되지만, 정밀도는 향상된다.
- 교통존을 너무 적게 설정하면 절대표본수가 적어져서, 유용한 자료를 얻을 수 없는 Zero Cell이 발생한다.

4. 조사방법 결정

1) 상시조사(고정식, 기계조사)

- 특정한 상시조사지점(전국 333개)에 자기감응감지기(Detector)를 고정적으로 설치하고, 1년 이상의 장기간에 걸쳐 통과차량을 모두 조사한다.
- 1년 365일 조사되는 상시조사지점의 교통량 자료를 특성별로 군집화함으로써, 수시조사지점과 연결하여 AADT를 추정하는 데 사용한다.

2) 수시조사(이동식, 인력조사)

- 특정한 수시조사지점(전국 1,343개)의 통과교통량을 조사하여, 연평균일교통량(AADT)을 구한다.
- 각 지점의 통과차량을 연간 3~5회 정도 조사하는 것만으로는 직접 AADT를 산출할 수 없고, 다음의 3단계를 거쳐 AADT를 추정한다.

[1단계] 상시조사지점을 유사성에 따라 교통특성별로 몇 개의 Group으로 분류

[2단계] 각 Group의 월별·요일별 변동계수를 산출

$$월\ 변동계수(M_j) = \frac{i월의\ 평균일교통량(ADT_i)}{연평균일교통량(AADT)}$$

여기서, $i = 1, 2, \cdots 12$

$$요일\ 변동계수(M_{ij}) = \frac{i월\ j요일의\ 평균일교통량(ADT_{ij})}{i월의\ 평균일교통량(ADT_i)}$$

여기서, $i = 1, 2, \cdots 7$

[3단계] 변동계수를 적용하여 수시조사지점(k)의 $AADT$를 추정

$$AADT_k = V_k \times \frac{1}{M_i} \times \frac{1}{W_{ij}}$$

여기서, V_k : k지점에서 조사된 24시간 교통량(ADT)

5. 조사결과 보정

1) 전수화(全數化) 보정

① 토지이용현황, 교통시설현황, 기·종점 통행조사 등은 주요 항목이지만, 현실적으로 전수(全數)조사는 불가능하다.

② 따라서, '표본조사 × 全數化계수(Expansion Factor)＝全數조사'로 보정한다.

2) 폐쇄선(Cordon Line)조사 보정

① Cordon Line은 조사대상지역을 포함하는 외곽선을 말한다.

② Cordon Line에서 총통행량의 5% 이상이 통과하는 지점들을 선정하여 유·출입 통행량을 조사한다.

③ Cordon Line 설정 시 고려사항

- 폐쇄선과 행정구역의 경계선을 일치
- 폐쇄선을 횡단하는 도로, 철도 등이 포함되도록 설정
- 수도권 주변 위성도시나 장래 도시화지역은 폐쇄선 내에 포함

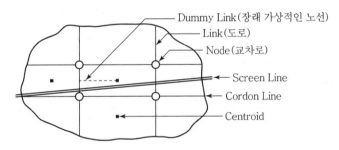

[Fig. 2.1] 폐쇄선(Cordon Line)

3) 스크린라인(Screen Line)조사 보정

- Screen Line은 조사대상지역 내의 특정지점을 통과하는 통행량을 조사하는 것으로, 폐쇄선(Cordon Line)조사 결과를 보완하기 위하여 실시한다.
- Screen Line은 교통존의 Centroid나 Cordon Line에 근접하지 않도록 하면서 여러 개를 적정한 간격으로 설정한다.(예 : 서울시 한강교량)[3]

2.4 우리나라 자동차 등록대수 통계

2018년 12월 말 현재 우리나라 자동차 총등록대수는 2320만 대인 것으로 나타났는데, 이는 인구 2.234명당 1대를 보유하고 있는 셈이다.

2019년 1월 17일 국토교통부 자동차관리정보시스템(VMIS)에 따르면 2018년 12월까지 우리나라에 등록된 자동차 숫자는 2017년 12월에 비해 1.6% 늘어난 2320만 대이다. 전체

---

3) 원제무, '알기 쉬운 도시교통', 박영사, 2004, pp.18~19.

자동차 등록대수의 증가세는 전반적으로 둔화세를 보이고 있으나, 연 3%대의 증가율은 유지될 것으로 전망된다는 게 국토부 설명이다. 자동차 등록대수 연간 증가율은 2015년 4.3%에서 2016년 3.9%, 2017년 3.3%에 이어, 2018년에는 3.0%를 기록하였다.

[Table 2.1] 우리나라 자동차 등록대수 현황

[단위 : 만 대, 천 대, %]

구분	2009	2010	2011	2012	2013	2014	2015	2016	2017	2018
등록대수(만 대)	1,733	1,794	1,844	1,887	1,940	2,012	2,099	2,180	2,253	2,320
전년대비 증가대수(천 대)	531	616	496	433	530	717	871	813	725	674
전년대비 증감비(%)	3.2	3.6	2.8	2.3	2.8	3.7	4.3	3.9	3.3	3.0

국토교통부는 "자동차 등록대수는 1인 가구와 세컨드카 수요 증가 등으로 당분간 완만하지만 지속적인 증가세를 유지할 것"으로 전망하고 있다.

2018년 12월 말 현재 전체 등록차 가운데 국산차는 2103만 3412대(90.6%), 수입차는 216만 9143대(9.4%)를 차지했다. 수입차의 경우 2017년 12월 8.4% 점유율과 비교하면 1.0% 비중이 증가하였다.

2018년 연료 종류별 자동차 등록현황의 특징을 살펴보면, 친환경자동차로 분류되는 하이브리드·전기·수소차는 총 46만 1733대로 전체에서 차지하는 비중이 1.5%에서 2.0%로 늘어나 친환경차의 점유율이 점차 증가하고 있는 추세에 있다. 이 중에서 최근 환경문제로 관심을 끌고 있는 전기차는 2017년 등록대수가 25,108대이었으나, 2018년에는 55,756대로 1년 만에 약 2.2배 증가하였고, 수소차도 2018년 말 893대로 2017년 170대와 비교하면 약 5.3배 증가하였다.[4]

---

4) 국토교통부, '자동차 등록현황, e-나라지표', 자동차운영보험과, 2019.

3 교통수요 추정방법

교통수요 추정이란 장래 발생될 교통수요를 현재 시점에서 예측하는 작업으로, 교통계획 수립을 위한 기초자료에 활용된다. 교통수요는 어느 지역에 교통시설의 개선이나 새로운 교통시설이 필요한지를 판단하는 기준으로, 장래 토지이용의 추세를 예측하는 데 필요하다. 교통수요를 추정할 때는 장래의 인구, 토지이용, 자동차 보유대수 등 사회·경제지표도 함께 추정하여 교통계획의 기초자료로 활용한다. 교통수요 추정방법은 '개략적 교통수요 추정방법'과 '4단계 교통수요 추정방법'으로 구분할 수 있다.

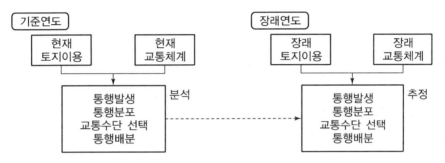

[Fig. 3.1] 교통수요의 예측 과정

[Table 3.1] 사회·경제지표 예측 모형

직선식	지수 곡선식	로지스틱 곡선식
$y=a+bt$ (t 는 시간) 최소자승법으로 해석한다. 단순하고 이해하기 쉽다. 단기예측(5년 정도)에 적용	$y=a\cdot b^t$ 혹은 $y=a\cdot t^b$ 양변에 대수 $\log y=\log a=t\log b$ 혹은 $\log y=\log a=b\log t$ 최소자승법으로 해석한다. 성장률이 일정할 때 적용	$y=\dfrac{k}{1+be^{-at}}$ (K는 상한값) $\ln\dfrac{K-y}{y}=\ln b-at$ 인구, 경제, 자동차 보유대수, GPR 추정에 적용

3.1 개략적 교통수요 추정방법

1. 과거추세 연장법(증감률법, 원단위법)

과거의 교통수요 증가 패턴을 미래까지 연장하여 추정하는 방법이다.

2. 수요 탄력성법(Elasticity Modal)

교통체계의 변화에 따른 수요의 탄력성을 추정하는 방법으로, 교통체계에 긍정적 또는 부정적 영향을 미치는 변수를 정밀하게 분석할 수 있다.

$$수요\ 탄력성 = \frac{수요\ 변화량}{교통체계\ 변수\ 변화량}\ \left(\mu = \frac{\Delta V}{V_0} / \frac{\Delta P}{P_0}\right)$$

3.2 종합적(4단계) 교통수요 추정방법

국토교통부가 구축한 '국가교통 DB구축사업'의 O-D 기초자료와 '교통시설 투자평가지침'에 적용되고 있는 대표적인 교통수요 4단계 추정방법이 있다.

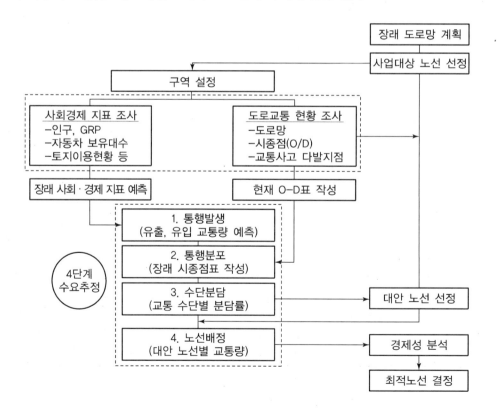

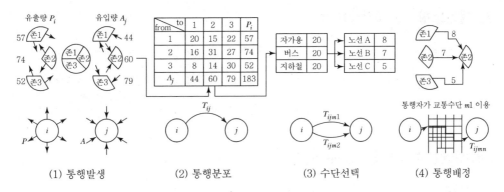

[Fig. 3.2] 4단계 교통수요의 예측 과정

[제1단계] 통행발생(Trip Generation)

1. 정의

토지이용 관련 자료를 토대로 구분된 각 교통 존(Zone)에 대하여 사람과 화물 통행의 유입교통량(Attraction) 및 유출교통량(Production)을 산출하는 단계

2. 예측모형 : 회귀분석법

통행 유입·유출량과 해당 지역의 사회·경제적 특성을 나타내는 지표의 관계식을 구하여, 장래의 통행 유입·유출량을 구하는 모형

$$Y = \alpha + \beta X$$
$$\beta = \frac{n\sum XY - \sum X \sum Y}{n\sum X^2 - (\sum X)^2}$$
$$\alpha = \frac{(\sum Y)}{n} - \beta \frac{(\sum X)}{n}$$

Y : 종속변수

X : 독립변수(설명변수)

α, β : 회귀식의 상수와 계수
최소자승법에 의해 산출

n : 표본의 수

[제2단계] 통행분포(Trip Distribution)

1. 정의

통행발생에서 예측한 각 존의 발생교통량이 각 존 간에 어떻게 분포되는가를 예측하는 단계. 이 결과를 토대로 각 존 간의 장래 시·종점표(O-D) 작성

2. 예측모형 : 균일성장률법

$$t_{ij}' = t_{ij} \times F$$

t_{ij}' : 장래의 존 i와 존 j간의 통행량

t_{ij} : 현재의 존 i와 존 j간의 통행량

F : 균일 성장률 $\left(\dfrac{\text{장래의 통행량}}{\text{현재의 통행량}} \right)$

[제3단계] 수단분담(Modal Split)

1. 정의

각 존 간에 분포된 예측 교통량이 어떤 교통수단을 이용하여 통행할 것인가를 예측하는 단계이다. 수단분담은 다른 단계에 포함되거나 독립적으로 수행될 수 있고, 4단계 중 놓이는 위치가 달라지거나 다른 단계에 포함될 수 있다.

2. 예측모형 : 통행발생과 통행분포 단계 사이에서 예측하는 통행단 모형

장래의 존별 통행 발생량을 산출한 후 통행분포 전에 이용 가능한 교통수단별 분담률을 산정하여, 각 수단별 통행수요를 도출하는 모형

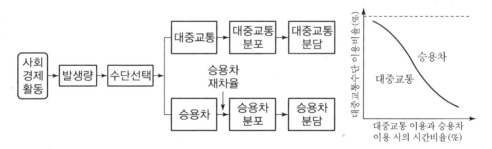

[Fig. 3.3] 통행단 모형의 예측 과정

[제4단계] 노선배정(Trip Assignment)

1. 정의

각 교통수단별 O-D자료를 대상지역 내의 교통망에 배정하는 단계이다. 최근에는 ITS에 의한 실시간 동적(動的) 통행배정기법이 개발되어, 모든 도로나 철도의 각 구간에 대한 통행량을 추정하여 최적의 해를 구할 수 있다.

2. 예측모형

1) 용량을 제약하지 않는 전무(全無, All-or-Nothing) 배분방법

통행시간을 이용하여 최소 통행시간이 걸리는 경로에 모든 통행량(승용차, 버스, 택시 등)을 배정하는 방법

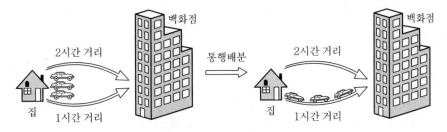

2) 용량을 제약하는 다중경로(Multi-path) 배분방법

통행자가 자신이 인식하고 있는 통행시간, 비용 관점에서 선택하는 복수의 경로에 통행량을 배정하는 방법

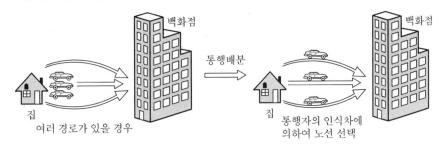

3.3 종합적(4단계) 교통수요 추정방법의 특징

1. 장점

1) 각 단계별로 통행량을 검증함으로써 현실 묘사가 가능하다.
2) 각 단계별로 적절한 모형의 선택이 가능하다.
3) 통행패턴이 급격하게 변화하지 않을 경우 설명력이 뛰어나다.

2. 단점

1) 과거의 일정 시점을 모형화함으로써, 장래 추정에 경직성이 있다.
2) 계획 입안자의 주관적 판단이 큰 영향을 미친다.
3) 통행자의 개별적 특성은 무시되고, 총체적 특성만 반영된다.[5]

---

5) 노정현, '교통계획', 나남출판, 1999.
    임용택·백승걸·엄진기·김현명·이준·박진경, '교통계획', 청문각, 2013.
    윤대식, '교통수요분석', 박영사, 2010.

4 교통량의 산정

4.1 교통량 정의

1. 평균日교통량(ADT ; Average Daily Traffic)

- 어느 주어진 시간 동안에 도로의 한 지점을 통과한 교통량을 주어진 시간으로 나눈 값
- 주어진 시간은 하루보다는 길고, 1년보다는 짧은 기간이다. ADT의 주어진 시간을 1년으로 사용하면 연평균 日교통량을 구할 수 있다.

2. 연평균日교통량(AADT ; Annual Average Daily Traffic)

- 1년 동안 도로의 어느 지점 또는 구간을 통과한 양방향 총 차량대수를 1년 동안의 일수(365일)로 나눈 교통량
- AADT는 ADT 값에 도로교통량 통계연보의 변동계수를 반영하여 산출

$$AADT = ADT \times \frac{1}{\text{월별 변동계수}} \times \frac{1}{\text{요일별 변동계수}}$$

3. 계획교통량(AADT)

- 도로설계의 기본이 되는 계획교통량으로, 도로의 계획목표연도에 그 도로를 통행할 것으로 예상되는 자동차의 연평균 日교통량
- 계획교통량은 현재의 연평균 日교통량에 목표연도까지의 교통량증가율을 고려하여 추정하는 24시간 동안의 교통량
- 즉, 대상도로를 통과하는 차량들의 24시간 교통량을 파악함으로써 교통수요를 알기 위한 값으로, 도로설계에 필요한 지역적 특성 및 시간적 특성을 포함하지 않는 값이다.

4. 설계시간교통량(DHV ; Design Hourly Volume)

- 도로구간을 통과 또는 이용할 것으로 예상되는 교통량으로, 1시간당 차량 통과대수를 말한다.
- DHV는 AADT에 설계시간계수(K)를 반영하여 산출

원제무, '알기 쉬운 도시교통', 박영사, 2010.
임강원, '도시교통계획', 서울대학교출판부, 1997.

- DHV에 하루 중의 방향별, 시간대별 특성을 반영하기 위하여 중방향계수(D)를 곱하여 중방향 설계시간교통량(DDHV)을 산출하고, 첨두시간계수(PHF)를 곱하여 첨두중방향 설계시간교통량(PDDHV)을 산출

4.2 계획교통량(AADT)에서 K_{30} 산출, 설계시간교통량(DHV) 결정

1. 방안지(Section Paper)에 곡선 작도

대상 도로구간의 상시 교통량조사에 나타난 1시간당 교통량을 가장 높은 값에서부터 가장 낮은 값까지 순서대로 배열하고, 각 시간당 교통량을 나타내는 점들을 연결하는 매끄러운 곡선을 그린다.

2. 곡선의 백분율 산출

곡선의 기울기가 급변하는 지점을 결정한 후, 그 지점에 해당하는 교통량의 연평균日교통량에 대한 백분율을 산출한다. 곡선의 기울기가 급변하는 지점은 일반적인 도로의 경우 30번째 시간에서 발생한다.

3. 30번째 교통량을 K_{30}으로 간주

- 30번째 시간교통량의 연평균日교통량에 대한 백분율을 결정하는데, 이 백분율을 K_{30}이라 한다.
- 일반적으로 K_{30}값은 지방지역 도로 12~18%, 도시지역 도로 8~12% 수준

4. K_{30}값의 특징

- K_{30}을 너무 높게 결정하면 DHV가 과다해져 비경제적 도로건설을 초래하고, K_{30}을 너무 낮게 결정하면 잦은 교통혼잡을 유발하는 도로건설을 초래한다.
- 도로의 교통계획단계에서 AADT을 정확히 산출하고, K_{30}을 합리적으로 결정해야 도로의 효율성을 기대할 수 있다.
- K_{30}값이 높을수록 교통량의 변화가 심하다.
- 대상 도로구간의 AADT가 증가하면 K_{30}은 감소한다.
- 대상 도로구간의 인접지역이 개발될수록 K_{30}은 감소한다.
- ※ K_{30} 크기 : 관광도로 > 지방지역 도로 > 도시외곽 도로 > 도시 내 도로

Road Engineering

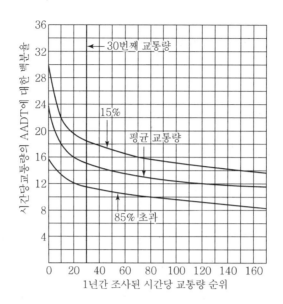

[Fig. 4.1] 지방부 간선도로의 시간당 교통량 순위(30번째)와 AADT의 백분율 관계

자료 : A Policy on Geometric Design of Highway and Streets(AASHTO, 2004)

5. AADT에서 DHV 결정

1) 대상 도로구간의 K_{30}이 결정되면 설계시간교통량(DHV)을 산출

$$DHV = AADT \times \frac{K_{30}}{100}$$

여기서, DHV : 설계시간교통량(양방향, 대/시)
$AADT$: 연평균日교통량(양방향, 대/시)

2) 방향별 분포를 고려하여 중방향 설계시간교통량(DDHV)을 산출

$$DDHV = DHV \times \frac{D}{100} = AADT \times \frac{K_{30}}{100} \times \frac{D}{100}$$

여기서, $DDHV$: 중방향 설계시간교통량(양방향, 대/시)
D : 양방향 교통량에 대한 중방향 교통량의 백분율(%)

3) 하루 중 첨두시간을 고려하여 첨두중방향 설계시간교통량(DDHV)을 산출

$$PDDHV = AADT \times \frac{K_{30}}{100} \times \frac{D}{100} \times \frac{1}{PHF}$$

여기서, $PDDHV$: 첨두중방향 설계시간교통량(양방향, 대/시)
PHF : 첨두시간계수

4.3 서비스수준(LOS ; Level Of Service)

1. 서비스수준 정의

서비스수준이란 도로상의 혼잡과 차량의 지체가 어느 정도 나타나는지에 대하여 실제 도로를 주행하는 운전자들이 느끼는 상태를 객관적으로 표시하기 위해 설정된 기준을 말한다. 서비스수준은 교통류의 상태를 측정하거나 교통사업을 평가할 때 유용하게 사용되며, 일반적으로 6단계(A, B, C, D, E, F)로 구분된다.

도로용량편람(국토교통부, 2001)에서는 신호교차로 서비스수준에 대해 도로용량을 넘어선 상태에서 개별 차량의 지체시간을 기준으로 F에서 FFF까지 세분하고 있다. 차량당 제어지체시간은 F 220초 이내, FF 220~340초 이내, FFF 340초 이상을 기준으로 한다. 도로 설계자가 서비스수준을 결정할 때는 먼저 가능하면 가장 좋은 서비스수준을 설계 서비스수준으로 설정해야 한다는 점이다. 이론적으로 설계 교통량보다 실제 교통량이 많은 경우 교통혼잡을 겪게 될 것이므로 서비스수준은 신중히 결정해야 하는 중요한 설계요소이다. 우리나라의 경우 도시지역에서는 고속도로나 간선도로의 경우 C 혹은 D, 일반도로의 경우 D를 선택하고 있다.

[Table 4.1] 국토교통부 도로용량편람의 설계 서비스수준

지역구분 도로구분	지방지역	도시지역
고속도로	C	D
일반도로	D	D

[Table 4.2] 서비스수준(LOS)별 교통류의 특성

LOS	교통류의 특성
A	운전자는 교통류 내의 다른 운전자의 출현에 영향을 받지 않는다. 교통류 내에서 속도선택 및 방향조작 자유도는 아주 높고 운전자와 승객이 느끼는 안락감이 매우 우수하다.
B	운전자는 교통류 내의 다른 운전자의 출현으로 각 개인의 행동에 다소 영향을 받는다. 원하는 속도선택의 자유도는 비교적 높으나 통행자유도는 서비스수준 A보다 다소 떨어진다.
C	운전자는 교통류 내의 다른 차량과의 상호작용으로 인하여 통행에 상당한 영향을 받기 시작한다. 속도선택도 다른 차량의 출현으로 영향을 받고, 교통류 내의 운전자도 주의를 기울여야 하며, 안락감은 상당히 떨어진다.
D	속도선택 및 방향조작 자유도는 매우 제한되며 운전자가 느끼는 안락감은 일반적으로 나쁜 수준으로 떨어진다. 이 수준에서는 교통량이 조금만 증가하여도 운행상태에 문제가 발생한다.
E	교통류 내의 방향조작 자유도는 매우 제한되며 방향을 바꾸기 위해서는 운전자가 차로를 양보하는 강제적인 방법을 필요로 한다. 교통량이 조금만 증가하거나 작은 혼란이 발생해도 와해상태가 발생한다.
F	교통량이 그 지점 또는 구간 용량을 넘어선 상태이다. 이러한 상태에서 자동차는 자주 멈추며 도로의 기능은 거의 상실된 상태이다.

4.4 첨두시간계수(PHF)

1. 첨두시간계수 정의

교통량(Traffic Volume)은 도로의 한 지점을 일정한 시간에 통과한 차량대수이며, 교통류율(Flow Rate)은 1시간 이하(통상 15분)의 교통량을 1시간 단위로 환산한 교통량이다. 첨두시간(Peak Hour)은 하루 중에서 교통량이 가장 많은 시간으로, 첨두 1시간 동안 교통량이 일정하지 않고 변한다.

첨두시간계수(PHF ; Peak Hour Factor)는 첨두 1시간 동안 교통량의 시간적 변동을 나타내는 계수를 말한다. PHF는 하루 중 교통량이 가장 많은 첨두 1시간 동안의 교통량을 그 시간대에 차량통행이 가장 많은 15분 동안의 1시간 환산교통량으로 나눈 값이다. PHF는 최악의 교통상황에 대비할 수 있는 용량을 산정하는 데 필요하다.

2. 첨두시간계수(PHF)의 산정 및 활용

1) 교통량과 교통류율을 이용하여 첨두시간계수를 산정한다.

시간	교통량(대/15분)	교통류율(대/시)
8:00~8:15	1,500	1,500×4=6,000
8:15~8:30	1,400	1,400×4=5,600
8:30~8:45	1,300	1,300×4=5,200
8:45~9:00	1,200	1,200×4=4,800
합계	5,400	

$$PHF = \frac{\text{첨두시간 교통량}}{\text{첨두시간 최대교통류율}} = \frac{V_{60}\,total}{V_{15}\max \times 4} = \frac{5,400}{1,500 \times 4} = 0.90$$

2) PHF로부터 첨두중방향 설계시간교통량(DDHV)을 산출한다.

$$PDDHV = AADT \times K \times D \times \frac{1}{PHF}$$

3. 첨두시간계수(PHF)의 특징

1) 국내 고속도로의 PHF는 일반적으로 0.85~0.95 범위에서 분포한다.
2) PHF 값이 1.0에 가까울수록 교통량의 시간적 변화가 적다.
3) PHF=1.0이면 첨두시간 교통량=첨두시간 최대교통류율이다. 즉, 첨두시간 동안에 교통량이 변하지 않고 일정하다는 의미이다.

4.5 중차량보정계수(f_{HV})

1. 중차량의 승용차환산계수(PCU ; Passenger Car Unit)

승용차 환산계수는 중차량 한 대와 대체될 수 있는 승용차 대수를 말한다. 해당 도로의 교통조건(차종), 도로조건(지형)을 고려하여, [Table 3.3]과 같이 중차량을 승용차환산계수(PCU)로 표현한다. 승용차만으로 구성된 교통류를 이상적인 조건으로 보고 도로용량을 산정하므로, 중차량 혼입의 영향을 고려하기 위하여 중차량보정계수(f_{HV})가 필요하다.

[Table 4.3] 중차량의 승용차환산계수(일반지형)

차종	구분	평지 (2% 미만)	구릉지 (2~5%)	산지 (5% 이상)
소형	2.5톤 미만 트럭, 16인승 미만 승합차	1.0		
중형	2.5톤 이상 트럭, 16인승 이상 버스	1.5	3.0	5.0
대형	세미 트레일러 또는 풀 트레일러	2.0		

2. 중차량보정계수(f_{HV}) 산정[6]

중차량보정계수는 이상적인 조건의 서비스 교통량을 주어진 교통조건과 도로조건을 반영하는 서비스 교통량으로 바꾸기 위해 곱하는 계수를 말한다. 해당 도로의 중차량의 구성비, 중차량의 승용차 환산계수를 고려하여, 지형별(일반지형, 특정경사 구간 등)로 중차량 보정계수(f_{HV})를 결정한다.

1) 일반지형

- 평지 : $f_{HV} = \dfrac{1}{1 + P_{T0}(E_{T0}-1) + P_{T1}(E_{T1}-1) + P_{T2}(E_{T2}-1)}$

- 구릉지, 산지 : $f_{HV} = \dfrac{1}{1 + P_{T0}(E_{T0}-1) + P_{T1+T2}(E_{T1+T2}-1)}$

2) 특정 경사구간

종단경사 3% 이상, 경사길이 500m 이상 또는 종단경사 2~3%이고, 경사길이 1,000m 이상

$$f_{HV} = \frac{1}{1 + P_{HV}(E_{HV}-1)}$$

여기서, P_{T0}, P_{T1}, P_{T2} : 소, 중, 대형 차량 각각의 구성비(Percent)

E_{T0}, E_{T1}, E_{T2} : 소, 중, 대형 차량 각각의 승용차 환산계수(Exchange)

P_{T1+T2} : 중형+대형 차량의 구성비

E_{T1+T2} : 중형+대형 차량의 승용차 환산계수

P_{HV} : 중차량의 구성비

E_{HV} : 중차량의 승용차 환산계수

---

6) 국토교통부, '도로용량편람', 2013, pp.23~28.

5 도로용량의 산정

5.1 도로용량 정의

도로용량이란 도로의 한 지점을 주어진 상황하에서 일정시간 동안 실제적으로 통과할 것으로 기대되는 차량이나 사람의 최대 통과량을 말하며, 그 시간단위는 일반적으로 1시간을 사용한다.

도로용량에 영향을 미치는 요소는 도로조건과 교통조건으로 나눌 수 있다. 도로조건은 일반적으로 설계속도, 엇갈림 구간 길이, 연결로 등에서 지·정체와 같은 문제점을 내포하고 있다. 교통조건은 도시지역 도로의 경우 신호교차로에서 발생하는 출발 손실시간 때문에 실제 통과교통량이 감소하고 있다.

5.2 도로용량의 사용 목적

1. 교통계획수립 단계에서 기존 교통망의 적정성이나 결함 여부를 판정하고, 장래 어느 시점에 이르면 교통수요가 도로용량을 초과할지 검토하는 데 사용된다.
2. 도로 설계시 계획된 도로를 주어진 교통상황이나 기능에 적합하도록 기본 차로수를 결정하고 엇갈림 구간 길이를 결정하는 데 사용된다.
3. 고려대상이 되는 도로의 병목구간을 찾아내고, 교통공학적 기법을 동원하여 병목구간 혼잡 해소를 위한 대안의 개선효과를 분석하는 데 사용된다.
4. 차로수(N) 결정시 이상적인 조건의 교통용량(C_j)을 기준으로 최대서비스교통량(MSF_i)을 추정하고, 이 값에 주어진 도로조건과 교통조건을 반영하여 서비스교통량(SF_i)을 추정한다.

5.3 차로수(N) 결정 시 교통용량(C_j)의 사용 과정

1. 최대서비스교통량(MSF_i, Maximum Service Flow) 산출

MSF_i는 이상적인 조건의 교통용량(C_j)을 기준으로, 서비스수준(i)에서 차로당 (승용차) 최대 서비스교통량(pcphpl)을 말한다.

$$MSF_i = C_j \times (V/C)_i$$

여기서, C_j : 설계속도 i인 도로에서 이상적인 조건의 교통용량

설계속도(kph) V	80	100	120
교통용량(pcphpl) C_j	2,000	2,200	2,300

$(V/C)_i$: 서비스수준 i에서 (승용차) 교통량/용량 比

2. 서비스교통량(SF_i, Service Flow) 산출

SF_i는 주어진 도로조건 및 교통조건을 기준으로, 서비스수준(i)에서 차로당 (혼합교통) 서비스교통량(vphpl)을 말한다.

$$SF_i = MSF_i \times N \times f_W \times f_{HV}$$

여기서, N : 방향별 차로수(1차로만 계산할 경우 $N=1$)
f_W : 차로폭 · 측방여유폭에 대한 보정계수
f_{HV} : 중차량에 대한 보정계수

5.4 교통용량에 영향을 미치는 요소

1. 도로조건

1) 도로의 선형 설계요소

- 도로용량 산정시 선형조건이 차이가 나는 경우, 이를 서로 분리시켜 용량 산정절차를 적용해야 한다.
- 그러나 너무 잦은 구분은 용량 분석결과에 대한 현실성이 결여될 우려가 있으므로 일반적으로 설계속도에 따라 구분한다.

2) 엇갈림 구간

- 엇갈림 구간의 용량 산정시 엇갈림 구간의 길이, 폭, 교통량 정도 등에 따라 교통혼잡이 영향을 받는다.
  ※ 엇갈림 교통량이 많아지면 교통류의 속도 감소, 서비스수준 감소 초래
- 교통류의 평균속도가 전체 평균속도보다 10km/h 이상 감소하면 소통상 문제구간으로 고려하므로 엇갈림 구간의 서비스수준은 평균속도로 정한다.

3) 연결로 접속부

- 고속도로에서 연결로 구간이 나타날 때 교통량이 많아지거나 연결로 설계가 적절치 않으면 본선에서 극심한 교통혼잡을 겪게 된다.

※ 혼잡 원인은 출입 교통량, 연결로 간의 거리 및 설계구조 등이 복합 작용
- 따라서 연결로 접속부의 서비스수준 평가를 위한 효과척도는 영향권 밀도, 즉 보조차로 포함한 접속차로로부터 2개 차로의 평균밀도로 한다.

2. 교통조건

1) 교통조건은 교통류(차량 구성비)와 교통량(시간대별 분포특성)에 따라 영향을 받는다.
   - 교통류 : 승용차, 버스, 트럭, 그리고 차량 및 자전거로 구성
   - 교통량 : 시간, 일, 주, 연간이라는 시간대별로 계속 변화
2) 차량 구성비는 용량 산정시 중차량보정계수(f_{HV})와 짝을 이루어 혼합교통을 승용차교통량으로 환산하는 데 이용된다.
3) 시간대별 분포특성은 첨두시간계수(PHF)와 짝을 이루어 해당 도로에 대한 교통량 입력 계산에 이용된다.[7]

도로의 기하학적 조건	교통 조건	신호 조건
- 선형과 설계속도 - 차로 폭 및 측방여유 폭 - 종단경사 및 횡단경사	- 방향별 분포 - 차로별 분포 - 대형차량 혼입률	- 속도제한 - 차로이용통제 - 교통신호 - 교통표지

[Fig. 5.1] 도로의 용량에 영향을 미치는 요소

7) 국토교통부, '도로의 구조·시설기준에 관한 규칙', 2013, pp.91~100.

6 차로수 결정의 절차

도로의 차로수란 양방향 차로(오르막차로, 회전차로, 변속차로 및 양보차로는 제외한다.)의 수를 합한 것을 말한다. 차로수는 도로의 구분·기능, 설계시간교통량, 도로 계획목표연도의 설계서비스수준, 지형상황, 분류되거나 합류되는 도로의 차로수 등을 고려하여 정해져야 한다. 차로수는 교통흐름의 형태, 교통량의 시간별·방향별 분포, 그 밖의 교통특성 및 지역여건 등에 따라 홀수차로로 정할 수 있다.

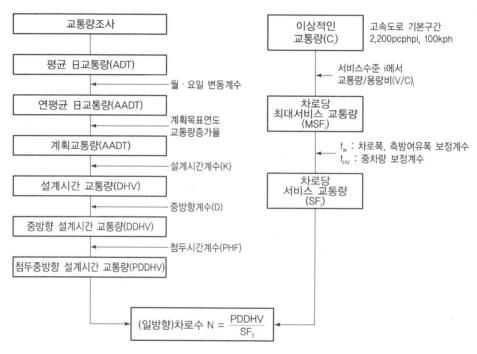

[Fig. 6.1] 차로수 결정의 흐름도

6.1 차로수 결정의 흐름

1. 설계시간교통량 산출

$$DHV = AADT \times K \qquad (K : 설계시간계수)$$

$$DDHV = DHV \times D = AADT \times K \times D \qquad (D : 중방향계수)$$

$$PDDHV = AADT \times K \times D \times \frac{1}{PHF} \qquad (PHF : 첨두시간계수)$$

2. 설계시간계수(K)

고속도로 기본구간	도시지역	지방지역
설계시간계수(K)	0.09(0.07~0.11)	0.15(0.12~0.18)

3. 중방향계수(D)

고속도로 기본구간	도시지역	지방지역
중방향계수(D)	0.60(0.55~0.65)	0.65(0.60~0.70)

4. 첨두시간계수(PHF)

$$PHF = \frac{첨두시간\ 교통량}{첨두시간\ 최대교통류율} = \frac{V_{60}\ total}{V_{15}\max \times 4}$$ 고속도로 기본구간 : 0.85~0.95

5. 이상적인 조건

연속류(고속도로 기본구간)	단속류(2차로 도로)
– 차로폭 3.5m 이상 – 측방여유폭 1.5m 이상 – 승용차만으로 구성된 교통류 – 평지	– 차로폭 3.5m 이상 – 측방여유폭 1.5m 이상 – 승용차만으로 구성된 교통류 – 평지 – 추월 가능 구간이 100%인 도로 – 교통통제 또는 회전차량으로 인하여 직진차량이 방해 받지 않는 도로

6. 도로등급별 서비스수준(LOS)

구분	도시지역	지방지역
고속도로	D	C
일반도로	D	D

7. 최대 서비스교통량(MSF_i)

MSF_i는 설계속도 j인 도로에서 이상적인 조건의 교통용량(C_j)을 기준으로, 서비스수준 i에서 차로당 (승용차) 최대 서비스교통량(pcphpl)을 말한다.

$$MSF_i = C_j \times (V/C)_i$$

여기서, C_j : 설계속도 i인 도로에서 이상적인 조건의 교통용량

설계속도(kph) V	80	100	120
교통용량(pcphpl) C_j	2,000	2,200	2,300

$(V/C)_i$: 서비스수준 i에서 (승용차) 교통량/용량 比

8. 서비스교통량(SF_i)

SF_i는 주어진 도로조건 및 교통조건을 기준으로, 서비스수준 i에서 차로당 (혼합교통) 서비스교통량(vphpl)을 말한다.

$$SF_i = MSF_i \times N \times f_W \times f_{HV}$$

여기서, N : 방향별 차로수(1차로만 계산할 경우 $N=1$)
f_W : 차로폭·측방여유폭에 대한 보정계수
f_{HV} : 중차량에 대한 보정계수

9. 차로수(N) 결정

$$N = \frac{첨두\,중방향\,설계시간교통량(PDDHV)}{차로당\,서비스교통량(SF_i)}$$

6.2 차로수 결정의 원칙

1. 교통량이 적은 경우에도 2차로 이상으로 하는 것을 원칙으로 한다.
2. 차로수의 결정은 원칙적으로 첨두설계시간교통량($DDHV/PHF$)과 서비스수준을 고려한 설계서비스교통량(SF_i)에 의하여 결정한다. 그러나 도시지역이나 기타 지역에서 국가적인 목적이나 특수여건에 의해서 해당 노선의 성격 및 서비스수준 등을 감안하여 기본차로수를 4차로 이상으로 결정할 수도 있다.

$$N = \frac{DDHV/PHF}{SF_i} = \frac{DHV \times D/PHF}{SF_i} = \frac{AADT \times K \times D/PHF}{SF_i}$$

여기서, N : 다차로 도로는 한방향 차로수(2차로 도로는 양방향 차로수)

$DDHV$: 중방향 설계시간교통량(대/시/중방향)

SF_i : 서비스수준 i 에서 최대 서비스교통량(대/시/차로)

PHF : 첨두시간계수

$AADT$: 연평균 日교통량(대/일)

K : 설계시간계수

D : 중방향계수

3. 일반도로의 차로수는 짝수차로를 원칙으로 한다.

지방지역은 짝수차로가 바람직하지만 회전차로, 양보차로, 앞지르기차로 등 특정 구간에서 교통흐름을 고려하여 탄력적으로 적용할 수 있고, 교통량, 지역여건, 장래 확장여건 등을 고려하여 2+1차로인 홀수차로를 적용할 수 있다.

4. 연결로, 일방향도로 등은 목적에 따라 1차로로 구성할 수 있으나 왕복방향의 도로에 대해서는 2차로 이상으로 구성한다. 다만, 2차로를 전제로 한 단계건설 계획도로에 대해서는 1차로로 할 수 있으며, 이 경우 적정 간격에 대피소를 설치해야 한다.[8]

[Fig. 6.2] 추억의 88고속도로(왕복 2차선 도로)

---

8) 국토교통부, '도로의 구조ㆍ시설기준에 관한 규칙', 2013, pp.119~123.

7 엇갈림(Weaving) 구간의 설계

엇갈림(Weaving)이란 교통통제시설의 도움없이 상당히 긴 도로를 따라가면서 동일 방향의 두 교통류가 엇갈리면서 차로를 변경하는 교통현상을 말한다. 엇갈림은 합류구간 바로 다음에 분류구간이 있을 때 또는 유입연결로 바로 다음에 유출연결로가 있을 때, 이 두 지점이 연속된 보조차로로 연결되어 있어 교통류의 엇갈림이 발생하는 구간이다.

7.1 엇갈림 구간의 교통흐름 구분

1. 엇갈림 교통류는 [Fig. 7.1](a)에서 A→D와 B→C와 같이 엇갈림 구간에서 원하는 방향으로 진행하기 위해 다른 교통류와 엇갈려야 하는 교통류이다.

2. 비엇갈림 교통류는 [Fig. 7.1](b)에서 A→C와 B→D와 같이 엇갈림 구간에서 다른 교통류와 엇갈리지 않아도 원하는 방향으로 진행할 수 있는 교통류이다.

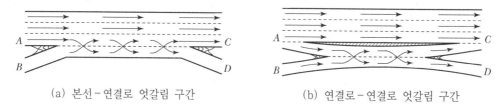

(a) 본선-연결로 엇갈림 구간   (b) 연결로-연결로 엇갈림 구간

[Fig. 7.1] 엇갈림 구간의 교통흐름

7.2 엇갈림 구간의 특성에 영향을 미치는 요소

1. 엇갈림 구간의 특성

1) 본선-연결로 엇갈림 구간은 유입연결로 바로 다음에 유출연결로가 위치하며, 이 두 지점이 연속된 보조차로로 연결된 구간에서, 차량들은 차로 변경을 해야 한다.
2) 연결로-연결로 엇갈림 구간은 본선에서 연결로로 진출하는 교통류와 연결로에서 본선으로 진입하는 교통류가 엇갈리기 때문에, 차량들은 차로 변경을 해야 한다.

2. 엇갈림 구간의 길이와 폭

1) 엇갈림 구간의 길이는 '엇갈림 구간의 진입로와 본선이 만나는 지점에서 진출로 시작 부분까지의 거리, 즉 물리적인 고어부 사이의 거리'이다.

2) 본선 – 연결로 엇갈림구간은 최소 200m를 넘어야 하며, 750m를 넘는 경우에는 독립된 유출입로로 간주하여 서비스수준을 분석한다.

3) 연결로 – 연결로 엇갈림구간은 최소 150m로 설계한다.

4) 엇갈림구간의 폭(차로수)은 넓을수록, 즉 엇갈림 구간의 차로수가 많을수록 엇갈림 교통류의 영향이 적으며 통행속도 역시 그만큼 제약을 덜 받는다.[9]

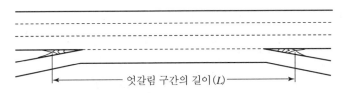

[Fig. 7.2] 엇갈림 구간의 길이와 폭

7.3 합류 · 분류를 긴 엇갈림 구간으로 전환하는 사례

1. 차로조정 구간 및 내용

1) 경부고속도로 상행선 서울방향 수원IC~신갈Jct 구간의 본선 2, 3, 4차로의 폭을 축소(폭 3.60m ⇒ 3.45m)하였고,

2) 길어깨(길이 400m)를 본선 5차로로 변경(폭 3.00m ⇒ 3.45m)한 후, 중앙분리대, 측대 및 1차로의 폭은 현행대로 유지하였다.

[Fig. 7.3] 엇갈림 해결 방안 사례

2. 차로조정 이후의 효과

1) 수원IC~신갈Jct 구간에서 차로조정을 통해 용량을 증가시켜, 수원IC에서 진입교통량 의 합류에 따른 지 · 정체 Weaving이 감소되었다.

2) 진입부와 진출부 간격이 본 구간과 같이 1.6km 정도인 경우에는 병목구간을 긴 Weaving 구간으로 전환하는 방안이 엇갈림 해결에 적합하였다.

---

9) 국토교통부, '도로용량편람', 2013, pp.56~70.

8 실습문제

실습 1

어느 지하철 구간의 이용추세가 그림과 같을 때, Y_{15}년의 지하철 승객 수를 구하시오.

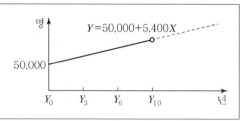

정답 Y=승객 수, X=연도라고 하고 Y_0년을 기준으로 하면 X=15
Y_{15}년의 지하철 승객 수는 Y=50,000+5,400×15=131,000명

실습 2

지하철 요금과 승객 수요의 관계가 그림과 같을 때, 수요 탄력성을 구하시오. 또 지하철 요금이 300원으로 인상되는 경우의 수요를 구하시오.

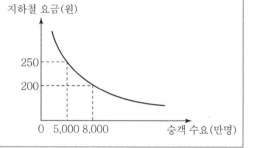

정답 V_0=8000, P_0=200, ΔV=(5,000−8,000)=−3,000

ΔP=(250−200)=50, $\mu = \dfrac{-3,000}{8,000} / \dfrac{50}{200} = 1.5$ ∴ 수요 탄력성=−1.5

지하철 요금이 300원으로 인상되는 경우의 수요는?

ΔV=−1.5 × $\dfrac{50}{250}$ × 5,000=−1,500 ∴ 수요=5,000−1,500=3,500명

실습 3

다음 지역의 존별 통행발생량과 자동차 보유대수가 다음 표와 같을 때, 장래 자동차 보유대수가 5만대일 경우의 통행 발생량을 구하시오.

구분	존 1	존 2	존 3	존 4
통행 발생량(천통행)	20	40	90	60
자동차 보유대수(천대)	5	7	14	12

정답 통행발생량이 Y, 자동차 보유대수가 X라면
n=4, $\sum X$=38, $\sum X^2$=414, $\sum Y$=210, $\sum XY$=2,360이므로
$\beta = \dfrac{(4 \times 2360) - (38 \times 210)}{(4 \times 414) - (38)^2} = 6.89$, $\alpha = \dfrac{210}{4} - 6.89 \times \dfrac{38}{4} = -12.96$
Y=−12.96+6.89X에 X=50을 대입하면 Y=331.54
∴ 장래 통행 발생량은 331,540통행이다.

실습 4

현재의 존간 통행량과 장래의 존 간 통행량이 다음과 같을 때, 장래의 존 간 통행량을 균일성장률법을 이용하여 계산하시오.

(현재)

O＼D	1	2	계
1	3	7	10
2	6	5	11
계	9	12	21

(장래)

O＼D	1	2	계
1			15
2			48
계	30	33	63

정답 F값 계산 : $F = \dfrac{63}{21} = 3$

존별 통행량 계산 : $t_{11}{}' = t_{11} \times F = 3 \times 3 = 9$

$\vdots \qquad \vdots \qquad \vdots$

장래 존 간 통행량은 [표]와 같이 배분한다.

O＼D	1	2	계
1	9	21	30
2	18	15	33
계	27	36	63

실습 5

어느 도로의 연평균 일교통량이 20,000대이고, 설계시간계수(K)가 0.15, 중방향계수(D)가 0.6, 첨두시간계수(PHF)가 0.9일 때 필요한 차로수를 구하시오.(단, 1차로당 서비스교통량은 850대이다.)

정답 첨두 설계시간교통량$(PDDHV)$ = 연평균 일교통량$(AADT) \times K \times D \times \dfrac{1}{PHF}$

$$= 20,000 \times 0.15 \times \frac{1}{0.9} = 2,000 대$$

1방향 차로수 $= \dfrac{첨두 설계시간교통량}{1차로당 서비스교통량} = \dfrac{2,000}{850} = 2.4 = 3차로$

양방향 차로수 $= 3 \times 2 = 6차로$

03

도로의 횡단구성

1 도로의 횡단구성

도로의 횡단면을 구성할 때는 해당 노선의 기능(도로구분, 설계속도), 교통상황(자동차, 보행자, 자전거 교통량), 공간상황(보행, 정보교류, 사회활동과 여가활동, 도시녹화, 공공시설 수용) 등을 고려하여 결정해야 한다. 차도의 횡단구성 요소의 폭을 크게 하면 자동차 통행에는 쾌적성이 향상된다. 하지만, 한 차로에 소형차 두 대가 통행할 정도로 폭을 넓게 하면 안전성을 저해할 수 있으므로 쾌적성과 안전성을 고려하여 횡단을 구성해야 한다.

1.1 도로의 횡단구성 기준

1. 계획도로의 기능에 따라 횡단을 구성하며, 설계속도가 높고 계획교통량이 많은 노선은 높은 규격의 횡단요소를 갖출 것
2. 계획목표연도에 대한 교통수요와 요구되는 계획수준에 적응할 수 있는 교통처리 능력을 갖추고, 교통의 안전성과 효율성을 검토하여 구성할 것
3. 교통상황을 감안하여 필요한 경우 자전거 및 보행자도로를 분리하고, 출입제한방식, 교통처리방식, 교차접속부 교통처리능력도 연관하여 검토할 것
4. 인접지역의 토지이용 실태 및 계획을 감안하여 도로 주변에 대한 양호한 생활환경이 보존될 수 있도록 할 것
5. 도로의 횡단구성 표준화를 도모하고 도로의 유지관리, 양호한 도시경관 확보, 유연한 도로기능을 확보할 것
6. 환경보전을 위한 환경친화적인 녹화공간을 확보하고 용이하게 출입할 수 있는 접근기능, 자동차나 보행자가 안전하게 체류할 수 있는 체류기능을 확보할 것
7. 승용차 이외에 대중교통 및 자전거도로 등 대중교통을 수용하고, 전기, 전화, 가스, 상하수도, 지하철 등 공공 공익시설을 수용할 것
8. 도시의 골격 및 녹화, 통풍, 채광 등 양호한 주거환경을 형성하고, 피난로, 소방활동, 연소방지 등 방재기능을 확보할 것

1.2 도로의 횡단구성 요소

1. 차도(차로에 의해서 구성되는 도로의 부분) : 차도는 차로로 구성되며, 차로의 너비는 교통안전과 관련 다년간의 경험을 통해 설계기준차량의 폭과 이동 여유공간의 너비에 따라 결정된다.

2. 중앙분리대

3. 정차대(차도의 일부)

4. 식수대 : 중앙분리대, 정차대, 식수대 등은 지역적 특성이나 도로 성격에 따라 횡단구성요소가 달라질 수 있으며, 반드시 안전성과 주행성을 고려해야 한다.

5. 길어깨

6. 자전거 전용도로

7. 자전거·보행자 전용도로

8. 보도 : 자전거 전용도로, 자전거·보행자 겸용도로, 보도 등은 각각의 통행량을 고려하거나 최솟값 이상으로 설치하되, 차도부와 별도로 설치해야 한다.

9. 측도(차도의 일부, Frontage Road)

10. 전용차로 : 도시부의 경우 대중교통을 수용하기 위해 다인승 차량을 위한 전용차로, 버스 통행을 위한 버스전용차로, BRT, 바이모달트램 시스템을 위한 전용차로 등을 운영하며, 운영특성에 따라 분리대를 설치할 수 있다.[10]

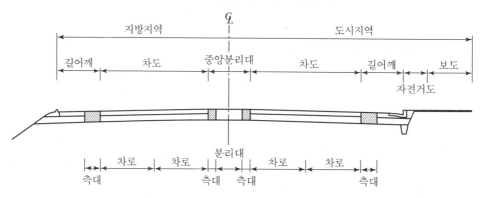

[Fig. 1.1] 지방지역 및 도시지역 도로의 횡단구성

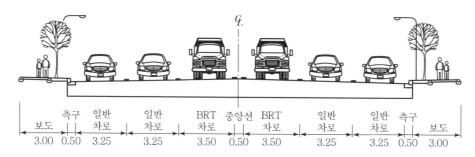

[Fig. 1.2] BRT 전용차로를 수용한 경우의 횡단구성

---

10) 국토교통부, '도로의 구조·시설기준에 관한 규칙', 2013, pp.109~115.

2 차로

2.1 차도의 구성

1. 차도(車道)와 차로(車路)

- 차도(車道)는 차량통행에 이용하기 위하여 설치된 부분(자전거전용도로 제외)으로서, 차로(車路)로 구성된다.
- 차로에는 직진차로, 회전차로, 변속차로, 오르막차로, 양보차로 등이 있다.

2. 차로(車路)의 기능별 분류

- 차로 : 한 줄로 선 자동차를 안전하고 원활하게 주행시키기 위하여 설치된 띠 모양의 도로부분
- 주·정차대, 주차장 : 자동차의 주차, 비상정차를 위하여 설치된 도로부분
- 기타 도로부분 : 교차로, 부가차로, 차로수 증감 또는 도로가 접속된 부분

[Table 2.1] 도로 횡단면 구성의 표준값

도로구분		해당 도로	설계속도 (km/h)	차로폭 (m)	중앙 분리대	길어깨(m) 우측	길어깨(m) 좌측	측대 (m)
지방지역	고속도로	고속도로	100~120	3.50~3.60	3.00	3.00	1.00	0.50
	주간선도로	국도	60~80	3.25~3.50	1.50~2.00	2.00	0.75	0.50
	보조간선도로	국도, 지방도	50~70	3.00~3.25		1.50	0.50	0.50
	집산도로	지방도, 군도	50~60	3.00		1.25	0.50	0.25
	국지도로	군도	40~50	3.00		1.00	0.50	0.25
도시지역	도시고속도로		80~100	3.50	2.00	2.00	1.00	0.50
	주간선도로		80	3.25~3.50	1.00~2.00	1.50	0.75	0.50
	보조간선도로		60	3.00~3.25		1.00	0.50	0.25
	집산도로		50	3.00		0.50	0.50	0.25
	국지도로		40	2.75~3.00		0.50	0.50	0.25

2.2 차로폭

1. 고속도로 및 일반도로의 차로폭

- 고속도로 : 3.50m 이상
  일반도로 : 3.00~3.50m(설계속도, 지역구분에 따라 적용)

도시지역 국지도로 : 2.75m(대형차량 비율이 적고 설계속도 40km/h 이하)
- 가·감속차로 : 본선 차로폭과 같게 하거나 3.00m까지 축소
- 좌·우회전차로 : 3.00m(대형차량 비율이 적고 용지 제약 시 2.75m)

2. 자동차전용도로의 차로폭

3.5m를 표준으로 적용

3. 소형차도로의 차로폭

- 소형차도로의 차로폭은 설계기준자동차의 폭을 고려하여 결정
  * 자동차의 설계기준폭 : 소형차자동차 – 2.0m
    대형자동차 및 세미트레일러 – 2.5m
- 일반차로 폭에서 0.5m까지 축소 가능하나 안전을 고려하여 다음 값을 적용
  80km/h 이상 소형차도로 : 3.25m(도시지역 도로폭에서 0.25m 축소)
  70km/h 이하 소형차도로 : 3.00m
  40km/h 이하 소형차도로 : 2.75m(도시지역의 경우)

4. 기타 도로의 차로폭

- 도심지 도로의 경우 일반자동차 이외의 BRT, 바이모달트램 시스템과 같은 첨단 대중교통수단의 물리적 시설물의 설치공간이 필요
- 첨단 대중교통수단의 차로폭은 일반도로의 차로폭과 같이 해당 자동차의 차로폭에 좌우 안전폭을 합한 값으로 결정[11]

[Table 2.2] BRT 차로의 최소폭

도로의 구분			차로의 최소폭(m)	
			지방지역	도시지역
고속도로			3.60	3.60
일반도로	설계속도 (km/h)	80 이상	3.50	3.50
		80 미만	3.50	3.25

---

11) 국토교통부, '도로의 구조·시설기준에 관한 규칙', 2013, pp.119~123.

3 중앙분리대

3.1 중앙분리대의 정의

1. 중앙분리대(中央分離帶)란 왕복의 교통을 분리하기 위하여 도로 또는 가로의 중앙에 만드는 지대를 말한다.
2. 대부분의 경우에 중앙분리대는 차도보다 1단 높은 구조로 되어 있으며, 대향차량의 전조등(헤드라이트)에 대한 눈부심 방지책이나 울타리를 설치하거나, 높이가 낮은 식물을 줄지어서 심을 수 있다.
3. 중앙분리대는 선형불량 구간이나 중앙선 침범사고가 빈발하는 장소로서 정면충돌을 방지하기 위하여 주로 설치하며, 분리대와 측대로 구성된다.

3.2 중앙분리대의 기능

1. 왕복교통류의 분리, 중앙선 침범에 의한 정면충돌사고 방지
2. 도로중심선 측의 교통마찰을 감소시켜 도로용량 증대에 기여
3. 사고 및 고장차량이 정지해 있을 수 있는 여유공간 제공
4. 비분리 다차로 도로에서 대향차로를 향한 오인진입 방지
5. 불법적인 유턴(U-turn) 자체를 방지로 안전성 향상
6. 도로표지, 교통관제시설 등의 설치장소 제공
7. 평면교차로에서 좌회전차로로 활용
8. 횡단보도에서 도로를 횡단하는 보행자 안전성 확보
9. 야간 주행 중에 대향차량의 전조등 불빛 차단
10. 방재기능, 경관기능 등을 갖출 수 있도록 식재공간 제공
11. 소음 감소, 식재에 의한 대기 정화, 녹화공간 제공
12. 도시지역에서 장래 차로확장에 대비할 수 있는 공간 제공

3.3 중앙분리대의 구성

1. 중앙분리대는 분리대와 측대로 구성되며, 분리대의 양쪽에는 측대를 설치한다.
2. 분리대는 중앙분리대 중에서 측대 이외의 부분을 말한다.
3. 중앙분리대 중에서 측대의 폭은 분리대 양쪽에 각각 0.50m 이상 설치해야 한다. 다만,

설계속도 80km/h 미만인 구간에서는 0.25m까지 축소할 수 있다.

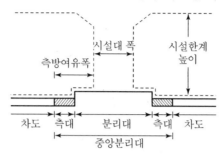

[Fig. 3.1] 중앙분리대의 구성

3.4 중앙분리대의 폭

1. 중앙분리대의 폭은 도로구분에 따라 [Table 3.1]의 값 이상으로 한다. 다만, 자동차전용도로에는 2.0m 이상으로 한다. 측대 폭은 설계속도가 80km/h 이상인 경우 0.5m 이상, 80km/h 미만인 경우 0.25m 이상으로 한다.

2. 중앙분리대의 폭은 시설한계가 확보되도록 정한다. 차로를 왕복 방향별로 분리하기 위해 중앙선을 두 줄로 표시하는 경우, 각 중앙선의 중심 사이의 간격은 0.5m 이상으로 한다.

[Table 3.1] 도로의 구분에 따른 중앙분리대의 최소폭

도로의 구분	중앙분리대의 최소폭(m)		
	지방지역	도시지역	소형차도로
고속도로	3.0	2.0	2.0
일반도로	1.5	1.0	1.0

3.5 중앙분리대 폭의 접속설치

1. 상·하행선이 분리된 병렬터널 입구에서 중앙분리대 폭이 변하거나, 도로 중심선 선형을 원활히 하기 위해 완화구간을 설치하는 경우 접속설치한다.

2. 접속설치길이는 완화곡선길이($KA \sim KE$)로 하고 접속설치율은 일정하게 유지하며, 중앙분리대 폭 차이가 큰 경우 분리대 양단에 Clothoid 곡선을 설치한다.

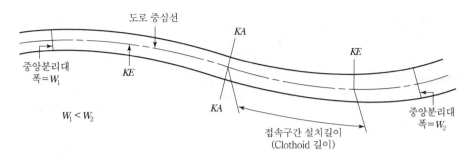

[Fig. 3.2] 중앙분리대의 접속설치

3.6 중앙분리대의 형식과 구조

1. 중앙분리대 설계의 기본요소

1) 연석의 형상

- 자동차가 넘어갈 수 있는 형태 : 넓은 중앙분리대에 사용
- 자동차가 넘어갈 수 없는 형태 : 좁은 중앙분리대에 사용

2) 분리대 표면의 형상

- 오목형(凹型) : 넓은 중앙분리대에 사용(배수 고려)
- 볼록형(凸型) : 좁은 중앙분리대에 사용

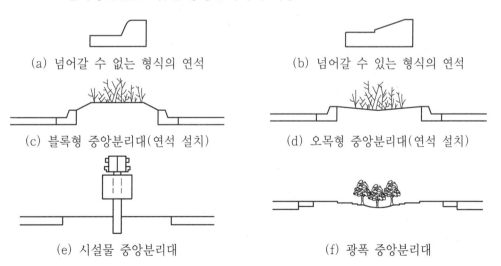

(a) 넘어갈 수 없는 형식의 연석   (b) 넘어갈 수 있는 형식의 연석

(c) 블록형 중앙분리대(연석 설치)   (d) 오목형 중앙분리대(연석 설치)

(e) 시설물 중앙분리대   (f) 광폭 중앙분리대

[Fig. 3.3] 중앙분리대의 형식과 구조

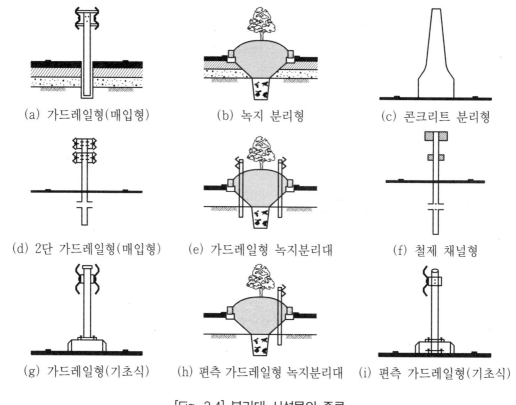

(a) 가드레일형(매입형)　　(b) 녹지 분리형　　(c) 콘크리트 분리형

(d) 2단 가드레일형(매입형)　(e) 가드레일형 녹지분리대　(f) 철제 채널형

(g) 가드레일형(기초식)　(h) 편측 가드레일형 녹지분리대　(i) 편측 가드레일형(기초식)

[Fig. 3.4] 분리대 시설물의 종류

3) 분리대 표면의 처리방식

- 잔디를 입히는 표면처리 : 넓은 중앙분리대에 사용
- 포장으로 처리하는 표면처리 : 좁은 중앙분리대에 사용

2. 분리대 설계의 기본요소

- 분리대는 도로관리, 긴급차량 출동 외에는 중단 없이 연속적으로 설치
- 분리대가 있는 도로에는 교통상황에 따라 원칙적으로 방호울타리를 설치

3.7 중앙분리대의 개구부

1. 개구부의 필요성

1) 중앙분리대에 의해 분리된 고속도로나 자동차전용도로에서는 사고처리(교통사고, 자연재해) 및 도로관리(유지보수)를 위해 개구부가 필요하다.

2) 다만, 방향별로 연속적으로 분리된 일반도로의 경우 인접한 평면교차로에서 출입이 가능하므로, 개구부 설치는 피하는 것이 교통안전에 바람직하다.

2. 개구부의 설치위치

1) 평면곡선 반지름이 600m 이상이고, 시거가 양호한 토공부에 설치
2) 터널, 버스정류장, 휴게소, 장대교(연장 100m 이상)의 앞·뒤에 설치
3) 인터체인지의 간격이 20km 이상인 경우 중간 적정한 위치에 2개소 설치, 20~5km인 경우 1개소 설치, 5km 이내인 경우 미설치
4) 2)항 시설물과 3)항 IC 간격에 따라 위치가 중복되는 경우 간격을 조정[12]

3. 개구부의 치수

$$L = (\frac{V_P}{3.6}) \times \frac{B}{H}$$

여기서, L : 개구부의 길이(m)
　　　　V_P : 개구부의 통과속도(km/h)
　　　　B : 수평 이동거리
　　　　H : 수평 이동속도(1.0m/sec)

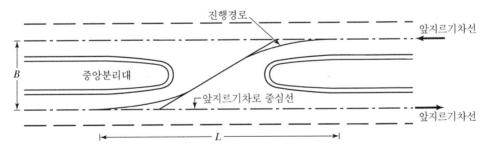

[Fig. 3.5] 중앙분리대의 개구부

---

12) 국토교통부, '도로의 구조·시설기준에 관한 규칙', 2013, pp.151~160.

4 길어깨

4.1 길어깨의 정의 및 설치목적

1) 길어깨(shoulder)는 도로를 보호하고 비상시에 이용하기 위하여 차도에 접속하여 설치하는 도로의 부분을 말한다.
2) 길어깨는 도로 유효폭 이외에 도로변의 노면 폭에 여유를 두기 위해 넓힌 부분으로, 설치목적은 다음과 같다.
   - 도로의 주요 구조부 보호
   - 차도의 효용성 증대(측방 여유폭 확보)
   - 고장차량 등이 비상 주·정차할 수 있는 공간 제공
   - 앰뷸런스, 구난차, 교통경찰차 등이 비상주행할 수 있는 공간 제공
   - 보도가 없는 도로에서 보행자 통행공간으로 이용

4.2 길어깨의 기능상 분류

1) 전폭 길어깨(S=2.50~3.25m)에서는 모든 차량이 일시정지 가능하다.
2) 반폭 길어깨(S=1.27~1.75m)에서는 차량 주행에 큰 지장을 주지 않는 측방여유폭을 확보하고, 승용차는 정차 가능하다.
3) 협폭 길어깨(S=0.50~0.25m)에서는 주행상 필요한 최소한의 측방여유폭을 확보하여야 한다.
4) 보호 길어깨는 포장구조 보호를 위해 가장 바깥쪽에 있고, 보도에 접속하여 도로 끝에 설치한다. 보호길어깨는 시설한계에는 포함되지 않으며, 노상시설(방호울타리, 도로표지)의 설치장소로 사용된다.

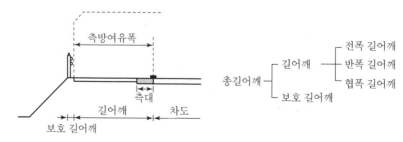

[Fig. 4.1] 길어깨의 기능상 분류

4.3 길어깨의 설치

1. 길어깨의 구조

1) 길어깨는 보행자, 자전거, 경운기 등의 통행을 위해 포장을 한다. 아스팔트 차도 포장에서는 유색 아스팔트 길어깨 포장을 한다.

2) 길어깨를 차도와 같은 높이로 설치하여 차량바퀴 이탈사고를 방지한다. 길어깨에 쇄석을 사용하는 경우 차도 표면과 단차를 방지할 수 있다.

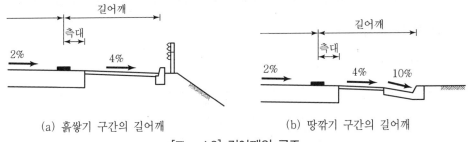

(a) 흙쌓기 구간의 길어깨   (b) 땅깎기 구간의 길어깨

[Fig. 4.2] 길어깨의 구조

2. 길어깨의 폭

1) 도로에는 차도와 접속하여 길어깨를 설치한다. 차도 오른쪽에 설치하는 길어깨 폭은 도로구분과 설계속도에 따라 [Table 4.1]의 폭 이상으로 한다. 다만, 오르막차로, 변속차로 등 차로와 길어깨의 접속구간에서는 0.5m 이상으로 한다.

2) 길어깨의 최소폭 기준
   - 지방지역 고속도로 : 대형자동차가 주차할 수 있는 최소폭
   - 도시지역 고속도로 : 승용자동차가 주차할 수 있는 최소폭
   - 일반도로 : 설계속도에 따라 차등 적용
   - 소형차도로 : 고장차량, 비상차량 대피공간을 확보할 수 있는 최소폭

[Table 4.1] 차도 오른쪽 길어깨의 최소폭

도로의 구분		차도 오른쪽 길어깨의 최소폭(m)		
		지방지역	도시지역	소형차도로
고속도로		3.00	2.00	2.00
일반도로	설계속도 (km/h) 80 이상	2.00	1.50	1.00
	60~80	1.50	1.00	0.75
	60 미만	1.00	0.75	0.75

3. 길어깨의 확폭

- 땅깎기 구간에 L형 측구 설치 시, L형 측구의 저판폭도 길어깨에 포함
- 터널과 장대교 전후 100m 구간에 고장차량 비상주차를 위해 확폭 시행

4. 길어깨 폭의 접속설치

- 길어깨 폭이 변하는 구간에서 접속설치율은 원칙적으로 1/30 이하 설치
- 주변여건이 여의치 않을 때 최대 접속설치율 : 도시지역 1/10, 지방지역 1/20

5. 길어깨의 측대

1) 측대의 기능

- 차도와 경계를 명확히 하여 운전자의 시선 유도, 안전성 증대
- 주행상 필요한 바퀴의 측방여유폭 확보, 차도의 효용성 유지
- 속도가 높은 자동차가 차선을 이탈한 경우에 안전성 향상

2) 측대의 설치방법

- 측대는 차도와 동일한 포장구조로 하며, 차도 바깥쪽에 차선으로 표시
- 측대는 모든 구간에 걸쳐 차도와 동일한 평면에 일정한 폭으로 설치

6. 길어깨의 생략 또는 축소

1) 도시지역 도로에서 도로의 주요 구조부 보호, 차도의 기능 유지에 지장 없는 경우, 길어깨 생략 가능

- 일반도로 또는 시가지 가로에 보도를 설치하는 경우
- 도시지역 시가지 가로에 주정차대, 자전거도로를 설치하는 경우

2) 길어깨를 생략하는 경우에도 최소한 측대에 해당하는 폭 0.5m 확보 필요

7. 좌측 길어깨

- 분리도로, 일방통행도로에서 주행에 필요한 측방여유 확보를 위해 설치
- 좌측 길어깨는 측방여유를 위해 우측 길어깨보다 좁게 2.00m 정도 설치[13]

---

13) 국토교통부, '도로의 구조·시설기준에 관한 규칙', 2013, pp.161~169.

5 주정차대

5.1 주정차대 설치 및 운용

1. 주정차대의 폭

1) 주정차대의 표준폭 : 2.5m 이상
   - 통과교통량이 많을 경우 안전을 고려하여 3.0m 이상
   - 주차차량의 폭(2.5m), 통과차량과 주차차량과의 여유(0.3m), 주차차량 바퀴의 연속으로부터 떨어진 거리(0.15~0.30m)를 고려하여 설정
2) 도시지역 구획도로에서 주차대상을 승용차만으로 할 경우 2.0m까지 축소

2. 주정차대의 구조 및 운용

1) 주정차대는 보도블록에 접속하여 연속적으로 설치하며, 도로의 횡단면 구성상 측구는 주정차대에 포함한다. 주정차대를 설치할 때는 건축선의 굴절(set back)과 보도폭의 연속성을 고려하여 차도면과 동일한 평면으로 구성한다.
2) 주정차대에 주차를 금지시키고 일시적인 정차만으로 운용할 수 있고 자전거나 경운기도 이용 가능하다. 교차로 부근에서는 주차는 물론 정차 행위도 교통소통에 지장을 준다. 이 경우 교차로 유·출입부에서는 주정차대를 부가차로로 겸용 가능하다.[14]

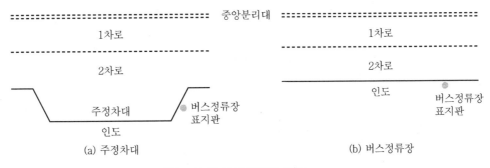

[Fig. 5.1] 주정차대의 구조

---

14) 국토교통부, '도로의 구조·시설기준에 관한 규칙', 2013, pp.175~176.

6 자전거도로

6.1 횡단구성에 따른 자전거도로의 유형

1. 자전거 전용도로

자전거만이 통행할 수 있도록 분리대, 연석, 기타 이와 유사한 시설물에 의하여 차도 및 보도와 구분하여 설치된 자전거도로

[Table 6.1] 자전거 전용도로의 특징

유형	설치방법	내용
자전거 전용도로		공원, 하천, 둔치 등에 독립적으로 설치된 도로(Cycle Path)
	연석/가드레일	도시부 일반도로에서 연석, 가드레일 등에 의해 입체적으로 분리된 도로(Cycle Track)

2. 자전거 · 보행자 겸용도로

자전거 이외에 보행자도 통행할 수 있도록 분리대, 연석, 기타 이와 유사한 시설물에 의하여 차도와 구분하여 별도로 설치된 자전거도로

[Table 6.2] 자전거 · 보행자 겸용도로의 특징

유형	설치방법	내용
자전거 · 보행자 겸용도로		자전거와 보행자가 부분적으로 혼용
	노면표시	하천, 공원 등에 설치

3. 자전거·자동차 겸용도로

자전거 이외에 자동차도 일시 통행할 수 있도록 도로에 노면표시로 구분하여 설치하는
자전거도로

[Table 6.3] 자전거·자동차 겸용도로의 특징

유형	설치방법	내용
자전거 · 자동차 겸용도로	노면표시	주로 자전거 통행에 이용되는 도로 (Cycle Lane)

[Table 6.4] 「자전거 이용 활성화에 관한 법률」 제3조에 의한 자전거도로의 종류

구분	내용
(1) 자전거 전용도로	자전거만 통행할 수 있도록 분리대, 경계석(境界石), 그 밖에 이와 유사한 시설물에 의하여 차도 및 보도와 구분하여 설치한 자전거도로
(2) 자전거·보행자 겸용도로	자전거 외에 보행자도 통행할 수 있도록 분리대, 경계석, 그 밖에 이와 유사한 시설물에 의하여 차도와 구분하거나 별도로 설치한 자전거도로
(3) 자전거 전용차로	차도의 일정 부분을 자전거만 통행하도록 차선(車線) 및 안전표지나 노면표시로 다른 차가 통행하는 차로와 구분한 차로
(4) 자전거 우선도로	자동차 통행량이 대통령령으로 정하는 기준*보다 적은 도로의 일부 구간 및 차로를 정하여 자전거와 다른 차가 상호 안전하게 통행할 수 있도록 도로에 노면표시로 설치한 자전거도로 *일일 통행량 2천 대 미만인 도로를 말한다. 다만, 다음 어느 하나에 해당하는 경우로서 지방경찰청장 또는 경찰서장과 협의한 경우에는 일일 통행량 2천 대 이상인 도로를 포함한다. ① 자전거도로의 노선 단절을 방지하기 위해 필요한 경우 ② 자전거 이용자의 안전을 위하여 특별히 필요한 경우

6.2 자전거도로의 시설기준

1. 설계속도

설계속도는 자전거도로의 구분에 따라 다음 표 이상으로 한다. 다만, 부득이한 경우 다음 표의 속도에서 10km/h를 뺀 속도 이상으로 할 수 있다.

[Table 6.5] 자전거도로의 설계속도

구분	설계속도(km/h)
자전거 전용도로	30[1]
자전거 · 보행자 겸용도로	20[2]

주 1) 입체적으로 분리된 자전거 전용도로는 30km/h, 도시지역은 20km/h
2) 노면표시로 통행공간이 분리된 자전거 · 보행자 겸용도로는 20km/h, 노면표시로 분리되지 않은 자전거 · 보행자 겸용도로나 자전거 · 자동차 겸용도로는 10km/h

2. 폭

자전거도로의 폭은 1.1m 이상으로 하나, 원활한 주행을 위하여 1.5m를 권장한다. 다만, 연장 100m 미만의 교량 · 터널에는 0.9m 이상으로 할 수 있다.

[Table 6.6] 자전거도로의 폭원 기준

구분	최소(m)	바람직(m)	교량 · 터널(m)[2]
일방향 1차로	1.1	1.5	0.9
양방향 1차로	2.0	3.0[1]	1.7

주 1) 양방향 1차로 바람직한 기준 3.0m는 최소 3차로 폭원으로 추월, 또는 일방향 병행주행이 가능한 폭원을 고려한 값이다.
2) 교량 · 터널은 불가피한 경우의 값이므로 가급적 최소 기준 이상을 적용한다.

3. 길어깨

일반도로와 별도로 설치하는 자전거도로는 도로 양측에 0.2m 이상의 길어깨를 설치한다. 다만, 다른 시설물과 접속되는 경우 길어깨를 생략할 수 있다.

4. 정지시거, 곡선반지름

일반도로와 별도로 설치하는 자전거도로의 정지시거와 곡선반지름은 [Table 6.7] 이상으로 한다.

[Table 6.7] 자전거도로의 정지시거 및 곡선반지름

설계속도(km/h)	정지시거(m)	곡선반지름(m)
30 이상	30	24
20 이상	15	17
10 이상	10	10
10 미만[1]	3	3

주 1) 이때, 교차로, 하천제방 또는 신설노선 중에서 불가피한 경우에는 설계속도 10km/h 미만의 최소 곡선반지름을 적용할 수 있다.

5. 종단경사

일반도로와 별도로 설치하는 자전거도로에서 종단경사에 따른 제한길이는 [Table 6.8]과 같다. 다만, 지형상황 등 부득이한 경우에는 예외로 한다.

[Table 6.8] 자전거도로의 종단경사에 따른 오르막 구간 제한길이

종단경사(%)	제한길이(m)
7 이상	90 이하
6 이상	120 이하
5 이상	160 이하
4 이상	220 이하
3 이상	제한 없음

6. 시설한계

자전거도로의 시설한계는 2.5m 이상으로 한다.[15]

---

15) 국토교통부, '도로의 구조ㆍ시설기준에 관한 규칙', 2013, pp.177~183.

7 보도 및 횡단보도

7.1 보행자 통행량을 이용한 보도폭 결정방법

[1단계] 계획·설계 목표연도 보행자도로의 수요 보행교통량 추정

[2단계] 추정된 수요 보행교통량 1분 보행교통량(인/분)으로 환산

[3단계] 서비스 보행교통류율(SV_i)에 의한 서비스수준 B 또는 C 제시

[4단계] 보행자도로에 대한 보도의 유효폭(W_E) 계산

$$W_E = \frac{V}{SV_i}$$

여기서, V : 장래의 수요 보행교통량(인/분)

SV_i : 서비스수준 i에서의 서비스 보행교통류율(인/분/m)

[5단계] 보도의 방해폭을 감안하여 보도폭(W_T)을 결정

$$W_T = W_E + W_O$$

여기서, W_E : 보도의 유효폭(m)

W_O : 보도의 방해폭(m)

[Table 7.1] 보행자 서비스수준

서비스수준	보행교통류율(인/분/m)	내용
A	≤20	보행속도 자유롭게 선택 가능
B	≤32	정상적인 속도로 보행 가능
C	≤46	타 보행자 앞지르기 시 약간의 마찰 있음
D	≤70	마찰 없이 타 보행자 앞지르기 불가능
E	≤106	보행자 대부분이 평소 보행속도로 걸을 수 없음
F	–	모든 보행자의 보행속도가 극도로 제한됨

[Table 7.2] 보행 지장요인에 의한 방해폭(W_O)

노상 방해시설	장애 정도(m)	노상 방해시설	장애 정도(m)
지하철 계단	1.7~2.1	가로수 기둥	0.8~1.0
건물 회전문	1.5~2.1	쓰레기통	0.9
건물 현관계단	0.6~1.8	소화전	0.8~0.9
가로수 보호대	1.5	기둥	0.8~0.9
공중전화 부스	1.2	건물 차양기둥	0.8
신호제어기 및 기둥	0.9~1.2	도로표지판	0.6
가로수	0.6~1.2	연석	0.5
우체통	1.0~1.1	배관 연결	0.3

7.2 보도의 횡단구성 및 유효폭

1. 보도는 연석에 의해 차도 면보다 0.1~0.25m 높은 구조로 설치하거나, 방호울타리에 의해 차도로부터 분리하여 설치하되 보도의 유효폭은 최소 1.5m 이상 확보한다.
2. 전신주나 교통표지판 등의 설치공간 제공, 교통약자 휠체어의 교행 등을 위하여 보도의 유효폭은 최소 2.0m 이상 필요하지만, 불가피한 경우 최소 1.5m 이상 확보한다.

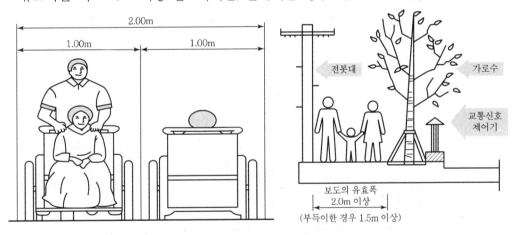

[Fig. 7.1] 보도의 횡단구성 및 유효폭

7.3 보행자와 차량의 분리시설

1. 보도육교 또는 지하보도

- 간선도로에서 교통량이 많아 도로 기능 보호가 필요한 구간이나 상업중심지, 학교, 공장, 운동장 등 보행자가 많은 구간에 설치한다.
- 보도육교 설치시 무단횡단 방지를 위해 차도와 보도 사이에 펜스를 설치하고, 장애인·노약자의 승강장(또는 경사 1 : 18 경사로)을 병행 설치한다.

2. 연석(緣石)

1) 수직형(Barrier Curb) 연석

- 특징 : 연석 전면이 수직에 가깝게 높아 차량의 이탈 방지
  고속주행시 연석에 충돌하면 전복되므로 고속도로에는 부적합
  연석 높이는 25cm 이하로 하며 가드레일과 병행하여 설치
- 대상 : 도시부에서 저속 도로이며 보도로 구분된 경우 수직형 설치

2) 경사형(Mountable curb)

- 특징 : 필요시 차량 바퀴가 연석 위로 올라갈 수 있는 형식
  전면 경사가 1 : 1보다 급하면 포장면에서 높이 10cm 이하
  전면 경사가 1 : 1~1 : 2이면 포장면에서 높이 15cm 이하
- 대상 : 지방부에서 잔디로 구성된 중앙분리대에는 경사형 설치

[Table 7.3] 보도면의 형식

형식	유형 I	유형 II	유형 III
단면도			
특징	- 보도 인지 측면에서 유리 - 턱낮추기에 종단경사 증가 - 보행자의 차도 진입이 쉬워 통행안전대책 수립 필요 - 보도면 표준높이 0.15m	- 턱낮추기 측면에서 유리 - 유형 I 에 비해 배수 불리 - 건물 출입부에서 보도 경사면이 줄어 평탄성 우수 - 보도면 표준높이 0.05m	- Barrier Free 실현에 유리 - 배수대책 강구 필요 - 보도면과 차도면 높이가 동일하여, 건물 출입부에 종단경사 변화 불필요

7.4 횡단보도

1. 개요

1) 횡단보도는 보행자가 교차로나 교차로 이외의 장소에서 차도를 횡단할 수 있도록 교통신호등, 도로표지, 노면표시 등으로 구분하여 설치한다.

2) 횡단보도는 보행자와 자동차가 교통신호에 따라 교대로 사용하는 공간이다.

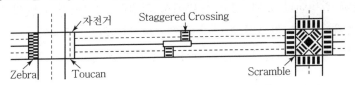

[Fig. 7.2] 횡단보도의 종류

2. 횡단보도의 종류

1) Zebra

가장 전통적인 형식의 횡단보도

2) Push button

보행자가 직접 신호등 button을 켜고 횡단하는 형식. 보행자가 적고, 일정시간대에만 횡단하는 지역(학교 앞)에 설치한다.

3) 투캔(Toucan)

보행자와 자전거가 함께 횡단하는 형식. 자전거가 교차로 반대쪽에서 횡단하고, 연석의 턱높이를 없앤다.

4) 대각선 횡단보도(Scramble)

보행자가 교차로에서 대각선 방향으로 횡단하는 형식. 보행자 횡단시 대기차량은 U-turn할 수 있다.

5) 굴절식 횡단보도(2단 횡단보도, Staggered Crossing)

- 2단 횡단보도는 폭이 넓은 도로를 두 번에 나누어서 횡단하도록 도로 중앙에 쉬어 갈 수 있는 공간을 제공한다. 즉 횡단보도 양쪽의 보행신호를 분리·운영하기 위해 중간에 보행섬을 설치하고 횡단보도를 2개로 분리한다.
- 자동차의 통행시간이 평균 31% 단축되지만, 보행자의 횡단시간이 평균 33% 증가되는 문제가 있다. 그러나 차량 이용자가 보행자 수보다 훨씬 많으므로, 보행자가 양보하면 전체적으로 시간비용을 줄일 수 있다.

8 횡단경사

8.1 차도부의 횡단경사

1. 직선구간에서 차도부의 횡단경사가 2% 이상 되면 자동차 핸들이 한쪽으로 쏠리며, 건조하거나 결빙이나 습기 있는 노면에서 횡방향 미끄러짐이 발생한다.

2. 광폭 도로에서 외측 차로의 횡단경사를 크게 할 경우 2종류의 직선경사를 조합, 각 차로의 횡단경사 차이를 1%로 설치하여 추월차량 충격을 완화한다.

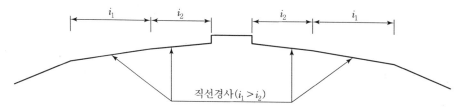

[Fig. 8.1] 두 종류의 직선경사를 조합하는 횡단경사

3. 동일 방향 차로에서 차도가 왕복 분리되지 않는 경우에는 차도 중앙을 정점으로 하고, 왕복 분리되는 경우에는 두 종류의 횡단경사를 설치한다.

   1) 동일 방향 차로에서 일방향 횡단경사

      일반적인 단면, 설계·시공 용이, 노면배수 간단, 교차로 접속설치 용이

   2) 동일 방향 차로에서 양방향 횡단경사

      강우 및 강설이 많은 지역에서 편도 3차로 이상의 넓은 도로에 적합

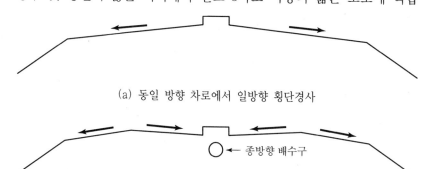

(a) 동일 방향 차로에서 일방향 횡단경사

(b) 동일 방향 차로에서 양방향 횡단경사

[Fig. 8.2] 동일 방향 차로에서 횡단경사 설치방법

[Table 8.1] 차도부의 횡단경사

노면의 종류	횡단경사(%)
아스팔트 및 시멘트 포장도로	1.5 이상 2.0 이하
간이포장도로	2.0 이상 4.0 이하
비포장도로	3.0 이상 6.0 이하

8.2 길어깨의 횡단경사

1. 길어깨의 횡단경사는 길어깨 노면 종류에 따라 [Table 8.2]의 비율로 한다.
2. 길어깨에서 측대를 제외한 폭이 1.5m 이하로 협소하여 길어깨 포장 시공과 편경사 접속설치가 곤란한 경우에는 차도면과 동일한 경사로 설치한다.

[Table 8.2] 길어깨의 횡단경사

노면의 종류	횡단경사(%)
아스팔트 및 시멘트 포장 길어깨 및 간이포장 길어깨	4.0

[Table 8.3] 본선 차도와 길어깨의 편경사 조합(경사차 8%)

길어깨(S_4)	본선 차도(S_3)	본선 차도(S_1)	길어깨(S_2)
-4	-2	-2	-4
-4	+2	-2	-4
-4	+3	-3	-4
-4	+4	-4	-4
-3	+5	-5	-5
-2	+6	-6	-6

주) 본선 최대 편경사가 6%인 경우에는 차도와 길어깨의 경사차를 7%로 한다.

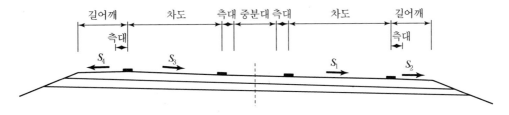

[Fig. 8.3] 본선 차도와 길어깨의 편경사 조합(경사차 7%)

3. 평면곡선부에서 편경사가 설치된 노면의 외측 길어깨에는 강우시 배수를 고려하여 본선 차도와 반대방향으로 횡단경사를 설치한다.
   - 본선 최대 편경사가 6%인 경우에는 경사차를 7%로 하며
   - 본선 최대 편경사가 7%를 초과할 경우에는 경사차를 8% 이하로 한다.[16]

[Table 8.4] 본선 차도와 길어깨의 반대방향 경사차(경사차 8%)

방향	횡단경사(%)								
e	←8	←7	←6	←5	←4	←3	←2	←1	←0
s	0→	1→	2→	3→	4→	5→	6→	7→	8→

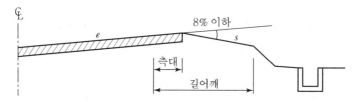

[Fig. 8.4] 본선 차도와 길어깨의 반대방향 경사차(경사차 8%)

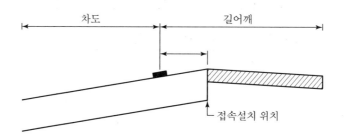

[Fig. 8.5] 길어깨의 접속설치 위치

---

16) 국토교통부, '도로의 구조·시설기준에 관한 규칙', 2013, pp.191~196.

9 시설한계(Clearance)

9.1 시설한계의 정의

1. 시설한계는 도로 위에서 자동차, 보행자 등의 교통안전을 확보하기 위하여 일정한 폭과 높이의 범위 내에서는 장애가 되는 시설물을 설치하지 못하게 하는 공간확보의 한계를 말한다. 시설한계 내에는 표지판, 방호울타리, 가로등, 가로수 등 도로의 부속물을 일체 설치할 수 없다.

2. 차도의 시설한계높이는 4.5m 이상으로 한다. 다만, 아래 경우는 낮출 수 있다.

   1) 집산도로 또는 국지도로가 지형상황 등으로 인하여 부득이하다고 인정되는 경우 4.2m까지 축소 가능하다.

   2) 소형차도로의 경우 3.0m 이상 축소 가능하다.

   3) 대형자동차의 교통량이 현저히 적고, 그 도로의 부근에 대형자동차가 우회할 수 있는 도로가 있는 경우 3.0m까지 축소 가능하다.

[Table 9.1] 차도의 시설한계

주) H : 통과높이(시설한계높이)

a 및 e : 차도에 접속하는 길어깨의 폭(다만, a가 1m를 초과하는 경우 1m로 한다.)

b : H(4m 미만인 경우에는 4m)에서 4m를 뺀 값[다만, 소형차도로는 H(2.8m 미만인 경우 2.8m)에서 2.8m를 뺀 값]

c 및 d : 교통섬과 관계가 있으면 c는 0.25m, d는 0.5m로 하고, 분리대와 관계가 있으면 도로구분에 따라 정한 다음 값으로 한다.

[Table 9.2] 교통섬 관련 c 및 d 값

도로구분	c	d
고속도로	0.25~0.50m	0.75~1.00m
도시고속도로	0.25m	0.75m
일반도로	0.25m	0.50m

9.2 시설한계의 설치기준

1. 시설한계의 상한선은 보통의 횡단경사를 갖는 구간에서는 노면에 연직으로 잡고, 편경사를 갖는 구간에서는 노면에 직각으로 잡는다.

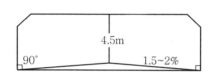

[Fig. 9.1] 보통의 횡단경사를 갖는 구간

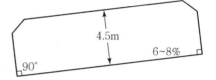

[Fig. 9.2] 편경사를 갖는 구간

2. 차량의 높이제한 표지판은 차도의 노면으로부터 상단 여유폭이 4.7m 미만인 구조물에 설치하되, 당해 구조물 높이에서 20cm를 뺀 수치를 표시한다.[17]

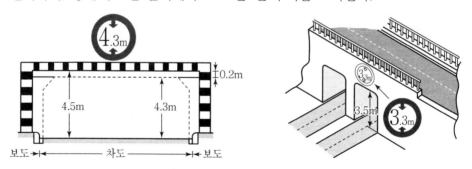

[Fig. 9.3] 차량의 높이제한 표지 설치

---

17) 국토교통부, '도로의 구조·시설기준에 관한 규칙', 2013, pp.223~226.

10 실습문제

| 실습
1 | 다음 조건과 같은 입체교차 구간에서 고속도로가 국도 위를 통과(overpass)하는 경우에 고속도로에 새로 설치되는 교량의 계획고를 구하시오.   [대학원 과정] |

〈조건〉

고속도로는 4차로, 폭원 24.0m, 편경사 3%, 종단경사 2%이고, 국도는 4차로, 폭원 20.0m, 횡단경사 2%, 종단경사 2%이며, 고속도로와 교차하는 지점의 국도 계획고 $EL = 10.0$m이다.

정답 1. 형하공간 계산

    1) 국도 종단경사 0.24(12.0×0.02＝0.24m)

    2) 국도 시설한계 4.7

    3) Beam 형고 2.00

    4) Slab 두께 0.30

    5) 고속도로 횡단경사 0.36(12.0×0.03＝0.36m)

∴ 형하공간 합계는 7.6m이다.

2. 고속도로 교량의 계획고(EL)

    국도 계획고＋형하공간＝10.0＋7.6＝17.6m

∴ 고속도로에 새로 설치되는 교량의 계획고는 17.6m이다.

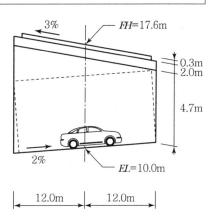

Road Engineering

앞서가는 **도로공학**

04

도로의 선형설계

Road Engineering

1 평면선형의 구성요소

도로의 평면선형은 경제적 여건 내에서 주행의 안전성, 쾌적성, 연속성을 고려하며, 설계속도에 따라 직선, 원곡선, 완화곡선의 3요소로 구성된다. 원곡선과 완화곡선으로 구성된 평면곡선 구간에서는 설계속도와 평면곡선 반지름의 관계, 횡방향미끄럼마찰계수, 편경사, 확폭 등의 설계요소가 조화를 이루어야 한다.

1.1 평면선형의 구성요소

1. 평면곡선 반지름

자동차가 평면곡선부를 주행할 때는 원심력에 의해 곡선 바깥쪽으로 힘을 받으며, 이때 원심력은 자동차의 속도와 중량, 평면곡선 반지름, 타이어와 포장면의 횡방향마찰력 및 편경사에 의하여 발생한다. 평면곡선부를 주행하는 자동차가 주행의 안전성과 쾌적성을 확보할 수 있도록 횡방향미끄럼마찰계수와 편경사의 값으로 설계속도에 따른 최소 평면곡선 반지름을 결정한다.

2. 평면곡선길이

자동차가 평면곡선부를 주행할 때 곡선길이가 짧으면 운전자는 핸들을 곡선방향으로 조작하였다가 즉시 반대방향 직선부로 조작해야 하므로, 운전자가 횡방향 힘을 받게 되어 불쾌감을 느끼고 고속주행시 안전성도 저하된다. 따라서 최소 평면곡선길이는 운전자가 핸들조작에 곤란을 느끼지 않도록 평면곡선 반지름이 실제 크기보다 작게 보이는 착각을 피할 수 있도록 결정한다.

3. 평면곡선부의 편경사

자동차가 평면곡선부를 주행할 때 운전자에게 불쾌감을 주는 횡방향력을 줄이기 위해서는 편경사를 크게 해야 하지만, 포장면의 결빙이나 자동차의 정지·출발시 횡방향으로 미끄러질 우려가 있어 최대 편경사를 제한한다.

4. 평면곡선부의 확폭

평면곡선 반지름이 작은 곡선부에서는 설계기준자동차의 회전 궤적이 그 차로를 넘어서므로, 이러한 구간에서는 차로의 폭을 확폭해야 한다.

5. 완화곡선 및 완화구간

자동차가 평면선형의 직선부에서 곡선부로, 곡선부에서 직선부(또는 다른 곡선부)로 원활히 주행하도록 주행궤적의 변화에 따라 설치하는 변이구간에는 완화곡선 또는 완화구간을 설치한다.

2 평면곡선 반지름

□ 「도로의 구조·시설기준에 관한 규칙」 5-1-2 평면곡선 반지름

1. 차도의 평면곡선 반지름은 설계속도와 편경사에 따라 [Table 2.1]의 이상으로 한다.

[Table 2.1] 차도의 평면곡선 반지름

설계속도 (km/h)	최소 평면곡선 반지름(m)						횡방향미끄럼 마찰계수(f)
	최대편경사 6%		최대편경사 7%		최대편경사 8%		
	계산값	규정값	계산값	규정값	계산값	규정값	
120	709	710	667	670	630	630	0.10
110	596	600	560	560	529	530	0.10
100	463	460	437	440	414	420	0.11
90	375	380	354	360	336	340	0.11
80	280	280	265	265	252	250	0.12
70	203	200	193	190	184	180	0.13
60	142	140	135	135	129	130	0.14
50	89	90	86	85	82	80	0.16
40	57	60	55	55	52	50	0.16
30	32	30	31	30	30	30	0.16
20	14	15	14	15	13	15	0.16

2.1 평면곡선 반지름의 산정

1. 평면곡선부를 주행하는 자동차에는 다음과 같은 크기의 원심력이 작용한다.

$$F = \frac{W}{g} \times \frac{v^2}{R}$$

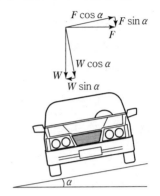

여기서, F : 원심력(kg)

$\quad\quad\quad W$: 자동차의 총중량(kg)

$\quad\quad\quad g$: 중력가속도($\fallingdotseq 9.8\text{m/sec}^2$)

$\quad\quad\quad v$: 자동차의 속도(m/sec)

$\quad\quad\quad R$: 평면곡선 반지름(m)

노면에 수평방향으로 원심력(F)과 수직방향으로 자동차의 총중량(W)이 작용하며, 경사각 α (편경사)에 의해 그 분력이 발생한다.

[Fig. 2.1] 평면곡선부 원심력

2. 자동차가 횡방향으로 미끄러지지 않기 위해서는 원심력 방향의 힘이 타이어와 포장면 사이의 횡방향 마찰력보다 작아야 한다.

$$(F\cos\alpha - W\sin\alpha) \leq f(F\sin\alpha + W\cos\alpha) \quad\cdots\cdots\cdots\cdots [식\ 2.1]$$

양변을 $\cos\alpha$ 로 나누고, 편경사($\tan\alpha = i$)를 대입하면

$$(F - Wi) \leq f(Fi + W) \quad\cdots\cdots\cdots\cdots\cdots\cdots\cdots\cdots [식\ 2.2]$$

[식 2.2]에 [식 2.1]을 대입하면

$$\left(\frac{W \cdot v^2}{g \cdot R} - Wi \right) \leq f \left(\frac{W \cdot v^2}{g \cdot R} i + W \right)$$

양변을 W 로 나누어 정리하면 $\quad\quad\quad \dfrac{v^2}{g \cdot R} - i \leq f \left(\dfrac{v^2}{g \cdot R} i + 1 \right)$

평면곡선 반지름 R 의 식으로 정리하면 $\quad R \geq \dfrac{v^2}{g} \cdot \dfrac{1 - fi}{i + f}$

fi 는 매우 작으므로($V = 100\text{km/h}$ 일 때 $fi = 0.11 \times 0.06 = 0.0066$) 생략하고

$v(\text{m/sec}) = \dfrac{V}{3.6}(\text{km/h})$, $g = 9.8\text{m/sec}^2$ 으로 정리하면

$$R \geq \frac{v^2}{g(i+f)} = \frac{V^2}{(3.6)^2 \times 9.8 \times (i+f)} = \frac{V^2}{127(i+f)} \Rightarrow R \geq \frac{V^2}{127(i+f)}$$

2.2 평면곡선 반지름의 적용

1. 일반 도로

평면선형 설계시 최소 평면곡선 반지름 규정값에 얽매여 지형상 여유가 있음에도 불구하고 최소 평면곡선 반지름 값을 적용하는 것은 바람직하지 않다. 즉, 평면곡선부에서는 앞뒤 구간의 조건과 균형을 고려하여 지형조건에 순응할 수 있도록 적정한 평면곡선 반지름 값을 적용한다.

2. 지방부 도로

설계속도에 따라 규정된 최소 평면곡선 반지름을 적용하는 경우 토공량이 크게 늘어나 공사비 대폭 증액으로 사실상 공사시행이 불가능할 수도 있다. 이 경우, 설계속도를 한 단계 낮춤으로써 도로편익에 다소 손실이 있더라도 건설비가 크게 절약되면 비용/편익(B/C)이 커져 경제적이다.

그러나 극히 짧은 구간에만 낮은 설계속도를 적용하는 것은 피해야 한다. 운전가가 갑자기 감속하면 사고위험이 높아지므로 적당한 구간에 걸쳐 설계속도를 낮춤으로써 자연스럽게 속도를 조정하도록 한다. 선형의 계획단계에서 서서히 평면곡선 반지름을 작게 하든지, 급한 평면곡선부를 운전자가 알아챌 수 있도록 배치한다.

3. 도시부 도로

도시부 도로에서는 주변여건 때문에 편경사를 설치할 수 없는 경우가 많다. 이 경우, 평면곡선 반지름 최솟값은 직선부의 횡단경사를 편경사로 설정하고 횡방향미끄럼마찰계수 값은 설계속도에 따라 0.14~0.15까지 적용한다. 이보다 더 작은 최소 평면곡선 반지름을 적용하는 경우에는 원심력 증가분에 대해서 약간의 편경사를 설치하여 안전성을 확보한다.

2.3 횡방향미끄럼마찰계수와 편경사

1. 개요

1) 자동차가 평면곡선부를 주행할 때 곡선 바깥쪽으로 원심력이 작용하며, 그 힘에 반하여 노면에 수직으로 횡방향이 작용하고, 타이어와 포장면 사이에 횡방향의 마찰력이 발생한다.

2) 이때 포장면에 작용하게 되는 수직력이 횡방향마찰력으로 변환되는 정도를 나타내는 것이 횡방향미끄럼마찰계수(f, Side Friction Factor)이다.

2. 횡방향미끄럼마찰계수 성질

1) 속도가 증가하면 횡방향미끄럼마찰계수 값은 감소한다.
2) 습윤, 빙설상태의 포장면에서 횡방향미끄럼마찰계수 값은 감소한다.
3) 타이어의 마모 정도에 따라 횡방향미끄럼마찰계수 값은 감소한다.

3. 횡방향미끄럼마찰계수와 편경사

1) 실측하여 구한 횡방향미끄럼마찰계수 값 [일본 구조령]
 - 아스팔트콘크리트포장 : 0.4~0.8
 - 시멘트콘크리트포장　 : 0.4~0.6
 - 노면이 결빙된 경우　 : 0.2~0.3

2) 설계에 적용되는 횡방향미끄럼마찰계수와 편경사 값 [미국 AASHTO]
 - 최소 평면곡선 반지름 $R \geq \dfrac{V^2}{127(i+f)}$ 에서 f 를 크게 하면 R은 작아져도 횡방향으로 미끄러지지 않기 위한 조건은 만족한다.
 - 그러나, f 가 커지는 만큼 R이 작아져서 횡방향으로 쏠리는 느낌이 커져, 운전자가 감속하므로 교통흐름에 방해되어 불리하다.
 - 따라서, f 는 횡방향으로 미끄러지지 않기 위한 조건을 만족하는 최댓값 대신, 주행의 쾌적성과 안전성을 고려하여 0.10~0.16을 적용한다.

[Table 2.2] 설계속도에 따른 횡방향미끄럼마찰계수

설계속도(km/h)	120	110	100	90	80	70	60	50	40	30	20
횡방향미끄럼마찰계수	0.10	0.10	0.11	0.11	0.12	0.13	0.14	0.16	0.16	0.16	0.16

 - 또한, i 를 크게 하면 R이 작아져서 서행, 결빙, 강우시 내측으로 미끄러지므로 최대편경사를 6~8%로 제한한다.[18]

[Table 2.3] 평면곡선부의 최대편경사

구분	지방지역		도시지역	연결로
	적설·한랭 지역	그 밖의 지역		
최대편경사(%)	6	8	6	8

---

18) 국토교통부, '도로의 구조·시설기준에 관한 규칙', 2013, pp.227~234.

3 평면곡선의 길이

□ 「도로의 구조·시설기준에 관한 규칙」 5-1-3 평면곡선의 길이

1. 평면곡선부에서 차도 중심선의 길이(완화곡선이 있는 경우에는 그 길이를 포함한다)는 [Table 3.1]의 길이 이상으로 한다.

[Table 3.1] 평면곡선부에서 차도 중심선의 길이

설계속도(km/h)	평면곡선의 최소길이(m)	
	도로 교각이 5° 미만인 경우	도로 교각이 5° 이상인 경우
120	700/θ	140
110	650/θ	130
100	550/θ	110
90	500/θ	100
80	450/θ	90
70	400/θ	80
60	350/θ	70
50	300/θ	60
40	250/θ	50
30	200/θ	40
20	150/θ	30

주) θ는 도로교각의 값(°)이며, 2° 미만인 경우에는 2°로 한다.

3.1 평면곡선의 길이 산정

1. 운전자가 핸들조작에 곤란을 느끼지 않을 길이

1) 평면곡선에서 운전자가 핸들조작에 곤란을 느끼지 않고 통과하기 위해서 평면곡선길이를 약 4~6초간 주행할 수 있는 길이 이상 확보한다.

2) 국내에서는 4초간 주행할 수 있는 길이를 평면곡선길이의 최솟값으로 규정하고 있으며, 이 원곡선의 길이는 다음 식으로 산정한다.

$$L = t \cdot v = \frac{t}{3.6} \cdot V$$

여기서, L : 평면곡선길이(m), t : 주행시간(4초), v, V : 주행속도(m/sec, km/h)

2. 도로교각이 5° 미만인 경우의 길이

1) 도로교각이 매우 작을 경우 곡선길이가 실제보다 작게 보이므로 도로가 급하게 꺾여 있는 착각을 일으키며, 이러한 경향은 교각이 작을수록 현저하다.
   - 따라서, 교각이 작을수록 긴 곡선을 삽입하여 도로가 완만히 돌아가고 있는 듯한 감을 갖도록 해야 한다.

2) 도로교각이 작은 평면곡선 구간에서 운전자가 곡선구간을 주행한다는 것을 인식하도록 외선길이(N, Secant Length)가 어느 정도 이상이어야 한다.
   - 완화곡선이 Clothoid일 때 도로교각이 5° 미만인 경우의 외선장이 도로교각이 5°인 경우의 외선장과 같은 값이 되는 곡선길이를 최소 평면곡선길이로 하였으며, 이 완화곡선길이는 다음 식으로 산정한다.

완화곡선길이 $l = 344 \dfrac{N}{\theta}$

원곡선길이 $L = 2l = 688 \dfrac{N}{\theta}$

여기서, l, L : 설계속도로 4초간 주행할 수 있는 길이
N : 도로교각 5°일 때, 최소 완화곡선길이로 설치된 곡선부의 외선길이
θ : 도로교각

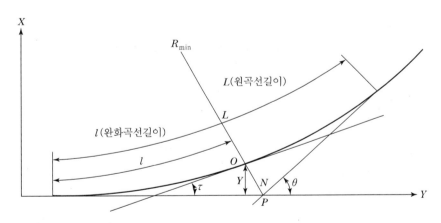

[Fig. 3.1] 도로교각이 5° 미만인 경우의 외선길이

3.2 평면곡선길이의 적용요령

1. 설계속도에 따라 규정된 최소 평면곡선길이는 최소 완화구간길이의 2배이다.
   - 완화곡선만으로도 최소 평면곡선길이를 만족할 수 있으나, 이 경우 평면곡선 반지름이 가장 작은 곳에서 핸들을 급히 돌려야 한다.
   - 또한 편경사 설치로 절곡되는 곳이 많아 주행에 원활하지 못한 곡선이 되므로, 두 완화곡선 사이에 어느 정도 길이의 원곡선을 삽입한다.

2. 원곡선길이는 설계속도로 약 4초간 주행할 수 있는 길이 이상을 삽입한다.
   - 원곡선반경(R)과 Clothoid Parameter(A) 사이에 $R \geq A \geq \dfrac{R}{3}$ 일 때 평면곡선이 원활하게 조화를 이루며, 특히 $A > \dfrac{R}{3}$ 일 때 바람직하다.
   - 도로교각 크기, 지형 및 지장물 등 주변여건에 따라 운전자 핸들조작 시간, 편경사 등을 고려하여 원곡선길이와 완화곡선길이를 적절히 설치한다.[19]

4 평면곡선부의 편경사 접속설치 　　　　[대학원 과정]

□ 「도로의 구조·시설기준에 관한 규칙」 5-1-4 평면곡선부의 편경사

1. 차도의 평면곡선부에는 도로가 위치하는 지역, 적설 정도, 설계속도, 평면곡선 반지름, 지형상황 등에 따라 [Table 4.1]의 비율 이하의 최대편경사를 설치한다.

[Table 4.1] 평면곡선부의 최대편경사

구분	지방지역		도시지역	연결로
	적설·한랭 지역	그 밖의 지역		
최대편경사(%)	6	8	6	8

2. 제1항에도 불구하고 다음 각 호에 해당하는 경우 편경사를 생략할 수 있다.

---

19) 국토교통부, '도로의 구조·시설기준에 관한 규칙', 2013, pp.235~238.

1) 평면곡선 반지름이 너무 커서 편경사가 필요 없는 경우

2) 설계속도 60km/h 이하인 도시지역 도로에서 편경사가 필요 없는 경우

3. 편경사가 설치되는 차로수가 2개 이하인 경우, 편경사의 접속설치길이는 설계속도에 따라 [Table 4.2]의 편경사 접속설치율에 따른 길이 이상으로 설치한다.

[Table 4.2] 설계속도에 따른 편경사 접속설치율

설계속도 (km/h)	120	110	100	90	80	70	60	50	40	30	20
편경사 접속설치율	1/200	1/185	1/175	1/160	1/150	1/135	1/125	1/115	1/105	1/95	1/85

4. 편경사가 설치되는 차로수가 2개 이상인 경우, 편경사의 접속설치길이는 제3항에서 산정된 길이에 [Table 4.3]의 보정계수를 곱한 길이 이상으로 설치한다.

[Table 4.3] 편경사의 접속설치길이 보정계수

편경사가 설치되는 차로수	3	4	5	6
접속설치길이의 보정계수	1.25	1.50	1.75	2.00

4.1 평면곡선 반지름과 편경사의 상관관계

1. 설계속도와 평면곡선 반지름에 대해 편경사와 횡방향미끄럼마찰계수의 크기를 나타내는 식 $i+f = \dfrac{V^2}{127R}$ 에서 편경사와 횡방향마찰력이 각각 어느 정도의 원심력을 분담할 것인가에 따라 i 와 f 의 값이 상관관계를 갖게 된다.

2. 평면곡선 반지름이 작아짐에 따라 $(i+f)$ 값은 급격히 증가한다. 반면, 설계속도가 높아지면 $(i+f)$ 값이 증가하며, 특히 평면곡선 반지름이 작은 경우에는 설계속도 증가에 대한 $(i+f)$ 값의 증가량이 커진다.

   - 평면곡선 반지름이 작으면 약간의 속도 증가로도 쾌적성에 큰 영향이 있으며, 평면곡선 반지름이 크면 쾌적성을 저해하지 않는 속도의 범위가 넓어진다.

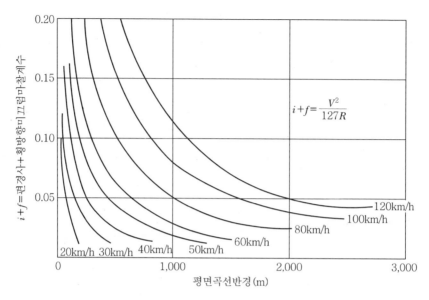

[Fig. 4.1] $(i+f)$와 평면곡선 반지름의 관계

4.2 편경사와 횡방향마찰력을 분배하여 원심력을 상쇄시키는 5가지 방법

* 평면곡선부에서 원심력에 불쾌감을 느끼지 않도록 편경사와 횡방향마찰력을 균형 있게
분배하여, 평면곡선부에 편경사를 얼마나 설치할 것인가 결정하는 방법

[방법 ①] : 자동차가 설계속도로 주행할 때, 편경사와 횡방향마찰력을 평면곡선 반지름의
곡률(1R)에 직선비례로 증가시키는 방법. 모든 구간에서 자동차 속도가 일정해
야 하는 직선식이므로, 직선식의 중간에 해당하는 평면곡선 반지름 구간에서는
편경사를 상향 조정해야 한다.

[방법 ②] : 자동차가 설계속도로 주행할 때, 먼저 횡방향미끄럼마찰계수를 평면곡선 반지름
의 곡률(1R)에 직선비례하여 최대 횡방향미끄럼마찰력까지 증가시킨 후, 편경
사를 평면곡선 반지름의 곡률에 직선비례로 증가시키는 방법. 최대 횡방향미끄
럼마찰력에 도달한 후 편경사를 설치하므로 편경사가 급격하게 변화된다.

[방법 ③] : 자동차가 설계속도로 주행할 때, 먼저 편경사를 평면곡선 반지름의 곡률에
직선비례로 최대 편경사까지 증가시킨 후, 횡방향미끄럼마찰계수를 평면곡선
반지름의 곡률에 직선비례로 증가시키는 방법. 횡방향미끄럼마찰계수가 급격하
게 변화하기 때문에 자동차의 속도변화가 다양하다.

[방법 ④] : 방법 ③에서 설계속도를 평균 주행속도로 적용하는 방법. 설계속도가 낮은 도로에
서는 횡방향미끄럼마찰계수가 급격하게 변화한다.

[방법 ⑤] : 방법 ①과 ③에서 얻어진 값들을 이용하여 포물선식으로 편경사와 횡방향미끄럼
마찰계수를 결정하는 방법. 편경사와 횡방향마찰력을 가장 합리적으로 만족시킬
수 있는 분배방법이다.

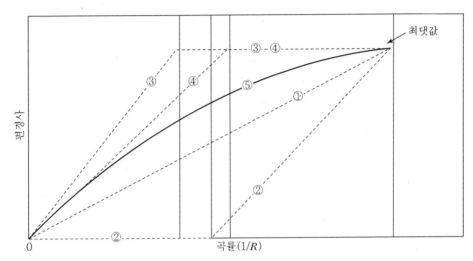

(a) 설계속도에 따른 편경사와 평면곡선 반지름의 관계

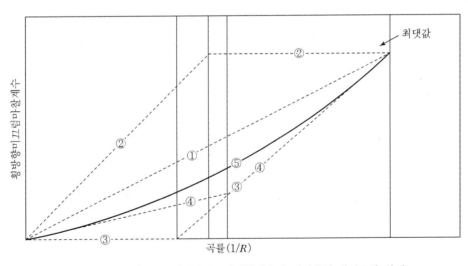

(b) 설계속도에 따른 횡방향미끄럼마찰계수와 평면곡선 반지름의 관계

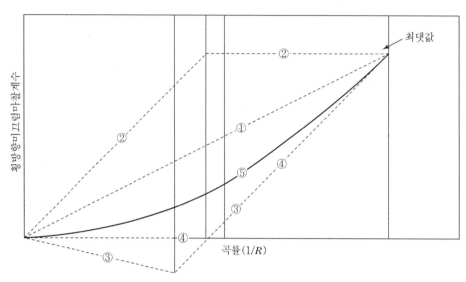

(c) 주행속도에 따른 횡방향미끄럼마찰계수와 평면곡선 반지름의 관계

[Fig. 4.2] 편경사와 횡방향미끄럼마찰계수의 분배방법

4.3 평면곡선부의 편경사 적용요령

1. 일반적인 경우의 편경사

1) 적설한랭지역 도로를 제외하고 최대 편경사를 8%까지 적용한다.

편경사를 6% 이상 적용하는 경우에는 순간적인 쾌적성 증대보다는 안전성 확보 측면을 고려한다.

2) 도시지역은 최대 편경사를 6%로 제한하여 도로 안전성을 증진한다.

도시지역은 교통량 영향으로 자동차의 정지 횟수가 많으므로 편경사를 높게 적용하기 어렵다.

3) 연결로와 같이 짧은 통행구간에는 최대 편경사를 8%까지 적용한다.

지형상황 때문에 평면곡선 반지름을 작게 설치하는 구간에 특별안전대책을 수립한 경우, 최대 편경사를 높여도 된다.

2. 도시지역 도로의 편경사

1) 도시지역 도로에서는 주변상황, 교차로 상호관계, 배수 등의 문제 때문에 편경사

표준값을 설치할 수 없는 경우가 있다.

- 이 경우 편경사를 생략할 수 있는 평면곡선 반지름으로 설계
- 횡방향미끄럼마찰계수는 60km/h 이상시 0.14, 60km/h 미만시 0.15 적용

2) 도시고속도로, 설계속도 70km/h 이상의 도시 내 우회도로, 입체교차 구간에는 지방지역 도로의 편경사를 설치한다.

- 편경사 설치시 동일한 설계구간 내에서는 동일한 기준을 적용한다.

3. 비포장도로의 편경사

비포장도로에는 배수를 위해 3~5%의 횡단경사가 적당하며, 그 이상 편경사를 완만하게 설치하면 배수가 곤란하다. 이는 포장 전까지 배수를 고려한 잠정 조치이므로, 포장공사를 시행하는 경우 편경사 표준값으로 설치한다.

4. 중앙분리대 및 길어깨의 편경사

중앙분리대에서 분리대를 제외한 측대부분과 길어깨의 측대부분에는 차도와 동일한 편경사를 설치한다. 길어깨의 횡단경사를 차도의 횡단경사와 반대로 설치하는 경우, 그 경사차를 8% 이하로 한다.[20]

4.4 평면곡선부의 편경사 접속설치기준

1. 편경사의 접속설치율

1) 편경사가 설치되는 차로수가 2개 이하인 경우, 편경사의 접속설치길이는 설계속도에 따른 편경사 접속설치율 이상으로 설치한다.

[Table 4.4] 설계속도에 따른 편경사 접속설치율 비교

국가 \ 설계속도 (km/h)	120	110	100	90	80	70	60	50
미 국	1/250	1/238	1/222	1/210	1/200	1/182	1/167	1/150
일 본	1/200	–	1/175	–	1/150	–	1/125	1/115
한 국	1/200	1/185	1/175	1/160	1/150	1/135	1/125	1/115

---

20) 국토교통부, '도로의 구조·시설기준에 관한 규칙', 2013, pp.239~249.

2) 편경사가 설치되는 차로수가 2개 이상인 경우, 편경사의 접속설치길이는 제1항에서 산정된 길이에 보정계수를 곱한 길이 이상으로 설치한다.

[Table 4.5] 편경사의 접속설치길이 보정계수

편경사가 설치되는 차로수	3	4	5	6
접속설치길이의 보정계수	1.25	1.50	1.75	2.00

2. 편경사의 설치길이와 완화구간 길이

1) 편경사 설치는 원칙적으로 완화곡선 전(全) 길이에 걸쳐서 설치해야 한다.

2) 즉, 완화곡선 길이는 편경사를 완전하게 변화시켜 설치할 수 있는 길이 이상이어야 하며, 그 길이는 다음 식으로 결정한다.

$$L_S = \frac{B \cdot \Delta i}{q}$$

여기서, L_S : 편경사의 설치길이(m)

$\quad\quad B$: 기준선에서 편경사가 설치되는 곳까지의 폭(m)

$\quad\quad \Delta i$: 횡단경사 값의 변화량(%/100)

$\quad\quad q$: 편경사 접속설치율(m/m)

3) 필요한 완화구간 길이는 편경사 설치길이와 밀접한 관계가 있으므로, 편경사 접속설치길이와 최소 완화구간 길이를 비교하여 큰 값으로 정한다.

3. 편경사의 설치방법

1) 일반사항

① 4차로 이하의 도로
   - 차도 중심선을 회전축으로 잡는 방법 　　: (a), (c)
     차도 끝단을 회전축으로 잡는 방법 　　: (b), (d)
   - (a) 또는 (c)가 차도 끝단의 높이차가 적어서 좋지만, 분리도로의 폭이 좁거나 지형이 평탄한 경우에는 시공성 측면에서 (d)가 (c)보다 좋다.

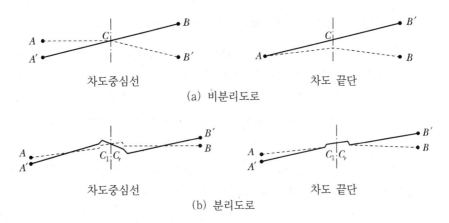

[Fig. 4.3] 편경사의 설치방법

② 6차로 이상의 다차로 도로

    – 4차로 도로 : 차도 끝단방향으로 단일경사를 적용

    – 다차로 도로 : 중앙분리대와 도로 끝단으로 양분하여 복합경사를 적용

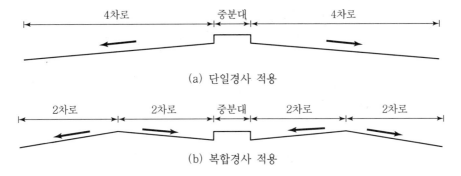

[Fig. 4.4] 다차로 도로에서 횡단경사의 설치방법

2) 편경사의 설치순서(일반적인 순서)

  ① 설계속도와 평면곡선 반지름에 따른 편경사(i)의 크기 선정

  ② 설계속도에 따른 편경사 접속설치율(q)의 선정

  ③ 표준 횡단경사와 편경사를 더한 값이 변화하여야 할 총 길이(TL) 산정

  ④ 편경사가 변화하여야 할 길이(L) 산정

  ⑤ 변화길이 전체에 설치될 최대 편경사를 보간법으로 변화시켜 설치

    이때 편경사 접속설치 변화구간의 변곡점은 정수(예 : 5mm 단위)로 표시

3) 편경사 접속설치율에 따른 완화곡선길이의 적용

① 완화곡선길이는 자동차의 주행과 관련하여 확보해야 하는 길이 외에 편경사 변화를 수용할 수 있는 길이를 확보해야 한다.

   – 완화곡선은 편경사 접속설치구간(TL)을 만족할 수 있도록 그 길이를 선형설계시 반영하되, 주변지장물이나 확장설계로 인해 부득이한 경우에도 가능하면 편경사 변화구간(L)의 길이를 확보한다.

② 원곡선과 완화곡선 조합에서 완화곡선길이가 길어질 경우, 편경사 변화속도가 낮은 구간은 노면배수가 원활치 못하므로 변화속도를 높인다.

   – 편경사 접속설치구간 중 경사가 작은 구간(표준 횡단경사구간~역표준 횡단경사구간) 길이는 편경사가 설치된 차로수에 따라 다음 길이 이하로 설치한다.

     ⓐ 2차로인 경우

       ► 표준횡단경사 1.5%일 때   60m

       ► 표준횡단경사 2.0%일 때   80m

     ⓑ 3차로인 경우

       ► 표준횡단경사 1.5%일 때   75m

       ► 표준횡단경사 2.0%일 때   100m

     ⓒ 4차로인 경우

       ► 표준횡단경사 1.5%일 때   90m

       ► 표준횡단경사 2.0%일 때   120m

   – 이 길이는 편경사 접속설치율이 약 1/250이므로, 설치된 완화곡선길이가 편경사 접속설치율 1/250으로 산정한 길이보다 긴 경우에 적용한다.

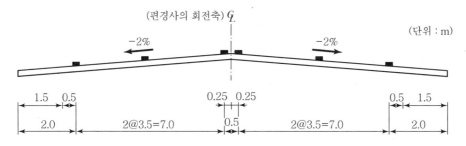

[Fig. 4.5] 표준횡단 구성

4) 평면곡선부의 구성조건에 따른 편경사의 접속설치 방법

① 평면곡선부가 완화곡선과 원곡선으로 구성(완화곡선 - 원곡선 - 완화곡선)

ⓐ $TL \leq$ 완화곡선길이 $\leq TL'$

ⓑ 완화곡선길이 $\geq TL'$

ⓒ 완화곡선길이 $\leq TL$

② 평면곡선부가 원곡선만으로 구성(직선 – 원곡선 – 직선)

③ 평면곡선부가 배향곡선으로 구성

    ⓐ 원곡선과 원곡선이 배향하는 경우(원곡선 – 원곡선)

    ⓑ 원곡선과 완화곡선이 배향하는 경우(원곡선 – 완화곡선 – 원곡선)[21]

4.5 평면곡선부의 편경사 접속설치방법

* 평면곡선부의 구성조건에 따른 편경사의 접속설치방법은 평면곡선부가 완화곡선과 원곡선으로 구성(완화곡선 – 원곡선 – 완화곡선)된 다음 3가지 경우에 대해서만 설명한다.

    ⓐ $TL \leq$ 완화곡선길이 $\leq TL'$

    ⓑ 완화곡선길이 $\geq TL'$

    ⓒ 완화곡선길이 $\leq TL$

1. $TL \leq$ 완화곡선길이 $\leq TL'$ 인 경우

완화곡선길이가 TL 과 TL' 을 모두 만족하는 경우이므로, 편경사 접속설치는 완화곡선 전체 구간에 걸쳐 일률적으로 변화시키도록 한다.

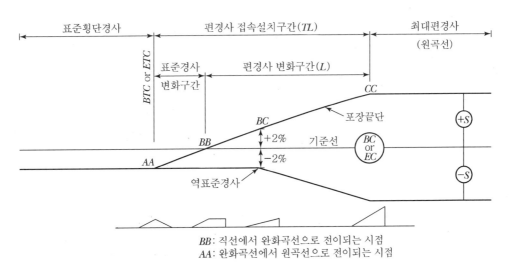

BB: 직선에서 완화곡선으로 전이되는 시점
AA: 완화곡선에서 원곡선으로 전이되는 시점

---

21) 국토교통부, '도로의 구조·시설기준에 관한 규칙', 2013, pp.250~261.

TL : 필요한 편경사 접속설치길이(표준값, 설계속도에 따라 결정)
TL' : 배수를 고려한 편경사 접속설치길이(편경사 접속설치 1/250)

[Fig. 4.6] 완화곡선 – 원곡선 – 완화곡선의 편경사 설치도(1)

[Table 4.6] $TL \leq$완화곡선길이$\leq TL'$인 경우의 구간별 편경사 변화 과정

구간			편경사의 구간별 변화
직선구간		~AA	표준횡단경사
편경사 접속설치구간 (TL)	횡단경사 변화구간(T)	AA~BB	외측의 횡단경사를 0%까지 상승
	편경사 변화구간(L)	BB~BC	내측 : 표준횡단경사를 유지 외측 : 계속 기울기를 높여 단일 편경사를 유지
		BC~CC	내·외측 모두 정상 편경사를 유지하면서, 계속 기울기를 높여 최대편경사까지 상승
곡선구간		CC~	최대편경사를 유지

2. 완화곡선길이$\geq TL'$인 경우

설치된 완화곡선길이가 낮은 경사구간에서 노면배수를 원활하게 할 필요가 있는 경우이므로, 낮은 경사구간의 편경사 변화속도를 높인다.

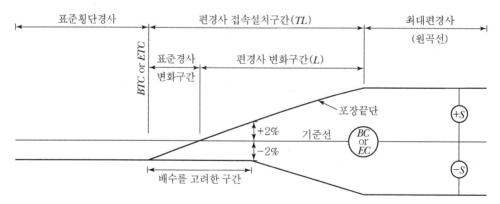

TL' : 배수를 고려한 편경사 접속설치길이(편경사 접속설치 1/250)

[Fig. 4.7] 완화곡선 – 원곡선 – 완화곡선의 편경사 설치도(2)

3. 완화곡선길이 $\leq TL$인 경우

- 주변지장물이나 확장으로 부득이하게 완화곡선길이가 편경사 접속설치구간(TL)보다 짧은 경우이므로, 부족한 길이를 직선구간에 확보하여 직선구간과 완화곡선구간에서 편경사를 변화시키며, 원곡선 시점부터 최대편경사로 설치한다.
- 편경사 변화구간(L)은 완화곡선구간에도 설치하고, 부득이한 경우에도 역표준 횡단경사 지점은 완화곡선구간 내에 위치시킨다.

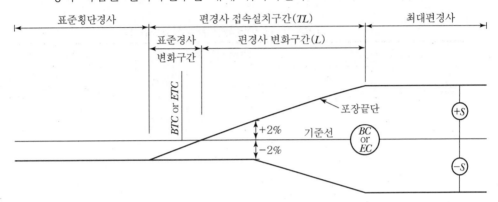

TL : 필요한 편경사 접속설치길이

[Fig. 4.8] 직선 – 완화곡선 – 원곡선의 편경사 설치도(3)

* 평면곡선부의 구성조건에 따른 편경사의 접속설치 방법 중 평면곡선부가 원곡선만으로 구성된 경우, 또는 평면곡선부가 배향곡선으로 구성된 경우에 대한 설명은 『도로의 구조·시설기준에 관한 규칙(국토교통부, 2013)』 pp.261~265를 참고한다.[22]

---

22) 국토교통부, '도로의 구조·시설기준에 관한 규칙', 2013, pp.261~265.

5 평면곡선부의 확폭

□ 「도로의 구조 · 시설기준에 관한 규칙」 5-1-5 평면곡선부의 확폭

1. 평면곡선부의 각 차로는 평면곡선 반지름 및 설계기준자동차에 따라 [Table 5.1]의
폭 이상을 확보해야 한다.

[Table 5.1] 평면곡선부의 최소 확폭량

세미트레일러		대형자동차		소형자동차	
평면곡선 반지름 (m)	최소 확폭량 (m)	평면곡선 반지름 (m)	최소 확폭량 (m)	평면곡선 반지름 (m)	최소 확폭량 (m)
150 이상~280 미만	0.25	110 이상~200 미만	0.25		
90 이상~150 미만	0.50	65 이상~110 미만	0.50		
65 이상~90 미만	0.75	45 이상~65 미만	0.75		
50 이상~65 미만	1.00	35 이상~25 미만	1.00	45 이상~55 미만	0.25
40 이상~50 미만	1.25	25 이상~35 미만	1.25	25 이상~45 미만	0.50
35 이상~40 미만	1.50	20 이상~25 미만	1.50	15 이상~25 미만	0.75
30 이상~35 미만	1.75	18 이상~20 미만	1.75		
20 이상~30 미만	2.00	15 이상~18 미만	2.00		

2. 제1항에도 불구하고 차도 평면곡선부의 각 차로가 도시지역 일반도로에서 도시 · 군관
리계획이나 주변지장물 등으로 부득이하다고 인정되는 경우, 설계기준자동차가 승용
자동차인 경우에는 확폭하지 않을 수 있다.

3. 평면곡선부에 확폭하는 경우 완화곡선 전체 길이에 걸쳐 확폭 접속설치한다. 접속설치
형상은 해당 설치구간의 완화곡선 설치 여부에 따라 달라진다.

5.1 평면곡선부의 확폭량

1. 대형자동차의 확폭량

$\varepsilon = R - \sqrt{R^2 - L^2}$ 에서 양변을 제곱하면

$R^2 - L^2 = R^2 - 2R\varepsilon + \varepsilon^2$ ($\varepsilon^2 ≒ 0$ 이므로)

$L^2 = 2R\varepsilon$

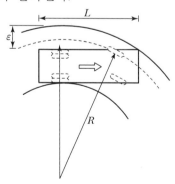

[Fig. 5.1] 대형자동차 확폭량

$$\therefore \varepsilon = \frac{L^2}{2R}$$

여기서, L : 전면에서 뒷차축까지의 길이
R : 차도 중심의 평면곡선 반지름

2. 세미트레일러의 확폭량

$$\varepsilon = \frac{L_1{}^2 + L_2{}^2}{2R}$$

여기서, L_1 : 전면에서 제2축까지의 길이
L_2 : 제2축에서 최종축까지의 길이

5.2 평면곡선부의 확폭 기준

1. 차로별 확폭량의 산정 기준

- 자동차가 평면곡선부를 주행할 때, 뒷바퀴가 앞바퀴 안쪽을 통과하므로 차로 안쪽으로 확폭하되, 다른 차로를 침범하지 않도록 차로별로 확폭한다.
- 차로별 확폭량은 차로의 평면곡선 반지름에 따라 값이 다르므로, 차로 중심의 평면곡선 반지름에 따라 확폭량을 0.25m 단위로 산정한다.
- 즉, 차로별 확폭량이 0.20m 이하이면 확폭을 생략하고,(R이 큰 경우)
  차로별 확폭량이 0.20m 이상이면 확폭을 설치하되,(R이 작은 경우)
  차로별 확폭량을 0.25m 단위로 산정한다.(설계·시공의 편의성 고려)

2. 도로 중심선의 평면곡선 반지름 크기에 따른 확폭량 산정 기준

- 도로 중심선의 평면곡선 반지름이 35m 이상이면, 도로 중심선에서 확폭
- 도로 중심선의 평면곡선 반지름이 35m 미만이면, 차로별로 확폭

3. 도시지역 도로의 확폭량 산정 기준

도시지역 도로는 부득이한 경우 확폭을 축소 또는 생략할 수 있다. 확폭을 축소 또는 생략하는 경우에도 차로폭을 대형자동차의 차량폭(B=2.5m)을 기준으로 산정된 확폭량을 더한 폭 이하로 확폭하면 안 된다.

5.3 평면곡선부의 확폭 접속설치

1. 완화곡선에서의 확폭 접속설치

1) **확폭 대상** : 설계속도 60km/h 이상인 고규격 도로에 완화곡선이 설치된 경우

2) **확폭 방법** : 확폭량을 당초 설정된 도로 중심선에 따라 평면곡선 중심 쪽으로 확폭한다. 이때 발생되는 이정량을 가진 Clothoid를 선정하여, 그에 따른 도로 중심선을 새로 설정한다.

3) **확폭 순서**

- 당초의 도로 중심선 중 원곡선에서 총 확폭량 ΔR을 분배하여 이정량 ΔRc, ΔRi를 갖도록 설정하고, 이정량 $\Delta Rc = \Delta Ri = \dfrac{\Delta R}{2}$ 인 완화곡선으로 새로운 도로 중심선을 정한다.

- 이 경우, 완화곡선과 원곡선의 접속점에서 평면곡선 반지름을 일치시킬 수 없으므로, 이 평면곡선 반지름 차이를 20% 이하로 줄여야 선형이 원활하다.

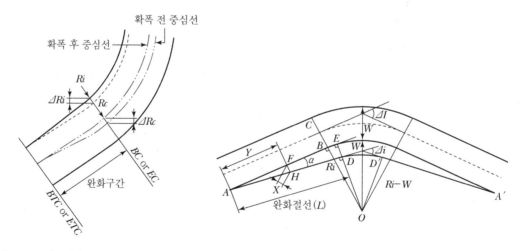

[Fig. 5.2] 완화곡선에서의 확폭   [Fig. 5.3] 완화절선에 의한 확폭

2. 완화절선에 의한 확폭 접속설치

1) **확폭 대상** : 저규격 도로에서 완화곡선(Clothoid)이 설치되지 않은 경우

2) **확폭 방법** : 평면곡선의 중심 쪽으로 차도폭을 확폭하여 그에 따른 원곡선을 설정한 후, 확폭량의 변화를 직선식으로 비례 배분하여 직선부에 설치한다.

3) 확폭 순서

– 직선식으로 비례 배분하여 설치한 AD 및 A′D′를 완화절선이라 한다.
– 완화절선의 교각을 Δi, 중심선의 교각을 ΔI라 하면
$\Delta i = \Delta I - 2\alpha$ 이며, DD′의 반경은 $(Ri - w)$이므로
– D 및 D′를 결정하여 안쪽의 평면곡선 DD′를 설치할 수 있다.[23]

여기서, α : AB와 AD가 이루는 각
Ri : 곡선부를 확대하기 전의 안쪽 곡선의 반경(m)
w : 확폭하는 폭(m)

6 완화곡선 및 완화구간   [대학원 과정]

□ 「도로의 구조·시설기준에 관한 규칙」 5-1-6 완화곡선 및 완화구간

1. 설계속도가 60km/h 이상인 도로의 평면곡선부에는 완화곡선을 설치해야 한다.
2. 완화곡선의 길이는 설계속도에 따라 다음 표의 값 이상으로 해야 한다.
3. 설계속도가 60km/h 미만인 도로의 평면곡선부에는 다음 표의 길이 이상의 완화구간을 두고, 편경사를 설치하거나 확폭을 해야 한다.

[Table 6.1] 완화곡선 최소길이 및 완화구간 최소길이

구분	완화곡선							완화구간			
설계속도(km/h)	120	110	100	90	80	70	60	50	40	30	20
최소길이(m)	70	65	60	55	50	40	35	30	25	20	15

4. 평면선형 변이구간에 설계속도 60km/h 이상인 도로에는 완화곡선을 60km/h 미만인 도로에는 완화구간을 설치하도록 되어 있으나 지형여건상 부득이한 경우 외에는 완화구간을 완화곡선으로 설치함이 바람직하다.

---

23) 국토교통부, '도로의 구조·시설기준에 관한 규칙', 2013, pp.266~280.

6.1 완화곡선의 설치 목적(필요성)

1. 평면곡선부를 주행하는 자동차에 대한 원심력을 점차 변화시켜 일정한 주행속도 및 주행궤적을 유지시킨다.
2. 직선부 표준 횡단경사구간에서부터 원곡선부에 설치되는 최대 편경사까지의 선형변화를 주행속도와 평면곡선 반지름에 따라 적절히 접속시킨다.(경사의 변이)
3. 급한 평면곡선부에서 확폭할 때, 평면곡선부의 확폭된 폭과 표준횡단의 폭을 자연스럽게 접속시킨다.(폭원의 변이)
4. 평면곡선부 원곡선의 시작점과 끝점에서 꺾어진 형상을 시각적으로 원활하게 보이도록 한다.(선형의 변이)

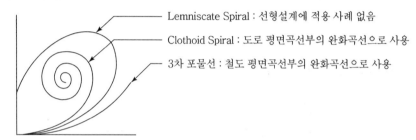

[Fig. 6.1] 완화곡선의 종류

6.2 자동차의 완화주행궤적

1. 자동차의 완화주행

운전자가 직선부에서 평면곡선부로 주행할 때, 즉 직선주행에서 일정한 반경의 평면원곡선구간으로 주행하기 위해 특정한 형태의 곡선주행을 하게 되는데, 이를 완화주행이라 한다. 도로 선형설계에는 자동차의 완화주행궤적과 가장 비슷한 클로소이드 곡선(Clothoid Spiral)을 사용한다.

2. 자동차의 완화주행궤적 형상(Clothoid Spiral 일반식 유도)

- 자동차가 완화주행할 때, 자동차의 회전각속도(w)는

$$w = \frac{d\theta}{dt} = \frac{d\theta}{ds} \cdot \frac{ds}{dt} = \frac{v}{R}$$

여기서, v : 자동차의 주행속도(m/sec)
R : 주행궤적상의 임의 점에서의 평균곡선반경

θ : 회전각

- 자동차의 주행속도(v)가 일정하다면, 회전각가속도(w')는

$$w' = \frac{d}{dt}\left(d\frac{\theta}{dt}\right) = \frac{v}{s}sec^2\theta \cdot d\frac{\theta}{dt} = k$$

여기서, $R = \frac{s}{\tan\theta}$

k는 주행속도가 일정할 때의 상수

$$\tan\theta = \frac{k \cdot s}{v} \cdot t + c \text{ 에서 } t = 0 \text{ 일 때 } \tan\theta = 0 \text{ 이므로 } c = 0 \quad \therefore R = \frac{v}{k \cdot t}$$

- 완화곡선길이를 L이라 하면 $t = \frac{L}{v}$ 이므로

$$R = \frac{v^2}{k \cdot L} \text{ 에서 } R \cdot L = \frac{v^2}{k} = A^2 \left(A^2 = \frac{v^2}{k} = \text{일정}\right)$$

$$\therefore R \cdot L = A^2 (A \text{는 Clothoid Parameter, 단위 m}) \quad \Leftarrow \text{ Clothoid 일반식}$$

- 즉, 자동차가 일정한 회전각가속도(w')로 주행하는 경우, 자동차의 완화주행궤적은 클로소이드 곡선(Clothoid Spiral)을 그린다.

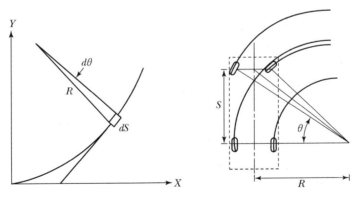

[Fig. 6.2] 자동차의 완화주행

6.3 완화곡선 및 완화구간의 길이

1. 설계속도 60km/h 이상인 도로에서는 고속주행시 핸들조작에 곤란을 느끼지 않을 주행시간(2초)의 길이만큼 완화곡선을 설치한다.

* 주행시간 2초에 해당하는 완화곡선 및 완화구간 길이(L)

$$L = v \cdot t = \frac{V}{3.6} \cdot t$$

여기서, t : 주행시간($t=2$초)
v, V : 주행속도(m/sec, km/h)

2. 설계속도 60km/h 미만인 도로에서는 평면곡선부에서 편경사 및 확폭을 접속설치할 수 있도록 직선부와 원곡선부를 직접 연결하고 완화구간을 설치한다.

6.4 완화곡선의 생략

1. 완화곡선을 생략할 수 있는 평면곡선 반지름의 한계

직선과 원곡선 사이에 완화곡선을 설치하는 경우, 직선과 원곡선을 직접 접속하는 것에 비하여 S만큼 이정량이 생긴다. 이정량이 차로폭에 포함된 여유폭에 비하여 매우 작은 경우에는 직선과 원곡선을 직접 접속시켜도 자동차가 완화곡선 주행궤적으로 달릴 수 있다.

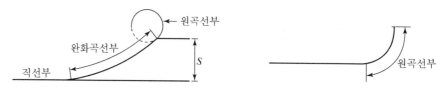

[Fig 6.3] 완화곡선의 이정량

2. 완화곡선의 이정량 산정

완화곡선을 설치 또는 생략하는 한계이정량을 20cm 정도로 하고, 산정된 이정량이 20cm 이상 되는 경우에만 완화곡선을 설치한다.

$$* \text{이정량 } S = \frac{1}{24} \cdot \frac{L^2}{R}$$

여기서, S : 이정량(m)
L : 완화구간의 길이(m)
R : 곡선반경(m)

- $S = \dfrac{1}{24} \cdot \dfrac{L^2}{R} = 0.2\text{m}$ 인 평면곡선 반지름이 완화곡선을 설치 또는 생략할 수 있는

  한계평면곡선 반지름이다. $S = 0.2\,\text{m}$ 일 때 $L^2 = 4.8R$, $L = \dfrac{V}{3.6} \cdot t \,(t = 2\text{초})$ 에서 한

  계평면곡선 반지름은 $R \fallingdotseq 0.064\,V^2$ 이 된다.

- $V = 100\text{km/h}$ 에서 $R = 640\text{m}$ 이상이면 완화곡선을 생략해도 되지만, 주행의 쾌적성을 손상시키지 않기 위해 한계원곡선반경의 3배까지는 완화곡선을 생략하지 않는 편이 바람직하다.

[Table 6.2] 완화곡선을 생략할 수 있는 평면곡선 반지름

설계속도(km/h)	계산값(m)	적용값(m)	비고
120	921.6	3,000	
100	640.0	2,000	
80	409.6	1,300	
70	313.6	1,000	
60	230.4	700	

6.5 완화곡선의 설치 범위(Clothoid Parameter 범위)

1. 완화곡선을 Clothoid로 설치하는 경우, 그 크기는 접속하는 원곡선에 대하여 Clothoid Parameter(A)가 다음 범위에 들어가도록 권장한다.

   $$\frac{R}{3} \le A \le R$$

2. 이 범위에서 원곡선과 완화곡선이 조화를 이루며 시각적으로 원활한 평면선형을 기대할 수 있다. 원곡선반경 R이 작아지면 A는 그 반경보다 커지고, R이 커지면 A는 $\dfrac{R}{3}$보다 작아진다.

3. 따라서, 완화곡선을 Clothoid로 설치할 때는 도로교각의 크기, 지형, 지장물 등을 고려하여 원곡선과 완화곡선의 길이가 적절히 조화되도록 설치한다.[24]

---

24) 국토교통부, '도로의 구조·시설기준에 관한 규칙', 2013, pp.281~286.

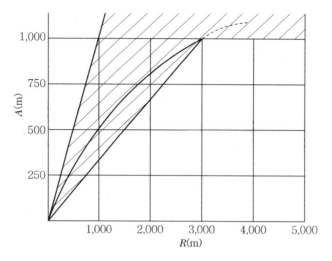

[Fig. 6.4] 평면곡선 반지름과 Clothoid Parameter의 관계

7 시거의 종류 　　　　　　　　　　　　　　　　　　　　　[대학원 과정]

□ 「도로의 구조 · 시설기준에 관한 규칙」 5 - 2 시거

　　시거에는 운전자의 안전을 위해 설계속도에 따라 전체 구간에 걸쳐서 확보해야 하는
　　정지시거, 양방향 2차로 도로에서 효율적 운영을 위해 설계속도에 따라 필요한 길이를
　　적정한 간격으로 확보해야 하는 앞지르기시거 등이 있다.

7.1 시거의 종류

1. 정지시거

　- 정지시거는 운전자가 같은 차로 상에 있는 고장차 등의 장애물 또는 위험요소를
　　알아차리고 제동을 걸어서 안전하게 정지하거나, 혹은 장애물을 피해서 주행하기
　　위하여 필요한 길이를 설계속도에 따라 산정한 것이다.

　- 정지시거 D = 반응시간 동안 주행거리(d_1) + 제동 정지거리(d_2)

$$= v \cdot t + \frac{v^2}{2gf} = \frac{V}{3.6} \cdot t + \frac{V^2}{254 f}$$

여기서, v, V : 주행속도(m/sec, km/h)

t : 반응시간(2.5초)

g : 중력가속도(9.8m/sec²)

f : 노면과 타이어 간의 종방향미끄럼마찰계수

2. 앞지르기시거

- 앞지르기시거는 차로 중심선 위의 1.0m 높이에서 대향차로의 중심선 상에 있는 높이 1.2m의 대향자동차를 발견하고 안전하게 앞지를 수 있는 거리를 도로 중심선을 따라 측정한 길이를 말한다.

- 앞지르기시거 $D = d_1 + d_2 + d_3 + d_4$

반대편 차로 진입거리(d_1) $d_1 = \dfrac{V_0}{3.6}t_1 + \dfrac{1}{2}at^2$

앞지르기 주행거리(d_2) $d_2 = \dfrac{V}{3.6}t_2$

마주오는 자동차와의 여유거리(d_3) $d_3 = 15 \sim 70\text{m}$

마주오는 자동차의 주행거리(d_4) $d_4 = \dfrac{2}{3}d_2 = \dfrac{2}{3}\cdot\dfrac{V}{3.6}t_2 = \dfrac{V}{5.4}t^2$

3. 피주시거

복잡한 도로 구간에서 운전자가 정지하지 않고 교통상황을 판단하여 반응하고 그에 적절한 조치(우회, 정지 등)를 취하는 데 필요한 시거

4. 평면교차로 판단시거

평면교차로에서 운전자가 미리 예측하기 어려운 정보나 환경, 잠재적 위험성, 적절한 속도와 주행경로 선택 등에 효과적으로 대처하는 데 필요한 시거

7.2 정지시거

도로에는 그 도로의 설계속도에 따라 [Table 7.1]의 길이 이상의 정지시거를 확보해야 한다. 2차로 도로에서 앞지르기를 허용하는 구간에서는 그 도로의 설계속도에 따라 [Table 7.2]의 길이 이상의 앞지르기시거를 확보해야 한다.

[Table 7.1] 설계속도와 최소 정지시거의 관계

설계속도(km/h)	120	110	100	90	80	70	60	50	40	30	20
최소 정지시거(m)	215	185	155	130	110	95	75	55	40	30	20

[Table 7.2] 설계속도와 최소 앞지르기시거의 관계

설계속도(km/h)	80	70	60	50	40	30	20
최소 앞지르기시거(m)	540	480	400	350	280	200	150

1. 정지시거의 계산

1) 정지시거의 측정방법

- 운전자의 위치 : 주행하는 차로의 중심선 상의 위치
- 운전자 눈의 높이 : 도로표면으로부터 100cm 높이(소형차 기준)
- 장애물(물체)의 높이 : 동일한 주행차로의 중심선 상 15cm 높이

2) 반응시간 동안의 주행거리(d_1)

- 운전자가 앞쪽의 장애물을 인지하고 위험하다고 판단하여 제동장치를 작동시키기까지의 주행거리

$$d_1 = v \cdot t = \frac{V}{3.6} \cdot t$$

여기서, v, V : 주행속도(m/sec, km/h)
t : 반응시간(2.5초)

- 노면습윤상태일 때의 주행속도는 설계속도가 120~80km/h일 때 설계속도의 85%, 설계속도가 70~40km/h일 때 설계속도의 90%, 설계속도가 30km/h 이하일 때 설계속도와 같다고 보고 계산한다.

* 반응시간(2.5초)＝위험요소 판단시간(1.5초)＋제동장치 작동시간(1.0초)

3) 제동 정지거리(d_2)

운전자가 브레이크를 밟기 시작하여 자동차가 정지할 때까지의 거리

$$d_2 = \frac{v^2}{2gf} = \frac{V^2}{254f}$$

여기서, g : 중력가속도(9.8m/sec^2)

f : 노면과 타이어 간의 종방향미끄럼마찰계수

– f 값은 브레이크 밟기 직전의 주행속도 및 노면습윤상태의 값을 적용

4) 정지시거의 계산

$$D = d_1 + d_2 = v \cdot t + \frac{v^2}{2gf} = \frac{V}{3.6} \cdot t + \frac{V^2}{254f}$$

[Table 7.3] 노면습윤상태일 때 정지시거

설계속도 (km/h)	주행속도 (km/h)	f	$0.694\,V$	$\dfrac{V^2}{254f}$	주행속도에 의한 정지시거(m)	정지시거 채택(m)
120	102	0.29	70.8	141.2	212.0	215
110	93.5	0.29	64.9	118.7	183.6	185
100	85	0.30	59.0	94.8	153.8	155
90	76.5	0.30	53.1	76.8	129.9	130
80	68	0.31	47.2	58.7	105.9	110
70	63	0.32	43.7	48.8	92.5	95
60	54	0.33	37.5	34.8	72.3	75
50	45	0.36	31.2	22.1	53.3	55
40	36	0.40	25.0	12.8	37.8	40
30	30	0.44	20.8	8.1	28.9	30
20	20	0.44	13.9	3.6	17.5	20

2. 도로조건에 따른 정지시거의 계산

1) 도로의 종단경사에 따른 정지시거

– 경사구간에서는 제동정지거리(d_2)가 종단경사에 따라 증가 또는 감소한다.

$$D = 0.694\,V + \frac{V^2}{254\,(f \pm s/100)}$$

여기서, s : 종단경사(%)

▶ 오르막(+3%) 구간 : 평지에서 노면습윤상태(155m)보다 감소(148m)

$$D = (0.694 \times 85) + \frac{85^2}{254\,(0.30 + 0.03)} = 147.9\,\text{m}$$

▶ 내리막(− 3%)구간 : 평지에서 노면습윤상태(155m)보다 증가(169m)

$$D = (0.694 \times 85) + \frac{85^2}{254(0.30 - 0.03)} = 168.4\,\text{m}$$

− 「도로구조·시설기준에 관한 규칙」에서는 정지시거를 종단경사 영향을 고려하지 않고 규정하였으므로, 내리막 구간 설계시 세심한 주의가 필요하다.

2) 노면동결에 따른 정지시거

− 노면이 결빙되면 운전자는 Snowtire 또는 Chain을 장착하거나 설계속도보다 제한된 속도로 서행하며, 종방향미끄럼마찰계수 값도 감소한다.

▶ 노면동결(70km/h, $f = 0.15$) : 노면습윤상태(155m)보다 감소(136m)

$$D = (0.694 \times 70) + \frac{70^2}{254 \times 0.15} = 136\text{m}$$

− 결빙된 노면에서 급제동하는 경우에는 자동차가 옆으로 회전하게 되어 정지시거의 확보만으로 안전이 보장될 수 없다. 동결영향이 큰 지역에서는 노면동결 방지를 위한 융설시스템(전기전열선 포설, 융설액 분사, 열배관 설치 등)을 적용해야 한다.

[Table 7.4] 노면동결일 때 정지시거

설계속도 (km/h)	주행속도 (km/h)	f	$0.694\,V$	$\dfrac{V^2}{254f}$	주행속도에 의한 정지시거(m)	정지시거 채택(m)
70 이상	63	0.15	41.6	94.5	136.1	140
60	54	0.15	34.7	65.6	100.3	100
50	45	0.15	27.8	42.0	69.8	70
40	36	0.15	20.8	23.6	44.4	45
30	30	0.15	13.9	10.5	24.4	25
20	20	0.15	13.9	10.5	24.4	25

3) 터널 내의 정지시거

− 터널구간은 실제로 연중 노면건조상태가 대부분이므로, 터널 내의 정지시거는 종방향미끄럼마찰계수를 노면건조상태 값을 적용한다.

▶ 장대터널 노면건조($f = 0.56$) : 노면습윤상태(155m)보다 감소(140m)

$$D = (0.694 \times 100) + \frac{100^2}{254 \times 0.56} = 139.7\,\text{m}$$

－터널구간 내에서는 운전자의 시야 제한, 심리적 압박감을 고려하여, 종방향 Grooving
설치, 저소음포장 등 안전대책을 강구한다.[25]

[Table 7.5] 터널 내의 정지시거

설계속도 (km/h)	주행속도 (km/h)	f	$0.694\,V$	$\dfrac{V^2}{254\,f}$	주행속도에 의한 정지시거(m)	정지시거 채택(m)
120	102	0.54	83.3	105.0	188.3	190
110	93.5	0.55	76.3	86.6	162.9	165
100	85	0.56	69.4	70.3	139.7	140
90	76.5	0.57	62.5	55.9	118.4	120
80	68	0.58	55.5	43.4	98.9	100
70	63	0.59	48.6	32.7	81.3	85
60	54	0.60	41.6	23.6	65.2	70
50	45	0.61	34.7	16.1	50.8	55
40	36	0.63	27.8	10.0	37.8	40
30	30	0.64	20.8	5.5	26.3	30
20	20	0.65	13.9	2.4	16.3	20

3. 정지시거의 확보 방안

운전자는 눈으로 도로를 주시하면서 자동차를 운전하므로 차로폭, 곡선반경, 경사 등을
설계기준값에 맞게 설치했더라도, 충분한 시거가 확보되지 못한 도로는 안전성 및 쾌적성
측면에서 불완전한 도로이다.

1) 원곡선 안쪽에 확보해야 하는 공간 한계선이 부족한 경우

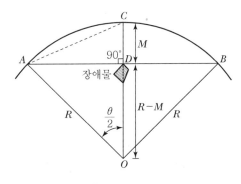

[Fig. 7.1] 원곡선에서의 시거

25) 국토교통부, '도로의 구조·시설기준에 관한 규칙', 2013, pp.287~295.

- 차로 중심에서 장애물까지 거리(중앙 종거)는

$$M(= CD) = R(1 - \cos\frac{\theta}{2}) = R(1 - \cos\frac{D}{2R})$$

여기서, D : 시거(ACB), R : 반지름
- 위 식의 우변을 Tailer의 급수로 전개하면

$$M = \frac{D^2}{8R} - \frac{D^4}{384R^3}\cdots = \frac{D^2}{8R}(1 - \frac{D^4}{78R^2}\cdots) \fallingdotseq \frac{D^2}{8R} \Rightarrow \text{원곡선 안쪽의 확보공간}$$

- 설계속도 80km/h일 때 시거 110m를 확보하는 경우에는 설치된 평면곡선 반지름이 250m라면 시거가 부족하므로, 안쪽 차로의 중심선에서 6.1m까지는 공지로 확보해야 한다.
- 이 경우 원곡선구간이 길어서 시거가 평면곡선 사이에 존재할 때이므로, 완화구간에서 시선이 양끝을 볼 수 있는 경우에는 약간 적은 값이 된다.

2) 직선과 원곡선 또는 Clothoid가 연결되는 경우

① 평면선형이 원곡선만으로 구성되는 경우
- 1)과 같이 차로 중심에서 장애물까지 거리를 구하여 산출
② 평면선형이 직선과 원곡선으로 연결되는 경우
- 도면 상에 표시하여 시거 확보를 위한 비탈면의 절취범위를 산출

3) 평면곡선과 종단곡선이 겹치는 경우

① 투시선 양끝이 평면으로 원곡선 내에, 종단으로 종단곡선 내에 있는 경우

$$a_{\max} = \frac{D^2}{8R} \cdot \frac{K - NR}{K} + \frac{N^2(he - hc)^2}{2D^2} \cdot R \cdot \frac{K}{K - NR} - \frac{N(he - hc)}{2} - C$$

여기서, N 이외 재원의 단위는 m
　　K : 종단곡선반경으로 오목형은 (+), 볼록형은 (−)
　　$\alpha_{\max}$: 투시선의 비탈면을 끊어 a와 h를 조합하여 구하는 a의 최댓값
　　R : a의 최댓값에 대한 평면곡선 반지름
　　he, hc : 눈 및 장애물의 높이
　　D : 시거 확보를 위한 안전거리

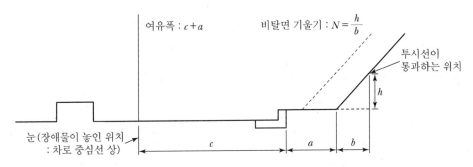

여유폭 : $c+a$ 비탈면 기울기 : $N = \dfrac{h}{b}$

투시선이
통과하는 위치

h

눈(장애물이 놓인 위치
 : 차로 중심선 상)

c a b

[Fig. 7.2] 시거 확보를 위한 절취선 범위

② 투시선 양끝이 평면으로 원곡선 중앙에 종단으로 직선경사 내에 있는 경우

$$a_{\max} = \frac{D^2}{8R} + \frac{N^2(he - hc)^2}{D^2} \cdot R - \frac{N(he - hc)}{2} - C$$

③ 투시선과 선형의 위치관계가 더욱 복잡한 경우
   - 도면 상에 실제로 표시하여 시거 확보 범위를 산출

7.3 L형 옹벽과 중앙분리대가 정지시거에 미치는 영향

1. 평면곡선 구간에서 정지시거 여유폭의 산정식 유도

$OE = \sqrt{(OA)^2 - (AE)^2}$ 에서 $AE = \dfrac{D}{2}$ 이므로

$OE = \sqrt{R^2 - (\dfrac{D}{2})^2}$ 이다.

여유폭 $y = R - OE = R - \sqrt{R^2 - \dfrac{D^2}{4}}$ 를 정리하면

$R - y = \sqrt{R^2 - \dfrac{D^2}{4}}$ 이다. 이 식의 양변을 제곱하면

$R^2 - 2Ry + y^2 = R^2 - \dfrac{D^2}{4}$ 이므로, $2Ry = \dfrac{D^2}{4} + y^2$

$\therefore \; y = \dfrac{D^2}{8R} + \dfrac{y^2}{2R}$

여기서, y값은 $2R$에 비해 매우 작으므로 $\dfrac{y^2}{2R}$ 을

무시하면 정지시거의 여유폭은 $y = \dfrac{D^2}{8R}$ 이다.

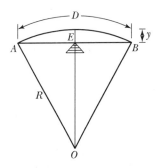

[Fig. 7.3] 정지시거 여유폭

Road Engineering

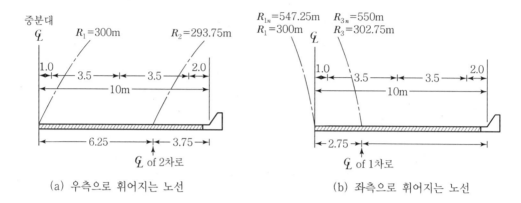

[Fig. 7.4] L형 옹벽의 정지시거

2. 평면곡선 구간에서 정지시거 적용요령

1) 평면곡선부 절토구간에 L형 옹벽이 설치된 경우, 2차로 주행차량이 우측으로 휘어지는 곡선부를 통과할 때 최소 정지시거 기준값을 확보하지 못한다. 국도 4차로의 경우, 최소곡선반경 기준값 $R_{\min} = 280$m이지만, 절토부 L형 옹벽 설치구간에서 $R_{\min} = 410$m로 약 1.5배 큰 값이 필요하다.

2) 평면곡선부 중앙분리대가 설치된 경우, 1차로 주행차량이 좌측으로 휘어지는 곡선부를 통과할 때 최소 정지시거 기준값을 확보하지 못한다. 국도 4차로의 경우, 최소곡선반경 기준값 $R_{\min} = 280$m이지만, 중앙분리대 설치구간에서 $R_{\min} = 550$m로 약 2배 큰 값이 필요하다.

3) 승용차 내에서 운전석의 편기량은 좌측으로 0.30~0.35m 정도이다. 중앙분리대 설치구간에서 좌측으로 휘어지는 곡선부를 통과할 때, 1차로 주행차량은 정지시거가 부족하다. 평면곡선부 터널구간에서도 동일하게 정지시거가 부족하다.

4) 이와 같이 정지시거가 부족한 경우 이를 확보하기 위하여 평면곡선 반지름 R값을 다시 산정하여 크게 설계한다. 부득이하게 R값이 고정된 구간은 옹벽을 외측으로 setback 한다.

7.4 앞지르기시거

양방향 2차로 도로에서는 앞쪽에 저속자동차가 주행하는 경우, 뒤따르는 자동차가 저속자동차를 추월하기 위하여 고속으로 주행하지만 실제는 반대방향 차로의 교통량이 많아 저속자동차를 추월하기 불가능한 경우가 많다. 이 경우 고속자동차가 저속자동차의 뒤를 계속 따라

가게 되어 비효율적인 도로운영이 되므로, 양방향 2차로 도로에서 고속자동차가 저속자동차를 안전하게 추월할 수 있는 앞지르기시거가 확보되는 구간을 적정 간격으로 설치한다.

1. 앞지르기시거의 가정

1) 추월당하는 차량은 일정한 속도로 주행한다.
2) 추월하는 차량은 추월 전까지는 추월당하는 차량과 동일한 속도로 주행한다.
3) 추월이 가능하다는 것을 인지한다.
4) 추월할 때에는 최대가속도 및 추월당하는 차량보다 빠른 속도로 주행한다.
5) 마주 오는 차량은 설계속도로 주행하는 것으로 하고, 추월이 완료되었을 때 마주 오는 차량과 추월한 차량 사이에는 적절한 여유거리가 있으며 서로 엇갈려 지나간다.

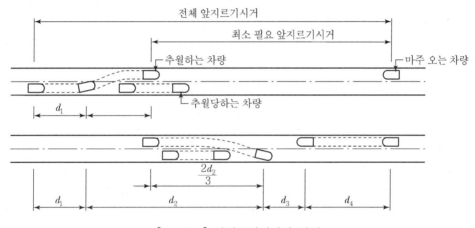

[Fig. 7.5] 앞지르기시거의 산정

2. 앞지르기시거의 총 거리($D = d_1 + d_2 + d_3 + d_4$) 산정

1) 반대편 차로 진입거리(d_1)

- 고속자동차가 추월이 가능하다고 판단하고 가속하여 반대편 차로로 진입하기 직전까지 주행한 거리

$$d_1 = \frac{V_0}{3.6} t_1 + \frac{1}{2} a t_1^2$$

여기서, V_0 : 추월당하는 차량의 속도(km/h)
　　　　a : 평균가속도(m/sec^2)
　　　　t_1 : 가속시간(sec), 보통 2.7~4.3초

2) 앞지르기 주행거리(d_2)

- 고속자동차가 반대편 차로로 진입하여 추월할 때까지 주행하는 거리

$$d_2 = \frac{V}{3.6} t_2$$

여기서, V : 고속자동차 반대편 차로에서 주행속도(km/h) = 설계속도
t_2 : 추월 시작 후 완료까지 시간(sec), 보통 8.2~10.4초

3) 마주 오는 자동차와의 여유거리(d_3)

- 고속자동차가 추월을 완료한 후 반대편 차로의 자동차와의 여유거리
- 여유거리는 설계속도에 따라 15~70m 적용

4) 마주 오는 자동차의 주행거리(d_4)

- 고속자동차가 추월을 완료할 때까지 마주 오는 자동차가 주행한 거리

$$d_4 = \frac{2}{3} \cdot d_2 = \frac{2}{3} \cdot \frac{V}{3.6} \cdot t_2 = \frac{V}{5.4} \cdot t_2 \quad \leftarrow \quad d_4 는 d_2 의 2/3 정도를 적용$$

- 마주 오는 자동차 속도는 추월한 차량과 같은 설계속도를 적용

[Table 7.6] 앞지르기시거

설계속도 (km/h)	V (km/h)	V_0 (km/h)	d_1			d_2		d_3 (m)	d_4 (m)	앞지르기시거(m)	
			a (m/sec²)	t_1 (sec)	d_1 (m)	t_2 (sec)	d_2 (m)			계산값	규정값
80	80	65	0.65	4.3	83.6	10.4	231.1	70	154.1	538.8	540
70	75	60	0.64	4.0	71.8	10.0	208.3	60	138.9	479.0	480
60	65	50	0.63	3.7	55.7	9.6	173.3	50	115.6	394.6	400
50	60	45	0.62	3.4	46.1	9.2	153.3	40	102.0	341.6	350
40	50	35	0.61	3.1	33.1	8.8	122.2	35	81.5	275.6	280
30	40	25	0.60	2.9	20.1	8.5	94.4	20	63.0	197.5	200
20	30	15	0.60	2.7	13.4	8.2	68.3	15	45.6	142.3	150

주) 앞지르기시거는 양방향 2차로 도로에만 적용하며, 현재 국내에서 양방향 2차로 도로 설계속도는 80km/h 이하이므로 앞지르기시거를 80km/h 이하로 규정한다.

3. 앞지르기시거의 적용요령

1) 앞지르기시거를 충분히 확보하여 주행속도의 저하를 막아야 하지만, 앞지르기시거는 매우 길어 모든 구간에서 확보하는 것은 비경제적이다. 따라서 지형, 설계속도, 공사비

등을 고려하여 앞지르기구간의 길이와 빈도를 배분하여 운전자가 불쾌하지 않고 경제성 있게 확보한다.

2) 앞지르기구간이 그 도로의 全 구간에 걸쳐 얼마만큼 존재하는가를 '앞지르기시거 확보구간의 존재율'이라 한다. 그 존재율 수준을 일률적으로 규정할 수는 없지만, 참고로 외국 기준은 있다.

3) 일본의 경우에는 '앞지르기시거 확보구간의 존재율'로 규정하고 있다. 양방향 2차로 도로에서 최저 1분간 주행하는 사이에 1회, 부득이한 경우 3분간 주행하는 사이에 1회의 앞지르기구간을 확보토록 한다. 이를 전체 구간에 대한 '앞지르기시거 확보구간의 존재율'로 나타내면 일반적인 경우 30% 이상, 부득이한 경우 10% 이상의 구간을 확보토록 한다.

[Table 7.7] 앞지르기시거 확보구간의 존재율(일본)

설계속도 (km/h)	1분간 주행거리 (km)	앞지르기거리 (m)	1분간 1회 (%)	3분간 1회 (%)
80	1.33	550	38	13
60	1.00	350	35	12
50	0.83	250	30	10
40	0.67	200	30	10
30	0.50	150	30	10

4) 선형이 불량한 산지부 도로의 경우에는 앞지르기시거 존재율이 0%에 가깝다. 양방향 2차로 도로의 노선 중 앞지르기시거 미확보 구간이 편중되면 좋지 않으므로, 노선 전체에 균등 분포되도록 다음과 같이 설계한다.

 - '앞지르기시거 확보구간의 존재율'을 30~38% 확보한다. 설계속도 80km/h에서 앞지르기시거가 450m 이상인 구간에는 앞지르기 가능 노면표시를 설치한다.[26]

---

26) 국토교통부, '도로의 구조·시설기준에 관한 규칙', 2013, pp.296~300.

8 종단선형의 구성요소

도로의 형상을 설계하는 요소인 종단선형은 직선과 곡선으로 구성되며, 종단선형의 설계요소로는 종단경사와 종단곡선이 있다. 종단선형을 직선으로 설계할 때는 종단경사 기준을 적용하며, 종단선형을 곡선으로 설계할 때는 2차 포물선으로 설계하여 종단곡선 변화비율 기준과 종단곡선 최소길이 기준을 적용한다.

종단선형은 동일한 설계구간에서도 지형조건, 자동차 오르막 능력 등에 따라 모든 자동차에게 동일한 주행상태를 유지시켜줄 수 없는 요소를 포함하고 있다. 따라서, 모든 자동차에 대하여 동일한 설계속도를 유지할 수 있도록 종단선형을 설계하는 것은 경제적 타당성 측면에서 좋지 않다.

8.1 종단선형의 구성요소

1. 종단경사

종단경사는 경사구간의 오르막특성이 자동차에 따라 크게 다르므로, 종단경사 값은 경제적 측면에서 가능하면 속도저하가 작아지도록 적용하여 도로용량 감소 및 안전성 저하를 방지하도록 한다. 「도로구조·시설기준에 관한 규칙」에서는 종단경사 값을 도로구분과 지형조건에 따라 구분하며, 평지부에서 지하차도와 고가도로 설계시 산지부 값을 적용한다.

2. 오르막차로

최근 승용자동차와 소형자동차는 성능이 향상되어 오르막경사 영향을 크게 받지 않으나, 대형자동차는 오르막경사에 따라 주행속도 차이가 심하다. 오르막구간에서 대형자동차의 속도저하는 다른 자동차의 고속주행을 방해하여 교통혼란을 초래하고, 도로용량을 크게 저하시키는 요인이 된다. 따라서, 오르막구간에서는 자동차의 오르막 능력 차이로 인하여 일정한 속도 이하로 주행하는 대형자동차를 분리하고 안전성 확보를 위하여, 오르막차로 설치를 경제적 측면에서 비교·분석한다.

3. 종단곡선

서로 다른 두 개의 종단경사가 접속될 때 접속지점을 통과하는 자동차의 운동량 변화에 따른 충격완화와 정지시거 확보를 위하여, 두 개의 종단경사를 적당한 비율로 접속시키는 종단곡선으로 설계한다. 종단곡선은 2차 포물선으로 오목형과 볼록형이 있으며, 설치할 때는 충분한 구간 내에서 주행의 안전성과 쾌적성을 확보하고, 도로배수를 원활히 할 수 있도록 유의해야 한다.

9 종단경사

□ **종단경사 「도로의 구조·시설기준에 관한 규칙」 5-3-1 종단경사**

1. 차도의 종단경사는 도로구분, 지형상황, 설계속도에 따라 [Table 9.1]의 비율 이하로 한다. 다만, 지형상황, 주변지장물, 경제성 등을 고려하여 필요한 경우에는 [Table 9.1]의 비율에 1%를 더한 값 이하로 할 수 있다.

2. 같은 기준에 따라 소형차도로의 최대 종단경사는 [Table 9.2]의 비율 이하로 한다.

[Table 9.1] 일반도로의 최대 종단경사(%)

설계속도 (km/h)	고속도로		간선도로		집산도로·연결로		국지도로	
	평지	산지등	평지	산지등	평지	산지등	평지	산지등
120	3	4						
110	3	5						
100	3	5	3	6				
90	4	6	4	6				
80	4	6	4	7	6	9		
70			5	7	7	10		
60			5	8	7	10	7	13
50			5	8	7	10	7	14
40			6	9	7	11	7	15
30					7	12	8	16
20							8	16

주) 산지등이란 산지, 구릉지 및 평지(지하차도 및 고가도로의 설치가 필요한 경우만 해당)를 말한다.

[Table 9.2] 소형자도로의 최대 종단경사(%)

설계속도 (km/h)	고속도로		간선도로		집산도로·연결로		국지도로	
	평지	산지등	평지	산지등	평지	산지등	평지	산지등
120	4	5						
110	4	6						
100	4	6	4	7				
90	6	7	6	7				
80	6	7	6	8	8	10		
70			7	8	9	11		
60			7	9	9	11	9	14
50			7	9	9	11	9	15
40			8	10	9	12	9	16
30					9	13	10	17
20							10	17

9.1 자동차의 오르막 특성

1. 승용차

대부분의 승용차는 3% 경사에서는 거의 영향을 받지 않으며, 4~5% 경사에서도 평지와 거의 비슷한 속도로 주행할 수 있다. 그러나 승용차도 오르막경사가 증가함에 따라 점차 감속되며, 내리막경사에서는 평지보다 속도가 증가하게 된다.

2. 트럭(대형자동차)

오르막구간에서 트럭의 최고속도는 경사 정도, 경사 길이, 중량당 마력 크기, 그 구간으로의 진입속도에 따라 크게 영향을 받는다. 「도로구조·시설기준에 관한 규칙」에서는 각국의 적용사례, 연구자료, 트럭의 오르막 능력 향상 정도를 감안하여, 오르막차로 설계시 표준트럭의 오르막 성능은 중량/마력비 120kg/kw(200lb/hp)를 적용한다.

[Table 9.3] 표준트럭의 오르막 성능 비교

국가별	근거	표준트럭의 오르막 성능
한국	국토교통부 도로용량편람 산업통상자원부 자동차안전기준규칙	120kg/kw(200lb/hp) 135kg/kw(225lb/hp)
일본	도로구조령	135kg/kw(225lb/hp)
미국	AASHTO	120kg/kw(200lb/hp)

9.2 종단경사구간의 제한길이

1. 종단경사구간의 제한길이는 중량/마력비 200lb/hp인 트럭을 표준으로 하여, 다음과 같은 2가지 가정하에 산정한다.

   [가정 1] 오르막구간의 進入속도는 다음 두 속도 중에서 작은 값을 적용한다.

   ① 설계속도 80km/h 이상인 경우 : 80km/h

   설계속도 80km/h 미만인 경우 : 설계속도와 같은 속도

   ② 앞쪽 경사의 영향에 따른 오르막구간의 진입속도

   [가정 2] 대형자동차의 허용 최저속도는 다음 값 이상의 속도를 유지하도록 한다.

   ① 설계속도 100km/h 이하~80km/h 이상인 경우 : 60km/h

   설계속도 80km/h 미만인 경우 : 설계속도－20km/h

   ② 앞쪽 경사의 영향에 따른 오르막구간의 진입속도

2. 다만, 설계속도가 높은 도로의 오르막차로 시·종점부는 본선차량과 오르막차로 이용 트럭의 속도차이가 커서 교통사고 위험이 크다.

   따라서, 설계속도 120km/h인 경우 허용 최저속도는 다음 값을 적용한다.

   ① 오르막차로 시점부의 허용 최저속도 : 65km/h

   ② 오르막차로 종점부의 허용 최저속도 : 75km/h

3. 이와 같은 가정하에서 경사길이에 따른 트럭의 속도변화가 감속 또는 가속인 경우, 『속도－경사길이 그래프』에서 종단경사구간의 제한길이를 산정한다.

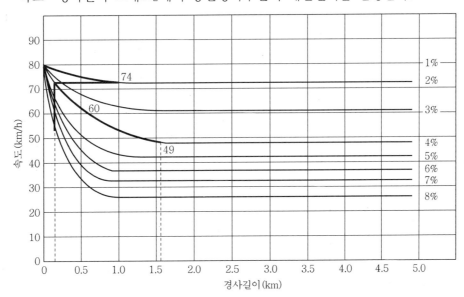

[Fig. 9.1] 경사길이에 따른 속도변화 그래프(200lb/hp 표준트럭 : 감속인 경우)

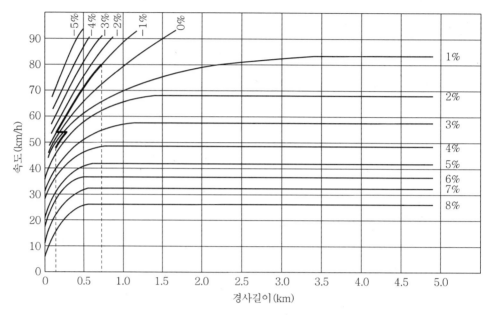

[Fig. 9.2] 경사길이에 따른 속도변화 그래프(200lb/hp 표준트럭 : 가속인 경우)

9.3 산지부 도로의 종단경사 적용

1. 산지부 종단경사 적용요령

산지부에서 긴 구간에 걸쳐 종단경사 기준값을 적용하는 것은 경제성 및 안전성 측면에서 타당하지 못하며 실제 시공이 불가능할 수도 있다. 일부 구간 때문에 전체 노선의 '설계속도'를 낮추는 것도 불합리하다. 따라서, 산지부 종단경사를 적용할 때는 '설계구간'과 연계하여 교통안전성과 투자효율성이 확보될 수 있어야 한다.

오르막구간에서 대형자동차의 속도저하는 다른 고속자동차 주행을 방해하여 도로용량을 감소시키며, 앞지르기가 늘어나 교통사고를 유발하기도 한다. 우리나라와 같이 산지가 많은 지형에서는 경제적 측면과 속도저하 측면을 동시에 고려하여 종단경사를 합리적으로 설계해야 한다.

2. 산지부 종단경사 적용기준

1) 설계구간 길이가 확보된 구간에서의 산지부 종단경사는 교통안전성을 향상시키기 위해 아래와 같이 '설계구간'을 설정한 후, 구간별로 종단경사 값을 적용한다.

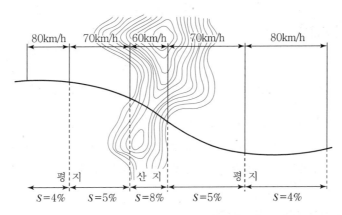

[Fig. 9.3] 설계구간 길이 확보구간에서 산지부 종단경사 적용방법

2) 설계구간 길이가 확보되지 못한 구간에서의 산지부 종단경사는 투자효율성을 감안하여 아래와 같은 설치방법을 적용한다. 다만, 교통특성상 안전에 악영향을 미칠 경우 산지부 종단경사 값 적용을 배제한다.[27]

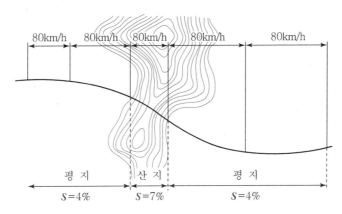

[Fig. 9.4] 설계구간 길이 미(未)확보구간에서 산지부 종단경사 적용방법

3) 설계구간 변경점은 일반적으로 다음과 같은 경우에 설치한다.
  ① 지형여건상 설계구간을 변경해야 되는 지점
  ② 지역여건상 설계구간을 변경해야 되는 지점
  ③ 주요한 교차점
  ④ 인터체인지 등 교통량이 변화하는 지점
  ⑤ 장대교량, 장대터널 등과 같은 대형 구조물이 설치되어 있는 지점

---

27) 국토교통부, '도로의 구조·시설기준에 관한 규칙', 2013, pp.301~310.

10 오르막차로

▢ 「도로의 구조 · 시설기준에 관한 규칙」 5-3-2 오르막차로

1. 종단경사가 있는 구간에서 자동차의 오르막 능력 등을 검토하여 필요한 경우 오르막차로를 설치한다. 다만, 설계속도 40km/h 이하인 경우 오르막차로를 설치하지 않을 수 있다. 오르막차로의 폭은 본선의 차로폭과 같게 설치한다.

10.1 오르막차로의 설치기준 설정

1. 설치구간 산정의 전제조건(가정)

1) 종단경사구간의 제한길이는 중량/마력비 200lb/hp인 트럭을 표준으로 하여, 다음과 같은 2가지 가정하에 산정한다.
   [가정 1] 오르막구간의 진입속도는 다음 두 속도 중에서 작은 값을 적용
   ① 설계속도 80km/h 이상인 경우 : 80km/h
   설계속도 80km/h 미만인 경우 : 설계속도와 같은 속도
   ② 앞쪽 경사의 영향에 따른 오르막구간의 진입속도
   [가정 2] 대형자동차의 허용 최저속도는 다음 값 이상의 속도를 유지
   ① 설계속도 100km/h 이하~80km/h 이상인 경우 : 60km/h
   설계속도 80km/h 미만인 경우 : 설계속도 – 20km/h
   ② 앞쪽 경사의 영향에 따른 오르막구간의 진입속도
2) 다만, 설계속도 120km/h인 도로의 오르막차로 시 · 종점부는 본선 차량과 트럭 간의 속도 차이가 커서 사고위험이 크므로 허용 최저속도를 별도로 규정한다.
   ① 오르막차로 시점부의 허용 최저속도 : 65km/h
   ② 오르막차로 종점부의 허용 최저속도 : 75km/h

2. 속도 – 경사도의 작성

1) 종단경사구간에서 경사길이에 따른 트럭의 속도변화가 감속 또는 가속인 경우 '속도 – 경사길이 그래프'를 이용하여 '속도 – 경사도'를 작성하고, 허용 최저속도보다 낮은 속도의 주행구간을 오르막차로 설치구간으로 선정한다.
2) '속도 – 경사도' 작성시 종단곡선구간은 다음과 같은 직선 종단경사구간이 연속된 것으로 가정한다.

① 종단곡선길이가 200m 미만인 경우, 종단곡선길이를 1/2로 나누어 앞·뒤의 경사로 가정한다.

② 종단곡선길이가 200m 이상이며 앞·뒤의 경사차가 0.5% 미만인 경우, 종단곡선길이를 1/2로 나누어 앞·뒤의 경사로 가정한다.

③ 종단곡선길이가 200m 이상이며 앞·뒤의 경사차가 0.5% 이상인 경우, 종단곡선길이를 4등분하여, 양끝 1/4 구간은 앞·뒤의 경사로 하고, 가운데 1/2 구간은 앞·뒤 경사의 평균값으로 가정한다.

10.2 오르막차로의 설치방법

1. 오르막차로의 설치기준

'속도-경사도'를 작성하여 허용 최저속도 이하로 주행하는 구간이 200m 이상일 경우에 오르막차로를 설치한다. 다만, 계산된 길이가 200~500m일 경우에는 최소 500m로 연장하여 설치한다.

2. 오르막차로의 설치길이

1) 대형자동차의 허용 최저속도는 다음 값 이상의 속도를 유지하도록 한다.

- 설계속도 100~80km/h인 경우 : 60km/h
- 설계속도 80km/h 미만인 경우 : 설계속도-20km/h

2) 설계속도가 높은 도로의 오르막차로 시·종점부는 본선 차량과 트럭 간의 속도 차이가 커서 사고위험이 크므로 허용 최저속도를 별도로 규정한다.

- 설계속도 120km/h인 경우 : 시점부 65km/h, 종점부 75km/h

3. 일반구간에서 오르막차로의 설치방법

[방법 ①] : 오르막차로를 주행차로에 변이구간으로 접속시키는 재래적인 방법. 저속자동차가 차로를 바꾸도록 유도하여 분리

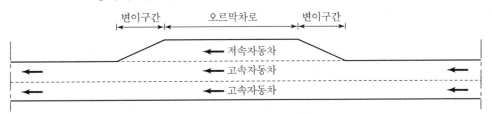

[Fig. 10.1] 오르막차로 설치방법 ①

[방법 ②] : 오르막차로를 주행차로와 독립하여 접속시키는 방법. 1차로와 2차로 변이구
간 시작 전에 고속자동차가 미리 차로를 바꾸도록 유도하여 분리

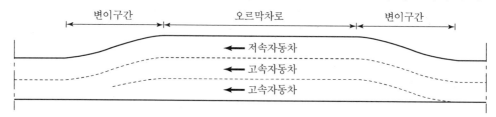

[Fig. 10.2] 오르막차로 설치방법 ②

[방법 ③] : 오르막차로를 주행차로와 연속하여 접속시키며 변이구간을 늘리고 종점부
합류구간의 차선을 삭제하는 방법. 영업소 차로 합류방식과 동일

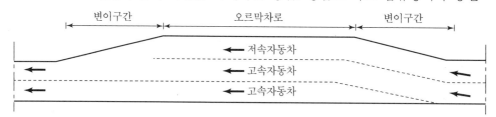

[Fig. 10.3] 오르막차로 설치방법 ③

4. 터널 및 전후구간에서 오르막차로의 설치방법

오르막차로를 터널 안으로 연장하는 형태는 경제성 분석 후 결정하되, 터널 입구에
오르막차로의 종점부를 두면 안 된다. 오르막차로를 터널 안으로 연장 설치하는 경우,
터널 내공단면은 3차로 터널의 표준단면을 적용한다.

10.3 오르막차로 설치를 생략할 수 있는 경우

1. 양방향 2차로 도로에서 오르막구간의 속도저하 · 경제성을 검토하여 서비스수준이 'E'
   이하가 되지 않을 경우, 또는 서비스수준이 2단계 이상 저하되지 않을 경우에는 생략할
   수 있다.
2. 6차로 이상의 다차로 도로에서는 고속자동차가 저속자동차를 앞지를 수 있는 공간적
   여유가 2~4차로보다 많으므로 생략할 수 있다.
3. 소형차도로에서는 소형차의 오르막 능력이 우수하여 서비스수준 저하가 미미하며 이용차
   량 간의 속도차이가 적어 주행이 원활하므로 생략할 수 있다.

4. 우리나라 산지부 도로에서 설계속도 40km/h 이하 구간에서는 설계속도와 주행속도 차가 크지 않으므로 오르막차로를 생략할 수 있다.

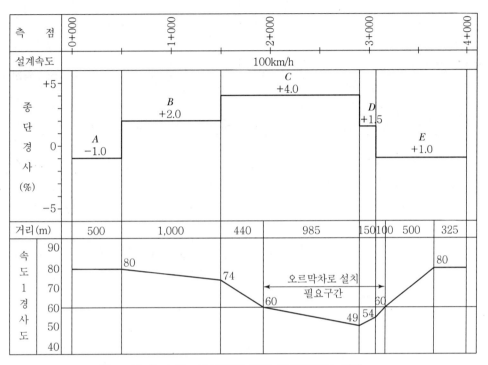

[Fig. 10.4] 속도-경사도에 따른 오르막차로 설치

10.4 오르막차로를 부가차로로 설치하는 경우의 검토사항

1. 도로용량

- 도로용량과 교통량의 관계
- 고속자동차와 저속자동차의 구성비

2. 경제성

- 오르막경사의 맞춤과 오르막차로 설치의 경제성
- 고속주행에 따른 편의성·쾌적성 향상과 사업비 절감에 따른 경제성

3. 교통안전

오르막차로 설치에 따른 교통사고 예방효과

4. 기타

오르막차로 설치와 터널길이 변경으로 사업비가 증액되는 경우에는 경제성 검토 등[28]

11 종단곡선 [대학원 과정]

□ 「도로의 구조 · 시설기준에 관한 규칙」 5-3-3 종단곡선

1. 차도의 종단경사가 변경되는 부분에는 종단곡선을 설치해야 한다. 이 경우 종단곡선의
   길이는 [Table 11.1]에 의한 종단곡선 변화비율에 따라 산정한 최소길이와 [Table
   11.2]에 의한 종단곡선길이 중 큰 값의 길이 이상이어야 한다.

[Table 11.1] 설계속도 및 종단곡선 형태에 따른 종단곡선 최소변화비율

설계속도(km/h)	120		110		100		90		80	
종단곡선 형태	볼록	오목	볼록	오목	볼록	오목	볼록	오목	볼록	오목
종단곡선 최소변화비율(m/%)	120	55	90	45	60	35	45	30	30	25

70		60		50		40		30		20	
볼록	오목	볼록	오목	볼록	오목	볼록	오목	볼록	오목	볼록	오목
25	20	15	15	8	10	4	6	3	4	1	2

[Table 11.2] 설계속도에 따른 종단곡선 최소길이

설계속도(km/h)	120	110	100	90	80	70	60	50	40	30	20
종단곡선 최소길이(m)	100	90	85	75	70	60	50	40	35	25	20

11.1 종단곡선의 크기 표시

1. 종단곡선의 크기를 표시하는 종단곡선 변화비율(K)은 접속되는 두 종단경사 차이가
   1% 변화하는 데 확보해야 하는 수평거리(m/%)이다.

---

28) 국토교통부, '도로의 구조 · 시설기준에 관한 규칙', 2013, pp.311~320.

$$K = \frac{L}{(S_2 - S_1) \times 100} = \frac{L}{S}$$

여기서, K : 종단곡선 변화비율(m/%)

L : 종단곡선길이(m)

S : 종단경사의 차이($|S_1 - S_2|$)(%)

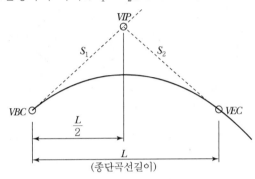

[Fig. 11.1] 두 종단곡선의 접속

11.2 종단곡선길이 산정

1. 충격완화를 위한 종단곡선길이

다른 두 종단경사가 접하는 지점에서 자동차의 운동량 변화로 인한 충격완화와 주행 쾌적성 확보를 위해 종단곡선을 설치한다. 이때 필요한 종단곡선길이는 볼록형과 오목형 모두 다음 식으로 산정한다.

$$L = \frac{V^2 S}{360}$$

이 식을 종단곡선 변화비율로 나타내면 $K_r = \dfrac{V^2}{360}$

여기서, 360은 운전자가 불쾌감을 느끼지 않을 충격의 변화율에서 정해진 상수

2. 정지시거 확보를 위한 종단곡선길이

정지시거를 확보해야 하는 경우는 볼록형 종단곡선이다. 볼록형 종단곡선의 양측 2점에 대한 노면 상의 연직높이를 각각 h_1, h_2라 하고, 2점 간의 투시거리를 D라 하면, 2점의 위치에 따라 투시거리가 달라진다.

– 2점이 종단곡선 안에 있을 때

$$L = \frac{D^2(S_2 - S_1)}{385} \quad \cdots\cdots \text{[식 11.1]}$$

– 2점이 종단곡선 밖에 있을 때

$$L = 2D - \frac{385}{S_2 - S_1} \quad \cdots\cdots \text{[식 11.2]}$$

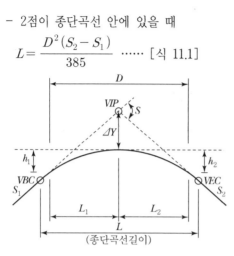

[Fig. 11.2] 종단곡선 투시거리(Ⅰ)

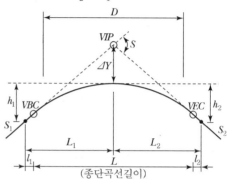

[Fig. 11.3] 종단곡선 투시거리(Ⅱ)

두 식을 비교하면 항상 [식 11.1] 값이 더 크므로, 설계속도에 따른 정지시거 확보를 위해서는 [식 11.1]의 값을 만족해야 한다.

[식 11.1]을 종단곡선 변화비율로 나타내면 $K_r = \dfrac{D^2}{385}$

3. 전조등의 야간투시에 의한 종단곡선길이

오목형 종단곡선에서는 야간 주행시 전조등을 비출 때 정지시거가 확보되도록 종단곡선 길이를 설치하면, 충격완화 및 정지시거도 확보된다. 이때 전조등에 의한 종단곡선길이의 산정기준은 전조등 높이 60cm, 투시각도 상향 1°로 한다.

– 2점이 종단곡선 안에 있을 때

$$L = \frac{D^2(S_2 - S_1)}{120 + 3.5D} \quad \cdots\cdots \text{[식 11.3]}$$

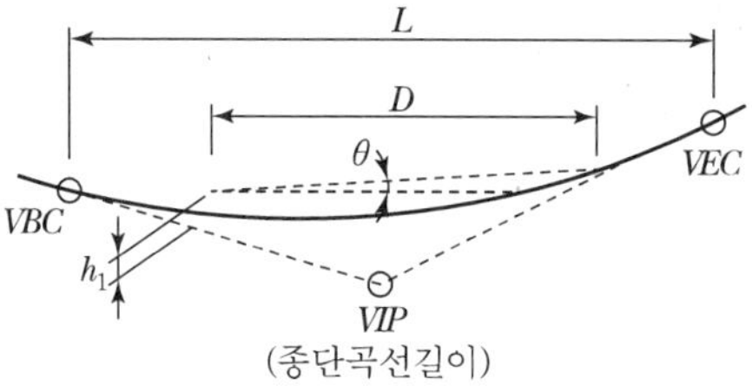

– 2점이 종단곡선 밖에 있을 때

$$L = 2D - \frac{120 + 3.5D}{S_2 - S_1} \quad \cdots\cdots \text{[식 11.4]}$$

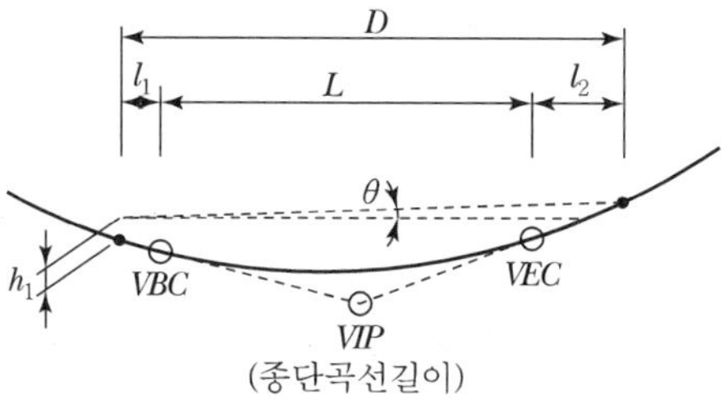

[Fig. 11.4] 종단곡선 야간투시거리(Ⅰ)

[Fig. 11.5] 종단곡선 야간투시거리(Ⅱ)

두 식을 비교하면 항상 [식 11.3] 값이 더 크므로, 야간 전조등을 고려한 오목형 종단곡선길이는 [식 11.3]으로 산정한다.

[식 11.3]을 종단곡선 변화비율로 나타내면 $K = \dfrac{D^2}{120 + 3.5D}$

4. 시각상 필요한 종단곡선길이

종단경사 차이가 작으면 충격완화나 시거확보를 위한 종단곡선길이도 매우 짧아져 운전자에게 선형이 급하게 꺾여 보이는 시각상 문제가 생긴다. 시각적 원활성을 고려하여 설계속도에서 3초간 주행한 거리를 최소 종단곡선길이로 적용한다.

$$L_v = \frac{V}{3.6} \times 3 = \frac{V}{1.2}$$

여기서, L_v : 시각상 필요한 종단곡선길이
V : 설계속도(km/h)

11.3 종단곡선의 형태별로 필요한 종단곡선길이

볼록형 종단곡선에서는 두 종단경사의 접속으로 인한 정점부에 정지시거가 확보될 수 있도록 [Table 11.3]과 같이 종단곡선길이를 설치한다.

[Table 11.3] 볼록형 종단곡선의 종단곡선 변화비율

설계속도 (km/h)	최소 정지시거(m)	볼록형 종단곡선의 종단곡선 변화비율(m/%)		
		충격완화를 위한 K값	정지시거 확보를 위한 K값	적용 K값
120	215	40.0	120.1	120.0
110	185	33.6	88.9	90.0
100	155	27.8	62.4	60.0
90	130	22.5	43.9	45.0
80	110	17.8	31.4	30.0
70	95	13.6	23.4	25.0
60	75	10.0	14.6	15.0
50	55	6.9	7.9	8.0
40	40	4.4	4.2	4.0
30	30	2.5	2.3	3.0
20	20	1.1	1.0	1.0

오목형 종단곡선에서는 두 종단경사 접속으로 인한 저점부에 야간 전조등을 비추어 정지시거

를 확보할 수 있도록 [Table 11.4]와 같이 종단곡선길이를 설치한다.

[Table 11.4] 오목형 종단곡선의 종단곡선 변화비율

설계속도 (km/h)	최소 정지시거(m)	오목형 종단곡선의 종단곡선 변화비율(m/%)		
		충격완화를 위한 K값	전조등에 의한 정지시거 확보를 위한 K값	적용 K값
120	215	40.0	53.0	55.0
110	185	33.6	44.6	45.0
100	155	27.8	36.3	35.0
90	130	22.5	29.4	30.0
80	110	17.8	24.0	25.0
70	95	13.6	19.9	20.0
60	75	10.0	14.7	15.0
50	55	6.9	9.7	10.0
40	40	4.4	6.2	6.0
30	30	2.5	4.0	4.0
20	20	1.1	2.1	2.0

11.4 종단곡선길이의 중간값, 이정량, 종거

1. 종단곡선길이는 수평거리와 같다고 보아도 지장이 없다. 즉, S_1, S_2 의 경사 변이점에서 종단곡선의 시·종점을 VBC, VEC라고 할 때, 종단곡선길이는 VBC, VEC 간의 수평거리 (L)와 같다고 간주한다.

2. 이 경우, 종단곡선 변곡점(VIP)으로부터 곡선까지의 거리(Y)는

$$Y = \frac{S_2 - S_1}{2L} X^2 + \frac{S_1 + S_2}{2} X + \frac{L(S_2 - S_1)}{8}$$

여기서, S_1, S_2 : 종단경사
       L : 종단곡선길이(m)

3. Y값의 최대 이정량(ΔY)을 구하여 백분율로 정리하면

$$\Delta Y = \frac{|S_1 - S_2|}{800} L$$

4. 종단곡선 임의의 점 $P(X_1, Y_1)$에서 접선까지의 이정량(y)은

$$y = \frac{S_1 - S_2}{2L}\left(X_1 - \frac{L}{2}\right)^2$$

여기서, $X_1 = \frac{L}{2} - X$ 이므로

$$y = \frac{|S_1 - S_2|}{200L} X^2 \quad \text{29)}$$

여기서, X : VBC 혹은 VEC에서 임의의 점 P까지의 수평거리(m)

　　　y : VBC 혹은 VEC에서 X의 거리에 있는 점의 종단곡선까지의 이정량(m)

　　　S_1 : VBC 상의 종단경사(%)

　　　S_2 : VEC 상의 종단경사(%)

　　　L : 종단곡선길이(m)

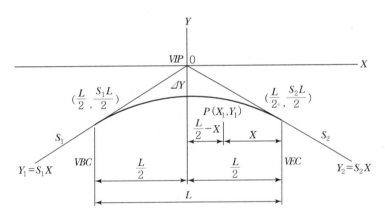

[Fig. 11.6] 종단곡선의 중간값

---

29) 국토교통부, '도로의 구조·시설기준에 관한 규칙', 2013, pp.321~333.

12 평면선형의 설계 [대학원 과정]

□ 「도로의 구조·시설기준에 관한 규칙」 5-4-5 평면선형의 설계

우리나라와 같이 지형변화가 심한 산악부에서는 직선의 선형은 지형과 조화되기 어렵고, 긴 직선 뒤에 작은 평면곡선 반지름이 삽입되면 위험해지므로 유의해야 한다.

평면선형의 선형요소는 직선, 원곡선, 완화곡선의 3종류가 있으며, 도로에서 완화곡선은 Clothoid 곡선을 쓰고 있다. 종전에 미국에서는 지형이 평탄하여 직선을 주체로 하는 선형설계가 널리 쓰였으나, 지금은 곡선을 주체로 하는 선형설계로 전환되는 추세이다. 완화곡선으로는 클로소이드(Clothoid spiral), 3차포물선(Cubic Parabola), 렘니스케이트(Lemniscate) 등의 각종 곡선이 개발되어 있다. 이 중에서 Clothoid 곡선이 자동차의 완화주행 특성을 잘 반영하며, CAD와 현장설치 과정이 간편하여 주로 이용되고 있다.

12.1 평면선형의 설계요령

1. 평면선형은 주변지형 및 조건에 적합하며, 평면선형이 연속적이어야 한다.
2. 앞뒤의 평면선형이 비교적 좋은 경우에 일부 구간에서 급한 평면곡선 반지름을 쓰는 일은 피한다. 또한, 평면선형은 종단선형과의 조화도 고려해야 한다.
3. 직선과 원곡선 사이에 Clothoid 곡선을 삽입할 때, Clothoid Parameter와 원곡선반경의 사이에는 다음 관계가 성립되도록 한다.
   - $R \geq A \geq \dfrac{R}{2}$, $R = 1{,}500\mathrm{m}$ 이상으로 매우 클 경우, $R \geq A \geq \dfrac{R}{3}$ 의 조건을 지키면 직선에서 원곡선으로의 선형 변화가 점차 원활해진다.
   - Clothoid~원곡선~Clothoid의 선형인 경우, 두 Clothoid Parameter를 반드시 같게 할 필요는 없고 지형조건에 따라 비대칭 곡선도 좋다[Fig. 12.1].

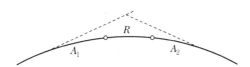

[Fig. 12.1] Clothoid~원곡선~Clothoid

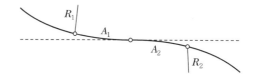

[Fig.12.2] 두 Clothoid 반대방향 접속

4. 두 Clothoid가 반대방향으로 접속된 경우에는 두 Parameter를 같게 하거나, 큰 Parameter가 작은 Parameter의 2배 이하가 되도록 한다[Fig. 12.2].

5. 직선을 낀 두 완화곡선이 반대방향으로 접속될 경우, 두 완화곡선 사이의 직선길이는 다음 조건을 만족해야 한다[Fig 12.3].

$$L \leq \frac{A_1 + A_2}{40}$$

여기서, L : 두 완화곡선 사이의 직선길이(m)

A_1, A_2 : 두 Clothoid의 parameter

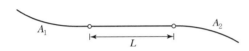 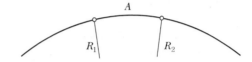

[Fig. 12.3] 직선을 낀 완화곡선 반대 접속   [Fig.12.4] 두 원곡선 사이 완화곡선 접속

6. 두 원곡선을 같은 방향으로 접속시킬 경우, 두 원곡선 사이에 완화곡선을 두는 것이 선형 변화가 원활해진다[Fig. 12.4].

7. 같은 방향으로 굴곡하는 두 원곡선 사이에 짧은 직선이 접속될 경우, 가능하면 두 평면곡선을 포함하는 큰 원을 설치한다. 부득이 두 원곡선을 같은 방향으로 직접 접속시켜야 하는 경우 큰 원 반경을 작은 원 반경의 1.5배 이하로 한다.

12.2 평면선형의 설계방법

1. 직선의 적용

1) 문제점

- 융통성 없는 기하학적 형태로 인해 딱딱하고 선형조화가 곤란하다.
- 지형 변화에 순응하기 어려워서 적용하는 데 제약을 받는다.
- 직선이 길게 연결되면 권태를 느껴 주의력 집중이 어려워진다.
- 결국 운전자의 지각반응이 저하되어 사고발생의 원인이 된다.

2) 적용대상

- 평탄지, 산과 산 사이에 존재하는 넓은 골짜기
- 시가지 또는 그 근교지대로서 가로망이 직선으로 구성된 지역
- 구조물 설치 구간(장대교량, 고가교, 터널)

2. 곡선의 적용

1) 곡선은 지형에 맞도록 적용하되, 가능하면 큰 평면곡선 반지름을 사용한다.
   - 최대 평면곡선 반지름이 대략 10,000m 이상이면 곡선 의미를 상실
2) 작은 평면곡선 반지름의 남용을 피하고, 직선과 적절하게 조화를 이룬다.
   - 작은 평면곡선 반지름의 사용이 불가피하면, 완화곡선을 크게 설치
3) 지형이 험준한 산악부에서는 부득이하게 최소 평면곡선 반지름을 사용한다.
   - 특히, 작은 평면곡선 반지름과 급한 종단경사가 겹치지 않도록 배려

3. 평면선형의 구성방법

1) 긴 직선-짧은 곡선에 의한 평면선형의 구성

   - 도로선형의 기본인 직선을 먼저 설정하고, 이를 원호로 연결하는 방법

2) 긴 곡선-짧은 직선에 의한 평면선형의 구성

   - 원곡선을 지형조건에 맞추어 설정하고, 이를 Clothiod로 연결하는 방법

3) 연속적인 곡선에 의한 평면선형의 구성

   - 곡선을 연속적으로 연결하여 시각적으로 원활성이 증대되는 방법

(a) 긴 직선-짧은 곡선에 의한 평면선형 구성

(b) 긴 곡선-짧은 직선에 의한 평면선형 구성

(c) 연속적인 곡선에 의한 평면선형 구성

[Fig. 12.5] 평면선형의 구성방법

4. 평면선형의 설정방법

1) 먼저 직선을 설정하고, 이를 원곡선으로 연결하는 방법
2) 먼저 곡선을 설정하고, 이를 완화곡선으로 연결하는 방법[30]

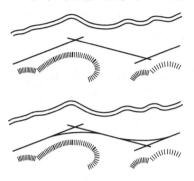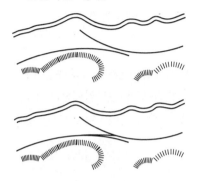

(a) 먼저 직선을 설정하고,   (b) 먼저 곡선을 설정하고,
    이를 원곡선으로 연결   이를 완화곡선으로 연결

[Fig. 12.6] 평면선형의 설정방법

---

13 종단선형의 설계   [대학원 과정]

□ 「도로의 구조·시설기준에 관한 규칙」 5-4-6 종단선형의 설계

종단선형을 설계할 때는 건설비와의 관계를 고려하면서 자동차 주행의 안전성과 쾌적성을
도모하고 경제성을 갖도록 하며, 평면선형과 관련하여 시각적으로 연속적이면서 서로
조화되도록 설계해야 한다. 통상 내리막경사는 사고로 연결되기 쉽고, 오르막경사는
급하면 트럭의 속도저하가 뚜렷하여 원활한 교통흐름을 저해한다는 점을 유의해야 한다.

13.1 종단선형 설계의 일반방침

1. 지형에 적합하고 원활한 것이어야 한다. 앞쪽과 뒤끝만 보이고 중간이 푹 패어 보이지
않는 선형은 피한다.

---

30) 국토교통부, '도로의 구조·시설기준에 관한 규칙', 2013, pp.343~351.

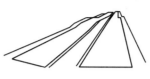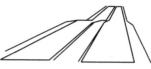

(a) 짧은 돌출이 있는 선형　　　(b) 중간이 푹 패인 선형　　　(c) 소규모 정점이 있는 선형

[Fig. 13.1] 종단선형의 부조화

2. 오르막경사 앞에 내리막경사를 설치할 경우 오목부분에 삽입하는 종단곡선길이를 길게 하여 시각적으로 원활하게 한다. 내리막경사가 계속되는 구간 앞에 작은 평면곡선 반지름을 설치할 경우 편경사를 표준보다 급하게 설치한다.

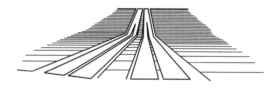　　　

[Fig. 13.2] 오목부에서 종단곡선 시각적 효과　　　[Fig. 13.3] 오목부에서 짧은 직선의 삽입

3. 같은 방향으로 굴곡하는 두 종단곡선 사이에 짧은 직선으로 된 종단경사 구간을 두지 않도록 한다. 길이가 긴 연속된 오르막구간에서는 오르막경사가 끝나는 정상(頂上) 부근에서 경사를 비교적 완만하게 한다.

4. 종단선형의 良否는 평면선형과 관련하여 결정되므로, 평면선형과의 조화를 이루어서 입체적으로 양호한 선형이 되도록 한다. 종단경사는 완만할수록 좋지만, 노면배수를 고려하여 최소 0.3%로 한다.

5. 환기설비가 필요한 장대터널에서는 환기설비의 비용을 절감하고 배기가스량의 최소화를 위하여 오르막경사를 3% 이하로 한다.

13.2 종단선형 설계의 방법

1. 종단선형의 설계순서

1) 먼저 직선형 종단경사를 설정한다. 지형변화에 따라 제약받는 지점(control point), 절·성토의 균형 등을 고려하여 종단형상의 기본형을 정한다.

2) 종단경사의 변화점에 적절한 길이의 종단곡선을 삽입한다.

3) 일련의 작업과정을 시행착오적으로 반복하면서, 자동차의 주행조건과 건설비의 관계를 고려하여 종단선형을 최종적으로 정한다.

2. 종단선형의 설계기준

현행 종단곡선길이와 종단곡선 변화비율의 규정은 최솟값이다. 이 최솟값은 자동차 주행에 따른 충격완화와 시거확보에 만족할지라도 도로의 시각적 연속성과 운전자의 심리적 쾌적성을 만족하지 못하여, 멀리서 보면 부자연스럽고 딱딱한 판을 늘어놓은 것처럼 보인다.

운전자 시각은 경사 자체에는 덜 민감하지만, 경사 차이에는 매우 민감하다. 종단곡선 길이가 너무 짧으면 운전자에게 도로가 절곡된 것처럼 보인다. 운전자의 시점이 300~600m 정도 먼 곳에 집중되는 고속도로의 경우 시각적인 부조화는 주행의 안전성에 영향을 준다.

긴 직선-짧은 곡선의 평면선형에는 일반적으로 긴 직선-짧은 곡선의 종단선형을 적용하는 것이 통례이다. 이 경우 종단곡선길이도 기계적으로 짧게 적용하는 나쁜 버릇이 있다. 시각적 원활성을 얻기 위해서는 길이를 길게 적용하는 것이 좋다.

토공량과 구조물 비용을 약간만 추가하면 종단곡선길이를 크게 할 수 있다. 종단곡선을 길게 잡는 것은 설계와 시공 측면에서 어려운 일이지만, 종단곡선을 길게 잡아야 도로가 지형에 잘 어울리고 연속적인 인상으로 주행의 쾌적성을 확보할 수 있게 된다[31]

14 평면선형과 종단선형과의 조합

□ 「도로의 구조 · 시설기준에 관한 규칙」 5 - 4 - 7 평면선형과 종단선형과의 조합

도로의 선형설계는 노선계획에서 시작하여 평면선형 설계, 종단선형 설계로 이어지고, 도로환경과 조화를 이루는 평면선형과 종단선형의 조합으로 완료된다. 선형의 조합은 도로를 주행하는 운전자의 시각에서 계획하기 위해 3차원의 투시도를 이용하는데, 최근 에는 시간을 포함하는 4차원으로 발전되는 추세이다.

14.1 선형조합의 일반방침

1. 선형의 시각적인 연속성 확보

1) 평면선형과 종단선형이 완전히 대응되어야 시각적 연속성이 확보된다.

---

31) 국토교통부, '도로의 구조 · 시설기준에 관한 규칙', 2013, pp.352~355.

Road Engineering

2) 볼록형 종단곡선 頂點에서 평면곡선이 시작되면 시선유도가 원활치 못하다.

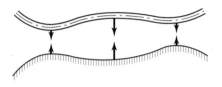 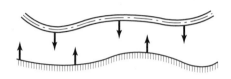

(a) 선형이 대응하고 있는 경우   (b) 위상이 어긋나 있는 경우

[Fig. 14.1] 평면선형과 종단선형의 대응

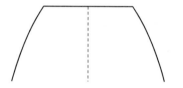 

(a) 정점까지의 평면선형 진행방향 불량   (b) 정점까지의 평면선형 진행방향 불량

[Fig. 14.2] 종단선형 정점에서 시선유도

3) 하나의 평면곡선에 몇 개의 종단곡선이 있으면 운전자에게 도로가 꺾여 있는 것처럼
  보이는 수가 있다.

  ① 평면직선부의 종단선형은 긴 연장의 일정한 경사구간에서 국부적인 작은 굴곡은
     피한다. 또한 평면곡선부의 종단선형은 짧은 구간의 둥근 언덕 모양의 굴곡은
     피하고, 긴 구간에 걸쳐 종단경사를 일정하게 한다.

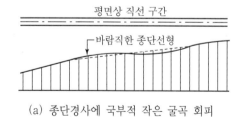

(a) 종단경사에 국부적 작은 굴곡 회피   (b) 종단경사를 긴 구간에 일정하게 유지

[Fig. 14.3] 평면선형과 종단선형의 조합 예(1)

  ② 두 평면곡선 사이의 짧은 직선구간과 종단선형의 정점부에서 반대방향의 평면곡선
     설치를 피한다. 또한 오목형 종단곡선의 저점부에 평면곡선의 변곡점 설치를
     피한다.(노면배수가 원활치 못한 경우가 발생)

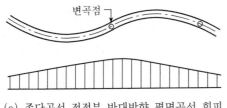
(a) 종단곡선 정점부 반대방향 평면곡선 회피

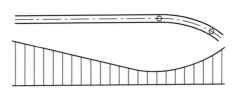
(b) 종단곡선 저점부 평면곡선 변곡점 회피

[Fig. 14.4] 평면선형과 종단선형의 조합 예(2)

③ 언덕에 의해 도로의 일부가 보이지 않아서 도로가 불연속된 것처럼 보인다. 긴 평면 직선구간에서 종단곡선의 반복된 굴곡은 피한다.

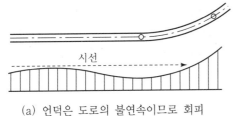
(a) 언덕은 도로의 불연속이므로 회피

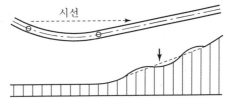
(b) 긴 직선부에서 종단곡선 반복 회피

[Fig. 14.5] 평면선형과 종단선형의 조합 예(3)

④ 평면곡선과 종단곡선이 같은 방향 또는 다른 방향으로 대응하여 균형을 이루는 도로는 시각적 효과가 좋다.

(a) 평면곡선과 종단곡선이 같은 방향

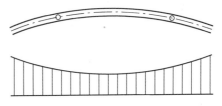
(b) 평면곡선과 종단곡선이 다른 방향

[Fig. 14.6] 평면선형과 종단선형의 조합 예(4)

⑤ 평면곡선 반지름의 교각이 작을 때에는 작은 곡선반경보다 큰 곡선반경을 설치하면 시거가 양호해진다. 긴 길이의 평면 직선부와 작은 평면곡선 반지름의 조합은 원활하지 못하므로, 직선부와 곡선부 사이에 완화구간을 설치하고 큰 곡선반경을 적용하여 원활한 평면선형으로 설계한다.

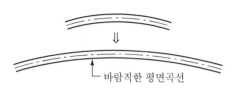 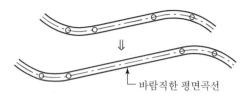

(a) 큰 평면곡선 반지름으로 설치, 시거 양호　　(b) 완화구간 설치, 큰 평면곡선 반지름 적용

[Fig. 14.7] 평면선형과 종단선형의 조합 예(5)

2. 평면곡선 크기와 종단곡선 크기의 균형 유지

종래의 선형설계에서 통상적으로 사용되었던 평면선형과 종단선형의 개별적인 접근에서 탈피하고, 양자를 종합한 입체선형으로 검토한다. 선형의 조합문제는 도로의 시각적 환경과의 조화라는 관점에서 도로의 선형설계 시 항상 고려해야 하는데, 선형의 조합을 선택한다는 것은 물리적 요구와 인간적 요구를 모두 만족해야 하므로 어려운 문제이다. 크기가 균형을 이루지 않으면 공사비의 낭비를 초래할 뿐만 아니라, 선형이 작은 쪽이 필요 이상으로 강조되어 시각적 불균형을 초래한다. 양자의 균형을 수치로 제시하기는 어렵고, 주변여건을 고려하여 정한다.

(a) 긴 평면곡선 상의 짧은 오목구간, 불량　　(b) 긴 평면곡선 상의 긴 오목구간, 양호

[Fig. 14.8] 평면선형과 종단곡선의 균형

3. 노면 배수와 자동차 운동역학적 요구에 조화되는 경사의 조합

산지부에서 종단경사가 급한 구간에 작은 평면곡선이 삽입되어 있으면 종단경사가 급하게 보여 주행의 안전성이 확보되지 못한다. 평지부에서 종단경사가 수평에 가까우면 배수에 문제가 발생한다.

4. 도로선형과 도로환경의 조화

내리막경사의 왼쪽으로 평면곡선이 설치된 구간에서 오른쪽의 식재는 고속주행하는 운전자에게 불안감을 없애주고 시선을 유도하는 역할을 한다. 평면곡선부의 변곡점

부근에 종단경사의 정점이 있을 때, 오른쪽의 식재는 운전자에게 도로선형을 미리 알려주는 역할을 한다. 비탈면의 진행방향으로 선단부에 식재를 하면, 끝부분을 가려주게 되어 선형 그 자체를 좋게 하는 시각적 효과가 있다. 변화가 작은 평지부를 통과하는 도로에서 중앙분리대나 도로변에 식재를 하면, 먼 곳에서도 도로선형을 알 수 있게 된다.

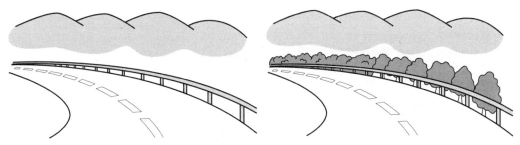

[내리막경사 오른쪽 식재는 운전자에게 불안감을 없애주고 시선유도 역할을 한다.]

[Fig. 14.9] 식재에 의한 시각적 환경(1)

14.2 피하는 것이 바람직한 선형조합

볼록형 종단곡선의 정점부 또는 오목형 종단곡선의 저점부에 대한 급한 평면곡선 반지름의 삽입은 피한다. 볼록형에서는 시선이 유도되지 않아 급한 핸들조작을 하게 되고, 오목형에서는 자동차가 속도를 내다가 급한 핸들조작을 하게 된다.

볼록형 종단곡선의 정점부 또는 오목형 종단곡선의 저점부에 배향곡선의 변곡점을 두는 것을 피한다. 볼록형에서는 공중에 떠서 주행하는 듯한 상태가 되어 불안감을 주며, 오목형에서는 시선유도에는 문제가 없으나, 배수에서 문제가 생긴다.

하나의 평면곡선 내에서 종단선형이 볼록과 오목을 반복하는 것은 피한다. 앞턱과 끝만 보이고 중간은 푹 패여서 보이지 않는 선형이 된다. 푹 패임의 정도가 작더라도 운전자는 갑자기 속도를 줄이게 된다.

같은 방향으로 굴곡하는 두 평면곡선 사이에 짧은 직선의 삽입은 피한다. 이와 같은 Broken Back Curve를 삽입하면 평면선형에서는 직선부가 양단의 곡선과 반대방향으로 굴곡된 것처럼 보이고, 종단선형에서는 직선부가 떠오르는 것처럼 보여 시각적 원활성이 결여된다. 이 경우 하나의 큰 평면곡선이나 복합곡선으로 설계한다.[32]

---

32) 국토교통부, '도로의 구조·시설기준에 관한 규칙', 2013, pp.356~364.

Road Engineering

147

15 실습문제

> **실습 1** 설계속도 80km/h인 4차로 도로의 표준횡단에서 평면곡선 반지름 R=400m이며, 원곡선 시·종점부에 완화곡선길이 120m가 설치된 경우 편경사를 설치하시오.

정답

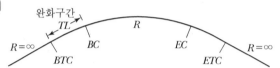

1. 최대편경사 $i=6\%$, 편경사 접속설치율 $q=1/150$ 적용
2. 편경사 접속설치구간 산정
   - 편경사 설치폭 : $B=7.0+0.5+0.25=7.75\text{m}$
   - 횡단경사 변화량 : $-2\% \rightarrow 6\%$이므로 $\Delta i=8\%$
   - 편경사 접속설치를 위한 변화구간 총 길이(TL)

     $$TL=\frac{B \cdot \Delta i}{q}=\frac{7.75 \times 0.08}{1/150}=93\text{m}$$

   - 배수 고려 편경사 접속설치율($q=1/250$)에 의한 변화구간 총 길이(TL')

     $$TL'=\frac{B \cdot \Delta i}{q}=\frac{7.75 \times 0.08}{1/250}=155\text{m}$$

3. 완화곡선길이 120m는 편경사 접속설치율 1/150과 1/250 사이에 있으므로, 편경사를 완화곡선 전체에 걸쳐 일률적으로 설치한다. 완화곡선의 시·종점부에서부터 횡단경사를 변화시켜 원곡선의 시·종점부에서 최대편경사가 되도록 설치한다.

> **실습 2** 설계속도 80km/h인 4차로 도로의 표준횡단에서 평면곡선 반지름 R=1,000m, 완화곡선길이 180m인 경우 편경사를 설치하시오.

정답
1. 최대편경사 $i=4\%$, 편경사 접속설치율 $q=1/150$ 적용
2. 편경사 접속설치구간 산정
   - 편경사 설치폭 : $B=7.75\text{m}$
   - 횡단경사 변화량 : $\Delta i=8\%$
   - 완화곡선 全 구간에 걸쳐 편경사를 일률적으로 설치할 경우

     편경사 접속설치율 $q=\dfrac{B \cdot \Delta i}{TL}=\dfrac{7.75 \times 0.06}{180}=1/387$

   - 배수를 고려할 때 낮은 경사구간(표준 횡단경사~역표준 횡단경사)의 편경사 접속설치율에 대한 보정이 필요하다.
3. 낮은 경사구간의 편경사 변화길이를 80m로 제한하여 변화시킨다. 나머지 100m는 역표준 횡단경사에서 최대편경사까지 일률적으로 변화시킨다.

실습 3

설계속도 80km/h인 4차로 도로의 표준횡단에서 평면곡선 반지름 R=400m, 원곡선의 시·종점부에 완화곡선길이 80m가 설치되는 경우 편경사를 설치하시오.

정답
1. 최대편경사 i=6%, 편경사 접속설치율 q=1/150 적용
2. 편경사 접속설치구간 산정
   - 편경사 설치폭 : B=7.75m
   - 횡단경사 변화량 : Δi=6%
   - 편경사 접속설치를 위한 변화구간의 총 길이(TL)
   $$TL = \frac{B \cdot \Delta i}{q} = \frac{7.75 \times 0.08}{1/150} = 93m$$
3. 편경사 변화구간길이(L) 산정
   $$L = \frac{B \cdot \Delta i}{q} = \frac{7.75 \times 0.06}{1/150} = 69.75 ≒ 70m$$
4. 완화곡선길이가 TL보다 작고 L보다 크므로, 횡단경사 변화량에 대한 접속설치의 총 변화구간길이(TL)가 부족한 만큼 직선구간에 확보한다.
5. 편경사 접속설치길이는 직선구간길이 13m와 완화곡선길이 80m를 합한 93m로 하되, 보간법에 의하여 일률적으로 편경사를 설치한다.

실습 4

주간선도로 평면곡선부의 중심선 반경이 R=100m일 때, 다차선 도로에서 세미 트레일러의 확폭량을 구하시오.

정답
L_1=(내민거리)+(1축~2축 거리)=1.3+4.2=5.5m
L_2=9.0m
$$\varepsilon = \frac{L_1^2 + L_2^2}{2R} = \frac{5.5^2 + 9.0^2}{2 \times 100} = \frac{111.25}{200} = 0.56m$$
차로당 0.25m 단위로 확폭하므로
차로당 확폭량 : $\varepsilon_1 = 0.5m$
4차로 도로 확폭량 : $\varepsilon_4 = 4 \times 0.5 = 2.0m$

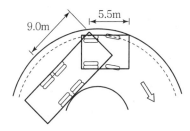

[Fig. 15.1] 세미 트레일러 확폭량

실습 5

설계속도 120km/h, 주행속도 102km/h, 종단경사 −1.0%, 차로중심부까지의 이정거리가 3.3m인 경우에 정지시거(D)와 최소곡선반경(M)을 구하시오. 단, 종방향 미끄럼마찰계수는 0.28이다.

정답
$$D = 0.694 \times V + \frac{V^2}{254(f \pm \frac{S}{100})} = 0.694 \times 102 + \frac{102^2}{254(0.28 \pm \frac{-1}{100})} ≒ 222.49m$$

$y = \frac{D^2}{8R}$ 에서 $3.3 = \frac{222^2}{8R}$

$\therefore R = 1,866.8 ≒ 1,870m$

실습
6 국도 양방향 4차로 도로에서 도로폭이 20m이고 설계속도가 80km/h인 경우, 정지시거의 기준값은 $D_c = 110$m이고 최소 평면곡선 반지름 기준값이 $R_{\min} = \dfrac{V^2}{127(f+i)}$ $= 280\text{m} = R_c$ 일 때의 정지시거를 구하시오. 단, 도로중심선의 평면곡선 반지름 $R_1 = 300\text{m}\,(R_{\min} \geq 280\text{m})$

정답 1. 바깥쪽 2차로의 중심선을 기준으로 할 때, 확보되는 시거 $D_2 = ?$

$D_2 = \sqrt{8\,R_2\,y}\ \sqrt{8 \times 293.75 \times 3.75} = 93.87\text{m}\,\langle$정지시거 $D_C = 100$m이므로, No.

따라서, 부족한 시거는 $110 - 93.87 = 16.13$m

2. 정지시거 $D_C = 110$m 확보에 필요한 2차로 중심선상의 곡선반경 $R_{2D} = ?$

$y = \dfrac{D^2}{8R}$ 에서 $R_{2D} = \dfrac{D^2}{8y} = \dfrac{110^2}{8 \times 3.75} = 403.33$m

∴ 도로중심선 곡선반경은 $R_{2D} = 403.33 + 6.25 = 409.58\text{m} \fallingdotseq 410$m 필요하다.

3. 곡선반경을 고정시켜야 할 경우, 확보해야 하는 길어깨의 여유폭 $y_{2D} = ?$

$y = \dfrac{D^2}{8R} = \dfrac{110^2}{8 \times 293.75} = 5.15$m

∴ 길어깨 방향의 여유폭은 $5.15 - 3.75 = 1.4$m 부족하므로

절토부에서 L형 측구를 1.4m setback 한다.(성토부 가드레일도 같다)

4. 중분대 쪽 1차로 중심선을 기준으로 할 때, 확보되는 시거 $D_S = ?$

$D_2 = \sqrt{8\,R_S\,y_S}\ \sqrt{8 \times 302.75 \times 2.75} = 81.61\text{m} < $정지시거 $D_C = 110$m 이므로, No.

5. 정지시거 $D_C = 110$m 확보에 필요한 차로 중심선상의 곡선반경 $R_{SD} = ?$

$y = \dfrac{D^2}{8R}$ 에서 $R_{SD} = \dfrac{D_C^2}{8y_S} = \dfrac{110^2}{8 \times 2.75} = 550$m

∴ 도로중심선의 곡선반경은 $R_{1D} = 550 - 2.75 = 547.25$m 필요하다.

실습
7 양방향 2차로 도로에서 설계속도 80km/h, 추월당하는 차량의 주행속도 65km/h, 평균가속도 0.65m/sec², 가속시간 $t_1 = 4.3$초, 추월시간 $t_2 = 10.4$초일 때, 앞지르기 시거를 산정하시오.

정답 $d_1 = \dfrac{V_0}{3.6}\,t_1 + \dfrac{1}{2}\,a\,t_1^{\,2} = \left(\dfrac{65}{3.6} \times 4.3\right) + \left(\dfrac{1}{2} \times 0.65 \times 4.3\right) = 79.0$m

$d_2 = \dfrac{V}{3.6}\,t_2 = \dfrac{80}{3.6} \times 10.4 = 231.1$m

$d_3 = 70$m (80km/h일 때, 최댓값 적용)

$d_4 = \dfrac{2}{3} \cdot d_2 = \dfrac{2}{3} \times \dfrac{80}{3.6} \times 10.4 = 154.0$m

∴ $D = d_1 + d_2 + d_3 + d_4 = 79.0 + 231.1 + 70 + 154.0 = 534.1\text{m} \Rightarrow 540$m

즉, 설계속도 80km/h에서 앞지르기시거는 540m이다.

> | 실습 8 | 볼록형 및 오목형 종단곡선의 도로조건이 각각 다음과 같을 때 종단곡선 최소길이를 검토하시오.
> |---|---|
> | | ▶ 볼록형 : 설계속도 $V=100$km/h, 종단경사 $S_1=2.0\%$, $S_2=-2.0\%$ |
> | | ▶ 오목형 : 설계속도 $V=100$km/h, 종단경사 $S_1=-1.0\%$, $S_2=0.5\%$ |

정답 1. 볼록형 종단곡선 구간의 종단곡선길이 산정

충격완화 종단곡선길이 $L=\dfrac{V^2S}{360}=\dfrac{100^2\times[2-(-2)]}{360}=111.11\text{m}$ ··· ①

정지시거 종단곡선길이 $L=\dfrac{D^2(S_2-S_1)}{385}=\dfrac{155^2\times[2-(-2)]}{385}=249.61\text{m}$ ··· ②

시각확보 종단곡선길이 $L_v=\dfrac{V}{1.2}=\dfrac{100}{1.2}=83.33$ ··· ③

2. 오목형 종단곡선구간의 종단곡선길이 산정

충격완화 종단곡선길이 $L=\dfrac{V^2S}{360}=\dfrac{100^2\times[0.5-(-1.0)]}{360}=41.67\text{m}$ ··· ①

야간투시 종단곡선길이 $L=\dfrac{D^2(S_2-S_1)}{120+3.5D}=\dfrac{155^2\times[0.5-(-1.0)]}{120+3.5(155)}=54.40\text{m}$ ··· ②

시각확보 종단곡선길이 $L_v=\dfrac{V}{1.2}=\dfrac{100}{1.2}=83.33$ ··· ③

∴ ①, ②, ③ 중 가장 큰 값[볼록형 249.61m, 오목형 83.33m]을 최소 종단곡선길이로 선정하고, 이 값보다 큰 값을 종단곡선길이로 하여 설계한다.

> | 실습 9 | 다음과 같이 지형이 평지이고 설계속도가 100km/h인 경우, 평면 및 종단선형 설계를 검토하고 향후 설계 시 고려사항을 기술하시오. |
> |---|---|

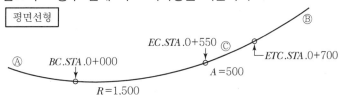

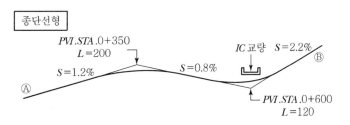

정답 1. 평면 선형설계의 검토

  1) 평면곡선길이 검토

    – 평면곡선길이 $L = \dfrac{V}{3.6}\,t\ (t = 4$초$)$

$$L = \frac{100}{3.6} \times 4 = 110\text{m 가 필요한데, } L = 550\text{m로 너무 길다.}$$

    – 완화곡선길이 $L = \dfrac{V}{3.6}\,t\ (t = 2$초$)$

$$L = \frac{100}{3.6} \times 2 = 55\text{m 가 필요한데, } L = 150\text{m로 너무 길다.}$$

    – 곡선길이 비율은 평면곡선(550m) : 완화곡선(150m) =3.7 : 1로 부적정하며, 평면곡선 4초, 완화곡선 2초의 주행거리를 고려하여 2 : 1이 적정하다.

2. 주어진 선형의 개선방안

  1) 배향곡선 사이에 짧은 직선의 삽입은 피하는 것이 좋다.(인지 불능)

$$\text{직선길이}\ \ I \le \frac{A_1 + A_2}{40}$$

  2) 도로교각이 너무 작고 A 값이 너무 커서 선형이 불합리하므로, 평지구간의 선형은 직선 위주로 설계하는 것이 유리하다.

  3) 도로교각이 매우 작은 경우, 평면곡선길이가 실제보다 작게 보이고 꺾여 보이는 착각을 유발시킬 수 있다.

$$\text{완화곡선길이}\ \ I \le 2I = \frac{688}{\theta},\ I_{\min} \le \frac{5.556}{\theta}\,V_P$$

3. 개선방안 평가

  도로의 선형설계시 평면·종단선형을 개별적으로 판단하지 말고 각각의 선형이 아닌 일련의 선형으로 종합 검토하며, 최소 설계기준보다 더 큰 규격의 선형요소를 적용하여 주행의 안전성과 쾌적성을 유지해야 한다.

실습 10 다음과 같이 지형이 평지이고 설계속도가 100km/h인 경우, 평면 및 종단선형 설계를 검토하고 향후 설계 시 고려사항을 기술하시오.

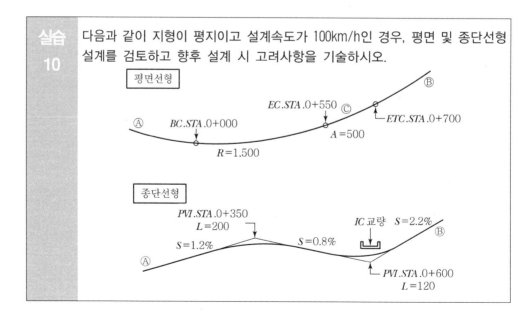

정답 1. 평면 선형설계의 검토
    1) 평면곡선길이 검토
       – 평면곡선길이 $L = \dfrac{V}{3.6} t$ $(t = 4초)$

$$L = \frac{100}{3.6} \times 4 = 110\text{m} \text{ 가 필요한데, } L = 550\text{m로 너무 길다.}$$

       – 완화곡선길이 $L = \dfrac{V}{3.6} t$ $(t = 2초)$

$$L = \frac{100}{3.6} \times 2 = 55\text{m} \text{ 가 필요한데, } L = 150\text{m로 너무 길다.}$$

       – 곡선길이 비율은 평면곡선(550m) : 완화곡선(150m) = 3.7 : 1로 부적정하며, 평면곡선
        4초, 완화곡선 2초의 주행거리를 고려하여 2 : 1이 적정하다.
    2) 완화곡선 A값 검토
       – $R \geq 1,500\text{m}$ 일 때, $\dfrac{R}{3} \leq A \leq R$ 에서 완화곡선이 원활하다.

       – $R = 1,500\text{m}$, $A = 500\text{m}$ 이므로 $\dfrac{1,500}{3} \leq 500 \leq 1,500$ 으로 A값은 최소치를 적
        용하였다.

[Fig. 15.2] 평면선형 개선(안)

    3) 평면선형 개선(안)
       – 시점부의 곡산부를 완화곡선~원곡선~완화곡선으로 변경하고,
        완화곡선 A값을 $\dfrac{R}{3} \leq A \leq R$ 범위 내에서 적용한다.

2. 종단 선형설계의 검토
    1) 최대 종단경사 검토
       – 기준값 : 설계속도 100km/h, 평지부, 고속도로의 경우 3%이다.
       – 설계값 : 1.2%, 0.8%, 2.2%이므로 적정하다.
    2) 종단곡선길이 검토

설계속도 (km/h)	종단곡선길이(m)		
	형태	변화비율(m/%)	최소길이
100	볼록형	60(종전 100)	85
	오목형	35(종전 50)	

– 종단곡선 최소길이
  85m가 필요하나 200m, 120m이므로 적정하다.

– 종단곡선 변화비율(m/%) $K = \dfrac{L}{|S_2 - S_1|}$

  볼록형 : 60m/%가 필요하나 $K = \dfrac{L}{|(+1.2) - (-0.8)|} = 100(\text{m}/\%)$로 적정

오목형 : 35m/%가 필요하나 $K = \dfrac{L}{|(-0.8)-(+2.2)|} = 40(\text{m}/\%)$ 로 적정

3. 종단선형 개선방안 평가

1) 하나의 평면곡선에서 볼록형과 오목형 종단곡선의 반복은 피해야 하므로 1개의 큰 볼록형 종단곡선으로 개선한다. 이 경우 종단곡선의 변곡점 부근에 교량이 설치되므로 시거확보를 위해 종단곡선 길이를 최소길이의 1.5~2배로 증가시키고, IC 교량의 형하공간에서 시설한계 확보 여부를 확인한다.

2) 도로 선형설계시 차량의 운동역학적 안정성과 운전자의 심리적·시각적 쾌적성을 확보할 수 있도록 최소설계 기준값에 얽매이지 말고 충분하게 설계한다. 또한 원곡선과 완화곡선 조합시 도로교각의 크기, 지형지물, 운전자의 핸들조작시간, 편경사를 고려하여 원곡선길이와 완화곡선길이를 결정하고, 선형의 연속성과 운동역학적 일관성을 유지할 수 있도록 설계해야 한다.

05

평면교차로와 인터체인지

1 평면교차로의 구성요소

평면으로 교차하거나 접속하는 구간에서는 필요에 따라 회전차로, 변속차로, 교통섬 등의 도류화 시설(道流化 施設, 도로의 흐름을 원활하게 유도하는 시설)을 설치한다. 교차로에서 좌회전차로가 필요한 경우에는 직진차로와 분리하여 설치한다.

1.1 평면교차로의 구성요소

1. 도류화(Channelization)

도류화는 자동차와 보행자를 안전하고 질서있게 이동시킬 목적으로 회전차로, 변속차로, 교통섬, 노면표시 등을 이용하여 상충하는 교통류를 분리시키거나 규제하여 명확한 통행경로를 지시해주는 것을 말한다. 도류시설물은 설치목적과 사용재질 등에 따라 교통섬, 도류대, 분리대, 대피섬 등으로 나뉘며, 대표적인 명칭으로 단순히 교통섬이라 부른다.

2. 도류로 및 변속차로

도류로 설계시 그 교차로의 형상, 교차각, 속도, 교통량 등을 고려하여 적절한 회전반경, 폭, 합류각, 위치 등을 결정하는 것이 중요하다. 도류로의 형태는 도시지역에서는 용지와 교통량에 의해서, 지방지역에서는 주행속도에 의해서 결정된다.

3. 좌회전차로

회전차로란 자동차가 우회전, 좌회전 또는 유턴할 수 있도록 직진하는 차로와 분리하여 설치하는 차로를 말한다. 교차로에서 좌회전 교통량의 영향을 제거하기 위해서는 직진차로와 분리하여 좌회전차로를 설치해야 한다.

4. 우회전차로

교차로에서 우회전 교통량이 많아 직진교통에 지장을 초래한다고 판단되는 경우에는 직진차로와 분리하여 우회전차로를 설치해야 한다.

5. 도로모퉁이 처리

교차로에서 도로모퉁이의 보·차도 경계선의 형상은 원 또는 복합곡선을 사용하며, 이때 곡선반경은 가급적 크게 설치한다.

6. 안전시설

교차로 부근에 설치하는 도로안전시설(시선유도표지, 조명시설, 횡단시설, 충격방지시설 등)과 교통안전시설(신호기, 안전표시, 노면표시 등)은 다양하다.

2 평면교차로의 계획

□ 「도로의 구조·시설기준에 관한 규칙」 6-2 평면교차로의 계획

1. 교차하는 도로의 교차각은 직각에 가깝게 해야 한다.
2. 교차로의 종단경사는 3% 이하이어야 한다. 다만, 주변 지장물과 경제성을 고려하여 필요하다고 인정되는 경우에는 6% 이하로 할 수 있다.

2.1 평면교차로의 설치간격

1. 배치간격

교차로 간격이 너무 짧으면 주변생활권에 접근성은 향상되나, 빈번한 교통차단으로 주행속도 저하, 교통용량 감소, 교통정체 유발, 사고위험 증가 등이 초래된다.
교차로 간격이 너무 길면 운전자가 신호교차로의 교통관제방법을 인식하지 못하여 주행속도 증가, 사고위험 증가, 신호연동화 문제 등이 초래된다.

2. 교차로 설치계획

간선도로를 계획하는 경우에는 교통소통과 교통안전을 위하여 기존 교차로를 정리하여 통합하는 교차로의 개선대책과 교통규제방법을 고려한다.
도시가로망이나 신설도로를 계획하는 경우에는 신호등 운영을 고려하여 교차로 간격을 규칙적으로 배치하고 신호체계를 연동화시켜 차단횟수를 줄인다.
지역교통과 세(細)가로망을 계획하는 경우에는 몇 개의 도로를 모으는 집산(集散)도로를 설치하고, 집산도로가 (보조)간선도로와 접속토록 계획한다.

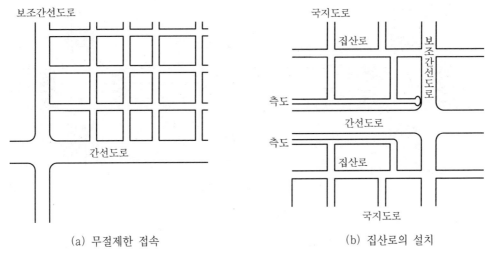

(a) 무절제한 접속 　　　　　　　(b) 집산로의 설치

[Fig. 2.1] 집산로 설치에 의한 방법

3. 교차로 간의 최소간격 검토

1) 차로변경에 필요한 길이

차로변경에 필요한 길이에 따른 교차로 간격의 제약은 엇갈림(Weaving)이 발생하는 경우에는 모두 존재한다. 엇갈림 교통량이 적은 경우 상세설계 전에 개략값을 검토하기 위한 교차로 간의 순간격은 다음 값을 적용한다.

$$L = a \times V \times N$$

여기서, L : 교차로 간의 순간격(m)
$\quad\quad\quad a$: 상수(도시지역 1, 지방지역 2~3)
$\quad\quad\quad V$: 설계속도(km/h)
$\quad\quad\quad N$: 설치하는 차로수(편도)

2) 회전차로의 길이에 의한 제약

인접한 2개 교차로의 신호를 동시 운영하는 경우, 좌회전차로의 설치길이가 부족하면 교차로 간격이 제약을 받는다.

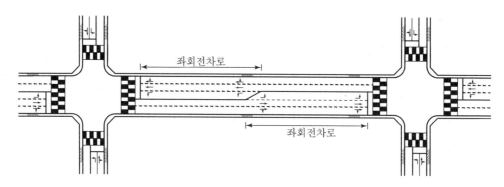

[Fig. 2.2] 좌회전차로 길이에 의한 제약

3) 다음 교차로에 대한 인지성 확보

하나의 교차로를 통과하고 다음 교차로에 대한 정보를 인지할 시간적 여유가 없이 다음 교차로가 나타나면 위험하므로, 간격 결정에 유의한다.

[Table 2.1] 국도상에서 평면교차로의 설치간격

등급	기능	교차방법	평면교차간격
국도Ⅰ	지역 간 간선기능을 갖는 국도로서 자동차전용도로로 지정되었거나 지정 예정인 국도 또는 국도대체우회도로	입체 원칙	
국도Ⅱ	지역 간 간선기능을 갖으며 국도Ⅰ에 해당되지 않는 국도로서 계획교통량이 25,000대/일 이상인 도로 또는 간선도로망 체계상 지역 간 간선도로 기능강화가 요구되는 국도	입체/평면	1개소/1.4km
국도Ⅲ	지역 간 간선기능이 약하여 국도Ⅰ과 국도Ⅱ를 보조하는 기능의 국도	평면 원칙	1개소/1.0km
국도Ⅳ	계획교통량이 적어 시설개량을 통해 계획목표연도에 2차로 운영으로 도로의 기능 및 용량을 확보할 수 있는 국도	기존 교차방법	제한 없음

2.2 평면교차로의 설치위치

1. 평면선형을 고려한 설치위치

1) 교차로는 도로의 평면선형이 직선부인 곳에 설치하는 것을 원칙으로 한다. 다만, 부득이하게 곡선부에 설치하는 경우 곡선부의 바깥쪽에 접속한다.

2) 곡선부의 안쪽은 교차각이 작아 운전자가 교차로를 인지하기 어려워 사고위험이 크므로, 곡선부의 바깥쪽에 접속한다.

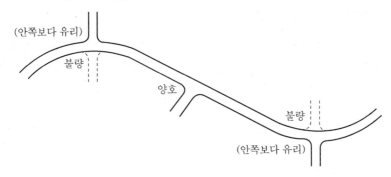

[Fig. 2.3] 평면선형을 고려한 설치위치

2. 종단선형을 고려한 설치위치

1) 교차로는 종단선형의 급경사 구간 및 종단곡선 구간에는 설치하지 않는다. 볼록형(凸) 종단곡선 구간은 시거가 불량하고, 오목형(凹) 종단곡선 구간은 제동거리가 길며 배수문제가 발생한다.

2) 부득이한 경우, 볼록형(凸)보다 오목형(凹) 구간에 설치하는 것이 시거확보가 용이하여 사고위험이 다소 적다.

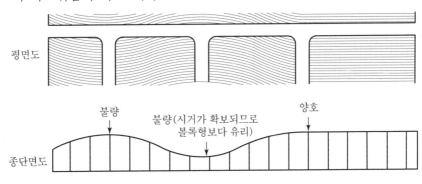

[Fig. 2.4] 종단선형을 고려한 설치위치

2.3 평면교차로의 형상

1. 기본원칙

1) 교차로에서 교차하는 도로의 선형은 기본적으로 직선을 유지한다.
2) 교차각은 직각에 가깝게 하여 교차로의 면적을 최소화시킨다.

3) 교차로를 단시간에 신속·안전하게 통과할 수 있도록 직각교차로로 한다.

2. 예각교차의 문제 및 개선

예각교차는 정지선 간의 길이가 길고 교차로 면적이 넓어 교차로 내부를 고속주행하여 사고위험이 증가한다. 이 경우 부(副)도로를 대상으로 선형을 조정하되, 현지의 여건과 자동차의 주행궤적을 충분히 고려하여 개선한다.

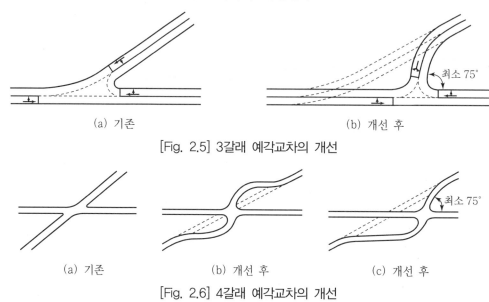

(a) 기존　　　　　　　　　　　　　　　(b) 개선 후

[Fig. 2.5] 3갈래 예각교차의 개선

(a) 기존　　　　　(b) 개선 후　　　　　(c) 개선 후

[Fig. 2.6] 4갈래 예각교차의 개선

3. 변형교차·변칙교차의 문제 및 개선

변형교차(엇갈림교차, 굴절교차)에서는 교통류가 복잡하게 교차되며, 변칙교차에서는 교통량이 많은 주(主)도로가 직각으로 휘어져 있어 교통처리 및 교통안전 측면에서 바람직하지 않다. 주(主)교통을 고려하면서 교차로의 형상을 변경한다.

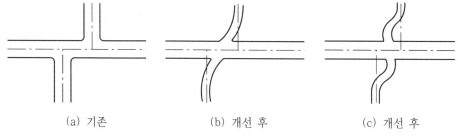

(a) 기존　　　　　　(b) 개선 후　　　　　(c) 개선 후

[Fig. 2.7] 변형(엇갈림)교차의 개선

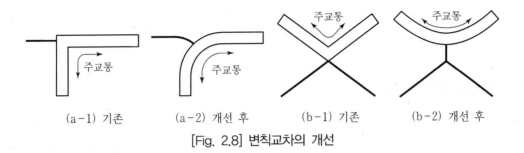

(a-1) 기존 　　(a-2) 개선 후 　　(b-1) 기존 　　(b-2) 개선 후

[Fig. 2.8] 변칙교차의 개선

2.4 평면교차로의 차로계획(차로수 균형)

교차로의 차로수는 교차로에 접근하는 도로의 차로수보다 많아야 하므로, 교차로에서는 좌·우회전 차로 확보를 위해 확폭을 한다. 전방 유출부의 차로수는 후방 유입부의 차로수보다 크거나 같아야 하므로, 교차로 전방이 2차로일 때 후방에는 2개 이상의 차로수가 필요하다. 2개의 좌회전차로 설치시 좌회전 방향의 유출부는 2차로 이상 필요하므로, 유출부에 2차로 이상 확보할 수 없으면 2개의 좌회전차로를 설치할 수 없다.

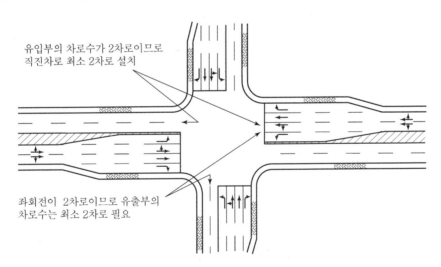

유입부의 차로수가 2차로이므로 직진차로 최소 2차로 설치

좌회전이 2차로이므로 유출부의 차로수는 최소 2차로 필요

[Fig. 2.9] 평면교차로의 차로수 균형

2.5 설계속도 및 선형

평면교차로의 설계속도는 각 도로의 일반구간(단로부) 설계속도와 동일하다. 다만, 통행우선권을 고려하여 부도로의 설계속도를 단로부보다 낮출 수 있다. 평면교차로에서는 시거가 충분히 확보되어야 하고 교통섬, 부가차로 등의 제반시설의 설치가 용이해야 하므로 평면선

형은 직선이 바람직하다. 평면교차로의 종단경사는 3% 이하이어야 한다. 다만, 필요한 경우에는 6% 이하로 할 수 있다.

2.6 평면교차로의 시거

신호 있는 교차로에서는 교차로 전방에서 운전자가 신호를 사전에 인지할 수 있도록 최소거리를 확보한다. 신호 없는 교차로에서는 통행우선권을 명확히 설정하고 부(副)도로에는 일시정지표지를 설치한다. 평면교차로에서는 인지·반응시간(2초)과 속도조절시간(1초)을 합한 3초 동안의 최소 정지시거를 확보하기 위해 시거삼각형 내의 장애물은 모두 제거한다.[33]

3 평면교차로의 형태 및 상충(Conflict)

평면교차로의 형태는 교차하는 갈래수, 교차각, 교차위치 등에 따라 구분되며 3갈래교차로, 4갈래교차로, 기타 교차로 등으로 분류된다. '갈래'란 교차로의 중심을 기준으로 할 때 바깥 방향으로 뻗어나간 도로의 수를 말한다.

3.1 평면교차로의 형태

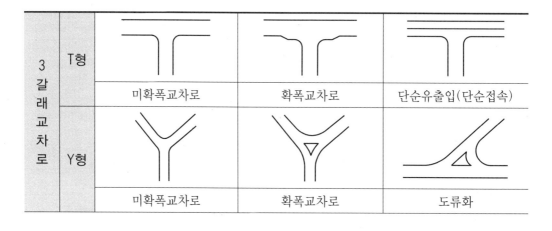

3 갈 래 교 차 로	T형	미확폭교차로	확폭교차로	단순유출입(단순접속)
	Y형	미확폭교차로	확폭교차로	도류화

---

33) 국토교통부, '도로의 구조·시설기준에 관한 규칙', 2013, pp.372~383.

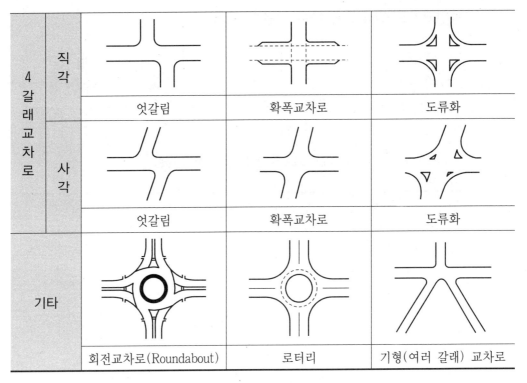

4 갈래교차로	직각	엇갈림	확폭교차로	도류화
	사각	엇갈림	확폭교차로	도류화
기타		회전교차로(Roundabout)	로터리	기형(여러 갈래) 교차로

[Fig. 3.1] 평면교차로의 구분

3.2 평면교차로의 상충(Conflict)

평면교차로의 상충이란 2개 이상의 교통류가 동일한 도로공간을 사용할 때 발생되는 교통류의 분류(Diverging), 합류(Merging), 교차(Crossing) 현상을 말한다.

1. 평면교차로 상충의 처리

1) 평면교차로 내에서 상충횟수를 최소화하며, 상충이 발생하는 교통류 간의 속도차이를 작게 한다.
2) 같은 지점에서 서로 다른 상충이 발생하지 않도록 한다.
3) 상충이 발생하는 지점(면적)을 최소화한다.[34]

---

34) 국토교통부, '평면교차로 설계지침', 2015, pp.10~14.

2. 평면교차로 갈래수에 따른 상충의 유형

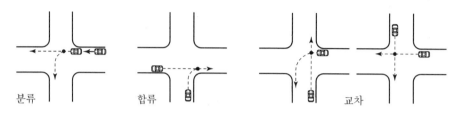

분류 합류 교차

[Fig. 3.2] 평면교차로 상충의 유형

회전 허용		좌회전금지		일방통행	
분류상충(▲)	8	분류상충(▲)	4	분류상충(▲)	2
합류상충(■)	8	합류상충(■)	4	합류상충(■)	2
교차상충(●)	16	교차상충(●)	4	교차상충(●)	2
계	32	계	12	계	1

[Fig. 3.3] 교통운영과 상충과의 관계

[Table 3.1] 평면교차로 갈래수에 따른 상충 수

갈래수	분류상충(▲)	합류상충(■)	교차상충(●)	계
3	3	3	3	9
4	8	8	16	32
5	15	15	49	79
6	24	24	124	172

4 평면교차로의 시거

평면교차로에서는 일반구간과 같은 최소 정지시거는 물론, 운전자가 주변상황을 인지하고 판단할 동안 주행하기 위한 판단시거를 추가로 확보해야 한다. '판단시거(Decision Sight Distance)'란 운전자가 감지하기 어려운 정보나 예상치 못했던 환경의 인지, 잠재적 위험성의 인지, 적절한 속도와 주행경로의 선택, 선택한 경로의 대처에 필요한 시거를 말한다. 평면교차로 내에서는 판단시거, 즉 교차로의 시계(視界) 또는 가시(可視)삼각형(Sight Triangle)을 확보해야 한다. 판단시거를 정지시거와 분리하는 것은 어려우므로 정지시거와 판단시거를 함께 고려한다.

4.1 평면교차로의 사전 인지를 위한 시거

1. 신호 있는 교차로에서 신호기로 통제되는 경우 교차로의 전방에서 신호를 인지할 수 있는 최소거리가 확보되어야 한다.

$$S = \frac{V}{3.6}t + \frac{1}{2a}(\frac{V}{3.6})^2$$

여기서, S : 최소거리(m),　V : 설계속도(km/h)
　　　　t : 반응시간(지방 10sec, 도시 6sec)
　　　　a : 감속도(지방 2.0m/sec², 도시 3.0m/sec²)

[Table 4.1] 신호교차로의 최소시거(S)

설계속도 (km/h)	최소시거(m)		정지시거와 비교	
	지방지역 (t=10sec, a=2.0m/sec²)	도시지역 (t=6sec, a=3.0m/sec²)	주행속도[1] (km/h)	최소시거 (m)
20	65	40	20	20
30	100	65	30	30
40	145	90	36	40
50	190	120	45	55
60	240	150	54	75
70	290	180	63	95
80	350	220	68	110

주 1) 노면습윤상태일 때의 주행속도는 설계속도 120~80km/h일 때 설계속도의 85%,
　　　　　　　　　　　　　　　설계속도 70~40km/h일 때 설계속도의 90%,
　　　　　　　　　　　　　　　설계속도 30km/h 이하일 때 설계속도와 같다.

2. 신호 없는 교차로에서 신호기로 통제되지 않는 경우 주(主)도로와 부(副)도로를 명확히 설정하고, 부(副)도로에는 교차로 전방에 일시정지표지를 설치한다. 일시정지표지를 인지한 운전자가 브레이크를 밟기까지의 반응시간(t=2.5sec)과 감속도(a=2.0m/sec²)를 적용하면 설계속도별 최소시거는 다음과 같다.

[Table 4.2] 신호 없는 교차로의 최소시거(S)

설계속도(km/h)	20	30	40	50	60
최소시거(m)	25	40	60	85	115

4.2 평면교차로의 안전한 통과를 위한 시거

1. 평면교차로에 접근하는 차량이 안전하고 신속하게 통과하기 위해서는 교차로 전방의 일정 거리에서 교차로 존재와 신호등 상태를 명확히 인식할 수 있도록 시거를 확보해야 한다.

[Fig. 4.1] 교차로 내에서의 시거

2. 신호 없는 교차로에서는 모든 운전자가 다른 차량의 속도와 위치를 파악할 수 있도록 시거가 충분히 확보되어야 한다. 신호 없는 교차로에 접근하는 운전자가 다른 차량을 처음 보는 위치는 인지반응시간(2초)과 감속시간(1초)을 합한 3초 동안 이동한 거리로 가정한다.

[Table 4.3] 차량이 3초 동안 이동하는 평균거리

설계속도(km/h)	20	30	40	50	60	70	80
최소시거(m)	20	25	35	40	50	60	65

* 3초 동안 이동하는 거리(m) : $a = V_a/1.2, \quad b = V_b/1.2$

3. 교차로 내를 주행하는 운전자가 주변상황을 파악하여 대처할 수 있도록 최소 정지시거가 확보되어야 하므로, 시거삼각형 내의 장애물은 모두 제거한다.

3초 동안 주행거리는 설계속도 60km/h일 때, $S = \dfrac{V}{3.6}t = \dfrac{60}{3.6} \times 3 = 50\text{m}$

설계속도 80km/h일 때, $S = \dfrac{V}{3.6}t = \dfrac{80}{3.6} \times 3 = 65\text{m}$ [35]

---

35) 국토교통부, '도로의 구조·시설기준에 관한 규칙', 2013, pp.380~383.

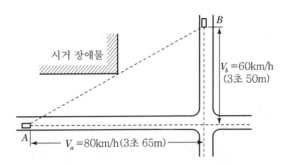

[Fig. 4.2] 시거삼각형

5 평면교차로의 도류화(Channelization)

평면교차로 내에서 적절한 도류화는 교통용량을 증대시키고 안전성을 높여주며 쾌적성을 향상시켜 운전자에게 확신을 심어준다. 그러나 지나친 도류화는 혼동을 일으키고 운영상태가 나빠지며, 부적절한 도류화는 나쁜 효과를 초래하여 설치하지 않는 것보다 못한 경우도 생긴다. 평면교차로를 도류화시킬 때는 기본원칙을 따라야 하지만, 다른 여건을 감안한 전체적인 설계특성을 무시하면서 이를 적용시켜서는 안 된다. 특수한 조건하에서 기본원칙을 적용할 때는 이를 수정할 수도 있지만, 이때는 그에 따른 결과를 충분히 예상할 수 있어야 한다.

5.1 도류화의 목적

1. 자동차 경로가 2개 이상 교차하지 않도록 통행경로를 제공한다.
2. 자동차가 합류, 분류, 교차하는 위치를 조정한다.
3. 교차로의 면적을 줄임으로써 자동차 간의 상충면적을 줄인다.
4. 자동차가 진행해야 할 경로를 명확히 제공한다.
5. 속도가 높은 主이동류에게 통행우선권을 제공한다.
6. 보행자 안전지대를 설치하기 위한 장소를 제공한다.
7. 분리된 회전차로는 회전자동차에게 대기장소를 제공한다.
8. 교통제어시설을 잘 보이는 곳에 설치하기 위한 장소를 제공한다.

9. 불합리한 교통류의 진행을 금지 또는 지정된 방향으로 통제한다.
10. 자동차의 통행속도를 안전한 수준으로 통제한다.

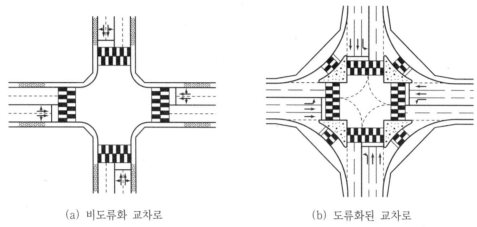

(a) 비도류화 교차로   (b) 도류화된 교차로

[Fig. 5.1] 도류화 설계

5.2 도류화의 기본원칙

1. 운전자가 한번에 2가지 이상의 의사결정을 하지 않도록 한다.
2. 운전자에게 90° 이상 회전하거나 갑작스럽고 급격한 배향곡선 등의 부자연스러운 경로를 주지 않도록 한다.
3. 운전자가 적절한 시인성과 인지성을 갖도록 도류시설물을 설치한다. 교통섬은 눈에 잘 띄도록 외곽을 연석으로 보완하고 교통섬 내에 식수는 금지한다.
4. 회전자동차의 대기장소는 직진교통으로부터 잘 보이는 곳에 설치한다.
5. 교통제어시설은 도류화의 일부분이므로, 이를 고려하여 교통섬을 설계한다.
6. 설계를 단순화하고 운전자의 혼돈을 막기 위하여 횡단 또는 상충지점을 분리할 것인지, 밀집시킬 것인지를 결정한다.
7. 교통섬을 필요 이상 설치하는 것은 피하며, 교통섬이 필요한 경우에도 좁은 면적에는 설치하지 않는다.
8. 교통섬은 운행경로를 편리하고 자연스럽게 만들 수 있도록 배치한다.
9. 곡선부는 적절한 곡선반경과 폭을 갖도록 한다.
10. 속도와 경로를 점진적으로 변화시킬 수 있도록 접근로의 단부를 처리한다.

5.3 도류화 설계의 세부기법

1. 금지된 방향의 진로를 막는다.

1) 중앙분리대를 설치하여 좌회전을 금지한다.

2) 접속부에 작은 곡선을 설치하여 우회전만 허용한다.

3) 분리대를 도류화하고 접속도로를 조정하여 불법회전을 막는다.

[Fig. 5.2] 금지된 방향의 진로를 차단

2. 자동차의 주행경로를 명확히 한다.

1) 교통섬을 설치하여 무단횡단과 좌회전을 금지한다.

2) 직진차량이 잘못하여 좌회전차로로 진입하지 않도록 한다.

3) 교통섬을 설치하여 자동차의 통행경로를 적절히 제공한다.

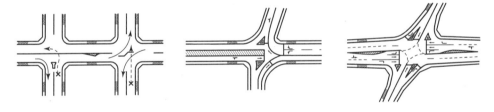

[Fig. 5.3] 주행경로를 명확히 제시

3. 바람직한 자동차의 속도를 유지하도록 한다.

1) 主도로에서 접속도로 쪽으로는 높은 속도로 우회전하도록 한다.

2) 접근로 및 좌회전 테이퍼는 안전하게 감속하도록 해준다.

3) 보행자와 상충이 많은 교차로에는 작은 모서리로 처리한다.

Road Engineering

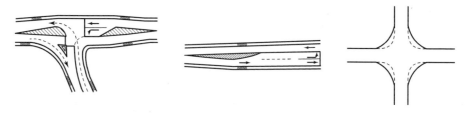

[Fig. 5.4] 바람직한 자동차의 속도 유지

4. 상충지점을 분리한다.

1) 좌회전차로를 설치하여 추돌상충과 교차상충을 분리한다.
2) 우회전 도류로는 분류상충과 교차상충으로부터 우회전상충을 분리한다.
3) 접근로를 출입통제함으로써 가로망을 따라 상충지점을 분리한다.

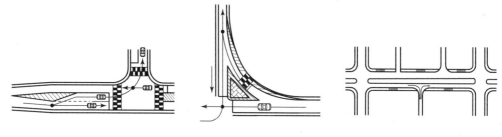

[Fig. 5.5] 상충지점 분리

5. 교통류는 직각으로 교차하고, 예각으로 합류토록 한다.

1) 직각교차는 교차로 내에서 상충에 노출되는 시간과 거리를 최소화한다.
2) 사각교차로는 접근로에서 운전자의 시거를 방해한다.
3) 예각교차로는 합류할 때 충격에너지가 감소되고 차두간격이 단축된다.

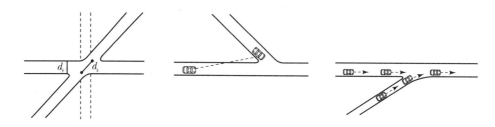

[Fig. 5.6] 교통류의 교차

6. 主교통을 우선적으로 처리한다.

1) 主교통의 선형을 개선하여 통과교통을 직진시킨다.
2) 모든 접근로를 완전 도류화하여 교차로 형태를 통행우선권과 일치시킨다.
3) 좌회전 교통량이 매우 많을 경우 2차로의 좌회전차로를 설치한다.

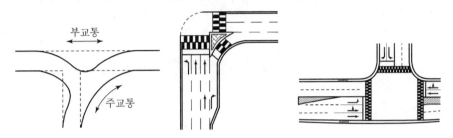

[Fig. 5.7] 주교통을 우선적으로 처리

7. 기하구조와 교통관제방법이 조화를 이루도록 한다.

1) 좌회전차로 설치로 신호주기에 변동을 주면 대향차로의 좌회전도 안전하다.
2) 교통섬은 정지선에 대기하는 운전자의 시거를 방해하지 않도록 설치한다.

8. 서로 다른 교통류는 분리한다.

1) 좌·우회전차로를 설치하여 직진차량과 대기 및 감속차량과 분리한다.

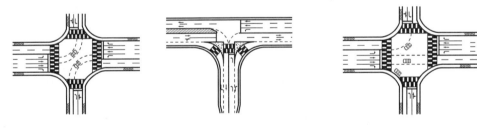

[Fig. 5.8] 기하구조와 교통통제   [Fig. 5.9] 교통류의 분리

9. 보행자나 자전거 이용자에게 대피장소를 제공한다.

1) 교통섬은 횡단보행자와 자동차의 상충되는 노출시간을 최소화한다.
2) 중앙분리대의 도류화는 횡단보행자에게 중간 피난처를 제공한다.
3) 단로부 횡단보도에서 돌출된 보도는 횡단시간을 단축시킨다.[36]

---

36) 국토교통부, '평면교차로 설계지침', 2015, pp.166~178.

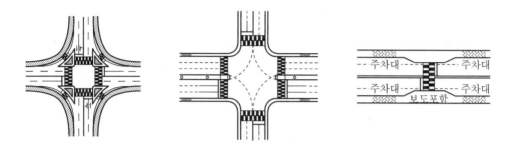

[Fig. 5.10] 보행자나 자전거 이용자를 위한 대피장소

5.4 도류시설물의 종류

1. 도류시설물이란 교차로 내부의 경계를 명확히 하기 위하여 설치하는 시설물로서, 교차로 및 주변의 여건에 따라 여러 가지 형태로 설치된다. 도류시설물은 설치목적과 사용재질 등에 따라 교통섬, 도류대, 분리대, 대피섬, 유도차선 등으로 나뉘며, 대표적인 명칭으로 단순히 교통섬이라 부른다.

[Table 5.1] 도류시설물의 종류

구분	내용
교통섬	우회전차로와 직진차로의 분리를 위하여 포장면으로 연석 등에 의해 돌출되어 설치된 시설물
도류대	교통섬 중에서 포장면에 직접 페인트로 도색을 한 시설물
분리대	교통류를 방향별로 분리시키거나 부적절한 회전 등의 통행을 막기 위하여 도로 중앙부 또는 회전우각부에 설치된 시설물
대피섬	횡단보도 등과 연계하여 보행자와 자전거가 자동차와 분리되어 안전하게 대피할 수 있도록 교차로 내에 설치된 시설물
유도차선	자동차의 주행경로를 명확하게 하고 교통흐름을 자연스럽게 유도하기 위한 보조차선(차로표시)

2. 도류시설물은 도로위계별로 교차로의 규모, 주변상황, 교통운영방법 등의 현지여건과 설치목적에 따라 여러 형태로 적용된다.[37]

---

37) 국토교통부, '평면교차로 설계지침', 2015, pp.64~66.

[Table 5.2] 도로위계별 도류시설물의 적용

도류시설물			유형(Ⅰ)	유형(Ⅱ)	유형(Ⅲ)	유형(Ⅳ)	유형(Ⅴ)
	유형						
	종류		도로모퉁이 작은 곡선	도로모퉁이 삼각교통섬	변속차로 삼각교통섬	변속차로 삼각교통섬 간이물방울 교통섬	변속차로 삼각교통섬 큰물방울 교통섬
도로 구분	지방부	국도, 지방도	No	No	○	○	○
		군도	No	○	○	△	No
		농어촌도	○	○	No	No	No
	준도시부	중로	△	○	○	No	No
		소로	○	○	No	No	No

주) ○ : 적용 가능, △ : 제한적 적용, No : 원칙적으로 적용하지 않음

5.5 삼각교통섬

1. 개요

교통섬이란 평면교차로에서 우회전차로와 직진차로의 분리를 위하여 포장면으로 연석 등에 의해 돌출되어 설치된 시설물을 말한다. 교통섬은 우회전차로를 설치할 때 사용하는 '삼각형'과 교통류의 주행경로를 유도하기 위하여 사용하는 '긴 삼각형' 모양이 있다.

2. 삼각교통섬의 설계원칙

1) 교통섬은 운전자의 시선을 끌기에 충분한 크기가 되어야 한다. 너무 작으면 야간이나 기상조건이 나쁠 때 충돌우려가 있어 위험하다.
2) 교통섬의 최소크기는 보행자의 대피장소에 필요한 $9m^2$ 이상으로 한다. 지방지역은 $7m^2$ 이상, 도시지역은 용지제약을 고려하여 $5m^2$ 이상으로 한다.
3) 교통섬은 필요 이상 설치하지 않고, 좁은 면적에 설치하지 않으며, 통행경로를 편리하고 자연스럽게 만들도록 배치한다.
4) 교통섬의 곡선부는 적절한 곡선반경과 폭원을 갖도록 하고, 속도와 경로를 점진적으로 변화시킬 수 있도록 단부를 처리한다.

3. 삼각교통섬의 설계기법

1) 대형자동차의 통행량이 많은 경우, 삼각교 통섬을 대형자동차의 주행궤적에 맞추어 설계한다.

2) 우회전 도류로에서 곡선반경이 작으면 도 류로의 폭이 넓어져서 소형차 2대가 나란 히 주행하는 경우가 생겨 위험하다.

3) 곡선반경이 적은 경우 도류로의 폭이 좁게 보이도록 사선(빗금)표시를 사용한다. 사 선표시는 대형자동차 주행시 침범할 수 있는 여유부분으로, 소형자동차 주행시 2대 가 나란히 주행하는 것을 억제하기도 한다.

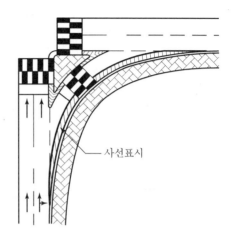

[Fig. 5.11] 삼각교통섬

4) 횡단보도와의 접속지점에서는 연석의 턱을 제거하여 장애인, 유모차, 자전거 등의 통행에 편의를 제공한다.

5) 회전차로 내에서 대형자동차의 통행궤적을 고려하여, 곡선구간은 0.5m 정도 확폭하는 Set Back을 설계한다.

6) 교통섬에 식재하는 나무의 높이는 60cm 이하의 수종으로 선정한다.

4. 삼각교통섬의 구성(명칭)

1) 노즈(Nose)   – 본선과 도류로가 분기되어 각각의 차로에서 일정한 간격(수직거 리)을 유지하는 지점

2) 오프셋(Offset) – 차로와의 수직거리

3) 셋백(Set Back) – 차로와 평행하게 이격된 거리

4) 선단(Toe)   – 삼각형 모양의 도로모퉁이 부분

[Table 5.3] 노즈, 오프셋, 셋백의 최솟값(m)

구분 \ 설계속도(km/h)	80	60	50~40
S_1	2.00	1.50	1.00
S_2	1.00	0.75	0.50
O_1	1.50	1.00	0.50
O_2	1.00	0.75	0.50

[Table 5.4] 선단의 최소곡선반경(m)

R_j	R_o	R_n
0.5~1.0	0.5	0.5~1.5

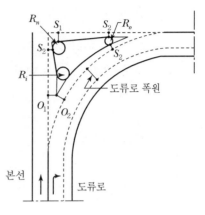

[Fig. 5.12] 교통섬의 구성

5. 삼각교통섬의 설치방법

1) 도색교통섬

- 설계속도가 높은 지방지역 도로에서 회전차로를 분명히 표시해야 할 경우
- 연석교통섬 설치가 곤란하거나, 면적이 적어 설치공간이 부족한 경우
- 연석교통섬 설치 전에 효과를 조사할 경우

2) 연석교통섬

- 설계속도가 낮은 도시지역 도로에서 반대편 차로의 교통량이 많은 경우
- 차량 통행방향을 확실히 규정하거나, 특정 방향의 교통흐름을 금지한 경우
- 교통통제시설의 설치장소가 필요할 경우[38]

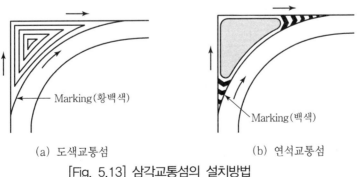

(a) 도색교통섬 (b) 연석교통섬

[Fig. 5.13] 삼각교통섬의 설치방법

---

38) 국토교통부, '평면교차로 설계지침', 2015, pp.69~71.

5.6 물방울교통섬

1. 개요

물방울교통섬은 주행차로와 대향차로의 분리를 위해 설치하는 도류화 시설로서, 좁은 차로의 교차로에서 대형자동차가 좌회전할 때 대향차로를 침범하여 대향차로에서 대기 중인 차량과 충돌하는 것을 방지해 준다. 평면교차로에 도류화를 계획할 때 접속도로의 등급에 따라 작은 곡선, 변속차로, 삼각교통섬, 간이 물방울교통섬, 큰 물방울교통섬 등을 설치한다.

2. 물방울교통섬의 구분

1) 큰 물방울교통섬

부(副)도로에 교차로 진입각(경계석 설치)을 줌으로써, 기하구조적으로 부(副)도로에서 교차로로 진입하는 차량이 과속을 못하도록 한다. 지방 지역의 국도에 적용하며, 세미트레일러의 진·출입이 많은 공장지역에서 3갈래 교차로에 설치한다.

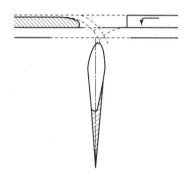

[Fig. 5.14] 큰 물방울교통섬

2) 간이 물방울교통섬

부(副)도로에 넓은 노면표시(Road Marking)를 하여 대향차로를 구분함으로써, 대형자동차가 교차로에서 좌회전할 때 간이물방울교통섬을 밟고 지나간다. 도시지역의 시가지에 적용하며, 용지 확보가 곤란한 좁은 차로에서 4갈래 교차로에 설치한다.

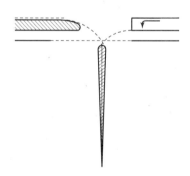

[Fig. 5.15] 간이 물방울교통섬

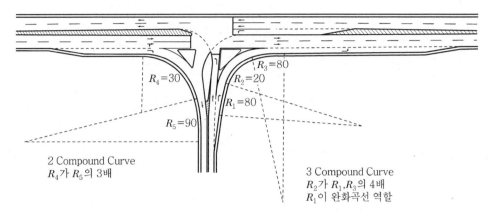

$R_3=80$

$R_4=30$

$R_2=20$

$R_1=80$

$R_5=90$

2 Compound Curve
R_4가 R_5의 3배

3 Compound Curve
R_2가 R_1, R_3의 4배
R_1이 완화곡선 역할

[Fig. 5.16] 변속차로＋삼각교통섬＋큰 물방울교통섬

5.7 회전교차로(Roundabout)

1. 개요

회전교차로는 교차로의 중앙에 원형 교통섬을 두고, 교차로를 통과하는 자동차가 원형 교통섬을 우회하여 통과하도록 하는 평면교차로의 일종이다. 종래의 로터리(Rotary)는 회전교차로의 일종이지만 진입시 끼어들기를 원칙으로 하는 방식이고, 현재의 회전교차로(Roundabout)는 진입자동차가 교차로 내의 회전자동차에게 양보하는 것을 원칙으로 하는 방식이다.

우리나라의 회전교차로 설계지침(국토교통부, 2004년 12월)은 외국 사례를 소개한 수준으로, 아직 국내 교통여건에서 검증되지 못한 내용이 포함되어 있으므로, 시범적용하면서 문제점을 검토한 후에 최종 결정할 사항이다.

2. 회전교차로의 도입과정

1) 1960년대 : 원래 미국에서 유래하여 로터리(Rotary)라고 불렀으나 문제점이 많아 미국은 물론, 국내에서도 용산 삼각지교차로를 폐기했다.

2) 1970년대 : 영국에서 로터리의 단점을 해결한 회전교차로(Roundabout)를 개발하여, 유럽, 호주, 미국 등에 전파되었다.

3) 1990년대 : 미국에서 영국식 회전교차로의 효과를 인정하여 보급하고 있다.

[Table 5.5] 회전교차로와 로터리의 비교

구분	회전교차로	로터리
설계목적	진입속도를 낮추어 안전성 향상	원활한 교통소통
진입방식	회전차량이 통행우선권 가짐	끼어들기
회전부설계	회전반경 제한으로 저속진입 유도	큰 반경으로 회전 원활화
진입부설계	- 진입속도를 30~40km/h로 제한 - 진입각 조절, 분리교통섬 설치	- 접근로와 진입부의 접속각을 줄임 - 진입속도 향상을 위해 큰 곡선 적용
중앙교통섬	- 곡선반경이 대부분 25m 이내 - 도시지역은 최소 2m도 허용	제한 없으며, 가급적 크게 설치
사진		

3. 로터리와 회전교차로의 차이점

1) 로터리

로터리는 진입차량이 우선 통행하며 고속으로 교차로에 진입하는 방식의 교차로 형태로서, 국내에 운영되고 있는 대부분의 원형 교차로가 이에 해당한다. 이는 교통지체 및 낮은 안전성 등의 문제를 안고 있어, 근본적으로 이번에 도입하려는 회전교차로와는 다른 교차로 형태이다.

2) 회전교차로

회전교차로는 신호등 없이 자동차들이 교차로 중앙에 설치된 원형 교통섬을 중심으로 회전하여 교차로를 통과하도록 하는 평면교차로의 일종이다. 서행으로 교차로에 접근한 자동차가 교차로 내부의 회전차로에서 주행하는 자동차에게 양보하며 진입하는 것이 운영의 기본원리이다.

4. 회전교차로의 특징

1) 교통안전 측면

평면교차로보다 상충횟수가 적고, 교차로 내에서 감속운행을 해야 한다. 교차로를 통과할 때, 대부분의 운전자가 비슷한 속도로 주행하게 된다.

2) 지체감소 측면

신호교차로는 교통량에 상관없이 일정한 신호대기시간이 발생하지만, 회전교차로는 교통량이 일정수준 이하일 때는 지체가 발생하지 않는다.

3) 기하구조 측면

회전교차로는 특수한 기하구조에서도 다양하게 변형(서로 가깝게 인접한 회전교차로, Y형 회전교차로 등)시켜 설치할 수 있다.

4) 토지이용 측면

회전교차로는 회전교통류에 대한 제한이 없으므로 모든 방향에서 접근이 가능하여, 교차로 주변의 토지이용률이 높다.

5. 회전교차로의 구성요소

1) 접근로 — 회전교차로로 접근하면서 접속되는 차로
2) 진출로 — 차량이 회전교차로에서 회전을 마치고 진출하는 차로
3) 회전차로 폭 — 중앙교통섬의 외곽에서 회전차로의 외경까지의 너비
4) 진입곡선 — 회전차로 안으로의 진입유도를 위한 우측 연석의 곡선
5) 진출곡선 — 회전차로 밖으로의 진출유도를 위한 우측 연석의 곡선
6) 내접원 직경 — 회전차로의 외곽선으로 이루어진 내접원의 직경
7) 중앙교통섬 직경 — 중앙에 설치된 원형 교통섬의 직경
8) 분리교통섬 — 진입로와 진출로 사이에 설치된 삼각형 돌출교통섬
9) 퍼짐(flare) — 진입부의 폭을 넓혀 1개 차로 추가 확보
10) 양보지점 — 진입차량이 회전차량에게 통행우선권 양보지점
11) 우회전 별도차선 — 회전차로에서 우회전만을 위해 별도로 만든 차선
12) 화물차 턱 — 대형차량이 밟고 지나가도록 만든 부분

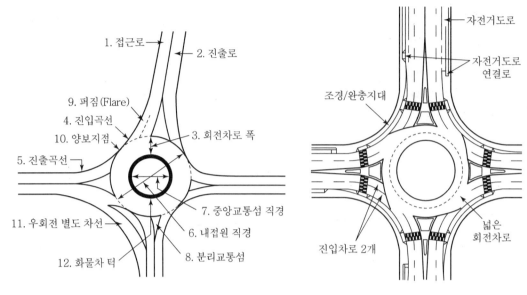

[Fig. 5.17] 회전교차로의 구성요소   [Fig. 5.18] 도시지역 2차로 회전교차로

6. 회전교차로의 6가지 기본유형

1) 초소형 회전교차로

평균 주행속도가 50km/h 미만인 도시지역에서 소형 회전차로를 설치할 공간이 부족할 때 설치한다.

2) 도시지역 소형 회전교차로

교차로의 크기는 소형화물차, 버스의 통행이 가능한 규모이므로 대형화물차의 통행이 많은 지방지역 간선도로에는 부적합하다.

3) 도시지역 1차로 회전교차로

내접원의 직경이 더 크고, 진출입로가 내접원에 더 큰 반경으로 접속하여 진입차량과 회전차량의 속도가 일정하게 유지될 수 있다.

4) 도시지역 2차로 회전교차로

교차로 내에서 차량 2대가 나란히 주행하도록 넓은 회전차로를 설치한다. 분리교통섬은 돌출시켜 설치하고, 중앙교통섬은 단차를 두어 설치한다.

5) 지방지역 1차로 회전교차로

다소 높은 속도로 주행하도록 도시지역보다 중앙교통섬 직경이 더 크다. 이는 보행자가 많지 않다는 점을 전제로 한다.

6) 지방지역 2차로 회전교차로

현재는 1차로로 계획하였으나 장래 교통량 증가를 고려한 2차로 확장을 대비하여 폭원, 내접원에 여유를 두는 것이 좋다.[39]

[Table 5.6] 회전교차로의 설계요소 비교

구분		초소형	도시지역 소형	도시지역 1차로	도시지역 2차로	지방지역 1차로	지방지역 2차로
일반사항	차로수	1	1	1	2	1	2
	최대日교통량 (대/일)[1]	12,000	15,000	20,000	40,000	20,000	40,000
	설계기준자동차	소형화물차	소형화물차 /버스	대형자동차	대형자동차	세미 트레일러	세미 트레일러
회전부	회전차로 설계속도(km/h)	16~19	16~20	20~25	23~30	23~30	25~35
	중앙교통섬 직경(m)	2~17	13~22	18~32	25~37	23~32	35~42
	회전차로 폭(m)	4~6	4~6	4~6	9~10	4~6	9~10

주 1) 최대 日교통량은 4갈래 회전교차로에 대한 방향별 일교통량을 모두 합한 것이다.

5.8 「한국형 회전교차로 설계지침」 제정

1. 개요

국토교통부는 2011년 1월 11일 「한국형 회전교차로 설계지침」을 제정함으로써 원활한 소통과 교통안전을 확보하여 녹색교통을 실현할 계획이다. 현재 미국, 영국 등에서는 진입자동차 양보운전이 생활화되어 회전교차로가 효과적으로 활용되고 있다.

2. 「한국형 회전교차로 설계지침」 주요내용

1) 회전교차로는 설계속도 70km 이하의 도로에 적용

설계기준자동차, 진입차로수를 기준으로 3가지 기본형(소형, 1차로형, 2차로형)으로 구분하고, 교통상황에 따라 특수형 회전교차로를 설치 가능

---

39) 국토교통부, 평면교차로 설계지침, 2015, pp.69~71.

2) 회전교차로의 계획 및 전환 기준을 제시

 - 회전교차로 계획시 기준교통량은 교차로 접근교통량 기준으로 적용

   소형　　: 12,000대/일 이하

   1차로형 : 17,000대/일 이하

   2차로형 : 27,000대/일 이하

 - 교통안전성 향상을 목적으로 하는 경우에도 회전교차로의 설치 가능

3) 회전교차로의 유형별 세부 설계제원을 제시

원칙적으로 표준화된 회전교차로 설계제원을 제시하고, 필요한 경우 설계속도 및 설계기준자동차에 의해 유연한 회전교차로 설계를 할 수 있도록 각종 설계제원을 제시

4) 회전교차로의 안전 및 부대시설 설치기준을 제시

조명, 횡단보도, 자전거전용도로, 주정차시설, 버스정류장 설치위치 및 설치방법 등을 제시하여 회전교차로의 교통안전 및 소통원활을 도모

3. 「한국형 회전교차로 설계지침」 기대효과

우리나라에 회전교차로가 실제 적용되면 신호교차로에서 불필요한 신호지체가 줄어 교차로 소통이 원활해지고, 교차로 사고건수뿐만 아니라 사망자 사고 등 사고심각성이 높은 사고를 대폭 줄일 수 있다(프랑스의 경우, 79%의 중상자 이상 사고 감소 경험). 회전교차로에서의 연료소모 감소, 대기오염 배출량 감소, 신호교차로의 운영 및 유지관리비 절감 등으로 녹색도로교통 활성화에 기여할 수 있다. 우리나라 전체 교차로의 10%(5,662개)를 회전교차로로 전환하는 경우, 교통흐름의 지체 감소, 에너지 절감, 오염배출 감소 등에 따른 비용절감으로 연간 약 2조 439억원의 비용을 절감할 수 있을 것으로 추정된다.[40]

※ 총 예상 비용절감효과 합계	: 연간 20,439억원
사고 감소에 따른 비용절감효과	: 연간 　2,084억원
지체 감소에 따른 비용절감효과	: 연간 16,729억원
에너지 소비 감소에 따른 비용절감효과	: 연간 　　771억원
대기오염 감소에 따른 비용절감효과	: 연간 　　855억원

---

40) 국토교통부 간선도로과, '회전교차로 부활', 2011.1.11.
　　국가경쟁력강화위원회, '녹색교통을 위한 회전교차로 활성화 방안', 2009.

6 좌회전차로 [대학원 과정]

회전차로는 자동차가 우회전, 좌회전 또는 유턴(U-turn)을 할 수 있도록 직진하는 차로와 분리하여 설치하는 차로이다. 교차로에서 좌회전차량의 영향을 제거하기 위해서는 좌회전차로를 직진차로와 분리하여 설치해야 한다.

6.1 좌회전차로의 설치원리

1. 직진차량이 그대로 좌회전차로에 진입하지 않도록 좌회전차로를 독립된 부가차로로 설치한다.
2. 기존 도로폭을 이용하여 중앙분리대 제거, 차로폭 축소, Zebra 표시 등을 한다.
3. 파행적으로 진행하기 쉬운 차로로 배치하지 않도록 좌회전차량을 대향차로의 직진차량과 동일선 상에 배치하지 않는다.

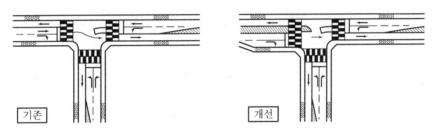

[Fig. 6.1] 파행적인 진행 금지

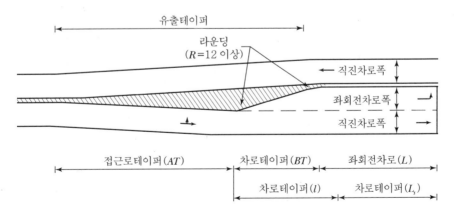

[Fig. 6.2] 좌회전차로의 구성

Road Engineering

6.2 좌회전차로의 설치기준

1. 차로폭

- 직진차로 폭은 접속 유입부 차로폭과 같게 하되, 3.5m를 3.25m로 축소한다. 도시지역에서 용지제약이 심한 경우 3.00m까지 축소할 수 있다.
- 좌회전차로 폭은 3.0m 이상을 표준으로 하되, 기존 교차로를 개선하는 경우 2.75m까지 축소할 수 있다.

2. 접근로테이퍼(AT ; Approach Taper)

- AT는 직진차량을 우측으로 유도하고, 좌회전차로 설치공간 확보를 위해 설치한다. AT 설치기준은 '우측으로 평행이동되는 값에 대한 거리의 비율'로서 운전자가 교차로를 인지하고 우측으로 이동하는 동안의 주행거리이다.

$$AT = \frac{(직진차로\ 폭 - 중앙분리대\ 폭)}{2} \times (AT\ 설치기준)$$

[Table 6.1] 접근로테이퍼의 최소 설치기준

설계속도(km/h)		30	40	50	60	70	80
테이퍼 율	기준값	1/20	1/30	1/35	1/40	1/50	1/55
	최솟값	1/8	1/10	1/15	1/20	1/20	1/25

- 테이퍼가 볼록형(凸) 종단곡선부에 설치되는 경우, 테이퍼 시점을 종단곡선부 시점까지 연장하여 운전자가 전방의 교차로 존재를 인식하도록 한다.

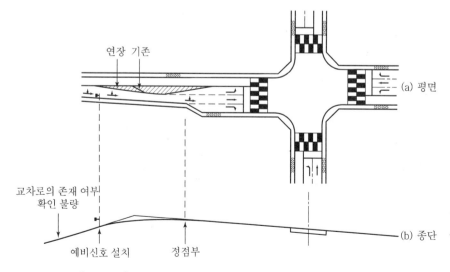

[Fig. 6.3] 교차로에서 시거를 고려한 접근로테이퍼 설치

3. 차로테이퍼(BT ; Bay Taper)

BT는 좌회전 차량을 좌회전차로 쪽으로 유도하되, 너무 완만하여 직진차로로 혼동하지 않도록 하고, 갑작스런 차로변경이나 무리한 감속을 유발하지 않도록 한다. BT 설치기준 은 '폭에 대한 길이의 최소 변화비율'이다.

[Table 6.2] 차로테이퍼의 최소 설치기준

설계속도(km/h)	50 이하	60 이상	시가지에서 용지폭의 제약이 심한 경우
최소 변화비율	1/8	1/15	1/4까지 가능

4. 좌회전차로의 최소길이(L)

1) 감속을 위한 길이(L_D)

$$L_D = l - BT$$

여기서, L_D : 좌회전차로에서 감속을 위한 길이(m)

l : 감속길이(m) $l = \dfrac{1}{2a}(\dfrac{V}{3.6})^2$ V : 설계속도(km/h)

BT : 차로테이퍼의 길이(m)

[Table 6.3] 좌회전차로의 길이 산정시 감속길이(l)

설계속도(km/h)		30	40	50	60	70	80	비고
감속길이(m)	기준값	20	30	50	70	95	125	a=2.0m/sec
	최솟값	15	20	35	45	65	80	a=3.0m/sec

2) 좌회전 대기차로의 길이(L_S)

- 신호 있는 교차로에서 대형차 혼입률(15% 가정)을 고려하여 7.0m로 계산하며, 화물차 혼입률이 많으면 승용차 6.0m, 화물차 12.0m로 한다.
- 신호 없는 교차로에서 첨두시간에 평균 2분간 도착하는 대기 자동차를 기준으로 하며, 1대 미만인 경우에도 최소 2대의 대기공간을 확보한다.

$$L_S = a \times N \times S$$

여기서, L_S : 좌회전 대기차로의 길이(m)

a : 길이계수(신호교차로 : 1.5, 무신호교차로 : 2.0)

N : 좌회전차로에서 대기차량 수

S : 좌회전 대기차량의 길이(7.0m)

[Table 6.4] 대형차 혼입률에 따른 자동차의 평균길이

대형차 혼입률(%)	5% 이하	15%	30%	50%
자동차 평균길이(m)	6.0	7.0	7.8	9.0

3) 좌회전차로의 최소길이(L)

신호교차로인 경우, 좌회전차로의 최소길이(L)는 대기 자동차를 위한 길이(L_S)와 감속을 위한 길이(L_D)의 합으로 구한다.

$$L = L_S + L_D = (1.5 \times N \times S) + (l - BT) \qquad 단, \ L \geq 2.0 \times N \times S$$

7 평면교차로와 다른 도로와의 연결 [대학원 과정]

고규격 도로에 마을, 주유소, 휴게소 등으로 통하는 다른 도로나 통로 등의 시설물을 접속해야 하는 경우, 일정한 기준 이하의 곡선구간, 경사구간에서 무분별하게 연결하면 교통안전에 위험을 초래할 우려가 있다. 도로구조를 보존하고 교통안전을 확보하기 위해 국도 등의 고규격 도로에는 국토교통부장관이 별도로 정한 「도로와 다른 시설의 연결에 관한 규칙」을 준수하도록 규정하고 있다.

고규격 도로에서 저규격 도로로 직접 연결되어 도로위계가 무시되는 경우, 운전자가 급작스런 핸들조작을 하게 되어 교통사고의 원인이 될 수도 있다. 기하구조의 급격한 변화는 도로용량을 저하시키므로, 다른 도로와의 연결 시는 주변여건 및 도로기능을 고려하여 적합한 설계가 되도록 해야 한다.

7.1 평면교차로와 다른 도로와의 연결을 위한 구성요소

1. 연결로의 포장

접속되는 도로와 동일한 강도를 유지할 수 있는 두께와 재료로 포장한다. 횡단경사는 노면배수를 고려하여 접속되는 도로보다 완만하게 설치한다.

2. 변속차로의 설치

1) 길이는 기준값 이상으로 설치하고, 폭은 3.25m 이상으로 설치하며, 자동차의 진·출입

을 원활하게 유도할 수 있도록 노면표시를 한다.

2) 변속차로 접속부는 곡선반경 15m 이상의 곡선으로 처리한다. 성·절토부 비탈면의 기울기는 접속되는 도로보다 완만하게 설치한다.

3. 배수시설물의 설치

1) 노면의 빗물 등을 처리할 수 있도록 길어깨의 바깥쪽에 연석을 설치하고, 배수시설물은 기존의 배수체계를 저해하지 않도록 연결한다.

2) 접속되는 도로의 배수시설이 연결로 설치로 매립될 경우 기존의 배수관보다 더 큰 규격의 배수관(ϕ800mm 이상)을 설치한다.

3) 배수시설은 격자형 철제 뚜껑이 있는 유효폭 30cm 이상, 유효깊이 60cm 이상의 U형 콘크리트 측구로 설치하고, 오수·우수가 흘러가지 않도록 한다.

4. 분리대의 설치

1) 접속되는 도로의 길어깨 바깥쪽에 분리대를 설치하고, 안전사고 예방을 위해 필요시 진입부에 충격흡수시설을 설치한다.

2) 분리대는 높이 0.3m 이상으로 설치하되, 시거장애가 없도록 한다. 분리대 식별을 위해 반사지를 부착하거나 시선유도표지를 설치한다.

3) 연결로를 평행식 변속차로로 추가 설치하는 경우 도로와 분리대 사이에 차로와 측대를 확보한 후, 가·감속차로와 연결한다.

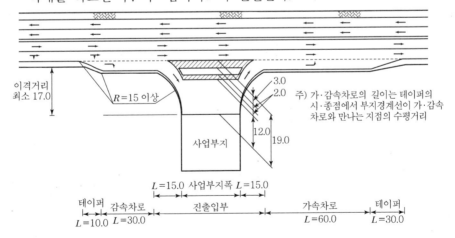

[Fig. 7.1] 평행식 변속차로의 설치 (1개소 연결의 경우)

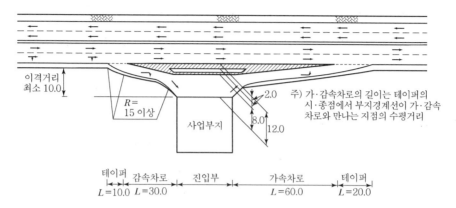

[Fig. 7.2] 직접식 변속차로의 설치(1개소 연결의 경우)

5. 길어깨의 설치

1) 변속차로의 길어깨는 접속되는 도로의 길어깨와 동등한 구조로 하고, 길어깨의 폭은 1m 이상으로 설치한다.

2) 노면이 연결로에 연결되는 시설물의 주차공간으로 잠식될 우려가 있는 경우 길어깨 바깥쪽에 연석, 가드레일, 울타리 등을 설치한다.

3) 변속차로의 길어깨에는 폭 0.25m 이상의 측대를 설치한다. 길어깨가 보도를 겸용하는 경우 보도 폭을 별도로 확보한다.

6. 부대시설의 설치

가드레일 등의 안전시설은 현지여건, 비탈면의 지형에 부합되도록 설치하고, 노면표시는 접속되는 도로와 동일한 규격으로 설치한다.

7.2 평면교차로와 다른 도로의 연결허가 금지구간

1. 곡선반경이 280m(2차로 도로는 140m) 미만인 경우 곡선구간의 안쪽 차로 중심선에서 장애물까지의 최소거리가 부족하여, 시거가 확보되지 못한 곡선의 내측 구간은 연결을 금지한다.

[Table 7.1] 곡선구간의 곡선반경 및 장애물까지의 최소거리

구분	4차로 이상				2차로		
곡선반경(m)	260	240	220	200	120	100	80
최소거리(m)	7.5	8	8.5	9	7	8	9

2. 종단경사가 평지에서 5%, 산지에서 8% 초과구간은 연결을 금지한다. 2차로 도로의
   경우 평지에서는 6%, 산지에서는 8% 초과구간은 연결을 금지한다. 다만, 오르막차로의
   바깥쪽 구간에서는 연결할 수 있다.
3. 교차로 주변의 연결로 등 설치 제한거리 이내의 구간은 연결을 금지한다.[41)

[Table 7.2] 교차로 주변의 접속시설 설치 제한거리

구분	4차로 이상(m)	2차로(m)
교차로 영향권으로부터 연결로 등 접속시설의 설치 제한거리	60	45

* 도류화되지 않은 교차로는 도류화계획에 따라 교차로 영향권을 산출하여 설치한다.

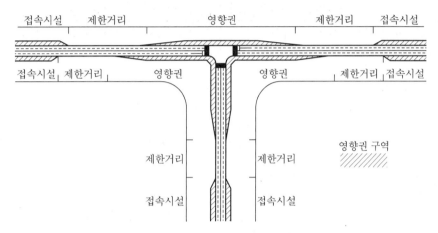

[Fig. 7.3] 교차로 주변의 영향권 및 설치 제한거리

8 입체교차의 설계원칙

8.1 입체교차 계획시 일반적인 고려사항

1. 설계조건   : 선정된 시·종점 간에 완전출입통제하는 도로를 건설하는 경우, 모든 교차하는
              도로에 입체교차로를 설치
2. 병목지점   : 평면교차를 통해 충분한 용량이 제공되지 못할 경우, 도로용지 확보가 용이한
              곳에는 입체교차로를 설치

---

41) 국토교통부, '평면교차로 설계지침', 2015, pp.10~11.

Road Engineering

3. 안전성 　: 교통량이 많아 사고가 자주 발생하는 교차로의 경우, 입체교차로를 설치하면 안전성이 향상되고 교통흐름도 신속하게 개선

4. 지형조건 　: 지형조건상 평면교차로 설치가 물리적으로 불가능하고 비용이 많이 소요되는 경우, 입체교차가 경제적으로 유리

5. 경제성 　: 평면교차로에서 지·정체되는 경우, 연료, 타이어, 정비, 이동시간 등의 교통비용이 증가하는 데 입체교차로를 설치하면 크게 감소

6. 교통량 　: 교차로의 교통량을 입체교차로의 설치근거로 할 수는 없지만, 교통량은 입체교차 설치의 타당성 여부를 가름하는 판단기준

[Table 8.1] 입체교차로 설치지점 선정 시 고려사항

1. 일반도로가 계획·설계단계에서 부득이하게 고속도로부지 내에 포함된 지점
2. 측도 등의 유입수단에 의해 접근이 지원되지 않는 지역으로의 유입지점
3. 철도와의 교차지점
4. 보행자의 통행량이 많고 자전거도로와 보행자도로가 교차하는 지점
5. 주요 간선도로 경계 내에서 대중교통 정류장으로 유입되는 지점
6. 인터체인지의 기하구조, 연결로의 자유로운 흐름을 고려해야 하는 지점

8.2 입체교차 설계의 기본원칙

1. 연속적인 흐름 : 도로수준 향상을 위해 모든 교차되는 도로는 입체교차시켜 교통이 연속적인 흐름을 유지

2. 대형사고 예방 : 지방지역은 도시지역에 비해 적은 초기비용으로 입체교차로를 건설하면 사전에 대형사고 위험성을 감소

3. 이상적인 형식 : 입체교차로는 경제성뿐만 아니라 지형조건과의 관계까지 고려하여 가장 이상적인 형식으로 결정

4. 이용자의 편익 : 교통혼잡지역에서 평면교차 지·정체로 인한 비용보다 입체교차 건설비가 작으면 도로이용자의 편익 측면에서 유리[42]

---

42) 국토교통부, '입체교차로 설계지침', 2015, pp.10~11.

9 입체교차의 계획기준 [대학원 과정]

□ 「도로의 구조·시설기준에 관한 규칙」7-2-2 입체교차의 계획기준

1. 고속도로 또는 주간선도로의 기능을 가진 도로가 다른 도로와 교차하는 경우, 그 교차로는 입체교차로 해야 한다. 입체교차를 계획할 때에는 도로의 기능, 교통량, 도로조건, 주변지형 여건, 경제성 등을 고려해야 한다.

2. 고속도로 또는 주간선도로가 아닌 도로가 서로 교차하는 경우로서 교통을 원활히 처리하기 위하여 필요하다고 인정되면 입체교차로 할 수 있다. 다만, 교통량 및 지형상황 등을 고려하여 부득이하면 그러하지 아니한다.

3. 자동차의 출입을 완전히 제한하는 자동차전용도로와 다른 도로와의 교차는 모두 입체교차로 해야 한다.

4. 4차로 이상의 주간선도로가 일반도로와 교차하는 경우에는 입체교차를 원칙으로 하나, 교차점의 교통량, 교통안전, 도로망 구성, 교차점 간격, 지형조건 등을 이유로 당분간 평면교차로 처리할 수 있다고 인정되는 경우에는 단계건설에 의한 평면교차도 할 수 있다. 다만, 장래 입체교차가 가능하도록 용지를 미리 확보해야 한다.

9.1 입체교차의 계획기준

1. 교통량과 입체교차의 관계

1) 횡단 또는 회전 교통량이 본선 교통량보다 많은 경우 적절한 운용이 기대되기 어려우므로 입체교차로 설계해야 한다. 즉, 교차하는 도로의 교통량이 신호교차로의 도로용량을 초과하는 경우에는 입체교차로 설계해야 한다.

2) [Fig. 9.1]은 4갈래 교차도로의 단로부와 신호교차점에서 용량 관계이다.

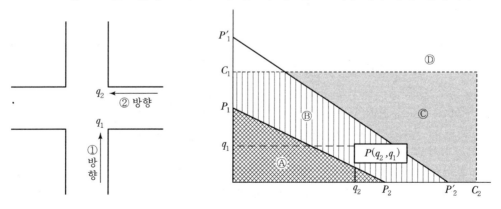

[Fig. 9.1] 4갈래 교차도로의 용량 관계

여기서, q_1, q_2 : ①, ② 방향의 설계교통량(대/시)

C_1, C_2 : ①, ② 방향의 단로부 용량(대/시)

P_1, P_2 : ①, ② 방향의 회전차로를 부가하지 않는 경우의 녹색 1시간당 유입부 용량(대/녹색시간)

다만, 정지했던 차량이 전부 움직이기까지의 시간적인 지체 및 가속에 소요되는 시간손실 등을 고려하여, 유입부 용량의 90%로 한다.

P'_1, P'_2 : ①, ② 방향의 회전차로를 부가한 경우의 녹색 1시간당 유입부 용량(대/녹색시간)

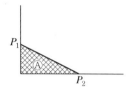 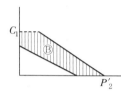 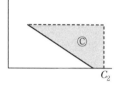 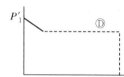

[Fig. 9.2] 4갈래 교차도로의 영역별 범위

[영역 A]　①, ② 양방향 모두 회전차로의 부가 없이 신호처리를 할 수 있는 영역으로, 다음 직선에 둘러싸인 범위

$$x=0, \ y=0, \ \frac{x}{P_2}+\frac{y}{P_1}=0$$

단, $x \leq C_2$, $y \leq C_1$

[영역 B]　회전차로를 부가하여 신호처리를 할 수 있는 영역으로, 다음 직선에 둘러싸인 범위

$$x=0, \ y=0, \ \frac{x}{P_2}+\frac{y}{P_1}=0, \ \frac{x}{P'_2}+\frac{y}{P'_1}=0$$

단, $x \leq C_2$, $y \leq C_1$

[영역 C]　입체교차 또는 직진 부가차로가 아니면 처리되지 않는 영역으로, 다음 직선에 둘러싸인 범위에서 A, B를 제외한 영역

$$x=0, \ x=C_2, \ 0 \leq y \leq C_1$$

[영역 D]　교통처리 능력을 초과하므로 단로부의 확폭 또는 추가 도로계획을 필요로 하는 영역으로, 제1四分面 내에서 A, B, C를 제외한 영역

3) 어떤 교차로에서 ①, ② 방향의 교통량이 q_1, q_2인 경우에는, 점$P(q_2, q_1)$가 영역 B 내에 있으면 회전차로를 부가함으로써 평면 신호처리가 가능하며, 점P가 영역 C 내에 있으면 직진부가차로 설치 또는 입체교차 처리가 필요하다.

10 단순입체교차

단순입체교차란 교차부에 단순한 지하차도(Underpass)나 고가차도(Overpass)를 설치하여 일정 방향의 교통류를 분리시키고, 지상부는 일반적인 평면교차로 처리하는 입체교차시설을 말한다. 도시지역 교차로에서 지하차도나 고가차도의 구조와 평면교차의 개념이 적용되는 형식이다.

단순입체교차는 도시지역의 교차로에서 용지제약이 많고 땅값이 비싼 곳에 적은 비용으로 설치할 수 있다. 지상부의 평면교차는 신호등 조정으로 교통수요 조절이 가능하여 교통량이 방향별·시간대별로 변하는 곳에 적용성이 우수하다.

10.1 단순입체교차의 설계

1. 본선

- 차로수 : 편도 2차로 이상으로 계획
- 종단곡선 : 경사구간을 짧게 설치하기 위해 하나의 곡선으로 설계
- 보도·자전거도 : 보행자는 평면부를 횡단하므로 불필요
- 유지관리용 보도 : 공용 중에 보수작업을 위해 차도 양측에 설치
  지하차도의 경우, 최소폭 0.75m의 보도 확보

2. 측도

- 측도의 폭 : 교차부에서 좌·우회전 교통량에 의해 결정하되,
  1차로 폭에 정차를 고려한 폭을 포함하여 설계
- 측도의 차로수 : 차로수 균형원칙에 의해 결정

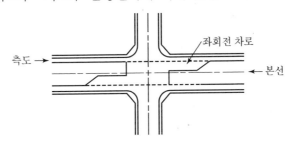

[Fig. 10.1] 입체교차 평면에서 좌회전 차로를 설치하는 경우

3. 입체교차 유출입부

1) 입체교차 유출입부 계획시 고려사항

입체교차 유출입부에서 확폭 설치는 완만한 곡선으로 연속하여 처리하고, 차량 유도성을 고려하여 원활한 교통흐름을 고려한다.

2) 입체교차 유출입부에서 시선유도방법

- 안내표지는 유도성이 좋게 설치하고 분리대는 식별하기 쉬운 구조로 설치하며, 교통분리 노면표시는 길게 설치한다.
- 유색포장으로 표면처리하여 교통류가 분리되기 쉽도록 배려하고, 지하차도는 종방향 유도성을 고려하여 가로등 높이를 노면에 맞추어 설치한다.

3) 입체교차 유출입부에서 차로의 확폭구간 설치방법

$$L = \frac{W}{2} + \left(\frac{H}{i} \times 100 \right) + \frac{1}{2}(L_{vc1} + L_{vc2}) + \frac{V \cdot \Delta W}{3} + \frac{V \cdot \Delta W}{6}$$

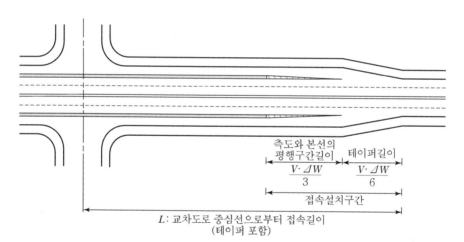

(a) 평면선형

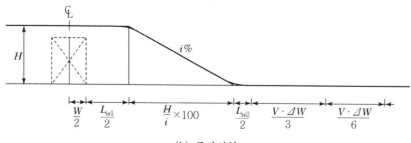

(b) 종단선형

여기서, L : 교차도로 중심선으로부터 접속구간길이

W : 교차도로 폭

$\dfrac{H}{i} \times 100$: 종단경사길이

L_{vc1} : 볼록부(凸) 종단곡선길이

L_{vc2} : 오목부(凹) 종단곡선길이

H : 교차도로의 고저 차이

i : 종단경사

$\dfrac{V \cdot \Delta W}{3}$: 측도와 본선의 평행구간길이

V : 설계속도

ΔW : 차로의 변이폭

[Fig 10.2] 입체교차 유출입부의 접속

4. 지하차도 또는 고가차도의 선정기준

1) 입체부 폭이 좁은 경우에는 고가차도가 공사비 측면에서 저렴하지만, 도시미관, 생활환경 측면에서 지하차도 쪽이 유리하다.

2) 시공과정에 지하차도는 옹벽 및 교대 설치, 굴착을 위한 지장물 이설, 흙막이공사 등에 의해 공기가 길어지고, 공사비도 추가 소요된다.

3) 고가차도를 선정하려는 경우 접속부에서의 옹벽구간 길이는 미관, 평면도로 이용, 경제성 등을 고려해야 한다.

10.2 단순입체교차의 형식

십자교차로에서 양방향 교통량이 많을 경우에는 3층 구조로 설계할 수 있다. 이 경우, 평지부에 평면교차로를 두고 통과차도의 한쪽을 地下차도, 다른 한쪽을 高架차도로 하면 접속부가 길어지지 않는다.[43]

---

43) 국토교통부, '도로의 구조·시설기준에 관한 규칙', 2013, pp.454~458.

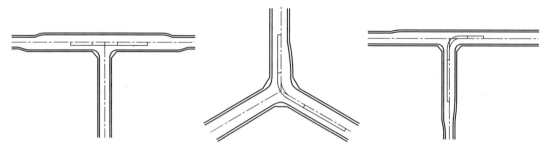

[Fig. 10.3] 3갈래 교차로

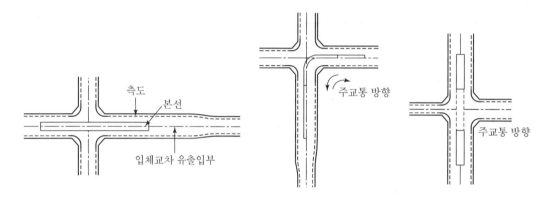

[Fig. 10.4] 4갈래 교차로

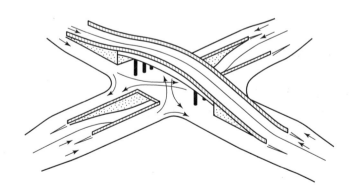

[Fig. 10.5] 3층 단순 입체교차

10.3 다이아몬드형 인터체인지

1. 개요

다이아몬드형 IC는 불완전입체교차 형식의 하나로서 4갈래 인터체인지 형식 중에서 가장 단순하다. 다이아몬드형 IC는 부지면적과 교차구조물이 적게 소요되어 경제적이므로 일반국도의 부(副)도로 접속에 많이 사용된다. 다이아몬드형 IC 설계시 기하구조에 따른 IC의 적정한 규모, 좌회전 교통처리를 위한 부(副)도로 접속부 형식 등의 검토가 필요하다.

2. 다이아몬드형 IC의 적정한 규모 검토

1) 다이아몬드형 IC의 서비스수준(LOS)별 부(副)도로 용량

다이아몬드형 IC의 규모는 부(副)도로의 회전교통량과 기하구조의 관계를 고려하여 선정한다. 지방부 도로의 경우 서비스수준 D의 교통수요를 기반으로 회전교통량을 배분한다. 부(副)도로의 교통수요가 서비스수준 D를 초과할 경우 접속부의 교차형식 보다 용량초과로 인한 지정체 영향이 더 크게 발생한다. 따라서 소형 부(副)도로의 용량(설계속도 40km/h 이하, 2차로)은 마을진입도로나 군도 이하의 규모이므로, 서비스수준 A를 적용한다.

[Table 10.1] 다이아몬드형 IC의 서비스수준(LOS)별 부도로 용량

구분			LOS A	LOS B	LOS C	LOS D	LOS E
부도로 용량	대형	4차로 도로(왕복, 대/일) (설계속도 70km/h)	14,000	23,000	31,000	43,000	60,000
	중형	2차로 도로(왕복, 대/일) (설계속도 60km/h)	4,800	8,900	14,000	19,000	26,000
	소형	2차로 도로(왕복, 대/일) (설계속도 40km/h)	4,800	–	–	–	–

2) 다이아몬드형 IC의 부(副)도로 용량 기준

다이아몬드형 IC 부(副)도로의 적정한 용량 산정을 위하여 서비스수준이 F되는 시점을 용량으로 전제한다.

[Table 10.2] 부도로 접속부 교차로의 적정한 용량

구분		지체도	서비스수준	비고
부도로 4차로	2점 교차형	110.4	F	−부도로에서 좌회전 비율이 15%일 경우 • 좌회전 교통량 : 355대/시 • 접근 교통량 : 6,150대/시
부도로 4차로	2점 교차형	125.3	F	−1차로 : 부도로에서 좌회전 비율이 15%일 경우 • 좌회전 교통량 : 474대/시 • 접근 교통량 : 3,162대/시

3) 다이아몬드형 IC 규모에 따른 적정한 좌회전 교통량 산정

다이아몬드형 IC 규모는 부(副)도로의 설계속도, 차로수, 좌회전 대기길이에 의하여 대형, 보통, 소형으로 구분한다. 부도로의 좌회전 대기길이는 좌회전 교통량의 비율을 기준으로 산정한다. 대형은 서비스수준 E~F(최대 355대/시), 보통은 B~C(최대 316대/시), 소형은 副도로 교통량이 적으므로 A(최대 119대/시)를 적용한다.

4) 부(副)도로의 좌회전 차로 길이 산정

① 좌회전 차로의 구성

다이아몬드형 IC의 규모는 인접 교차로 사이에 접속되는 부도로별 좌회전 차로 길이를 이용하여 산정한다.

② 접근로 테이퍼(Approach taper)

$$AT = \frac{(차로폭 - 중앙분리대폭)}{2} \times (설계속도에 따른 테이퍼 설치기준)$$

③ 차로 테이퍼(Bay taper)

최소 설치기준 비율은 설계속도 60km/h 이상 1 : 15, 50km/h 이하 1 : 8, 시가지에서 용지폭의 제약이 심한 경우 1 : 4를 각각 적용한다.

④ 좌회전 차로 길이 산정

$$L = (1.5 \times N \times S) + (I - BT) \quad 단, \ L \geq 2.0 \times N \times S$$

여기서, L : 좌회전 대기차로의 길이(m)

　　　　N : 좌회전 차로에서 대기자동차의 수

　　　　　　(신호 1주기당 또는 비신호 2분간 도착하는 차량)

　　　　S : 대기자동차의 길이(7.0m)

　　　　I : 감속길이(m)

　　　　T : 차로테이퍼 길이(m)

[Table 10.3] 다이아몬드형 IC에서 부도로별 좌회전 차로 길이

유형 구분		좌회전 교통량			접근로 테이퍼 (AT,m)	차로 테이퍼 (BT,m)	좌회전 차로 (L⟨m⟩)
		계산값 (대/시)	대/주기	적용값 (대/시)			
대형	주도로 80km/h, 4차로 부도로 70km/h, 4차로	355	14	350	75.0	45.0	약 200
보통	주도로 80km/h, 4차로 부도로 60km/h, 2차로	316	13	310	60.0	45.0	약 180
중형	주도로 80km/h, 4차로 부도로 40km/h, 2차로	119	3	150	45.0	24.0	약 40

3. 다이아몬드형 IC의 부(副)도로 접속부 형식 검토

일반국도 4차로 확·포장공사에서 다이아몬드형 IC 설계시 종전에는 경제성을 고려하여 2점교차형을 채택하였으나, 최근에는 경제성보다 회전교통량의 처리능력을 고려하여 1점교차형으로 하고 본선을 보강토옹벽으로 시공하는 추세이다.

[Table 10.4] 다이아몬드형 IC의 부도로 접속부 형식 비교

형식		특징
2점교차형	부도로 접속교차로 2개소	- 부도로에서 좌회전교통량이 적은 경우에 적합하다. - 좌회전이 허용되는 2개의 평면교차로가 생기므로, 신호처리가 적절하지 않으면 용량이 감소한다.
1점교차형	부도로 접속교차로 1개소	- 평면교차로가 1개로 줄어, 교통처리에 유리하다. - 옹벽 시공시 접근차량의 시거가 확보되어야 한다. - 시거 확보를 위해 교량연장시 공사비가 증가한다.
회전교차로	단구형	- 회전교차로를 설치하므로 교량연장이 증가한다. - 용지확보가 용이한 지방부, 평지구간에 적합하다. - 엇갈림을 처리하기 위해 시거가 확보되어야 한다.
	쌍구형	- 단구형의 설계지침과 거의 동일하다. - 본선교량은 축소하고 회전교차로 장점은 살린다.

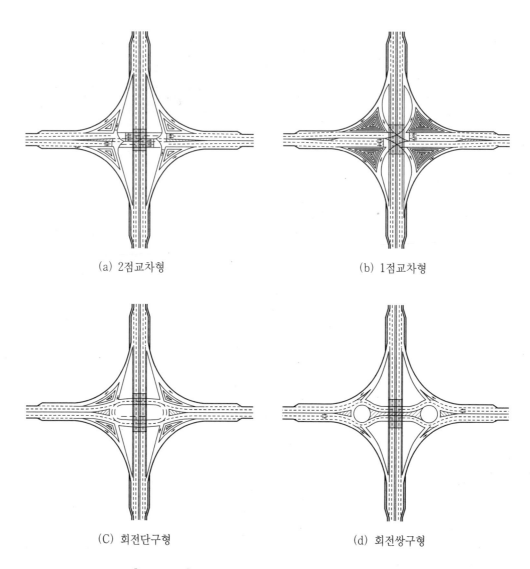

(a) 2점교차형

(b) 1점교차형

(C) 회전단구형

(d) 회전쌍구형

[Fig. 10.6] 다이아몬드형 IC의 副도로 접속부 형식

11 인터체인지의 계획 [대학원 과정]

인터체인지란 입체교차 구조와 교차도로 상호 간의 연결로를 갖는 도로의 부분으로, 주로 고속도로와 타 도로의 연결 혹은 출입제한도로 상호 간의 연결을 위하여 설치되는 도로의 부분을 말한다. 인터체인지의 계획은 출입제한이 없는 지방지역 간선도로 입체화에도 적용된다. 그러나, 인터체인지를 설치하는 도로가 유료(有料)도로인 경우와 무료(無料)도로인 경우에 따라 인터체인지의 계획은 상당한 차이가 있다. 최초 단계에서는 '인터체인지의 일반적 배치기준'에 따라 어느 도시(도로)와의 교점에 설치할지를 검토하고, 다음 단계에서 구체적인 위치를 검토한다.

11.1 인터체인지의 배치

고속도로의 인터체인지를 배치할 때 일반적으로 지방지역에서는 당해 지역의 도시기본계획과 광역교통운영계획을 바탕으로 경제효과를 고려하여 결정한다. 반면, 도시지역에서는 교통집중, 용지제약 등의 도시문제를 우선적으로 고려하고 있다.

1. 인터체인지의 일반적인 배치기준

1) 일반국도, 항만, 비행장, 유통시설, 관광지 등과 주요 도로와의 교차 또는 접근지점에 우선적으로 배치한다.
2) 고속도로에서 인터체인지 간격이 최소 2km, 최대 30km를 원칙으로 하며, 그 밖의 도로에서는 도로조건과 지역특성을 반영하여 배치한다.

[Table 11.1] 인터체인지 설치의 지역별 표준간격

지역	표준간격(km)
대도시 도시고속도로	2~5
대도시 주변 주요공업지역	5~10
소도시가 존재하고 있는 평야	15~25
지방촌락, 산간지	20~30

주 1) 최소 2km는 계획교통량 처리, 표지판 설치 등 교통운영에 필요한 거리. 도시부에서 최소간격이 2km 미만인 경우에는 반드시 두 입체시설을 일체화로 계획하며, 부득이하면 최소간격을 1km까지 단축 가능
2) 최대 30km는 도로의 유지관리에 필요한 거리. 인터체인지 간격이 20km를 넘는 지역은 새로운 공업입지조건 등의 장래 지역개발 가능성을 고려

Road Engineering

3) 인구 3만명 이상의 도시 부근 또는 인터체인지 세력권의 인구 5만~10만 명을 기준으로 배치한다.

[Table 11.2] 인터체인지의 표준 설치 수

도시 인구	1개 노선당 인터체인지의 표준 설치 수
10만 명 미만	1
10만~30만 명 미만	1~2
30만~50만 명 미만	2~3
50만 명 이상	3

4) 인터체인지 출입교통량이 3만대/일 이하인 경우 출입 교통량 및 방향에 따라 1개소에서 모두 처리하지 않고, 복수의 인터체인지를 설치할 수도 있다.

5) 본선과 인터체인지에 대한 총 편익/비용이 극대화되도록 배치한다.

- 유료도로 총 수익은 인터체인지 수에 비례하여 증가되나, 단위 인터체인지당 수익은 어느 정점을 지나면 감소한다.
- 인터체인지는 수의 증가에 따라 어느 점까지는 수익이 증가되었다가 작아지므로, 이 정점에서 총 비용/편익이 극대가 된다.

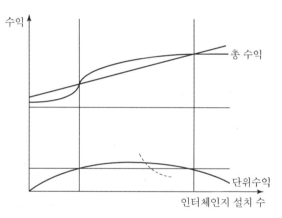

[Fig. 11.1] IC 설치 수와 수익 관계

2. 도시고속도로의 인터체인지 배치기준

도시고속도로 본선 상호 간의 인터체인지 위치는 고속도로망 설정과 함께 정해지지만, 특정 노선의 교통량이 과다하게 집중되지 않도록 배치한다. 기존 시가지는 용지제약이 크므로, 주변의 지장물조사가 중요하다.

고속도로 본선과 도시 가로망을 접속하는 인터체인지는 특정한 출입로에 교통량이 집중되지 않도록 배치한다. 접속도로의 용량, 인접 교차점의 교통상황 등이 교통체증 원인이 되어 본선까지 영향을 미치는 경우도 있다.

11.2 인터체인지의 위치 선정

1. 입지조사

1) 교통조건 측면에서 인터체인지 위치가 그 지역 도로망의 교통배분에 적합한지 도로망 현황, 교통량 등을 조사하여 현재 도로망에 부담을 주는 경우, 새로운 계획도로에 접속한다.

2) 사회조건 측면에서 인터체인지 면적은 35,000∼150,000m²의 넓은 부지가 필요하므로, 매장문화재는 조속히 조사에 착수하여 도로구역에서 배제한다.

3) 자연조건 측면에서 1/5,000 지형도를 통해 지형·지질, 연약지반을 조사한다. 특히, 적설한랭지역은 기상, 동결일수, 동결깊이, 배수시설 등을 조사한다.

2. 접속도로의 조건

인터체인지는 시가지, 공장지대, 항만, 관광지 등의 주요 교통발생원과 근접하고 출입 교통량이 기존 도로망에 과중한 부담을 주지 않아야 한다. 도시지역은 서비스 향상을 목적으로 시가지 주변도로에 접속하고, 지방지역은 교통량 분산을 목적으로 주간선도로 에 직접 접속한다.

3. 타 시설과의 관계

1) 인터체인지와 인접 시설물과의 간격은 적정한 거리 이상을 확보하고, 충분한 안전시설 (표지판 등)을 설치한다.

[Table 11.3] 인터체인지와 타 시설의 간격

구분	IC 상호 간	IC와 휴게소	IC와 주차장	IC와 버스정류장
최소간격(km)	2	2	1	1

2) 터널 출구에서 인터체인지 변이구간 시점까지 이격거리는 480m 이상을 확보한다.(1 방향 2차로, 설계속도 100km/h 기준)

- 소요 이격거리 확보가 어려운 경우에는 운전자가 터널 출구 밖에 근접하여 유출연결 로가 있다는 안내판(도로안내표지, 전광표지판, 노면표시 등)을 하고, 터널 내에서 제한적인 진로변경 허용 여부를 검토한다.

- 소요 이격거리 산출식

$$L = l_1 + l_2 + l_3 = \frac{V \cdot t_1}{3.6} + \frac{V \cdot t_2}{3.6} + \frac{V \cdot t_3 (n-1)}{3.6}$$

L : 소요 이격거리(m), V : 설계속도(km/h), n : 차로수,

l_1 : 조도순응거리(m), l_2 : 인지반응거리(m), l_3 : 차로변경거리(m),

t_1 : 조도순응시간(3초), t_2 : 인지반응시간(4초), t_3 : 차로변경시간(차로당 10초)

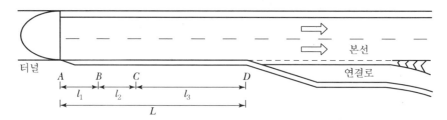

[Fig. 11.2] 터널 출구에서 연결로 변이구간 시점까지의 거리

3) 인터체인지 변이구간 시점에서 터널 입구까지 이격거리는 정지거리 및 대기공간을 확보한다.(차량이 예기치 못한 상황으로 가속차로 및 테이퍼 구간에서 유입하지 못하였을 경우를 대비)

 - 소요 정지거리 및 대기공간 산출식

$$L = l_1 + l_2 + l_3 = \frac{V \cdot t_1}{3.6} + \frac{V^2}{254f} + 31.7\text{m}$$

여기서, L : 소요 이격거리(m)

V : 설계속도에서 20km/h를 뺀 값(km/h)

l_1 : 인지반응거리(m)

l_2 : 제동거리(m)

l_3 : 대기공간[대형자동차 1대+1m(여유공간)+세미 트레일러 1대+1m(여유공간)]=13.0+1.0+16.7+1.0=31.7(m)

t_1 : 인지반응시간(4초)

f : 마찰계수

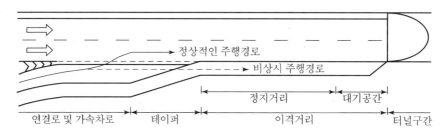

[Fig. 11.3] 연결로 변이구간에서 터널 입구까지의 거리

4. 고속도로 관리 · 운영과의 관계

[Table 11.4] 유료도로 요금징수방식의 특징

요금제	특징
① 전체구간 균일 요금제	− 일반도로에 요금징수할 때 사용하는 방식 − 비교적 연장이 짧고 출입제한이 없는 일반도로에서 사용
② 구간별 균일 요금제	− 일반도로에 요금징수할 때 사용하는 방식 − ①방식보다 도로연장이 길고 출입제한하는 도로에서 사용 − 구간 내 인터체인지에서 요금징수하지 않고, 유료 단위구간마다 본선 상 또는 인터체인지 내에서 요금징수하는 방식
③ 인터체인지 구간별 요금제	− 장거리의 고속도로에서 사용하는 방식 − 요금징수는 원칙적으로 인터체인지 내에서 하는 방식 − 인터체인지에 요금징수시설을 포함하는 도로관리사무소를 설치

- ①, ②방식 유료도로에서의 인터체인지 형식은 무료(無料)도로와 같은 조건으로 고려하며, 유료(有料)도로의 특성은 고려하지 않아도 된다.
- ③방식 유료도로에서는 인터체인지에 요금징수시설을 포함하는 도로관리사무소가 설치되므로 교통관리 편의성, 유지관리비용 경제성 등을 충분히 검토하여 형식을 선정한다.

5. 교차로 간 최소간격

신설 고속도로 설계시 기존 도로 때문에 인터체인지 최소간격에 미달되는 경우가 발생할 수 있다. 이 경우 [Table 11.5]와 같은 교차로 간 최소간격을 검토하고, [Fig. 11.4]의 연결로 접속형식에 따라 설계한다.[44]

[Table 11.5] 교차로 간 최소간격[독일 RAL−K−2(1976)]

교차형태	최소간격 Lerf(m)
	예고표지(문형표지)가 1개일 때
인터체인지	600+LE+LA

주) LE : 유입연결로의 접속부 길이(가속차로 1차로 250m, 2차로 500m)
　　LA : 유출연결로의 접속부 길이(감속차로 1차로 250m, 2차로 500m)

---

44) 국토교통부, '도로의 구조 · 시설기준에 관한 규칙', 2013, pp.459~467.

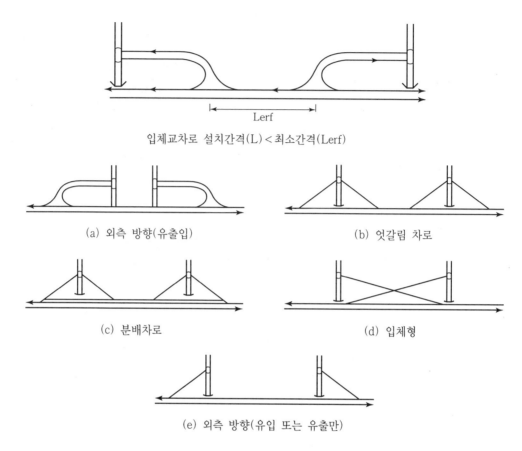

입체교차로 설치간격(L) < 최소간격(Lerf)

(a) 외측 방향(유출입)

(b) 엇갈림 차로

(c) 분배차로

(d) 입체형

(e) 외측 방향(유입 또는 유출만)

[Fig. 11.4] 연결로 최소간격 미달에 따른 접속형식[독일 RAL-K-2(1976)]

12 인터체인지의 구성요소 [대학원 과정]

인터체인지는 계획단계에서 선(線)으로 뼈대가 만들어지고, 설계단계에서 면(面)으로 살이 붙여진다. 인터체인지의 형식은 교차 접속부에서의 교통동선의 3차원적인 결합관계에 따라 기본동선 결합, 연결로 결합, 접속단 결합 등으로 구분된다.

```
인터체인지 ┬ 線 구성 ┬ 선형    - 평면선형, 종단선형
          │        └ 동선 결합  - 기본동선 결합, 연결로 결합, 접속단 결합
          └ 面 구성 ┬ 횡단면 구성 - 도로폭 구성, 횡단경사 구성
                   └ 접속단 구조 - 변속차로 구조, 유출입점 구조, 교차점 구조
```

12.1 기본동선 결합

1. 기본동선 결합은 2개의 교통류의 상호 결합관계를 나타내며, 4가지가 있다.
   1) 유출(분류, Diverging)   2) 유입(합류, Merging)
   3) 엇갈림(Weaving)   4) 교차(Crossing)
2. 인터체인지의 기본동선 결합을 본선[주동선(主動線)]과 연결로[부동선(副動線)]의 상호관계에 의해 분류하면 [Fig. 12.1]과 같다.

구분	바깥쪽	안쪽	주동선	부동선	바깥쪽	안쪽
			상호		교차	
유출	D-1	D-2	D-3a	D-3b		
유입	M-1	M-2	M-3a	M-3b		
엇갈림	W-1	W-2	W-3a	W-3b	W-4a	W-4b
교차	C-1	C-2	C-3a	C-3b		

[Fig 12.1] 기본동선 결합의 분류

기본동선 결합의 유출관계를 보면 바깥쪽, 안쪽, 상호의 3항목이지만, 엇갈림은 4번째 항목으로 교차 엇갈림이 있다. 엇갈림은 2개의 동선결합 관계뿐만 아니라, 그 양측 교통과 모두 관계가 있기 때문이다. 기본동선 결합은 연결로의 배치방법에 따라 여러 조합이 생긴다.

12.2 연결로 결합

1. 연결로는 차량이 진행경로를 바꾸어 좌·우회전을 할 수 있도록 본선과 분리하여 설치하는 도로로서, 본선과 본선 또는 본선과 접속도로 간을 이어준다. 연결로 결합은 교차하는

2개의 주동선 사이의 결합관계를 나타내며, 하나의 연결로에 의해 맺어져서 그 양 끝에
2개의 기본동선 결합을 가지고 있다.

[Table 12.1] 연결로의 형식과 특징

구분		연결방식	특징
우회전	우직결 연결로	본선 차도 우측에서 유출한 후 약 90° 우회전하여 교차도로 우측에 유입	우회전 연결로의 기본형식으로, 기본형식 이외의 변형은 거의 사용되지 않음
좌회전	준직결 연결로	본선 차도 우측에서 유출한 후 완만하게 좌측으로 방향을 전환하여 좌회전	- 주행궤적이 목적방향과 크게 어긋나지 않아 비교적 큰 평면선형을 취할 수 있음 - 입체교차 구조물이 필요하고, 측유출이 원칙인 고속도로에 주로 사용
	좌직결 연결로	본선 차도의 좌측에서 직접 유출하여 좌회전	- 고속인 좌측 차로에서 유출입하므로 위험 - 본선 차도 좌우에 연결로가 교대로 존재하면 불필요한 엇갈림 발생 - 고속교통을 처리하며, 좌회전 교통이 주류인 분기점(JCT)에 적용
	Loop 연결로	본선 차도의 우측에서 유출한 후 270° 우회전하여 교차도로 우측(특별한 경우 좌측)에 유입	- 새로운 입체교차 구조물을 설치하지 않고 접속이 가능 - 원곡선반경에 제약이 있으므로 주행시 속도 저하 - 진행방향에 대해 주행궤적이 부자연스러워 운전자가 혼돈 우려 있음 - 용량이 작으므로 교통량이 적은 곳에 적합한 형식

주) S는 진행방향의 우측에, D는 진행방향의 좌측에 유·출입부가 있는 경우이다.

2. 연결로의 기본형에는 우회전 동선에 대응하는 우회전 연결로와 좌회전 동선에 대응하는
좌회전 연결로가 있다.
  - 우회전 연결로는 외측 유출과 외측 유입, 즉 외측 연결로(Outer Connection) 이외는
  거의 사용되지 않는다.

- 좌회전 연결로는 5가지(유출 3, 유입 2) 형식이 있다.
  - 유출 3 : 직결연결로(Direct Ramp), 준직결연결로(Semi-direct Ramp), 루프 연결로(Loop Ramp)
  - 유입 2 : 좌우의 구별에 따라 직결 연결로, 준직결 연결로
3. 인터체인지 형식은 좌회전 연결로 5가지 형식 중 어느 것을 조합하는가에 따라 결정된다. 5가지 기본연결로 형식을 [Fig. 12.2]와 같이 대향 사분법(四分法)에 (點)대칭이 되도록 배치하면 기본연결로 형식마다 2가지 조합이 생긴다.

형식		안쪽 회전		바깥쪽 회전	
준직결 연결로	SS	2SS(안) 		2SS(밖) 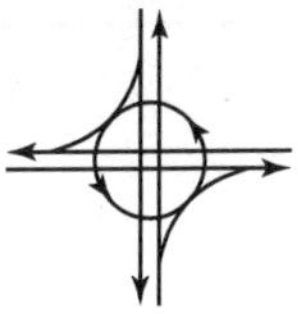	
	SD	2SD(안) 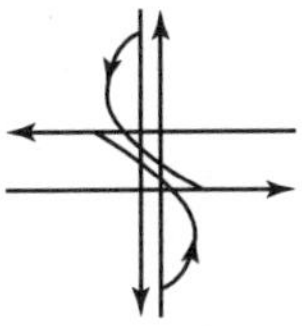		2SD(밖) 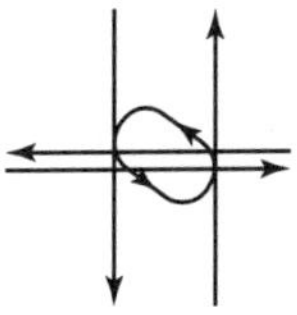	
좌직결 연결로	DS	2DS(안) 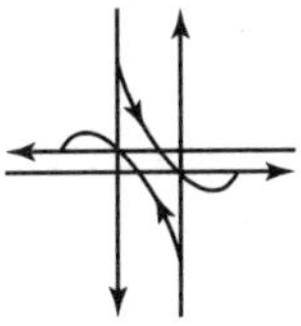		2DS(밖) 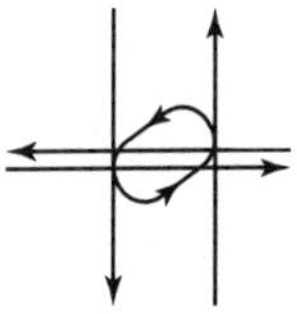	
	DD	2DD(안) 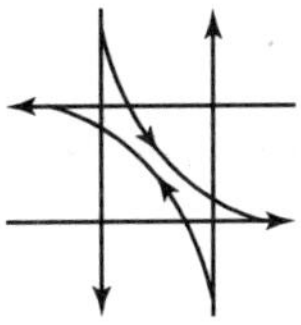		2DD(밖) 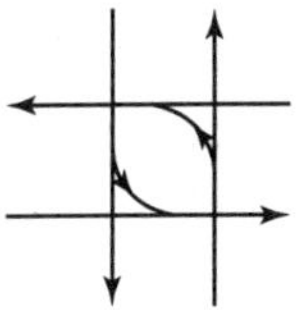	
루프	L	–		2L 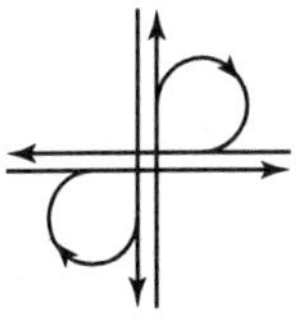	

[Fig. 12.2] 좌회전 연결로 결합의 분류와 조합

- 안쪽에서 회전 : 서로 마주보는 연결로의 교통동선이 교차하지 않는 형식
- 바깥쪽에서 회전 : 서로 마주보는 연결로의 교통동선이 교차하는 형식
- 루프 연결로는 교통동선이 서로 교차하므로 바깥쪽 회전형식

12.3 접속단 결합

인터체인지에서 하나의 주동선은 기본동선 결합들이 조합되어 연결되어 있다. 기본동선 결합은 연결로의 형식과 배치방식에 따라 여러 조합이 생기는데, 이때 두 접속단의 상호 관계를 표현하는 것을 접속단 결합이라 한다.

접속단은 유출(Diverging)과 유입(Merging)의 조합이므로 연속유출(DD), 연속유입(MM), 유입·유출(MD), 유출·유입(DM) 등의 4가지 조합이 있다. 우회전의 유입은 모두 오른쪽에서 하고, 좌회전의 유입은 좌우에서 모두 유입할 수 있도록 하면 [Fig. 12.3]과 같이 16가지 조합으로 유출된다.

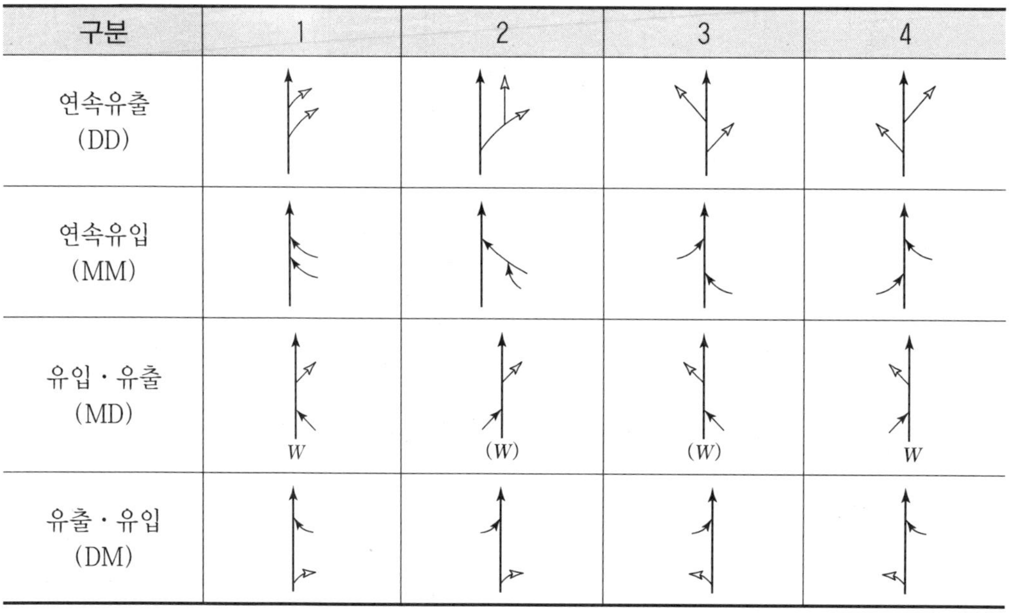

구분	1	2	3	4
연속유출 (DD)				
연속유입 (MM)				
유입·유출 (MD)	W	(W)	(W)	W
유출·유입 (DM)				

주) 1. W는 엇갈림을 의미하고, (W)는 엇갈림이 생길 수 있음을 의미한다.
　　2. M은 유입, D는 유출을 의미한다.

[Fig. 12.3] 접속단 결합의 분류와 조합

1. 연속유출(DD)

1) 우측 유출 2곳 방식(DD-1)

출구가 모두 우측에 있고, 2개의 유출단 간의 거리도 충분히 확보할 수 있어 좌우 유출보다 약간 우수하다. 대표적으로 루프 연결로 형식이다.

2) 우측 유출 1곳 방식(DD-1)

고속 주행 본선에서 운전자가 한번에 결정하고 두 번째는 저속 주행 연결로에서 결정하므로 바람직하다. 대표적으로 준직결 연결로 형식이다.

2. 연속유입(MM)

본선으로의 연속유입은 운전자의 결정은 없고 안전성만이 문제가 되므로 유출보다 중요하지 않다. 좌우 유입은 사고위험이 높으므로 우측 유입 1곳 방식(MM-2)이 유리하다.

3. 유출·유입(DM)과 유입·유출(MD)

유출지점이 유입지점보다 전방에 설치되는 유출·유입(DM)이 유입지점이 유출지점보다 전방에 설치되는 유입·유출(MD)보다 엇갈림을 최소화할 수 있어, 교통용량 측면에서 우수하다.[45]

13 인터체인지의 형식과 적용

[Table 13.1] 인터체인지의 형식

	불완전입체교차	완전입체교차
형식	평면교차하는 교통동선을 1개소 이상 포함하는 형식	평면교차를 포함하지 않고, 각 연결로가 독립되어 있는 형식
특징	- 다양한 변화가 가능하여 교통특성, 지형여건에 적합한 형식으로 설치 가능 - 용지면적과 건설비가 적게 들고, 우회거리 단축, 도로교통용량 증대	- 인터체인지의 기본형으로, 인터체인지 본래의 목적에 가장 부합되는 형식 - 용지면적과 건설비가 많이 소요되어, 고규격도로의 입체교차시설에 이용
종류	다이아몬드형, 불완전클로버형, 트럼펫형(4갈래), 준직결+평면교차형	직결 Y형(3갈래), 준직결 Y형(3갈래), 직결형(4), 트럼펫형(3), 클로버형(4)

---

45) 국토교통부, '도로의 구조·시설기준에 관한 규칙', 2013, pp.468~473.

Road Engineering

13.1 불완전입체교차

1. 다이아몬드(Diamond)형

1) 형식

-4갈래 교차 인터체인지의 대표적인, 가장 단순한 형식
-보통형 : 접속도로에 좌회전을 수반하는 2개의 평면교차 발생
-분리형 : 양방통행, 일반통행으로 분리하면 용량 증대 가능

2) 특징

-용지면적이 가장 적게 들고, 우회거리도 짧아 경제적임
-접속도로와 연결부분의 평면교차부에서 도로용량 감소
-유료도로의 경우, 요금소가 4개로 분리되어 관리비 증가

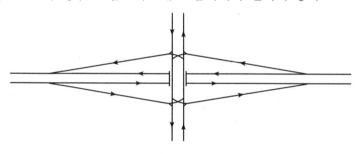

[Fig. 13.1] 다이아몬드형

3) 변형 다이아몬드형 적용요령

① U-turn을 갖는 변형 다이아몬드형
측도를 주행하는 차량군은 교통신호에 따라 4갈래 교통흐름으로 나뉘는데, 반대편
측도로를 향해 원활한 U-turn을 할 수 있다.
② 관리비 절감을 도모한 다이아몬드형
횡단구조물이 2개소 증가되지만, 고가구간에서는 새로운 교차구조물을 추가하지
않아도 간단히 적용할 수 있다.

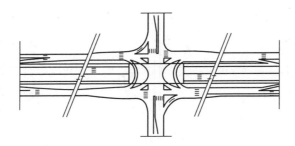

[Fig. 13.2] U-turn 다이아몬드형

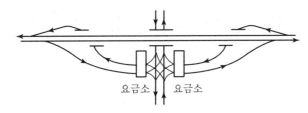

요금소   요금소

[Fig. 13.3] 관리비 절감 다이아몬드형

2. 불완전 클로버(Partial Cloverleaf)형

1) 형식

- 4갈래 교차로에서 가끔 사용되는 형식으로, 연결로(W-E 상급 통과도로, N-S 교차 접속도로) 배치방식에 따라 3가지로 구분된다.
- A형 : 대각선 배치, 통과도로 유출입구가 교차도로 前方에 위치
- B형 : 대각선 배치, 통과도로 유출입구가 교차도로 後方에 위치
- AB형 : 대칭 배치, 한쪽 방향으로 교통량이 많을 때 연결로를 한쪽에 배치하면 평면교차부를 횡단하지 않고 처리 가능

2) 특징

- 연결로를 적절히 배치하여 교차도로에서의 좌회전 동선을 우회전으로 변화시키면, 평면교차부의 용량이 증대된다.
- 고속도로와 일반도로의 교통량이 방향별로 명확하게 분리되는 경우, 요금소를 2곳에 설치해야 하므로 운영경비가 더 소요된다.

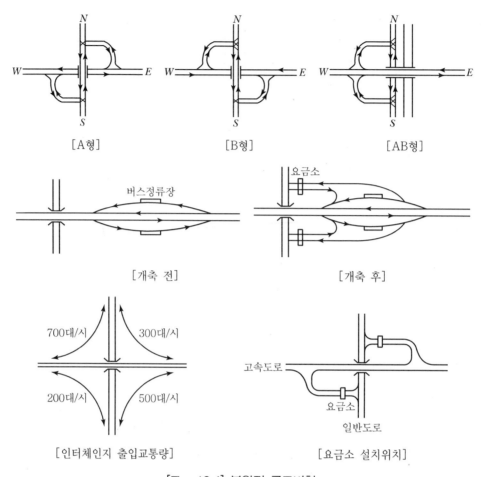

[A형]　　　　　　[B형]　　　　　　[AB형]

[개축 전]　　　　　　　　[개축 후]

[인터체인지 출입교통량]　　　　[요금소 설치위치]

[Fig. 13.4] 불완전 클로버형

3. 트럼펫(Trumpet)형

1) 형식

고규격 도로에는 완전입체의 3갈래 교차형식으로 처리하고, 저규격 도로에는 평면교차로 처리한다.

2) 특징

- 고규격 도로가 저규격 도로와 교차할 때, 트럼펫형 인터체인지를 4갈래 교차로에 적용할 수 있다.
- 하급도로(일반국도)가 평면교차로인 경우에 평면교차로의 운영형태에 따라 상급도로(고속도로)에 영향을 미친다.

4. 준직결＋평면교차형

1) 형식

- 3갈래 교차로 본선에 일부 평면교차를 허용하는 형식은 도시지역 일반도로의 중요한 Y형 교차점, 우회도로의 분기점 등에 사용된다.
- 준직결 연결로를 유입 측에 사용하면 主도로에서 평면좌회전을 하고, 유출 측에 사용하면 부(副)도로에서 평면좌회전을 한다.

2) 특징

- 도로 신설시 구(舊)도로를 개량하지 않아도 되는 유입형을 적용하는 경우, 분기하는 쪽이 主교통이 되면 교통혼란을 초래한다.
- 신설 우회도로(Bypass)에는 공사비가 약간 증가되어도 구(舊)도로를 일부 개량하는 직결 Y형이 적합하다.

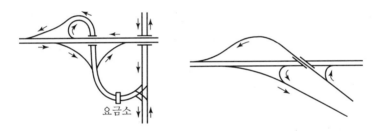

[Fig. 13.5] 준직결＋평면교차형

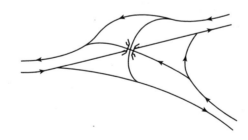

[Fig. 13.6] 직결 Y형

13.2 로터리(Rotary) 입체교차

1. 형식

평면교차는 포함되지 않으나 연결로를 독립적으로 설치하지 않고, 2개 이상으로 차도를 부분적으로 겹쳐서 엇갈림을 유발한다.

2. 특징

엇갈림을 유발하는 로터리형은 교통량이 적은 경우가 아니면 잘 적용하지 않는다.

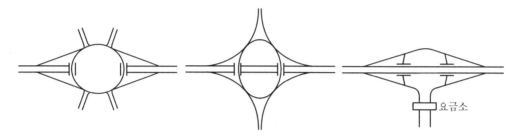

[Fig. 13.7] 로터리형

13.3 완전 입체교차

1. 직결 Y형(3갈래)

1) 형식

3갈래 모든 접속에 직결 연결로를 사용하는 직결 Y형은 고규격 도로가 상호 간에 접속되는 분기점(Junction)에 설치한다.

2) 특징

－좌측에서 직접 분기되므로 왕복 차도를 넓게 분리해야 한다.
－용지면적이 많이 소요되므로 본선과 인터체인지를 일체로 계획한다.

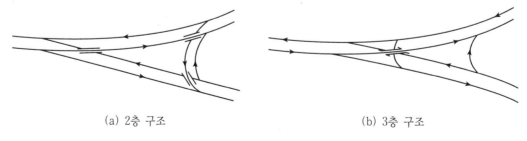

(a) 2층 구조   (b) 3층 구조

[Fig. 13.8] 직결 Y형(3갈래)

2. 준직결 Y형(3갈래)

1) 형식

준직결 연결로를 사용하는 준직결 Y형은 고규격 도로와 일반도로가 접속되는 인터체인지에 설치한다.

2) 특징

직결 Y형에서는 루프를 사용하지 않으므로 평면선형보다 종단선형, 즉 입체교차를 위한 고저 차이에 의해 형식이 결정된다.

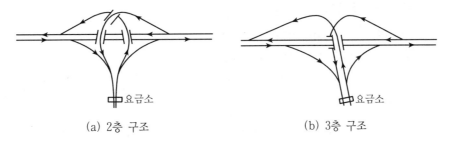

(a) 2층 구조   (b) 3층 구조

[Fig. 13.9] 준직결 Y형(3갈래)

3. 직결형(4갈래)

1) 형식

직결형은 고규격 도로 상호 간의 십자형 접속에 사용된다.

2) 특징

- 좌회전 교통을 원활히 처리할 수 있지만 공사비가 크게 증가한다.
- 교통량을 고려하여 경제성 검토 후, 직결형의 채택 여부를 결정한다.

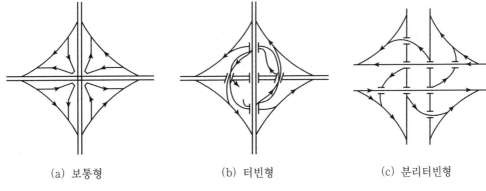

(a) 보통형   (b) 터빈형   (c) 분리터빈형

[Fig. 13.10] 직결 Y형(4갈래)

4. 트럼펫형(3갈래)

1) 형식

- 3갈래 인터체인지의 대표적인 형식. 루프 연결로에 50km/h 이상의 높은 설계속도를 적용하는 것은 용지매입, 지형조건 등이 곤란하여 국내 고속도로 분기점(Junction)에는 적용하지 않는다.
- A형 : 루프를 교차구조물 전방에 설치하여 유입연결로로 사용
- B형 : 루프를 교차구조물 후방에 설치하여 유출연결로로 사용

2) 트럼펫형 적용요령

- 교통량이 적은 쪽의 연결로에 루프를 사용하는 것이 교통용량, 주행비용 측면에서 유리하다(주교통을 직결 Ramp로 연결 가능).
- 루프와 준직결 연결로 간의 교통량에 큰 차이가 없는 경우, 유입연결로에 A형 루프를 적용한다.
- B형의 경우, 루프가 유출연결로가 되므로 본선에서 루프 전체가 잘 보이도록 설계한다. 특히, 본선이 밑에 있고 루프가 상향 경사일 경우 루프가 교대 뒤에 있어 잘 보이지 않는 결점이 있다.

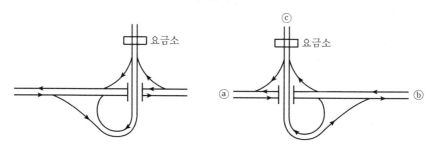

[Fig. 13.11] 트럼펫형(3갈래)

3) 한쪽으로 치우친 교차(Skewed Crossing) 적용

- 형식 : 트럼펫형에서 루프를 본선에 직각으로 교차시키면 루프의 곡선반경이 급격하게 설치되어, 한쪽으로 치우치도록 배치한다.
- 특징 : 좌회전 교통에 대한 곡선반경이 완만해지며, 회전각도가 작아지고, 주행거리가 짧아진다.

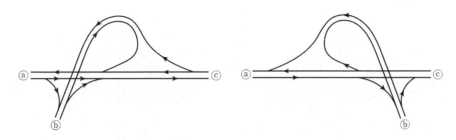

[Fig. 13.12] 트럼펫형(Skewed Crossing)

4) 장래 완전 클로버형 확장방안 적용 필요성

트럼펫형은 모든 좌회전에 루프를 적용하고 엇갈림이 발생하여 좋은 설계는 아니지만, 장래 완전 클로버형으로 확장할 때 단계건설에 적용할 수 있다. 다만, 3갈래 입체교차는 장래에 확장하거나 변형이 어려우므로, 4갈래 입체교차로 확장할 수 있도록 사전 용지확보가 필요하다.

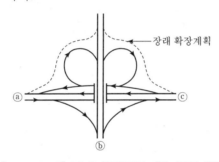

[Fig. 13.13] 장래 완전클로버형 확장계획

5. 클로버형(4갈래)

1) 형식

4갈래 교차로에서 평면교차를 포함하지 않는 완전입체교차의 기본형

2) 특징

- 기하학적으로 대칭을 이루는 아름다운 형상으로 입체교차구조물 단 1개로 완전입체교차로가 설치된다.
- 좌회전 차량이 270° 회전하므로 용지가 많이 소요되어 평면곡선 반지름을 크게 할 수 없다.
- 인접한 2개의 루프 간에 엇갈림이 생겨, 용량과 안전이 문제다.

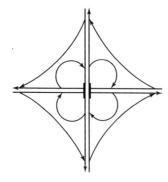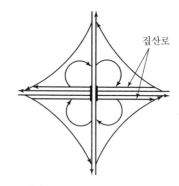

집산로

(a) 집산로가 없는 클로버형   (b) 집산로가 있는 클로버형

[Fig. 13.14] 클로버형

3) 집산로(Collector-distribution Road)를 설치하여 엇갈림 해결

① 형식

인접한 2개의 루프 간에 엇갈림 교통량이 1,000대/시를 초과하면, 유입연결로
에서 교통상태가 급격히 악화되므로 집산로 설치가 불가피하다.

② 특징

- 본선에서 인접한 2개의 루프 간에 엇갈림 문제를 해결
- 본선 유출연결로에서 발생하는 교통흐름 문제를 해결
- 본선 유출연결로에서 출구로 전환할 때 신호표시 문제를 해결

4) 루프 연결로에서 설계속도와 이동거리, 운행시간의 관계

① 설계속도가 10km/h 증가하면 이동거리 50% 증가, 운행시간 20~30%(약 7초)
증가, 용지면적 130% 증가

- 설계속도 30km/h(R=27m)인 루프에서 이동거리는 200m
- 설계속도 40km/h(R=50m)인 루프에서 이동거리는 300m
- 설계속도 50km/h(R=80m)인 루프에서 이동거리는 500m

② 설계속도 증가의 이점은 이동거리, 운행시간, 용지면적 증가로 상쇄되므로 루프
연결로의 최소크기는 30~70m가 적당하다.

5) 루프 직결형, 변형 클로버형의 설치

① 설치의 필요성

루프에 2개의 차로가 필요한 경우 루프의 반경이 충분히 커야 한다. 이는 이동
거리, 운행시간, 용지면적, 건설비용이 증가하여 비경제적이므로 루프 직결형
이나 변형 클로버형을 설치하면 효과적이다.

② 설치의 효과

교차하는 도로의 설계속도가 낮고 4차로 이하인 경우, 완전 클로버형을 적용하는 것은 비경제적이다. 설계속도가 높고 교통량이 많은 경우 완전 클로버형 대신 루프 직결형이나 변형 클로버형을 설치하고, 主방향의 루프 연결로를 고려한다.[46]

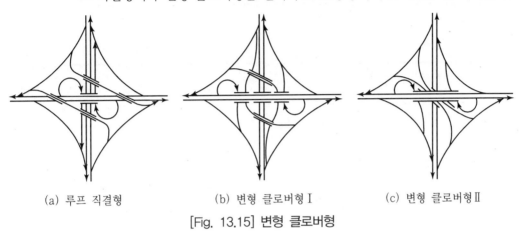

(a) 루프 직결형　　　　(b) 변형 클로버형 I　　　　(c) 변형 클로버형 II

[Fig. 13.15] 변형 클로버형

13.4 인터체인지의 형식 요약

1. 불완전 입체교차

1) 다이아몬드형

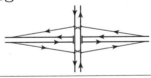

- 4갈래 인터체인지의 대표적 형식
- 용지면적이 적게 들어, 건설비 저렴
- 접속도로에서 2개의 평면교차 발생

2) 불완전 클로버형

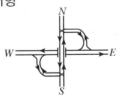

- 연결로가 대각선 대칭형으로 배치
- 통과도로(W−B)의 유출입구가 교차 도로의 前方에 위치

3) 트럼펫(Trumpet)형

- 고규격 도로에는 완전입체 3갈래 적용
- 고규격 도로가 저규격 도로와 교차시 4갈래 적용 가능

46) 국토교통부, '입체교차로 설계지침', 2015, pp.57~82.

4) 준직결 + 평면교차형

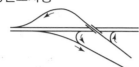

- 도시지역에서 우회도로 분기점에 적용
- 준직결 연결로를 유입 측에 사용하면 主도로
  에 평면 좌회전이 발생

2. 완전 입체교차

1) 직결 Y형(3갈래)

- 3갈래 모든 접속에 직결 연결로 사용
- 고속도로 상호 간의 분기점(Jct)
- 좌측에서 직접 분기, 용지 많이 소요

2) 준직결 Y형(3갈래)

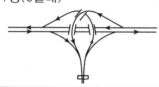

- 준직결 연결로를 사용
- 고속도로와 일반도로의 연결(IC)
- 지형 제약을 받으면 3층 구조를 사용

3) 직결형(4갈래)

- 1개 이상의 직결 연결로를 사용
- 고속도로 상호간 분기점(Jct)을 연결
- 공사비 크게 증가, 교통량 검토 필요

4) 트럼펫 A형(3갈래)

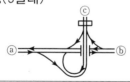

- 主교통량은 ⓐ↔ⓒ 방향
- Loop를 교차구조물 前方에 설치하여 流入 연
  결로로 사용

5) 트럼펫 B형(3갈래)

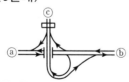

- 主교통량은 ⓑ↔ⓒ 방향
- Loop를 교차구조물 後方에 설치하여 流出 연
  결로로 사용

6) 클로버형(4갈래)

- 평면교차 없는 완전입체교차 기본형
- 대칭형 입체구조물 1개로 구성
- 인접한 2개의 루프 간에 엇갈림 발생

13.5 완전 입체교차의 적용 사례

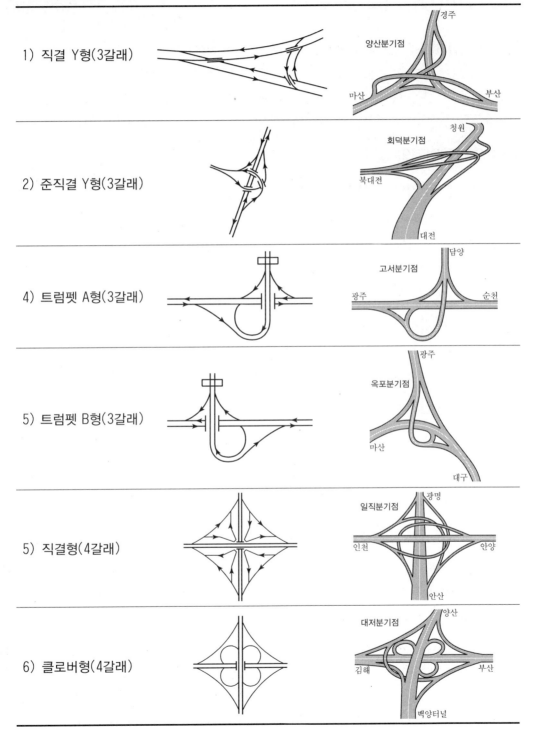

1) 직결 Y형(3갈래)

2) 준직결 Y형(3갈래)

4) 트럼펫 A형(3갈래)

5) 트럼펫 B형(3갈래)

5) 직결형(4갈래)

6) 클로버형(4갈래)

14 인터체인지의 설계요소 [대학원 과정]

인터체인지는 각 경우마다 입지조건과 교통조건이 다르므로 설계자의 판단이 매우 중요하다. 설계자는 선형에만 사로잡히거나 세부적인 측면에 너무 구애받지 말고 전체적인 계획 측면에서 판단하여 설계해야 한다. 인터체인지의 위치와 형식이 결정되고 1/5,000 도면에 규모와 동선 등의 기본계획이 정해지면 1/1,000 지형도에 세부설계를 착수한다.

14.1 인터체인지의 설계 요소

1. 인터체인지와 본선과의 관계

인터체인지는 본선을 주행하는 운전자가 멀리서도 식별할 수 있어야 하고, 자동차가 안전하고 원활하게 출입할 수 있는 구조로 설계되어야 한다. 인터체인지가 본선의 큰 오목(凹)형 종단곡선 안에 있으면 식별하기 쉬우나, 본선의 작은 볼록(凸)형 종단곡선 직후에 있으면 보이지 않게 된다.

2. 인터체인지 연결로의 기하구조

연결로의 선형은 인터체인지의 성격, 지형·지역을 감안하고 연결로 상에서 주행속도 변화에 적응하며 연속적으로 안전주행이 확보되도록 설계한다.

3. 인터체인지 연결로의 접속부 설계

연결로 접속부(Terminal)란 연결로가 본선과 접속하는 부분을 말하는데, 변속차로, 변이구간(taper), 본선과의 분·합류단 등을 총칭한다. 연결로 접속부에서 분류, 합류, 감속, 가속 등 복잡한 운전동작이 이루어지므로 교통안전과 교통운영 측면에서 세심한 주의를 기울여야 한다.

4. 인터체인지 연결로의 변속차로 설계

변속차로에는 감속차로와 가속차로가 있다. 감속차로의 형식은 평행식과 직접식이 있다. 가속차로도 감속차로와 마찬가지로 평행식과 직접식의 2가지 형식이 있다.

5. 분기점(JCT) 설계

분기점의 계획·설계의 기본은 인터체인지의 일반적인 계획·설계의 기준과 크게 다르지 않지만, 계획·설계의 조건, 설계방법에서 약간의 차이가 있다. 분기점의 계획·설계 시 고속도로 상호 간의 입체적인 교차교통에 대하여 도로조건과 주행조건의 변화가 너무 크지 않게 하고, 방향전환을 안전하고 능률적으로 하도록 한다.

15 인터체인지의 설계절차 [대학원 과정]

인터체인지의 설계 절차는 제약조건이 많고 매우 복잡하므로, 배치계획(위치선정, 형식결정 등), 개략설계, 기본설계, 실시설계 등의 흐름에 따라 수행한다. 인터체인지 설계시 각 단계에서 본선과의 관계, 연결로의 기하구조, 연결로 접속부의 설계, 변속차로의 설계, 분기점의 설계 등을 면밀히 검토한다.

15.1 인터체인지의 설계절차

1. 인터체인지의 위치가 결정되고 형식이 선정되면, 1/5,000의 도면에 개략적인 규모와 동선 등의 기본계획을 확정하고 세부설계에 착수한다.
2. 세부설계시 1/1,200 지형도를 기초로 도해법(圖解法)에 의해 선형계획을 행하여 이를 기준으로 기본설계를 하며, 이때 종단계획도 함께 수립한다.
3. 기본설계에서 평면선형과 종단선형의 기본요소가 정해지면, 좌표계산을 하고 실시설계에 착수한다.
4. 실시설계시 공사 발주도면 작성 전에 중심선 측량을 행하여 현지에 중심말뚝을 박고, 각 측점에서 횡단측량을 실시한다.

[Table 15.1] 인터체인지 설계 단계별 주요내용

구분	자료	검토내용	성과도면
배치 계획	1/250,000 및 1/50,000 지형도, OD 조사, 기타 경제 지리 관련 자료	개략적인 설치위치	1/250,000
위치 선정	1/50,000 또는 1/25,000 및 1/5,000, 1/50,000 지질도, 부근 도로 현황도, 도시계획도, 기타 토지이용계획을 나타내는 도면, 교통자료	본선노선 선정과 관련하여 개략 계획, 앞 단계의 설치계획에 대한 추가 또는 삭제에 관한 검토, 개략 출입교통량 추정 및 교통량 배분계획	1/50,000 ~ 1/25,000
형식 결정	위와 같은 자료, 기타 지질, 토질, 기상, 문화재 조사자료, 상세한 O-D 해석 자료, 필요에 따라 1/1,200 지형도	유입도로의 결정, 구체적인 설치위치의 수정, 인터체인지 이용 교통량의 상세 추정, 형식 검토 및 개략 공사비 산정	1/5,000
기본 설계	1/1,200 또는 1/,000 지형도와 계획단계에서 사용한 것 중 더욱 상세한 자료, 수리 수문 관계 자료	기본 선형의 결정, 시설 배치계획, 공사비의 산정, 유입도로의 정비계획, 용지 경계의 결정	1/1,000 평면 및 종단면도
실시 설계	위와 같음	토공, 배수, 구조물, 포장, 교통관리시설, 조경, 건축시설 등의 설계	1/1,000 및 상세도

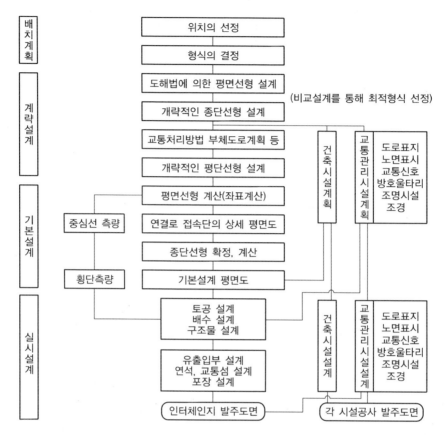

[Fig. 15.1] 인터체인지의 설계 흐름도

15.2 인터체인지와 본선의 관계

1. 인터체인지 부근에서 본선의 평면곡선 반지름

- 인터체인지 부근의 평면곡선 반지름이 작으면, 곡선 바깥쪽에 설치되는 유출입 연결로 및 변속차로와 본선 편경사 차이가 커져 접속설치가 곤란하다.
- 따라서, 인터체인지 구간의 본선 최소 평면곡선 반지름은 일반적인 본선의 경우보다 약 1.5배 높은 값을 적용한다.

2. 인터체인지 부근에서 본선의 종단곡선

1) 볼록(凸)형 종단곡선 변화비율

볼록(凸)형의 경우 인터체인지 부근에서 종단곡선 변화비율(K)은 본선 기준 시거 (D)의 1.1배 이상의 거리를 확보한다.

$$K = \frac{D^2}{385} \qquad D' = 1.1\,D \qquad K' = 1.21\,K$$

2) 오목(凹)형 종단곡선 변화비율

오목(凹)형의 경우 연결로에 육교가 있을 때를 제외하고 시인성에 지장이 없지만, 충격완화를 위한 종단곡선 변화비율(K)의 2~3배 거리를 확보한다.

$$K = \frac{V^2}{360} \qquad K' = (2 \sim 3)\,K$$

3. 인터체인지 부근에서 본선의 종단경사

- 본선의 급한 하향 경사는 인터체인지에서 유출하는 자동차의 감속에 불리하게 작용하여 과속사고를 유발한다.
- 본선의 급한 상향 경사는 대형자동차가 충분히 가속되지 않은 상태로 본선에 유입하여 추돌사고를 유발한다.
- 따라서, 안전성을 고려하여 인터체인지 부근에서 본선의 최대 종단경사는 일반적인 본선의 경우보다 값을 낮추어 적용한다.

15.3 인터체인지의 설계요령

1. 인터체인지는 경우마다 입지조건, 교통조사 등이 다르므로 설계자의 종합적인 판단이 매우 중요하다.
2. 설계자는 선형에만 사로잡히거나 세부적인 설계 측면에 너무 구애받지 말고, 전체적인 계획 측면에서 판단하여 설계한다.
3. 이를 위해서는 단순한 선형설계와 교통공학적인 지식뿐 아니라 구조물, 지형, 지질, 포장 등의 토목공학 전반에 걸친 지식과 경험이 필요하다.
4. 설계자 자신의 지식보다는 우선 해당 분야의 전문가로부터 의견을 충분히 듣고 이를 분석하는 것도 중요하다.
5. 설계자의 섬세한 배려가 큰 비용절감을 가져올 수도 있지만, 너무 비용절감에만 매달리면 교통소통과 시설이용에 어려움이 생길 수도 있다.[47]

---

47) 국토교통부, '도로의 구조·시설기준에 관한 규칙', 2013, pp.478~479

16 연결로의 기하구조 [대학원 과정]

연결로의 선형은 인터체인지의 형식과 규모에 따라 결정된다. 따라서, 연결로의 선형설계를 할 때는 인터체인지의 성격, 지형 및 지역에 따라 적합한 인터체인지의 형식과 규모를 결정하는 것이 중요하다.

16.1 연결로에서 유출입 유형의 일관성

1. 입체교차에서 유출입 유형의 일관성 장점

1) 차로변경을 줄이고, 도로표지를 단순하게 한다.
2) 직진교통과의 마찰을 줄여 운전자의 혼란을 줄인다.
3) 고속주행 중에 운전자의 정보탐색 필요성을 줄인다.

2. 입체교차에서 유출입 유형의 일관성 형태

1) 유출입 일관성이 없는 형태

지점 A는 유출부가 구조물 전(前)에 있고, 지점 B, C, E는 구조물 후(後)에 있다. 지점 A, B, C, E는 우측 유출이고, 지점 D는 좌측 유출이다.

2) 유출입 일관성이 있는 형태

일관성 있는 설계를 위해 모든 유출이 구조물 전방과 우측에 있도록 2점 분기보다 1점 분기 형태의 집산연결로를 적용한다.

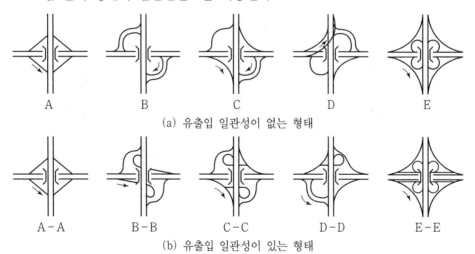

A B C D E
(a) 유출입 일관성이 없는 형태

A-A B-B C-C D-D E-E
(b) 유출입 일관성이 있는 형태

[Fig. 16.1] 입체교차에서 유출입 일관성 형태

16.2 일관성 유지를 위한 기본차로수 제공 및 차로수 균형원칙

1. 기본차로수(Basic Number of Lanes)

기본차로수는 교통량의 과소(過小)에 관계없이 도로의 상당한 거리에 걸쳐 유지되어야 할 최소 차로수를 말한다. 부가차로는 기본차로수에 포함되지 않는다.

기본차로수가 해당 도로를 이용하는 교통량보다 부족한 경우 교통정체를 초래하며, 고속도로에서는 추돌사고의 원인이 된다. 기본차로수는 설계교통량, 도로용량, 서비스수준에 의해 결정되는데, 기본차로수가 결정되면 해당 도로와 연결로 사이에 차로수 균형이 이루어져야 한다.

2. 차로수 균형(Lane Balance)의 필요성

엇갈림 구간에서 차로변경 횟수를 최소화하고, 연결로 유출입부에서 차로를 균형있게 제공하며, 도로의 구조적인 용량감소 요인을 제거해 준다.

이 개념은 엇갈림 구간에서는 엇갈림에 필요한 차로변경 횟수를 최소화하고, 연결로 유출입부에서는 균형있는 차로수 제공을 통하여 구조적인 용량 감소 요인을 제거하기 위한 설계개념이다.

3. 차로수 균형(Lane Balance)의 기본원칙

1) 차로의 증감은 방향별로 한번에 한 개의 차로만 증감해야 한다.

2) 도로 유출시는 유출 후(後)의 차로수 합(合)이 유출 전(前)의 차로수보다 한 개 차로가 많아야 한다. 다만, 지형상황 등으로 부득이하다고 인정되는 경우에는 유출 전·후의 차로수를 같게 할 수 있다.

$$\text{유출 전 차로수} \geq (\text{유출 후 차로수의 합} - 1)$$

유출부 N_C ⟶ N_E

N_F

$$\text{유출 전 } N_C \geq N_E + N_F - 1$$

3) 도로 유입시는 유입 후(後)의 차로수가 유입 전(前)의 차로수 합(合)과 같아야 한다. 다만, 지형상황 등으로 부득이하다고 인정되는 경우에는 유입 후의 차로수가 유입 전의 차로수의 합보다 한 개의 차로를 적게 할 수 있다.

N_E

유출부 N_C

N_F

$$\text{유입 후 차로수} \geq (\text{유입 전 차로수의 합} - 1)$$

$$\text{유입 후 } N_C \geq N_E + N_F - 1$$

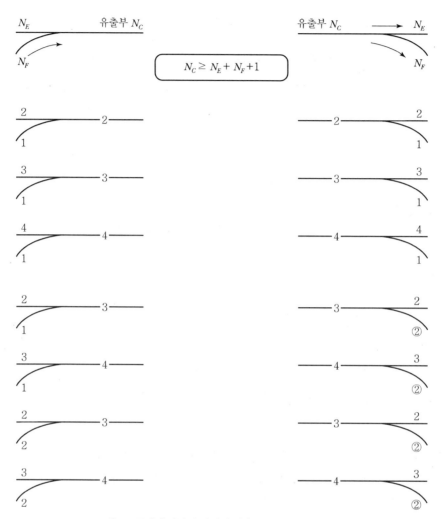

② : 교통량이 상당히 저하될 경우에는 1차로로 함

[Fig. 16.2] 차로수의 균형원칙

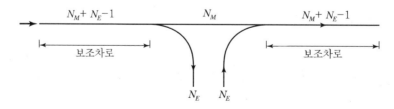

[Fig. 16.3] 유 · 출입부 차로수의 균형배분

16.3 연결로의 설계속도

1. 연결로의 설계속도는 접속하는 도로의 설계속도에 따라 다음 표의 속도를 기준으로 한다. 다만, 루프연결로의 경우에는 다음 표의 속도에서 10km/h 이내의 속도를 뺀 속도를 설계속도로 할 수 있다.

[Table 16.1] 연결로의 설계속도   (단위 : km/h)

상급도로 〉 하급도로	120	110	100	90	80	70	60	50 이하
120	80~50							
110	80~50	80~50						
100	70~50	70~50	70~50					
90	70~50	70~40	70~40	70~40				
80	70~40	70~40	60~40	60~40	60~40			
70	70~40	60~40	60~40	60~40	60~40	60~40		
60	60~40	60~40	60~40	60~40	60~30	50~30	50~30	
50 이하	60~40	60~40	60~40	60~40	60~30	50~30	50~30	40~30

2. [Table 16.1] 연결로의 설계속도 적용요령

   1) 이용 교통량이 많을 것으로 예상되는 연결로는 본선 설계기준을 적용하여 설계한다.

   2) 본선 분류단 부근에서는 주행속도 변화에 적합한 완화구간을 설치하여 운전자가 주행속도를 자연스럽게 바꿀 수 있도록 한다.

   3) 연결로의 실제 주행속도는 선형에 따라 변하므로 편경사 기하구조를 설계할 때는 실제 주행속도를 고려한다.

   4) 하급도로의 설계속도가 60km/h 이하인 루프 연결로는 설계속도 최솟값으로 60km/h 를 채택할 수 있다.

16.4 연결로의 횡단구성

1. 연결로의 차로폭, 길어깨폭, 중앙분리대폭은 다음 표의 폭 이상으로 한다. 다만, 교량 등의 구조물로 인하여 부득이하면 ( ) 안의 폭까지 줄일 수 있다.

[Table 16.2] 연결로의 횡단구성

횡단면 요소 / 연결로기준	최소 차로폭 (m)	최소 길어깨폭(m)						중앙분리대 최소폭 (m)
		1방향 1차로		1방향 2차로	양방향 다차로	가감속 차로		
		오른쪽	왼쪽	오른쪽 · 왼쪽	오른쪽	오른쪽		
A기준	3.50	2.50	1.50	1.50	2.50	1.50		2.50(2.00)
B기준	3.25	1.50	0.75	0.75	0.75	1.00		2.00(1.50)
C기준	3.25	1.00	0.75	0.50	0.50	1.00		1.50(1.00)
D기준	3.25	1.25	0.50	0.50	0.50	1.00		1.50(1.00)
E기준	3.00	0.75	0.50	0.50	0.50	0.75		1.50(1.00)

1) 각 기준의 정의

  - A기준 : 길어깨에 대형자동차가 정차한 경우, 세미 트레일러가 통과
  - B기준 : 길어깨에 소형자동차가 정차한 경우, 세미 트레일러가 통과
  - C기준 : 길어깨에 정차한 자동차가 없는 경우, 세미 트레일러가 통과
  - D기준 : 길어깨에 소형자동차가 정차한 경우, 소형자동차가 통과
  - E기준 : 길어깨에 정차한 자동차가 없는 경우, 소형자동차가 통과

2) 도로등급별 연결로의 적용기준

상급도로의 도로등급		적용되는 연결로의 기준
고속도로	지방지역	A기준 또는 B기준
	도시지역	B기준 또는 C기준
일반도로		B기준 또는 C기준
소형차도로		D기준 또는 E기준

2. [Table 16.2] 연결로의 횡단구성 적용요령

  1) 연결로의 형식은 오른쪽 진출입을 원칙으로 한다. 도시고속도로에서 A기준 연결로를 설치할 경우 차로폭은 3.25m로 한다.

2) 터널, 구조물 등 공사비가 많이 소요되는 구간에서 1방향 1차로의 A기준 연결로를 설치할 경우 우측 길어깨폭은 1.50m까지 줄일 수 있다.

3) 중앙분리대와 길어깨 간의 측대폭은 A기준 연결로에는 0.50m, A, B, D, E기준 연결로에는 0.25m로 한다.

4) 분기점에서 연결로폭은 본선의 폭과 동일하게 설계하는 것을 원칙으로 하되, 교통상황에 따라 A기준 연결로를 적용할 수도 있다.

5) 연결로의 시설한계는 본선의 시설한계를 따르되, 차도 중 분리대 또는 교통섬에 걸리는 부분은 다음 값을 적용한다.

H : 일반도로 4.50m, 소형차도로 3.00m

　　단, 시설한계는 포장 덧씌우기를 고려하여 0.20m의 여유를 둔다.

h : 일반도로 H-4.0m, 소형차도로 H-2.8m

c : 0.25m

d : 교통섬에 걸리는 것은 0.50m, 분리대에 걸리는 것은 연결로의 기준 및 차로수에 따라 다음 값을 적용한다.
　－ A기준 : 1차로 1.00m, 2차로 0.75m
　－ B기준 : 1차로 0.75m, 2차로 0.75m
　－ C기준 : 1차로 0.50m, 2차로 0.50m
　－ D기준 : 1차로 0.50m, 2차로 0.50m
　－ E기준 : 1차로 0.50m, 2차로 0.50m

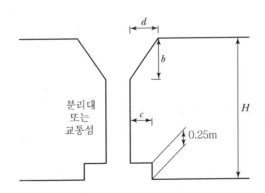

[Fig. 16.4] 연결로의 시설한계

16.5 연결로의 평면선형

1. 연결로에서 속도변화에 원활히 대응할 수 있도록 평면곡선 반지름을 결정한다. 각 연결로에 분포되는 교통량을 고려하여 평면선형을 설계한다.

2. 연결로 종점, 영업소 상호의 분·합류점 등은 사고위험이 많은 곳이므로 운전자가 식별하기 쉽도록 좋은 평면선형을 설계한다.

3. 연결로 종점 및 광장, 일반도로와 접속부에서 횡단구성, 횡단경사, 선형 등이 원활하게 접속되도록 한다.

16.6 연결로의 종단선형

1. 종단선형은 연속성을 유지하고, 선형의 급변은 회피한다.

2. 종단곡선 변화비율은 가능하면 크고 여유가 있도록 하되, 유출연결로에서 안전하게 지체하지 않고 나갈 수 있도록 한다.

3. 유입연결로의 종단선형과 본선의 종단선형, 상당 구간을 평행시켜 본선의 시계(視界)를 충분히 확보한다.

4. 2개의 종단곡선 사이에 짧은 직선구간의 설치는 회피하고, 2개의 종단곡선을 포함하는 복합된 큰 종단곡선을 사용하여 개량한다.

5. 종단선형의 설계는 항상 평면선형과 관련시켜 설계하고, 양자를 합성한 입체적인 선형이 양호하도록 설계한다.

6. 변속차로와 본선의 접속부에서는 항상 횡단형상과 종단형상과의 관련성을 중요시하여 설계한다.

7. 영업소의 종단곡선 변화비율은 가급적 크게 적용하고, 원활한 종단곡선을 이용하여 설계한다.[48]

17 연결로의 접속부 설계 　　　　　　　　[대학원 과정]

연결로 접속부(Terminal)란 연결로가 본선과 접속되는 부분을 말하는데, 변속차로, 변이구간(Taper), 본선과의 분·합류단 등을 총칭한다. 연결로 접속부를 설계할 때는 본선 선형과 변속차로 선형의 조화, 연결로 접속부의 시인성 확보, 본선과 연결로 간의 투시성 확보 등을 고려하여야 한다.

---

48) 국토교통부, '도로의 구조·시설기준에 관한 규칙', 2013, pp.483~499.

17.1 유출연결로 접속부

1. 시인성

유출연결로 접속부가 입체교차 교각 뒤에서 갑자기 나타나지 않도록, 즉 운전자가 500m 전방에서 변이구간 시점을 인식할 수 있도록 위치를 선정한다.

2. 감속차로

감속차로는 차량의 주행궤적을 원활히 처리할 수 있는 직접식이 좋으나, 본선의 평면선형이 곡선인 경우에는 평행식도 가능하다.

3. 유출각

감속차로의 진로와 본선의 진로를 명확히 구별하여, 통과 자동차가 유출연결로를 본선으로 오인하여 유출하지 않도록 한다. 차량이 자연스러운 궤적으로 유출할 수 있는 유출각은 1/15~1/25이다.

4. 오프셋(Offset)

오프셋이란 본선의 차도단과 분류단 Nose의 간격을 말한다. 본선을 주행하는 운전자가 오인하여 감속차로로 들어 선 경우, 되돌아가기 쉽도록 본선의 차도단에 오프셋을 취한다. 오인 진출차량이 본선으로 쉽게 복귀하도록 설치하므로, 연결로(0.5~1.0m) 쪽보다 본선(1.0~3.0m) 쪽을 크게 설치한다.

5. 유출 노즈(Nose)

유출 노즈는 오인 진출한 차량이 충돌할 수 있으므로, 피해를 줄이기 위해 가급적 뒤로 물려서 설치하되 쉽게 파괴되는 연석을 설치한다. 연석은 도로의 다른 부분과 명확히 식별되고, 존재가 쉽게 확인되는 색깔로 한다.

6. 유출 노즈(Nose) 끝의 평면곡선 반지름

고속도로 본선에서 유출연결로로 진출시 운전자들이 고속주행의 속도감각을 벗어나지 못하고 고속으로 유출단까지 주행하므로, 유출 노즈 끝에 반경이 큰 평면곡선을 설치하여 감속 여유구간을 둔다. 유출연결로 노즈 부근에 사용되는 Clothoid의 Parameter는 본선의 설계속도에 따라 설치한다.

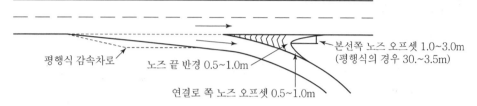

본선쪽 노즈 오프셋 1.0~3.0m
(평행식의 경우 30.~3.5m)

평행식 감속차로

노즈 끝 반경 0.5~1.0m

연결로 쪽 노즈 오프셋 0.5~1.0m

[Fig. 17.1] 유출연결로 노즈 끝의 요소

[Table 17.1] 유출연결로 노즈 부근에 사용되는 Clothoid의 최소 parameter

본선 설계속도(km/h)		120	110	100	90	80	70	60
Clothoid parameter (m)	본선 계산값	66.7	61.1	55.6	50.0	44.4	38.9	33.3
	본선 최솟값	70	65	55	50	45	40	35
	연결로 최솟값	90	80	70	65	60	55	50

17.2 유입연결로 접속부

1. 투시성

유입단의 직전에서 본선까지는 100m, 연결로까지는 60m 정도를 상호 투시가 가능하도록 모든 장애물을 제거한다.

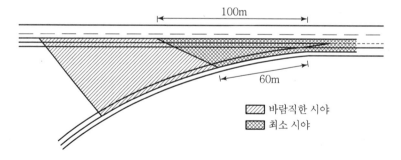

100m

60m

▨ 바람직한 시야
▨ 최소 시야

[Fig. 17.2] 유입연결로 접속부에서 시계 확보 범위

2. 유입각

유입각을 작게 설치하여 자연스러운 궤적으로 본선에 유입하도록 한다. 본선의 교통량이 많을 때는 유입연결로의 가속차로를 길게 설치한다.

3. 횡단경사

연결로의 횡단경사와 본선의 횡단경사는 자동차가 유입단에 도달하기 훨씬 이전에 일치시킨다.

4. 가속차로

유입단 앞쪽에 가속차로의 존재를 미리 알 수 있도록 도로표지를 설치한다. 가속차로는 평행식으로 설치하지만, 본선이 곡선인 경우에는 직접식으로 한다.

5. 종단경사

유입부는 긴 오르막 구간 직전에는 설치하지 않는 것이 용량 측면에서 좋다.

17.3 유출연결로 노즈의 설계기준

1. 노즈부 끝에서의 최소 평면곡선 반지름

유출연결로의 경우, 노즈 끝에서의 최소 평면곡선 반지름은 본선 설계속도에 따라 [Table 17.2]의 값 이상으로 한다.

[Table 17.2] 유출연결로 노즈 끝에서의 평면곡선 반지름

본선 설계속도(km/h)	120	110	100	90	80	70	60
노즈 최소 평면곡선 반지름(m)	250	230	200	185	170	140	110

2. 노즈부 부근에서의 완화곡선

유출연결로 노즈 이후에 완화곡선을 설치할 경우, 곡선반경이 작은 원곡선에서의 원활한 주행을 위해 노즈 통과속도로 3초간 주행할 완화구간을 [Table 17.3]의 값 이상으로 설치한다.

[Table 17.3] 유출연결로 노즈부 완화곡선 최소길이

본선 설계속도(km/h)	120	110	100	90	80	70	60
노즈 통과속도(km/h)	60	58	55	53	50	45	40
계산값(m)	66.7	61.1	55.6	50.0	44.4	38.9	33.3
본선 완화구간 최소길이(m)	70	65	60	55	50	40	35
완화곡선 Parameter(m)	90	80	70	65	60	55	50

완화구간은 차선도색 노즈부와 노즈 사이에서 시작하되, 부득이 차선도색 노즈 이전에
완화곡선이 시작되는 경우 차선도색 노즈부터 완화곡선 시점까지의 길이만큼 감속차로
를 연장한다.

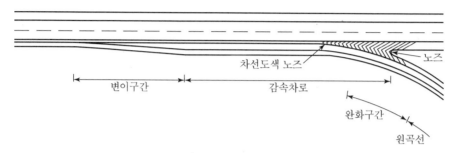

[Fig. 17.3] 유출연결로 노즈부 완화곡선 설치위치

3. 노즈부 부근에서의 종단곡선

노즈 부근의 연결로에서 종단곡선 변화비율과 최소 종단곡선길이는 본선의 설계속도에
따라 [Table 17.4]의 값 이상으로 한다.

[Table 17.4] 유출연결로 노즈 부근에서의 종단곡선

본선 설계속도(km/h)		120	110	100	90	80	70	60
최소 종단곡선 변화비율(m/%)	볼록형	15	13	10	9	8	6	4
	오목형	15	14	12	11	10	8	6
최소 종단곡선길이(m)		50	48	45	43	40	38	35

17.4 접속단 간의 거리

1. 필요성

근접한 인터체인지 사이 또는 인터체인지와 분기점 사이에서는 유출과 유입 연결로
또는 연결로 상호 간의 분기단이 근접하게 된다. 연결로의 분기단 간의 거리가 너무
짧으면, 운전자가 진행방향을 판단하는 시간이나 표지판 설치를 위한 최소간격이 부족하
여 혼란이 초래된다.
연결로의 합류단이 연속하여 본선에 접속하는 경우, 그 사이에 가속 합류를 위하여
어느 정도의 거리가 필요하다. 합류단의 직후에 분류단이 있는 경우에도 이 사이에서
발생하는 엇갈림을 처리하기 위한 거리가 필요하다. 연결로 접속부 사이에는 운전자의
판단, 엇갈림, 가속, 감속 등에 필요한 거리가 확보되어야 한다.

2. 연결로 접속단 간의 이격거리

1) 본선의 유출이 연속되거나, 유입이 연속되는 경우

유입-유입 또는 유출-유출	연결로 내	유출-유입	유입-유출 (엇갈림 발생)
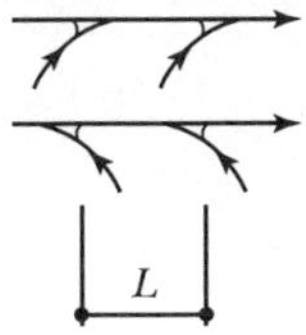	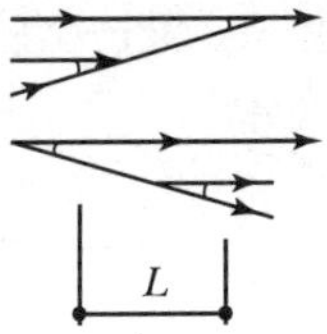	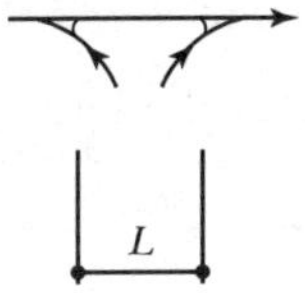	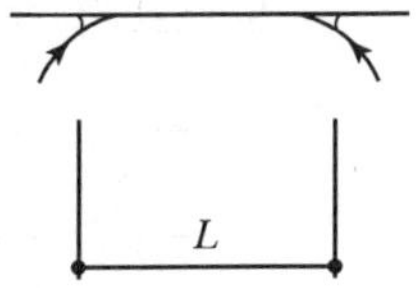 클로버형 루프에는 적용 안 된다.

Nose에서 nose까지의 최소 이격거리(m)

고속도로, 주간선 도로	보조간선, 집산도로	분기점 (JCT)	인터 체인지 (IC)	고속도로, 주간선 도로	보조간선, 집산도로	분기점(JCT)		인터체인지(IC)	
						고속도로, 주간선 도로	보조간선, 집산도로	고속도로, 주간선 도로	보조간선, 집산도로
300	240	240	180	150	120	600	480	480	300

[Fig. 17.4] 연결로 접속단 간의 최소 이격거리

2) 유입의 앞쪽에 유출이 있는 경우(유입-유출의 경우)

이 경우에는 [Fig. 17.4] 값을 채택하는 것 외에 엇갈림에 필요한 길이는 긴 쪽의 값을 채택한다. 엇갈림 교통량 및 본선 교통량이 많은 경우 집산로를 설치하면 유리하다. 「도로의 구조·시설기준에 관한 규칙」에서는 변속차로 길이, 도로표지 간격 등을 감안하여 가장 긴 거리를 채택하고 있다.

3. 집산로(Collection and Distribution Road)의 설치

1) 집산로의 정의

집산로란 본선에 평행으로 또한 분리된 차로로서, 본선 상의 유출구와 유입구 사이에 설치되며 교통량을 분산·유도하는 기능을 갖는다.

2) 집산로의 필요성

인접한 2개의 루프연결로 사이에서 엇갈림에 의해 용량이 급격히 저하되므로 집산로를 설치하여 유출입 차량을 분리시킨다. 집산로가 필요한 도시고속도로에서 용지제약, 공사비 증가 등으로 설치가 어려운 경우도 있다.

3) 집산로의 설치대상

- 통과차로의 교통량이 많아 분리할 필요가 있는 경우
- 유출 분기 노즈가 인접하여 2개 이상 있는 경우
- 유입·유출 분기 노즈가 인접하여 3개 이상 있는 경우
- 필요한 엇갈림 길이를 확보할 수 없는 경우
- 도로표지 등에 의하여 유도를 정확히 할 수 없는 경우

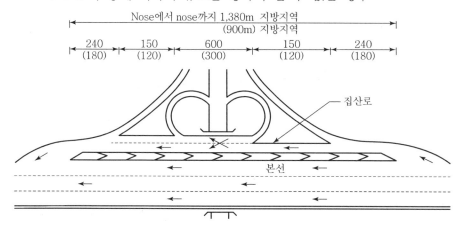

[Fig. 17.5] 분기점(JC)에 집산로 설치 (예)

4) 집산로의 설치사례

- 설치사례 : 서울외곽순환고속도로 안현분기점(JC), 자유로분기점(JC)
- 설치길이 : 도시지역 기준 900m, 지방지역 기준 1,380m

17.5 연속 부가차로 설치

1. 차선분리 설치방법

설치연장이 짧거나 유입보다 유출 교통량이 많고 본선 교통밀도가 높을 때, 본선차로와 연속 부가차로를 구분하기 위해 노면표시를 하고 도로표지 관련 규정에 의거 표지판을 설치한다.

2. 차도분리 설치방법

설치연장이 길거나 유입보다 유출 교통량이 적고 본선 교통밀도가 낮을 때, 연속 부가차로를 설치하는 경우 운전자가 식별하기 쉽도록 본선 및 부가차로에 도로표지(좌회전 금지, 양보, 우합류, 속도제한, 방향예고 등)를 추가로 설치한다.[49]

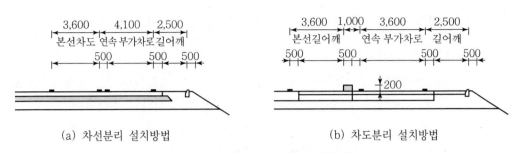

(a) 차선분리 설치방법   (b) 차도분리 설치방법

[Fig. 17.6] 연속 부가차로 설치방법

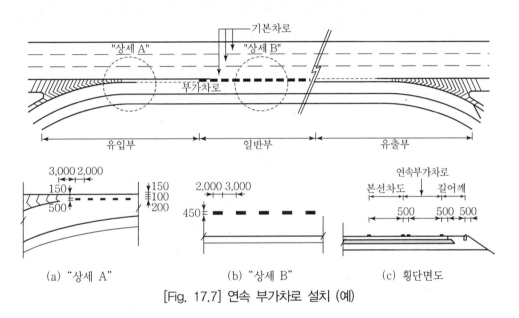

(a) "상세 A"   (b) "상세 B"   (c) 횡단면도

[Fig. 17.7] 연속 부가차로 설치 (예)

18 변속차로의 설계 [대학원 과정]

18.1 변속차로 형식

1. 감속차로

1) 평행식 감속차로의 경우

운전자들이 통상 변이구간을 지나 감속차로 중간위치에서 유출하는 경향이 있어,

---

49) 국토교통부, '도로의 구조·시설기준에 관한 규칙', 2013, pp.500~506.

감속차로 전 구간의 폭이 일정하므로 교통안전 측면에서 유리하다.

2) 직접식 감속차로의 경우

- 본선이 왼쪽으로 구부러진 선형에서 감속차로를 직선모형으로 접속시키면 본선 주행 운전자가 오인하여 연결로에 들어갈 수 있다[Fig. 18.1](a).
- 이 경우 본선과 같은 곡선반경으로 하여 본선에서 떨어지는 거리를 변이구간시점으로부터의 거리에 따라 직선으로 접속시키면 더 좋다[Fig. 18.1](b).
- 본선이 오른쪽으로 구부러진 선형에서 곡선의 안쪽에 접속하는 경우에도 같은 방법으로 접속시키면 된다[Fig. 18.1](c).

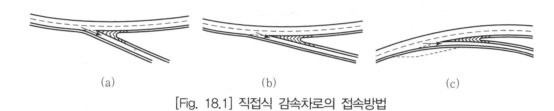

(a)　　　　　　　　　　(b)　　　　　　　　　　(c)

[Fig. 18.1] 직접식 감속차로의 접속방법

[Table 18.1] 감속차로의 형식

평행식	직접식
- 시점에 일정 길이의 변이구간을 두고 노즈까지 일정폭으로 구성된다. - 본선이 직선일 때 적합하고, 시점이 강조된다. - 운전자가 곡선주행에 부담을 느낀다.	- 감속차로의 전체가 변이구간으로 구성되어 폭이 일정하지 않다. - 본선이 곡선일 때도 가능하고, 시점이 평행식보다 덜 강조된다. - 곡선주행을 하지 않아도 된다.

3) 연결로 접속부에서 본선의 차로수가 감소되는 경우

[Fig. 18.2](a)처럼 노즈를 지나, 한 차로를 줄여 통상적인 감속차로와 같이 설계하는 것이 좋다. [Fig. 18.2](b)처럼 설계하면 감속차로의 시점이 불명확하여 직진차량이 유출차량과 접촉할 수 있어 좋지 않다.

(a)   (b)

[Fig. 18.2] 연결로 접속부에서 본선 차로수가 변하는 경우 접속방법

2. 가속차로

1) 평행식 가속차로의 경우

가속차로는 본선 유입차량이 가속차로로 사용할 뿐만 아니라, 대기차로로 사용하는 경우도 많으므로 평행식이 좋다. 가속차로는 감속차로보다 길기 때문에 평행식이 변이구간을 가늘고 길게 접속하기 용이하다.

2) 직접식 가속차로의 경우

본선의 선형이 곡선인 경우 평행식으로 하면 가속차로의 평면형상이 뒤틀려 보이므로 직접식으로 한다. 교통량이 적어 가속차로 전체를 사용하여 유입하는 빈도가 적은 경우에 직접식이 용이하다.

18.2 감속차로 설계

1. 감속차로의 변이구간 길이 산정방법

1) 평행식에서는 규정값을 적용하고, 직접식에서는 '소정의 감속차로 폭이 확보되는 지점'의 유출각을 1/15~1/25 정도로 하여 설치한다.

2) '소정의 감속차로 폭이 확보되는 지점'이란 [Fig. 18.3]과 같이 '본선 측대 끝에서 직접 측정하여 차로폭이 확보되는 지점'을 말한다.

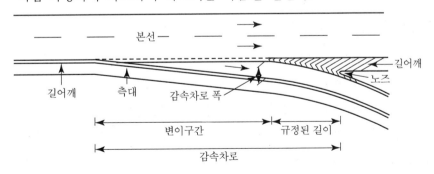

[Fig. 18.3] 직접식의 유효 감속차로 시점

Road Engineering

2. 감속차로 분류단에서 노즈 오프셋 설치방법

1) 유출연결로가 본선과 분리되는 분류단은 노즈에 접근하는 차량의 충돌·파손 피해를 줄이기 위해 차로 끝에서 노즈 옵셋을 설치한다. 노즈 끝은 감속차로에 잘못 접근한 차량이 본선 쪽으로 안전하게 후진하도록 연석으로 10~15m 길이를 둘러쌓아 명확히 식별되게 한다.

2) [Fig. 18.4](a)와 같이 길어깨가 좁은 경우 노즈 선단을 차도단으로부터 이격시키기 위해 노즈 옵셋을 1.0~3.0m(평행식은 3.0~3.5m) 설치한다.

3) [Fig. 18.4](b)와 같이 길어깨가 넓은 경우 길어깨폭이 오프셋 역할을 하므로 오프셋을 별도 설치하지 않고 20~40m를 본선과 같은 높이로 포장한다.

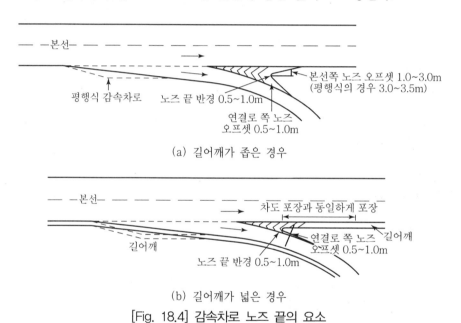

(a) 길어깨가 좁은 경우

(b) 길어깨가 넓은 경우

[Fig. 18.4] 감속차로 노즈 끝의 요소

3. 감속차로 길이의 산정방법

1) 감속차로 길이의 산출근거(3요소)

 - 자동차가 감속차로에 진입할 때의 도달속도
 - 자동차가 감속차로를 주행 완료하였을 때의 도달속도
 - 감속의 방법 또는 감속도

2) 감속차로 길이의 산정

브레이크를 밟으면서 주행한 감속차로 길이(S)를 다음 식으로 구한다.

$$S = \frac{{v_2}^2 - {v_1}^2}{2d} = \frac{{V_2}^2 - {V_1}^2}{50.8}$$

여기서, S : 브레이크를 밟으면서 주행한 거리(m)

d : 감속도(1.96m/sec^2)

v_1 : 유출부 평균 주행속도(m/sec)

V_1 : 유출부 평균 주행속도(km/h)

v_2 : 감속차로 시점부 도달속도(m/sec)

V_2 : 감속차로 시점부 도달속도(km/h)

3) 감속차로 길이는 [Table 18.2]의 길이 이상으로 한다. 다만, 연결로가 2차로인 경우 감속차로 길이는 [Table 18.2]의 길이의 1.2배 이상으로 한다.

[Table 18.2] 감속차로의 최소길이

본선 설계속도(km/h)			120	110	100	90	80	70	60
연결로 설계속도 (km/h)	80	변이구간을 제외한 감속차로의 최소길이 (m)	120	105	85	60	–	–	–
	70		140	120	100	75	55	–	–
	60		155	140	120	100	80	55	–
	50		170	150	135	110	90	70	55
	40		175	160	145	120	100	85	65
	30		185	170	155	135	115	95	80

4. 본선 종단경사 크기에 따른 감속차로 길이의 보정률은 [Table 18.3]과 같다.

[Table 18.3] 감속차로의 길이 보정률

본선의 종단경사 (%)	내리막 경사				
	0~2 미만	2 이상~3 미만	3 이상~4 미만	4 이상~5 미만	5 이상
감속차로의 길이 보정률	1.00	1.10	1.20	1.30	1.35

18.3 가속차로 설계

1. 가속차로의 변이구간 길이 산정방법

1) 평행식에서는 규정값을 적용하고, 직접식에서는 가속차로의 주요 형상을 연장하여 자연스럽게 본선에 접속설치하는 길이를 취하면 된다.

2) '소정의 감속차로 폭이 확보되는 지점'은 감속차로와 동일한 개념으로 적용한다.

2. 가속차로 합류단에서 노즈 오프셋 설치방법

가속차로 합류단 노즈에는 감속차로 분류단 노즈와는 다르게 오프셋을 두지 않고, 본선에 접속설치된 길어깨 끝에 노즈를 둔다.

3. 가속차로 길이의 산정

1) 가속차로 길이는 승용차 가속에 필요한 길이에 여유길이(대기 주행구간)를 더하여 결정한다.

2) 국내에서는 트럭(톤당 마력 13PS/ton 기준)이 가속에 필요한 길이(L)를 가속차로 길이를 규정하는 산출근거로 삼는다.

$$L = \frac{V_2{}^2 - V_1{}^2}{2(3.6)^2 a} = \frac{V_2{}^2 - V_1{}^2}{25.92}$$

여기서, L : 유출부 평균 주행속도(m/sec)
V_1 : 가속차로 시점부 초기속도(km/h)
a : 평균가속도(m/sec²)
V_2 : 가속차로 종점부 도달속도(km/h)

[Table 18.4] 주행속도와 평균가속도

주행속도 (km/h)	70	63	60	55	51	50	45	42	40	35	30	28	20
평균가속도 (m/sec²)	0.28	0.34	0.36	0.41	0.46	0.47	0.54	0.59	0.63	0.74	0.88	0.95	1.38

3) 가속차로 길이는 [Table 18.5] 길이 이상으로 한다. 다만, 연결로가 2차로인 경우 가속차로 길이는 [Table 18.5] 길이의 1.2배 이상으로 한다.

[Table 18.5] 가속차로의 최소길이

본선 설계속도(km/h)			120	110	100	90	80	70	60
연결로 설계속도 (km/h)	80	변이구간을 제외한 가속차로 2의 최소길이 (m)	245	120	55	–	–	–	–
	70		335	210	145	50	–	–	–
	60		400	285	220	130	55	–	–
	50		445	330	265	175	100	50	–
	40		470	360	300	210	135	85	–
	30		500	390	330	240	165	110	70

4. 본선 종단경사 크기에 따른 가속차로 길이 보정률은 [Table 18.6]과 같다.

[Table 18.6] 감속차로의 길이 보정률

본선의 종단경사 (%)	오르막 경사				
	0~2 미만	2 이상~3 미만	3 이상~4 미만	4 이상~5 미만	5 이상
가속차로의 길이 보정률	1.00	1.20	1.30	1.40	1.50

18.4 2차로 변속차로 설계

1. 유출부

1) 감속차로에서 1차로씩 증가시켜 나가는 경우, 변이구간을 제외한 감속차로 길이는 규정된 길이의 1.2배 이상 확보한다.

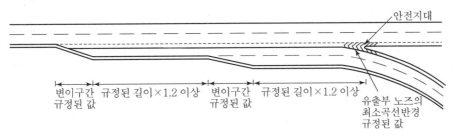

[Fig. 18.5] 이중 유출 차로

2) 본선 차로수가 축소되면서 연결로 차로수가 2차로로 되는 경우, 차로수 축소를 알리는 노면표시를 변위구간 끝 지점부터 80m에 설치한다.

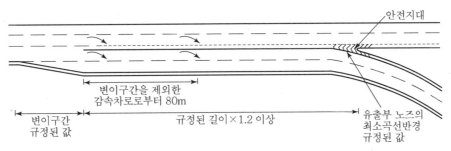

[Fig. 18.6] 2차로 연결로 유출 시 본선의 차로수 축소

2. 유입부

1) 가속차로에서 유입차로를 단계적으로 가속시켜 이중 유입하는 경우, 변이구간을 제외한 가속차로 길이는 규정된 길이의 1.2배 이상 확보한다.

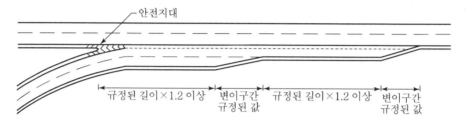

[Fig. 18.7] 이중 유입 차로

2) 연결로 2차로 유입시 본선 차로수가 추가되는 경우, 가속차로 길이는 규정값 이상을 적용하고, 진로변경 제한선은 가속차로 길이 동안에 제공한다.

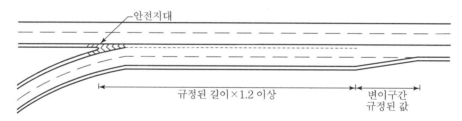

[Fig. 18.8] 2차로 연결로 유입시 본선의 차로수 증가

3. 변이구간 길이

1) 자동차가 무리없이 차로를 변경하려면 횡방향 1m당 1초가 필요하다. 이 값은 1차로당 3~4m 정도이며, 변이구간 길이는 다음 식으로 구한다.

$$T = \frac{V_a}{3.6} \times t$$

여기서, T : 변이구간 길이(m), V_a : 유출부 변이구간 도달시간(km/h)
t : 주행시간(sec)

2) S형 주행궤적을 배향곡선으로 계산할 때는 다음 식으로 구한다.

$$T = \sqrt{W(4R - W)}$$

여기서, T : 변이구간 길이(m), W : 변속차로 폭(3.6m), R : 배향곡선반경(m)

$$R = \frac{V_a{}^2}{127(i+f)}$$

여기서, V_a : 유출부 변이구간 도달시간(km/h), i : 편경사(0% 적용)
f : 횡방향미끄럼마찰계수(0.16 적용)

18.5 변속차로의 편경사 접속설치

1. 변속차로의 편경사 접속설치 기준

1) 연결로 분기 끝은 본선 편경사로부터 연결로 편경사로 서서히 변화하기 때문에 변속차로의 편경사 접속설치율은 1/150 이하로 설치한다.

2) 본선이 직선 또는 곡선의 안쪽에 접속설치되는 경우, 본선 편경사와 연결로 편경사가 같은 방향에서 원활하게 접속된다.

3) 본선이 곡선이고 그 바깥쪽에 접속설치되는 경우, 본선 편경사와 연결로 편경사가 반대로 되고, 그 차이가 크면 차량통과시 불쾌감을 주고 위험하다.

4) 인터체인지는 곡선반경이 큰 곳에 설치되므로, 연결로 접속부 중에서 어느 하나의 연결로 접속부가 본선의 변곡점(KA)에 가깝게 되는 수가 많다.

5) [Fig. 18.9]와 같이 본선의 편경사를 변곡점(KA)에서 반전(反轉)시키면 연결로 측의 짧은 거리에서 2번 접속하거나 경사차가 커진다.

6) [Fig. 18.10]과 같이 본선의 편경사 접속설치 위치를 A/10 정도 어긋나게 접속한다. 이때 수평선의 기준을 본선의 중앙분리대 쪽에 잡는다.

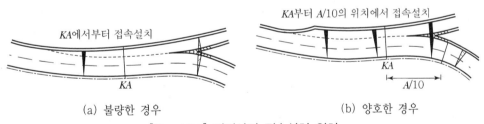

(a) 불량한 경우   (b) 양호한 경우

[Fig. 18.9] 편경사의 접속설치 위치

(a) 수평선보다 포장면이 위에 있는 경우   (b) 수평선보다 포장면이 밑에 있는 경우

[Fig. 18.10] 편경사의 표시 (예)

7) 우리나라에서는 연결로 곡선부의 설계속도에 따른 차로 변환선에서 횡단경사의 최대차이(합성구배)는 [Table 18.7]의 값을 적용한다. 미국 AASHTO는 차로 경계선에서 편경사의 최대차이(합성구배)를 4~5% 정도 제시하지만, 설계속도가 낮고 트럭 구성비가 적으면 8%까지 허용한다.

[Table 18.7] 연결로 접속부의 차로 변환선에서 횡단경사의 최대차이(합성구배)

연결로 곡선부의 설계속도(km/h)	차로 변환선에서 횡단경사의 최대차이(%)
30 이하	5.0~8.0
40~50	5.0~6.5
60 이상	4.5~5.0

2. 변속차로의 편경사 접속설치 방법

1) 본선이 직선일 때 또는 본선이 곡선이고 그 안쪽에 변속차로가 접속될 경우

① A-A : 변속차로 변이구간~분기점(갈매기차로 시점) 사이의 변속차로 편경사는 본선 편경사와 동일한 경사로 한다.

② B-B : 이후의 편경사는 갈매기 차로부(분기점에서 노즈 사이)에서 적절한 접속설치율로 변화시켜, 노즈부에서는 연결로의 곡선반경에 적합한 편경사가 되도록 한다.

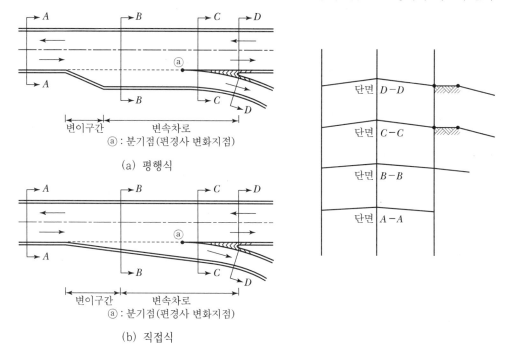

(a) 평행식

(b) 직접식

[Fig. 18.11] 편경사의 접속설치 방법 (본선이 직선 또는 곡선 안쪽에 변속차로 접속)

2) 본선이 곡선이고 그 바깥쪽에 변속차로가 접속될 경우

① A - A : 변속차로 변이구간~분기점(갈매기차로 시점) 사이의 변속차로 편경사는 본선 편경사와 동일한 경사로 한다.

② B - B : 분기점과 노즈부 사이에 편경사 변화구간을 설치하여 연결로 곡선반경에 적합한 편경사로 하되, 노즈부에서 본선과 연결로 간의 편경사 대수차를 6% 이하로 한다.

③ C - C : 노즈 이후의 편경사는 적절한 접속설치율로 연결로 곡선반경에 적합한 편경사로 변화시킨다.

④ D - D : 노즈부에서 연결로 편경사가 곡선반경에 따른 편경사 값보다 작게 되는 경우가 발생하나, 설계속도가 낮은 연결로 편경사를 하향 조정하여 본선 편경사와 연결로 편경사 간의 대수차를 6% 이하로 하여 본선과 연결로의 절곡점이 너무 심하지 않도록 한다.[50]

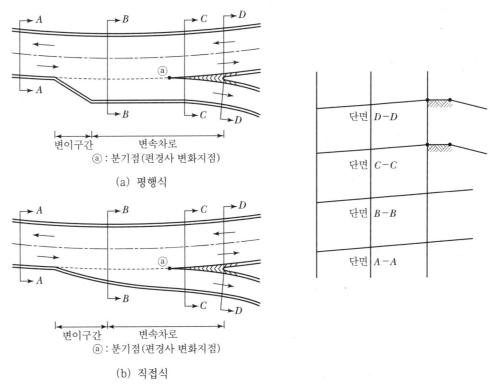

[Fig. 18.12] 편경사의 접속설치 방법(본선이 곡선이고 그 바깥쪽에 변속차로 접속)

---

50) 국토교통부, '도로의 구조·시설기준에 관한 규칙', 2013, pp.507~525.

19 분기점(Junction)의 설계 [대학원 과정]

분기점(Junction)의 계획·설계는 인터체인지(Interchange)의 일반적 기준과 크게 다르지
않고, 계획·설계조건, 설계방법에서 약간 차이가 있을 뿐이다. 인터체인지는 고속도로와
일반도로 사이에서 속도조절을 안전하고 원활하게 설계하는 것이 주안점이다. 분기점은
고속도로 상호 간의 입체적 교차교통에 대해 설계속도 변화를 너무 크지 않게 하고 방향전환
을 안전하고 능률적으로 설계하는 것이 주안점이다.

분기점 설계는 교차접속하는 두 고속도로의 성격, 교통량 등 예측되는 도로조건과 교통조건
에 가장 적합한 최적설계로 하는 것이 필요하다. 역설적으로 표현하면, 분기점 설계는
두 자동차전용도로의 설계속도에서만 판단하여 획일적으로 설계하는 것은 피해야 한다.

19.1 분기점 설계의 기본사항

1. 본선의 성격과 교통량

교차접속하려는 두 고속도로 본선의 성격, 교통량 등에 따라 분기점의 계획·설계는
근본적으로 달라진다. 지방고속도로와 도시고속도로 사이의 분기점, 지방지역 상호
간의 분기점은 서로 전혀 다른 교차형식과 설계조건을 채택한다.

동일한 성격을 지닌 고속도로 상호 간 분기점의 계획·설계도 두 고속도로의 설계속도, 교통량,
차로수 등에 따라 크게 달라진다. 두 고속도로의 설계속도, 교통량에 큰 차이가 있는 분기점은
인터체인지와 거의 같은 방법으로 설계한다. 그러나 두 고속도로의 설계속도(100km/h 이상)가
높고 교통량도 많은 경우는 비용이 많이 소요되더라도 고급 분기점으로 설계한다.

2. 다른 시설과의 거리

교차접속하는 두 고속도로에서 다른 시설(인터체인지, 휴게소, 주차장 등)과의 위치관계
를 명확히 한다. 노선의 투자우선순위에 따라 한쪽 노선의 교통시설(본선 요금소) 위치를
먼저 확정한 후, 분기점 설계를 착수한다.

이미 확정된 교통시설의 재배치가 불가능할 때는 분기점 근처에 있는 다른 시설의
위치를 약간 변경하거나, 분기점 설계를 변경한다. 신설 분기점이 기존 인터체인지에
가깝게 설치되는 경우에는 두 기능을 겸할 수 있는 입체교차시설로 계획변경하여 하나만
설치한다. 분기점과 다른 교통시설과의 최소간격은 교통운용에 필요한 거리를 어느
정도 확보하느냐에 따라 결정된다.

3. 교통 특성

분기점 설계에서 교통량의 통행특성, 방향별 분포가 대단히 중요하다. 교통량의 방향별 분포에 현저한 차이가 있는 경우는 중방향 연결로의 설계속도, 폭원, 선형 등의 기하구조 설계기준을 높게 설계한다.

분기점 설계에서 교통량의 주행거리도 중요한 요소이다. 짧은 구간의 고속도로가 교차 접속하는 경우, 도로이용자가 일상적으로 운행할 것이므로 도로조건과 교통조건을 잘 알고 있는 수가 많다. 이 경우에는 분기점의 용량이 계획교통량보다 떨어지지 않는 범위 내에서 비교적 소규모로 설계한다. 분기점의 형식 선정과 세부설계에서도 별도로 경제성 분석을 통하여 과다한 설계가 되지 않도록 한다.

4. 연결로의 기하구조

연결로의 평면선형, 종단선형, 시거 등의 설계요소는 선정한 연결로의 설계속도에 따라 한계값을 결정한다. 한계값 결정시 분기점의 전체적인 형식을 선정하고 규모를 결정한다. 분기점의 연결로를 설계에서 폭 구성의 방법을 결정할 때는 3가지 경우(1차로로 설계하는 경우, 2차로로 설계하는 경우, 본선의 폭 구성에 준하여 설계하는 경우 등)에 대하여 검토한다.

분기점의 연결로는 교통운영상의 문제점을 고려하여 원칙적으로 2차로로 설계하는 것이 바람직하다. 본선이 분기되거나 유입되는 중요한 연결로의 경우는 설계속도를 높게 적용하고, 폭은 본선의 횡단면 구성에 준하여 설계한다. 그러나 대형자동차의 구성비가 높고 종단경사가 큰 연결로의 경우는 대형자동차의 속도저하로 분기점의 용량이 크게 감소하므로 2차로로 설계한다.

대형자동차의 구성비가 낮고, 연결로 길이도 짧은 우회전 연결로의 경우에는 분기점의 연결로를 1차로로 설계할 수 있다. 루프 연결로의 경우 앞지르기하면 위험하므로 1차로로 설계하고, 대신 길어깨폭을 넓게 설계한다.[51]

---

51) 국토교통부, '도로의 구조·시설기준에 관한 규칙', 2013, pp.526~528.

20 철도와의 교차

□ 「도로의 구조 · 시설기준에 관한 규칙」 7-7 철도와의 교차

1. 도로와 철도의 교차는 입체교차를 원칙으로 한다. 그러나 부득이하게 도로와 철도가 평면교차하는 경우 그 도로의 구조는 다음 각 호에 따른다.
   1) 철도와의 교차각을 45° 이상으로 한다.
   2) 건널목 양측에서 각각 30m 이내의 구간(건널목을 포함)은 직선으로 하고, 그 구간 도로의 종단경사는 3% 이내로 한다. 다만, 주변 지장물이나 기존 교차형식 등으로 인하여 부득이한 경우에는 예외로 한다.
2. 건널목 앞쪽 5m 지점에 있는 도로 중심선 위의 1m 높이에서 가장 멀리 떨어진 선로 중심선을 볼 수 있는 곳까지의 거리를 선로방향으로 측정한 길이(가시구간)는 철도차량의 최고속도에 따라 [Table 20.1]의 길이 이상으로 한다.

[Table 20.1] 철도차량 최고속도에 따른 가시구간 최소길이(m)

건널목에서 철도차량 최고속도(km/h)	가시구간 최소길이(m)
50 미만	110
50 이상~70 미만	160
70 이상~80 미만	200
80 이상~90 미만	230
90 이상~100 미만	260
100 이상~110 미만	300
110 이상	350

3. 철도를 횡단하여 교량을 가설하는 경우에는 철도의 확장 및 보수와 제설 등을 위한 충분한 경간장(徑間長)을 확보하며, 교량 난간에 방호울타리를 설치한다.

20.1 평면교차를 검토할 수 있는 경우

1. 도로와 철도의 교차는 입체교차가 원칙이지만, 다음과 같은 경우에는 평면교차를 검토할 수 있다.「도로법」제64조제1항 및 「건널목 개량촉진법」제7조
   1) 당해 도로의 교통량 또는 당해 철도의 운행횟수가 현저하게 적은 경우

2) 지형상 입체교차로 하는 것이 매우 곤란한 경우

3) 입체교차로 함으로써 도로의 이용이 장애를 받는 경우

4) 당해 교차가 일시적인 경우

5) 입체교차공사 소요비용이 입체교차화에 의한 이익을 훨씬 초과하는 경우

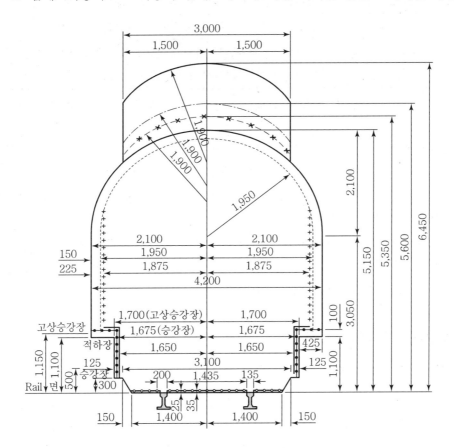

범례	건축한계
————————	일반적인 건축한계. 철도 횡단 시설물 설치시 7010mm 이상 확보
—··—··—···	가공전차선 및 그 현수장치를 제외한 상부에 대한 한계
··············	가공전차선 지지물에 대하여 건축한계를 축소할 수 있는 한계
++++++++	선로전환기 표지 등에 대하여 건축한계를 축소할 수 있는 한계
•—•—•—•—•	승강장 및 적하장에 대하여 건축한계를 축소할 수 있는 한계
◦—◦—◦—◦—◦	타넘기 부분에 대하여 건축한계를 축소할 수 있는 한계

[Fig. 20.1] 직선구간의 건축한계 「철도건설규칙」 제14조제1항 관련

2. 상기 5가지의 경우에 해당하더라도 평면교차로 함이 좋다는 것이 아니고, 입체교차가 원칙이고 평면교차는 예외적으로 검토한다. 공사중의 여유, 보수를 위한 여유, 제설을 위한 여유 등을 충분히 확보한다. 지하차도인 경우 장래 포장 덧씌우기를 고려하여 도로의 높이를 결정한다.

3. 도로와 철도 평면교차시 교차각을 확보하여야 한다. 교차각은 건널목에서 운전자의 시거를 확보하고, 건널목 길이를 가능하면 단축하며, 자동차가 통행할 때 차륜이 철로에 빠지는 것을 방지하기 위하여 필요하다.

20.2 접속구간의 평면선형 및 종단선형

1. 평면선형, 종단선형

건널목 전후 30m에서 건널목을 인지할 수 있도록 직선구간으로 설계한다. 건널목 전후의 선형이 굴곡지거나 시거가 좋지 못하면 사고 요인으로 작용한다. 건널목 전후 도로의 종단경사는 3% 이하가 되도록 설계한다. 건널목 전후는 일단정지 · 발진이 빈번하므로 트럭의 마력을 고려하여 설계한다.

2. 측도, 배수시설

측도 설치시 철도와 평면교차되지 않도록 유턴(U-turn) 구조로 설계한다. 지하차도차 도에서는 오목곡선 저점부에 빗물이 고이지 않도록, 고가차도에서는 빗물이 하부 철도에 분산되어 떨어지도록 배수시설을 설치한다.

20.3 평면교차로 시거의 확보

1. 자동차의 소요 통과거리

일단정지한 자동차가 건널목을 안전하게 통과하기 위해 시거를 확보하여야 한다. 일단정지한 자동차가 1.0m/sec²의 가속도로 발진, 15km/h의 속도에 이르면 등속 주행하는 것으로 간주하여 건널목 통과시간을 구한다. 이 값에 안전율 50%를 고려하여 산출한 건널목에서 자동차의 소요 통과거리는 [Fig. 20.2]와 같다.

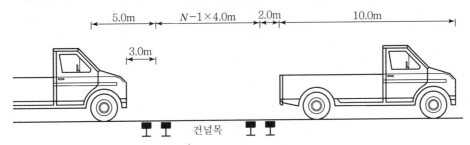

[Fig. 20.2] 건널목에서 자동차의 소요 통과거리

- 건널목에서 자동차의 소요 통과거리(L)를 구하면

$$L = 3.0 + (N-1) \times 4.0 + 2.0 + 10.0$$

여기서, L : 통과거리(m), N : 선로수

- 안전율(50%)을 고려한 건널목 통과시간(T)을 구하면

$$T = 1.5t = 8.5 + 1.4(N-1)$$

여기서, $t = 5.7 + 0.96(N-1)$,
T : 통과시간(sec), N : 선로수

- 필요한 시거(편측)를 D 라고 하면

$$D = \frac{V}{3.6} \times T$$

여기서, T : 열차의 최고속도(km/h)

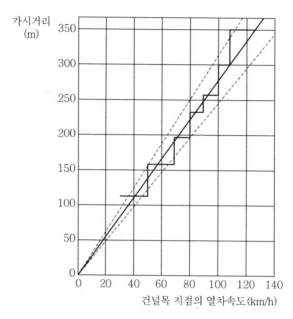

가시거리
(m)

건널목 지점의 열차속도(km/h)

[Fig. 20.3] 열차속도와 가시거리에 따른 건널목의 폭

2. 선로수 3선 이상에서는 시거 추가 확보

[Fig. 20.3]의 가시거리는 선로수 2선에서 열차속도에 따라 결정한 값이므로, 선로수 3선 이상인 경우에는 더욱 긴 시거를 확보해야 한다. 다만, 건널목차단기, 기타 보안설비 (간수 비상주)가 설치된 개소에는 예외로 한다.

3. 평면교차로 건널목의 폭

철도 건널목은 교통량이 폭주하는 곳이므로 전후도로 폭과 동일하게 설치하고, 건널목 통과 교통량이 많을 경우에는 보도 설치를 검토한다. 철도 건널목 폭은 전후도로가 개축되는 경우에는 그 도로 폭에 맞추어서 설치한다. 건널목 폭이 전·후의 도로 폭보다 협소한 곳에서는 사고가 발생할 수 있다.[52]

---

52) 국토교통부, '도로의 구조·시설기준에 관한 규칙', 2013, pp.529~532.

21 실습문제

> **실습 1**
> 신호교차로에서 V=80km/h일 경우, 좌회전 대기차로의 길이를 계산하시오. 단, 중앙분리대 폭 2.0m, 좌회전 차량 5대이다.

정답 1. 기준값 적용 시

- 접근로테이퍼$(AT) = (3.5 - 2.0) \times \dfrac{1}{2} \times 55 = 41.25 \fallingdotseq 45m$
- 차로테이퍼$(BT) = 3.25 \times 15 = 48.75 \fallingdotseq 50m$
- $L_1 = 1.5 \times 5 \times 7 + 125 - 50 = 127.5m \fallingdotseq 130m$ ← [Table 6.3] 적용
  $L_2 = 2.0 \times 5 \times 7 = 70m$ 에서 $L_1 > L_2$ $\therefore L_1 = 130m$

2. 최솟값 적용 시

- 접근로테이퍼$(AT) = (3.25 - 2.0) \times \dfrac{1}{2} \times 25 = 15.625 \fallingdotseq 20m$
- 차로테이퍼$(BT) = 3.0 \times 15 = 45m$
- $L_1 = 1.5 \times 5 \times 7 + 80 - 45 = 87.5m \fallingdotseq 90m$
  $L_2 = 2.0 \times 5 \times 7 = 70m$ 에서 $L_1 > L_2$ $\therefore L_1 = 90m$

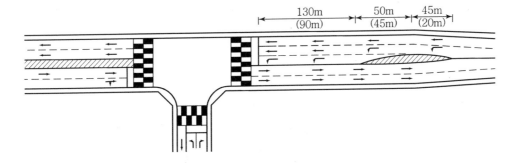

> **실습 2**
> 신호교차로에서 V=40km/h일 경우, 좌회전 대기차로의 길이를 계산하시오. 단, 중앙분리대는 없고, 좌회전 차량 3대이다.

정답 1. 기준값 적용시

- 접근로테이퍼$(AT) = 3.0 \times \dfrac{1}{2} \times 30 = 45m$
- 차로테이퍼$(BT) = 3.0 \times 8 = 24 \fallingdotseq 25m$
- $L_1 = 1.5 \times 3 \times 7 + 30 - 25 = 36.5m \fallingdotseq 40m$
  $L_2 = 2.0 \times 3 \times 7 = 42 \fallingdotseq 45m$ 에서 $L_2 > L_1$ $\therefore L_2 = 45m$

2. 최솟값 적용시

- 접근로테이퍼(AT) $= 3.0 \times \dfrac{1}{2} \times 10 = 15\text{m}$
- 차로테이퍼(BT) $= 2.75 \times 8 = 22 ≒ 25\text{m}$ 또는 $\text{BT} = 2.75 \times 4 = 11 ≒ 15\text{m}$
- $L_1 = 1.5 \times 3 \times 7 + 20 - 25 = 26.5\text{m} ≒ 30\text{m}$

  $L_2 = 2.0 \times 3 \times 7 = 42 ≒ 45\text{m}$ 에서 $L_2 > L_1$ $\qquad \therefore L_2 = 45\text{m}$[53]

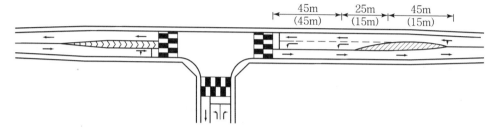

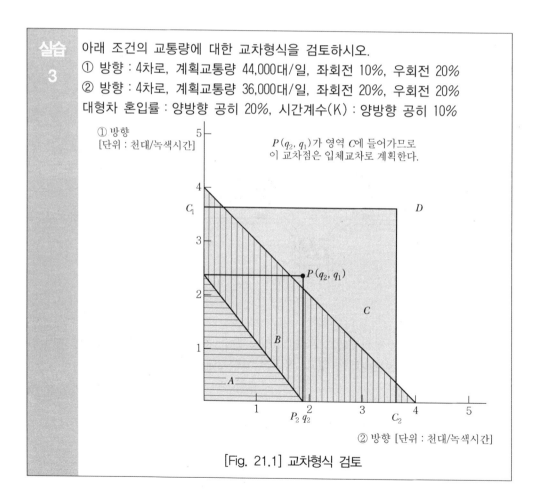

| 실습 3 | 아래 조건의 교통량에 대한 교차형식을 검토하시오. |

① 방향 : 4차로, 계획교통량 44,000대/일, 좌회전 10%, 우회전 20%
② 방향 : 4차로, 계획교통량 36,000대/일, 좌회전 20%, 우회전 20%
대형차 혼입률 : 양방향 공히 20%, 시간계수(K) : 양방향 공히 10%

$P(q_2, q_1)$가 영역 C에 들어가므로
이 교차점은 입체교차로 계획한다.

[Fig. 21.1] 교차형식 검토

53) 국토교통부, '평면교차로설계지침', 2015, pp.69~71.

정답 1. 시간교통량

(시간계수)(1방향)

$q_1 = 44,000 \times 0.1 \div 2 = 2,200$ 대/시

2. 단로부 용량

(차로)(대/시)(1방향)

$C_1 = 4 \times 1,800 \div 2 = 3,600$ 대/시

$C_2 = 4 \times 1,800 \div 2 = 3,600$ 대/시

3. 좌·우회전 차로가 없을 때의 교차로 용량

(용량) (좌회전) (우회전) (대형차)

$P_1 = (3,600 \times 0.910 \times 0.905) \times 0.850 \times 0.9 = 2,268 ≒ 2,300$ 대/녹색시간

$P_2 = (3,600 \times 0.820 \times 0.905) \times 0.850 \times 0.9 = 2,043 ≒ 2,000$ 대/녹색시간

4. 좌·우회전 차로가 설치될 때의 교차로 용량

좌회전은 직진차량이 많기 때문에 1신호주기당 2대의 통행으로 하고, 1신호주기를 80초 (36+4+36+4)로 가정하여 계산한다.

(직진) (우회전) (좌회전)

$P'_1 = (1,800 \times 2 + 600) \times 0.9 + (7,200 \div 80 \times 80/36 = 3,980 ≒ 4,000$ 대/녹색시간

5. [Fig. 9.3]과 같이 점 $P(q_2, q_1)$ 가 영역 C 내에 들어가므로 입체교차로 한다.

[계획교통량과 단계건설]

1. 입체교차화의 필요성

입체교차화의 필요성은 해당 교차로에 접속되는 도로의 계획교통량이 적합한 수준을 확보할 수 있는지의 여부에 따라 판단한다.

2. 입체교차화의 적정한 시기

- 계획목표연도에 도달해야 입체교차화의 필요성이 예상되는 경우, 초기 시공단계에서의 입체교차화는 경제적으로 부적합하다.

- 어느 시기에 입체교차화할 것인지는 평면교차 한계와 함께 검토한다.

3. 교차로의 단계건설 시기

- 입체교차 건설시기는 교차점 교통량이 신호처리 용량을 초과할 것으로 예상되는 시기, 초기투자비와 유지관리비의 경제성 등을 고려하여 결정한다.

- 교차로의 추정교통량 등을 근거로 단계건설을 하는 경우, 입체교차에 필요한 용지는 당초부터 매수하거나 도시계획에 포함시켜 권리규제를 해둔다.

[경제성을 고려한 입체화 검토]

1. 신호교차로의 서비스수준 산출

신호교차로의 서비스수준 산출을 위해 우선 신호주기를 산정하며, 신호주기 산정을 위해서는 방향별 포화 교통류율을 산정한다.

2. 신호교차로의 서비스수준 평가항목 산출

신호교차로의 서비스수준은 차량당 제어지체를 이용하여 결정하며, 차량당 제어지체의 크기에 따라 서비스수준을 8등급(A, B, C, D, E, F, FF, FFF)으로 구분한다.

3. 입체교차로 경제성 분석 평가항목 산출

- 공공투자사업의 경제성 분석은 비용/편익비(B/C), 순현재가치(NPV), 내부수익률 (IRR) 등을 활용하여 산출한다.

- 비용/편익비(B/C) 분석은 총 편익(B)에 대한 총 비용(C)의 비율이 1.0보다 클 경우, 경제성이 있는 것으로 판단한다.[54]

---

54) 국토교통부, '도로의 구조·시설기준에 관한 규칙', 2013, pp.449~453.

Road Engineering

실습 4 기본차로수가 편도 4차로인 다음과 같은 고속도로가 있다. 차로수의 조화원칙 (Land Balance)에 근거하여 문제점을 설명하고 개선안에 대하여 Sketch Design 하시오.

정답 1. 차로수 균형의 기본원칙
   - 차로수는 방향별로 한번에 한 개의 차로만 증감해야 한다.
   - 분류부＝분류 전 차로수≥(분류 후 전체 차로수-1)
   - 합류부＝합류 후 차로수≥(합류 전 전체 차로수-1)

2. 주어진 편도 4차로에서 차로수 균형의 검토
   1) 주어진 편도 4차로의 Lane Balance 검토
      ⇒ 기본차로수 원칙(4차로)은 적절하나, 차로수 균형이 부적절하다.

   ① 분류부
      - 분류 전 차로수 : 4차로
      - 분류 후 차로수 : 4+2＝6차로
      - 분류 전 차로수가 분류 후 전체 차로수보다 2개 차로 부족하다.
   ② 합류부
      - 합류 후 차로수 : 4차로
      - 합류 전 차로수 : 4+2＝6차로
      - 합류 후 차로수가 합류 전 전체 차로수보다 2개 차로 부족하다.

   2) 개선방안
      ⇒ 기본차로수 원칙과 차로수 균형이 모두 지켜지도록 개선한다.

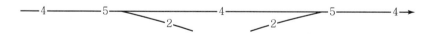

      - 분류부＝분류 전 차로수 ≥ (분류 후 전체 차로수-1)
               ＝5≥6-1 ∴ O.K
      - 합류부＝합류 후 차로수 ≥ (합류 전 전체 차로수-1)
               ＝5≥6-1 ∴ O.K

06

도로의 포장설계

Road Engineering

1 도로포장의 형식

도로포장은 노면에 치밀한 층을 만들어 강우시 진흙탕이 되거나 건조시 먼지가 일어나는 것을 방지하여 주행의 쾌적성과 노면의 평탄성을 유지하면서, 미끄럼 저항성을 갖추어 자동차의 주행이나 보행에 쾌적성과 안전성을 향상시킬 수 있다.

1.1 도로포장의 종류

[아스팔트 콘크리트 포장(이하 아스팔트포장)] 표층, 기층, 보조기층 등으로 구분되며 하중재하에 의해 발생되는 응력을 각 층에 분산시키는 구조
[시멘트 콘크리트 포장(이하 콘크리트포장)] 콘크리트 슬래브 자체가 빔과 같이 거동하여 교통하중에 의해 발생되는 응력을 휨저항으로 지지하는 구조

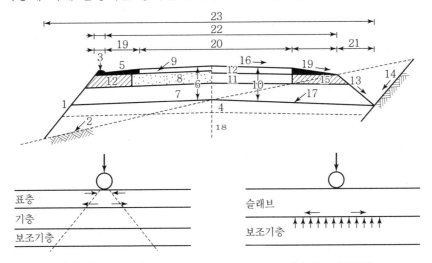

(a) 아스팔트포장   (b) 콘크리트포장

1	성토 사면	9	아스팔트포장 표층	17	노상
2	원지반 경사	10	콘크리트포장 구조체	18	노체
3	연석	11	콘크리트포장 중간층	19	길어깨 경사
4	동상방지층(필터층)	12	콘크리트포장 슬래브	20	주행차로
5	길어깨 표면	13	성토면 경사	21	길어깨
6	아스팔트포장 구조체	14	절토면 경사	22	차도
7	보조기층	15	길어깨 기층	23	도로 부지
8	아스팔트포장 기층	16	노면 경사		

[Fig. 1.1] 아스팔트포장과 콘크리트포장의 단면 비교

Road Engineering

267

1.2 도로포장의 형식 비교

국토교통부의 『도로설계편람(포장)』은 미국 「AASHTO 설계법」을 근간으로 하고 있다. 미국의 「AASHTO 설계법」은 1950년대 초 일리노이주에서 실시된 AASHO 도로시험 결과를 바탕으로 처음 제정된 이후 점차 발전되었다.

- AASHTO(미국도로교통공무원협의회, American Association of State Highway and Transportation Officials)
- AASHO(미국도로교통공무원협의회의 전신, American Association of State Highway Officials)[55]

[Table 1.1] 포장형식별 특징 비교

구분	아스팔트포장	콘크리트포장
단면	표층 / 기층 / 보조기층	콘크리트 슬래브 / 보조기층(린 콘크리트) / 보조기층(입상재료)
구조 특성	- 포장층이 일체로 교통하중을 지지하고 노상에 윤하중이 분포 - 포장두께는 교통하중과 노상지지력에 근거하여 설계 - 기층(보조기층)에도 큰 응력이 작용 - 반복되는 교통하중 및 중차량 교통하중에 민감	- 콘크리트 슬래브 자체로 교통하중 및 온도변화에 지지 - 슬래브에 불규칙한 균열 방지를 위해 가로수축 줄눈을 4~6m 간격으로 설치 - 골재 맞물림 작용 및 다웰바를 통해 슬래브 간 하중 전달
시공성	신속성, 간편성 측면에서 단계건설에서의 시공절차에 유리	시공시 장기간 양생 필요하며, 줄눈 설치, 콘크리트 양생 등이 필요
내구성	중차량 많은 도로에 소성 변형 발생	중차량에 대한 적응성 양호
유지관리	- 부분보수 용이 - 잦은 보수로 교통소통에 지장 초래 - 보수시기가 늦어지면 큰 하자 발생	- 줄눈부의 정기적인 유지보수 필요 - 연속철근 콘크리트포장에 비해 국부적인 파손 보수가 용이
주행성 및 적용도로	- 평탄성 및 승차감 양호 - 소음이 적음 - 교통량이 적은 도로, 시가지 도로 - 조기 교통개방 요구 도로에 적합	- 줄눈 설치로 승차감 불량 - 소음이 많음 - 중차량 통행이 많은 도로 - 연약지반 구간에는 적용 불가

---

55) 국토교통부, '도로설계편람 제4편 도로포장', 2012, p.402-3.

2 AASHTO 설계법의 입력변수

미국의 'AASHTO 설계법'은 아스팔트포장설계법과 콘크리트포장설계법으로 나누어져 점차 발전되어, 기존의 경험적 설계법에서 역학적-경험적 설계법으로 개정되면서 『AASHTO 2002 Guide』가 발표되었다. 'AASHTO 설계법'이 개정되었어도 근본적인 공용성 모형은 동일하지만, 각 포장설계법에 따라 입력변수는 [Table 2.1]과 같이 약간씩 다르다.

* 아스팔트포장설계법
 '72년 Interim Guide 제정
 '86년 본 설계법 완성
 '93년 덧씌우기 부분 개정

* 콘크리트포장설계법
 '81년 Interim Guide 제정
 '86년 본 설계법 완성
 '93년 덧씌우기 부분 개정

2.1 AASHTO 설계법의 입력변수

1. 서비스지수(PSI : Present Serviceability Index)
2. 공용기간(Performance Period), 해석기간(Analysis Period)
3. 8.2톤 등가단축하중(ESAL : Equivalent Single Axle Load)
4. 동결지수(F : Frost index), 동결깊이(Z)
5. 신뢰도(Z_R), 표준편차(S_0)
6. 노상(CBR), 회복탄성계수(M_R), 반력계수(K), 지지력계수(SSV)
7. 지역계수(R)
8. 상대강도계수(a_i), 휨강도(S_C), 탄성계수(E_C), 하중전달계수(J), 배수계수(Cd)[56]

[Table 2.1] AASHTO 설계법의 입력변수

입력변수 포장종류	'72 Guide '81 Guide	'86 Guide '93 Guide(덧씌우기만 '86과 다름)
아스팔트포장	지역계수(R) 노상지지력(SSV)	신뢰도($Z_R \times S_0$) 회복탄성계수(M_R)
콘크리트포장	휨강도(S_C), 탄성계수(E_C), 노상반력계수(K), 하중전달계수(J)	휨강도(S_C), 탄성계수(E_C), 노상반력계수(K), 하중전달계수(J), 신뢰도($Z_R \times S_0$), 배수계수(Cd)

---

56) 국토교통부, '도로설계편람 제4편 도로포장', 2012, p.402-16.

2.2 서비스지수(PSI), 공용기간과 해석기간

포장의 서비스능력은 1950년대 AASHO 도로시험에서 제시된 개념으로 도로이용자가 주행 시 느끼는 쾌적성 등을 정량화하는 척도이다. 포장의 서비스능력은 어느 시점에서 포장이 이용자에게 제공하는 기능 및 구조적 손상도의 크기이며, 서비스지수(PSI)로 표시된다. 서비스지수(PSI)는 포장의 소성변형, 평탄성, 균열, 팻칭 등을 그 포장의 사용수명(Service Life, 공용기간 또는 해석기간) 동안에 특정한 시기에 측정한다. 평탄성은 포장의 서비스지수(PSI)를 평가하는 인자로서, 포장의 공용이력(Performance)을 모니터링하면서 신뢰도가 높은 방법으로 측정한다.

1. 서비스능력과 사용수명의 5가지 가정

1) 도로포장은 이용자 통행의 편리성과 쾌적성을 제공하기 위함이다.
2) 쾌적성이나 승차감은 이용자의 주관적 반응 또는 견해에 관련된 사항이다.
3) 서비스능력은 모든 도로이용자가 포장상태를 평가하여 점수를 부여하는 방법으로 표시되며, 이를 서비스능력 평점(Serviceability Rating)이라 한다.
4) 객관적으로 측정하는 포장의 물리적 손상과 주관적 평가를 서로 상관시킬 수 있으며, 이 관계로부터 서비스지수(Serviceability Index)를 제공한다.
5) 사용수명은 포장체의 서비스이력(Serviceability History)으로 표시된다.

2. 서비스지수(PSI ; Present Serviceability Index)

서비스지수(PSI)의 크기는 0~5의 값으로 정의되며, 포장설계를 위해서는 초기 서비스 지수와 최종 서비스지수를 결정해야 한다.

1) 초기 서비스지수(P_i, Initial Serviceability Index)

- 도로이용자 관점에서 추정되는 시공완료 직후의 PSI 값
- 기준 : 아스팔트포장 4.2, 콘크리트포장 4.5

2) 최종 서비스지수(P_t, Terminal Serviceability Index)

- 도로의 포장면을 재포장(Resurfacing)하거나 재시공(Reconstruction)하는 시점에서의 PSI 값
- 기준 : 중요한 도로 2.5 또는 3.0
  중요하지 않은 도로 2.0
  경제적 관점에서 초기비용이 적게 소요되는 저급도로 1.5
- 낮은 값의 최종 서비스지수(P_t)는 특별히 선택된 도로에만 적용

3. 사용수명(Service Life)

1) 공용기간(Performance Period)

공용기간은 초기 포장구조가 덧씌우기 이상의 보수를 필요로 하기 바로 직전까지의 기간이며, 보수보수작업 시행 사이의 기간을 의미하기도 한다. 즉, 공용기간은 신설포장, 재포장, 보수된 포장의 초기 서비스지수(P_i)가 최종 서비스지수(P_t)로 떨어지기까지 경과한 시간이다. 공용기간은 유지보수 형태·수준에 따른 최소기간, 최대기간을 구해야 한다.

- 최소기간 : 포장의 공용성이 반드시 유지되어야 하는 최소기간
- 최대기간 : 포장의 공용성을 예측할 수 있는 최대기간

2) 해석기간(Analysis Period)

해석기간은 해석대상이 되는 동안의, 즉 어떠한 설계정책이 보증할 수 있는 시간의 범위이며, 과거에 설계자가 사용했던 설계수명(Design Life) 기간과 유사하다. 해석기간에서는 최대공용기간을 고려해야 하므로 요구되는 해석기간을 얻기 위해서는 한 번 또는 그 이상의 보수작업이 요구되는 단계건설계획이 필요하다.

[Table 2.2] AASHTO의 해석기간(Analysis Period) 추천 값

교통량	해석기간(년)	비고
도시부 교통량 많은 지역	30~50	
지방부 교통량 많은 지역	20~50	
교통량 적은 지역	15~25	
비포장 교통량 많은 지역	10~20	

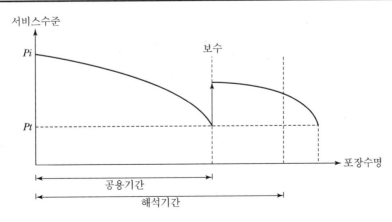

[Fig. 2.1] 공용기간과 해석기간

2.3 8.2톤 등가단축하중(ESAL ; Equivalent Single Axle Load)

AASHO 도로시험 결과에 따라 대상도로의 설계기간 동안에 설계차로를 통과하는 총혼합교
통량(Mixed Traffic)을 8.2톤 등가단축하중(ESAL ; Equivalent Single Axle Load)교통량
으로 환산하고, 방향별 · 차로별 분포를 고려하여 설계교통량을 산정한다.

1. 표준 등가단축하중

미국의 'AASHTO 설계법'에서 등가단축하중계수(ESALf)는 설계포장형식(아스팔트,
콘크리트), 두께 및 최종 서비스지수(Pt), 축 배열형식 등과 함수관계가 있다. ESALf는
임의 포장구조에 대한 임의 선정된 표준단축하중의 1회 통과당 피해도와 임의 크기를
가진 하중의 1회 통과당 피해도의 비(比)로 정의된다.

* AASHTO 표준 등가단축하중은 18kilo pounds(kips)＝8.2t(1pound＝454g),
  18kilo pounds＝18,000×454g＝8,172,000g＝8.172kg≒8.2t을 의미한다.

$$ESALf = \frac{\text{임의 축하중의 손상도}}{18kips \text{ 단축하중의 손상도}} = \frac{W_{18}}{W_i}$$

- 아스팔트포장

$$ESALf = \frac{(L_1 + L_2)^{4.79}}{(18+1)^{4.79} L_2^{\ 4.33}} \cdot \frac{10^{\frac{G_t}{\beta_{18}}}}{10^{\frac{G_t}{\beta_i}}}$$

- 콘크리트포장

$$ESALf = \frac{(L_1 + L_2)^{4.62}}{(18+1)^{4.62} L_2^{\ 3.28}} \cdot \frac{10^{\frac{G_t}{\beta_{18}}}}{10^{\frac{G_t}{\beta_i}}}$$

여기서, L_1 : 축하중(kips), L_2 : 축형식(단축＝1, 복축＝2)

$$G_t = \log_{10}\left[\frac{4.2 - P_t}{4.2 - 1.5}\right], \quad \beta \cdot = 0.4 + \frac{0.018(L_1 + L_2)^{3.23}}{(SN+1)^{5.19} L_2^{\ 3.23}}$$

한국건설기술연구원이 1987년 실측 조사하여 산정한 도로 등급별 차종 분류와 차종별
8.2tons 등가단축하중계수(ESALf)는 [Table 2.3] 및 [Table 2.4]와 같으며, 상세한
내용은 국토교통부 『도로설계편람(Ⅱ)』 제7편 포장에 제시되어 있다.

[Table 2.3] 차종 분류

차종별	차축 형태	해당 차량명
승용차	2A4T	승용차(세단, WAGON, 짚 형식 포함)
버스 - 보통	2A6T	마이크로버스, 도시형 버스, 일반버스(17인승 이상)
트럭 - 대형	3A10T	11톤 카고트럭, 탱크로리, 트럭, 10.5톤 및 15톤 덤프트럭
세미트레일러	6A 이상	트렉터와 트레일러의 조합

[Table 2.4] 차종, 포장구조 및 도로등급별 평균 ESALf 산정결과

차종별	차축 형태	전체 평균 ESALf		고속국도 평균 ESALf		일반국도＋지방도 평균 ESALf	
		가요성	강성	가요성	강성	가요성	강성
승용차	2A4T	0.0002	0.0001	0.0002	0.0001	0.0002	0.0002
버스－보통	2A6T	0.852	0.839	1.403	1.041	0.762	0.746
트럭－대형	3A10T	2.047	3.417	1.472	2.407	2.392	4.022
세미트레일러	6A 이상	0.858	1.533	0.471	0.756	1.676	3.173

2. 8.2톤 등가단축하중(ESAL)을 이용한 설계교통량 산정

1) 설계차로에 대한 설계교통량

포장설계에 적용되는 장래 예상 혼합교통량은 '교통량조사자료(국토교통부)'나 대상 노선 도로계획조사의 장래 교통수요 예측결과를 토대로 기준연도에 대한 차종별 양방향 연평균 일교통량(AADT)을 산정하고, 연도별 또는 일정기간별 포장의 공용기간과 해석기간에 걸친 양방향 차종별 누가교통량을 산정하여 결정한다.

$$설계교통량 \ W_{8.2} = D_D \times D_L \times \overline{W}_{8.2}$$

여기서, D_D : 방향분배계수, D_L : 차로분배계수,

$\overline{W}_{8.2}$: 해석기간 동안의 대상 계획도로의 양방향 누가 ESAL 교통량

2) 방향분배계수(D_D)

통행하는 차량이 많은 방향과 적은 방향에 대해 0.30~0.70 범위를 적용하되, 일반적으로 0.5(50%) 이상을 적용하는 것을 원칙으로 한다. 2차로 도로는 0.5 이상, 4차로 이상의 도로에는 0.40~0.45 정도를 적용한다.

3) 차로분배계수(D_L)

한 방향이 2차로 이상일 경우 차로별 교통량의 분포비율을 나타낸 값으로, AASHTO에서 권고하는 차로분배계수 값은 [Table 2.5]와 같다.

[Table 2.5] AASHTO 차로분배계수 권장값

편도 차로	D_L(%)	적용	비고
1	100	1.0	
2	80~100	0.8~1.0	차로별 교통량 관측자료에 의하여 적용
3	60~80	0.6~0.8	
4	50~75	0.5~0.75	

2.4 동결지수(F ; Frost index), 동결깊이(Z)

동결지수는 포장층 내의 동결깊이를 산정하는 척도로서, 노상토를 동결시키는 대기온도 지속시간의 누가영향(Cumulative Effect)에 의해 산정된다. 기상조건은 노상토의 동결융해와 배수효과에 영향을 주므로 기상작용에 의한 포장구조의 수축팽창과 동상의 메커니즘을 분석하여야 한다.

동결깊이는 0℃ 온도선이 포장면으로부터 포장층 아래로 관입되는 깊이로서, 2가지 개념이 있다. 첫째, 지반의 유해한 동결작용 예방을 위해 표층과 비동결성 기층을 합한 두께를 동결깊이보다 크게 하여 동결융해의 영향을 감소시키는 개념이다. 둘째, 지반의 동결을 허용하는 것으로써 동결 및 해빙기간 중에 감소되는 지반의 강도를 보강하기 위해 기층 두께를 특별히 증가시키는 개념이다.

1. 동결지수(F ; Frost index)

1) 일반적인 경우에 동결지수 산정방법

동결지수는 [Fig. 2.2]와 같이 동결기간 동안의 누가(累加) 溫度·日(℃·일, °F·일)에 대한 시간곡선에서의 최고점과 최저점의 차이로 산정된다. 즉, 동결지수는 설계노선 인근 측후소에서 관측한 월평균 대기온도 크기와 지속시간에 대하여 최근 30년 중에 가장 추웠던 3년 동안의 평균동결지수로 산정된다.

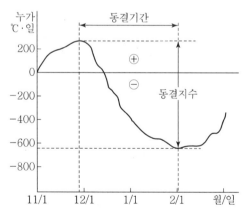

[Fig. 2.2] 시간곡선에서의 동결지수

2) 최근 30년 동안의 기상자료가 없는 경우에 동결지수 산정방법

최근 10년 동안의 최대동결지수를 설계동결지수로 선정하고, 이를 토대로 미공병단 TM5-818-2 Air Force AFM88-6 chap.4(Pavement design for seasonal frost conditions, January 1985)에 제시된 누가(累加) 온도·일 곡선에 의해 결정하거나, 국토교통부『동결심도조사보고서』No.498(1989.12)에 제시된 [Fig. 2.3]의 전국 동결 지수도를 적용하여 산정한다.

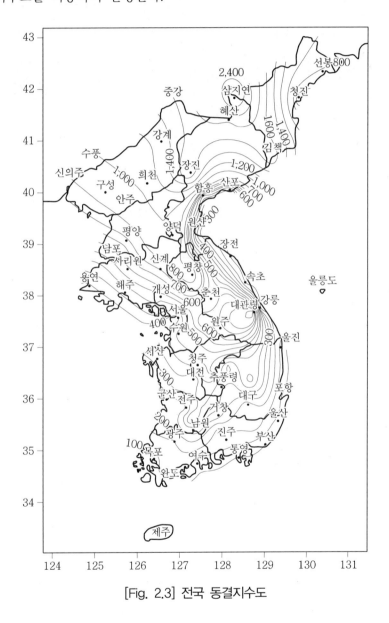

[Fig. 2.3] 전국 동결지수도

[Table 2.6] 전국 지점별 동결지수

측후소	지반고(m)	동결지수	동결기간	측후소	지반고(m)	동결지수	동결기간
대관령	820.2	1,439	114	보 령	33.0	515	60
홍 천	134.0	1,038	102	군 산	26.3	430	60
인 제	119.7	945	80	대 구	57.8	342	56
춘 천	74.0	823	79	울 진	11.0	230	56
서 울	85.5	736	61	거 제	12.0	156	44
대 전	77.1	623	60	통 영	32.2	97	44

3) 설계노선의 표고를 보정한 수정동결지수 산정방법

$$수정동결지수(℃ \cdot 일) = 동결지수[\text{Table 2.6}] + 0.9 \times 동결기간 \times \frac{표고차(m)}{100}$$

여기서, 표고차 = 설계노선 최고표고(m) − 측후소 지반고

2. 동결깊이(Z)

1) 동결깊이에 영향을 주는 요소 3가지

① 토질 : 노상토의 재료 성질(밀도)

② 수분 : 노상토 내의 동결 가능한 수분의 양(함수량)

③ 온도 : 영하의 대기온도 크기와 지속시간

2) 동결깊이 산정식 2가지

① 1985년 1월~2월 사이 전국 45개소에서 실제 관측된 동결깊이 조사자료를 토대로 작성된 상관식

　　－ $Z = C\sqrt{F}$

여기서, Z : 최대 동결깊이(cm)

　　　　C : 지역별 및 토군별 보정계수(3~5)

　　　　F : 설계동결지수(℃ · 일) [Fig 2.3] 전국 동결지수도

$C = 5$: 북쪽으로 향한 산악도로에 침투수가 많고 실트질이 많은 노상

$C = 3$: 햇빛이 적당히 있고 토질 · 배수조건이 비교적 나쁘지 않은 노상

$C = 4$: 3과 5의 중간조건인 노상

- 지역별·토군별로 최대 동결깊이를 실용적으로 산정할 수 있으나, 실측자료가 1985년 동절기 값이어서 시간적 대표성에 제한을 받는다.

② 1980~1989년 10년간 전국 1,358개소에서 실제 관측된 동결깊이 조사자료를 토대로 작성된 상관식

- $Z = 14 \sqrt{F}^{0.33}$

여기서, Z : 최대 동결깊이(cm)

F : 설계동결지수(℃·일) [Fig 2.3] 전국 동결지수도

- 실측자료가 10년간 관측됐고 관측개소 수도 충분하여 대표성이 있다. 다만, 설계동결지수가 400~600℃·일의 범위에서는 실측값보다 다소 크게 계산되지만, 그 이하에서는 실측값에 잘 맞는다.

3) 동결깊이(Z) 설계방법 3가지

① 완전방지법(Complete Protection Method)
동결작용에 의한 표면변위량 제거를 위해 충분한 두께의 비동결성 재료층을 설치하여 포장융기와 지반약화를 억제하는 방법. 고가이므로 특수한 경우에 적용한다.

② 감소노상강도법(Reduced Subgrade Strength Method)
해빙기간 중에 발생하는 노상강도 감소를 근거로 동결에 대비한 포장두께를 결정하는 방법. 동결지수가 직접함수가 아니므로 통상적으로 적용하지 않는다.

③ 노상동결 관입허용법(Limited Subgrade Frost Protection Method)
노상상태가 수평방향으로 크게 변하지 않거나 흙이 균질한 경우에 적용되는 방법. 동결깊이가 노상으로 얼마쯤 관입되더라도 동상으로 인한 융기량이 포장파괴를 일으킬 만한 양이 아니라면 노상동결을 어느 정도 허용하는 것이 경제적이므로 통상적으로 적용한다(대부분의 국내 포장설계에 적용).

4) 노상동결 관입허용법에 의한 동결깊이(Z) 산정방식 순서

① 평균함수비와 건조단위중량 결정
- 동결기간의 시점에 기층(보조기층 포함)과 노상토의 평균함수비(w) 결정
- 동결기간의 시점에 기층(보조기층 포함) 재료의 건조단위중량(r_d) 결정

② [Fig. 2.4]에서 최대 동결깊이(a) 결정
- 설계 동결지수 연도에 발생될 수 있는 최대 동결깊이(a)를 결정하되, 필요한 경우에 직선 보간법으로 계산 가능

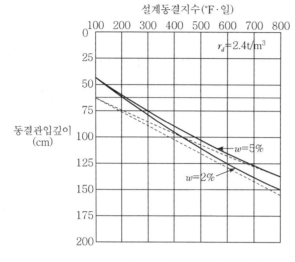

설계동결지수(°F·일)

범례 : ──────── 표층 30 cm
        -------- 표층 50 cm

주 1) 동결관입깊이는 표시된 단위건조중량과
     함수비를 갖는 비동결성 입상재료의 치환
     두께를 의미한다.

  2) 동결관입깊이는 포장표면에 쌓이는 빙설
     효과를 고려하지 않았고, 포장은 30cm
     두께 콘크리트 슬래브 아스팔트 포장이며,
     표시된 함수량 이하에서는 모두 동결된다
     는 가정하에 산정되었다.

[Fig. 2.4] 설계동결지수와 동결관입깊이 상관곡선

③ 최대 비동결성 입상재료 기층 두께(c) 계산

노상토 속에 동결 관입을 배제하는 데 필요한 최대 비동결성 입상재료 기층(보
조기층 포함) 두께(c) 계산

$$c = a - p$$

여기서, c : 비동결성 입상재료 최대 치환깊이

   a : 설계 동결관입깊이 [Fig. 2.4] '완전방지법' 이용

   p : 콘크리트포장 슬래브 두께(빈배합 콘크리트 중간층 포함)

      아스팔트포장 표층(아스팔트 또는 시멘트 안정처리 기층 포함)

④ 노상토와 기층의 함수비의 비(r) 계산

$$r = \frac{노상토\ 함수비\,(w_s)}{기층\ 함수비\,(w_b)}$$

중차량 통행이 많은 곳에서 r값은 2.0보다 큰 경우에는 2.0을 적용하고, 이외의
모든 곳에서 r값이 3.0인 경우에는 3.0을 적용

⑤ [Fig. 2.5]에서 비동결성 기층 두께(b), 노상 동결관입깊이(s) 결정

 – 비동결성 기층(보조기층 포함) 두께(b) : 가로축 c값과 대각선 r값이 만나
   는 점을 지나는 수평선 상의 좌측 세로축과 만나는 점으로 얻어지는 값

 – 노상 동결관입깊이(s) : b값에 대응되는 우측 세로측의 값

– 계산하면, 산출값의 비(比)는 b : s=4 : 1이고, r=1일 때 c=b+s가 된다.

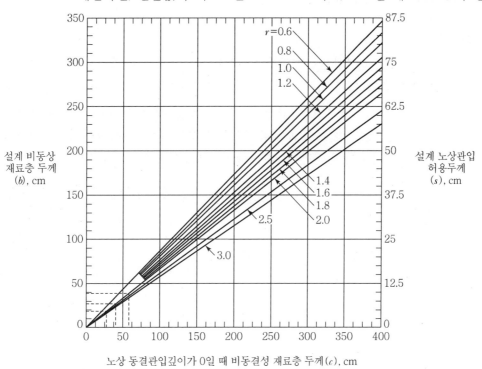

설계 비동상
재료층 두께
(b), cm

노상 동결관입깊이가 0일 때 비동결성 재료층 두께(c), cm

설계 노상관입
허용두께
(s), cm

[Fig. 2.5] 노상동결 관입허용법에 의한 비동결성 재료층 두께(b) 결정도표

a = 노상 동결관입을 허용하지 않는
비동결성 재료층과 표층 두께의 합

$c = a - p$

$$r = \frac{\text{노상토 함수비}\,(w_s)}{\text{기층 함수비}\,(w_b)}$$

$$= \frac{\text{비동상 재료층의 함수비}}{\text{노상토 함수비}}$$

중차량 통행지역 r≤2.0
저교통량 통행지역 r≤3.0

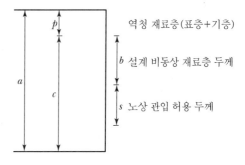

역청 재료층(표층+기층)

b 설계 비동상 재료층 두께

s 노상 관입 허용 두께

[Fig. 2.6] 비동결성 재료층 두께

2.5 신뢰도(Z_R), 표준편차(S_0)

1. 신뢰도

신뢰도(Z_R)는 포장설계에서 일종의 안전율(Safety Factor) 개념으로, 설계에 고려되지 않은 요소나 고려되었더라도 불확실하게 산정된 변수 등을 고려한다. 신뢰도는 [Fig. 2.7]에서 빗금친 부분의 면적(분포 총 면적이 1.0일 때)을 백분율(%)로 나타낸 것이며, 포장의 실제수명이 설계수명을 넘을 확률이다. 요한 도로일수록 높은 신뢰도를 요구하며, 신뢰도가 높을수록 안전한 설계가 되므로 포장두께도 두꺼워진다.

실제 공용성 분포는 정규분포로 가정하며, 그 표준편차(S_0)는 신뢰도와 함께 중요한 입력변수 중의 하나이다. AASHTO 설계법에서는 도로기능에 따라 신뢰도를 [Table 2.7]과 같이 제시한다.

[Table 2.7] 도로기능별 신뢰도 추천값

도로기능	신뢰도(%)	
	도시부	지방부
고속도로	85~99.9	80~99.9
주요간선도로	80~99	75~95
연결로	80~95	75~95
국지도로	50~80	50~80

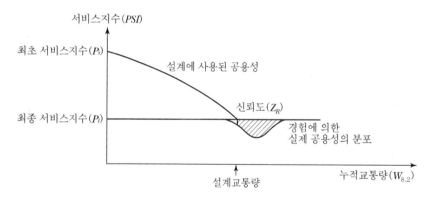

[Fig. 2.7] 신뢰도의 개념

2. 표준편차

공용성 분포의 표준편차는 일반적인 경우에는 0.3~0.4의 값을 사용한다. 그러나, 장래교통량에 대한 불확실성의 고려 여부에 따라 포장공법별로 [Table 2.8]과 같이 0.34~0.49를 각각 사용한다.

[Table 2.8] 교통량별 표준편차 추천값

W8.2 환산누계등가교통량	표준편차	
	콘크리트포장	아스팔트포장
일반적인 경우	0.3~0.4	0.4~0.5
장래교통량의 불확실성을 고려하여 설계교통량을 충분히 잡은 경우	0.34	0.44
장래교통량의 불확실성을 고려하지 않는 경우	0.39	0.49

2.6 CBR(California Bearing Ratio) 시험

CBR 시험은 미국 켈리포니아주 도로국에서 개발한 시험방법으로, AASHTO설계법에서 노상의 강도를 CBR로 표현하고 있다. CBR 시험은 공시체에 직경 50mm 원주형 관입봉을 4.5kg hammer로 45cm 높이에서 일정한 깊이까지 타격하면서, 표준하중에 대한 시험하중의 백분율을 구하는 시험이다.

$$\mathrm{CBR}(\%) = \frac{시험하중강도\,(\mathrm{kg/cm^2})}{표준하중강도\,(\mathrm{kg/cm^2})} \times 100\,(\%) = \frac{시험하중\,(\mathrm{kg})}{표준하중\,(\mathrm{kg})} \times 100\,(\%)$$

KS표준(KSF 2320) '노상토 지지력비(CBR)시험방법'은 현장에서 채취한 노상토 중 19mm 이상의 골재는 제외하고, 현장함수비 상태로 CBR 몰드에 5층으로 나누어 넣고, 각 층별로 56회씩 다지고 4일 수침 후의 CBR을 구하도록 규정하고 있다.

1. CBR 시험 순서

1) 시료의 채취

- 흙쌓기 구간 : 노상면에서 50cm 이상 깊은 곳의 흐트러진 상태 흙을 채취하여, 함수량이 변하지 않도록 밀폐된 비닐주머니에 넣는다.
- 땅깎기 구간 : 노상면에서 50cm 이상 깊은 곳의 흐트러진 상태 흙을 채취하되, 토질이 변하는 경우에는 1m 깊이에서 각 층별로 채취한다.

2) 설계 CBR 산출

- 균일한 포장두께로 시공할 노상구간을 결정하기 위해 각 지점의 CBR값 중 현저히 다른 값을 제외하고 다음 식으로 설계 CBR을 결정

$$\text{설계 CBR} = \text{각 지점의 CBR 평균} - \left(\frac{CBR \text{ 최대치} - CBR \text{ 최소치}}{d_2} \right) \cdots [\text{식 2.1}]$$

여기서, d_2 값은 설계 CBR 계산용 지수[Table 2.9]

[Table 2.9] 설계 CBR 계산용 계수(d_2)

계수(n)	2	3	4	5	6	7	8	9	10 이상
d_2	1.41	1.91	2.24	2.48	2.67	2.83	2.96	3.08	3.18

- [식 2.1]에 의한 계산값은 [Table 2.10]의 기준에 따라 절사하여 설계 CBR을 산출(예 : 계산값이 3.6이면 3, 9.5이면 8)

[Table 2.10] 설계 CBR과 계산 CBR의 절사 기준

설계 CBR	2	3	4	6	8	12	20
계산 CBR	2≤CBR<3	3≤CBR<4	4≤CBR<6	6≤CBR<8	8≤CBR<12	12≤CBR<20	CBR≥20

3) 노상지지력 보정

노상면에서 깊이 1m까지의 평균 CBR을 구하여 각 지점의 CBR로 결정

$$CBR_m = \left(\frac{h_1 \cdot CBR_1^{1/3} + h_2 \cdot CBR_2^{1/3} + \cdots + h_n \cdot CBR_n^{1/3}}{100} \right)^3$$

여기서, CBR_m : 그 지점의 CBR(%)

$\quad\quad\quad CBR_n$: n층의 CBR(%)

$\quad\quad\quad h_n$: n층의 두께(cm)

$\quad\quad\quad h_1 + h_2 + \cdots + h_n = 100(\text{cm})$

2. 설계 CBR 산출 순서

1) 균일한 포장두께로 시공할 노상구간을 결정하기 위해 설계 CBR을 산출하며, AASHTO 설계법에서 설계 CBR로부터 노상지지력계수(SSV)를 결정한다.

2) [Table 2.10]의 현장 채취한 노상토 CBR 시험값 결과, 9개의 시료(test pit)에서 평균 CBR=13.89를 계산한다.

$$\text{CBR}_{\text{avg}} = \frac{19.5 + + 15.3 + \cdots + 13.9 + \cdots + 10.9 + 9.6}{9} = 13.89$$

[Table 2.11] 현장 채취한 노상토의 CBR 시험값(숫자 예시, 크기순)

시료번호	1	2	3	4	5	6	7	8	9
CBR값	19.5	15.3	14.9	14.5	13.9	13.5	12.9	10.9	9.6

3) CBR 시험값의 최대치/최소치로부터 기각 여부 판정용 r값을 산출한다.

[Table 2.12]에서 시료 개수 n=9이므로

기각 여부 판정용 r값은 r(n, 0.05)=r(9, 0.05)=0.437

[Table 2.12] 기각 판정용 r(n, 0.05)값

개수(n)	3	4	5	6	7	8	9	10 이상
r(n, 0.05)	0.941	0.764	0.642	0.560	0.507	0.468	0.437	0.412

4) CBR 시험값의 최대치가 극단적으로 큰 경우, 기각으로 판정한다.

$$CBR_{max} = \frac{X_n - X_{n-1}}{X_n - X_1} = \frac{(가장 큰 값) - (가장 큰 값 다음으로 큰 값)}{(가장 큰 값) - (가장 작은 값)}$$

$$= \frac{19.5 - 15.3}{19.5 - 9.6} = 0.424 < 0.437 \quad \therefore 시험값 중 기각 없음$$

5) CBR 시험의 최소치가 극단적으로 작은 경우, 기각으로 판정한다.

$$CBR_{min} = \frac{X_2 - X_1}{X_n - X_1} = \frac{(가장 작은 값 다음으로 작은 값) - (가장 작은 값)}{(가장 큰 값) - (가장 작은 값)}$$

$$= \frac{10.9 - 9.6}{19.5 - 9.6} = 0.131 < 0.437 \quad \therefore 시험값 중 기각 없음$$

6) 설계 CBR의 산출

$$설계 \, CBR = CBR \, 평균 - \frac{CBR \, 최대치 - CBR \, 최소치}{d_2}$$

$$= 13.89 - \frac{19.5 - 9.6}{3.08} = 10.68$$

[Table 2.13] 설계 CBR 계산용 계수(d_2)

계수(n)	2	3	4	5	6	7	8	9	10 이상
d_2	1.41	1.91	2.24	2.48	2.67	2.83	2.96	3.08	3.18

∴ [Table 2.14] 기준에 의해 설계 CBR 10.68은 동상방지층 재료에 사용 가능하다.

[Table 2.14] 설계 CBR 기준 (동상방지층의 성토재료)

품명	품질기준	비고
골재 최대치수	100mm 이하	
소성지수(PI)	10% 이하	
설계 CBR	10% 이상	10.68이므로 사용 가능
다짐두께	20cm 이하	
다짐도	95% 이상	

7) 노상지지력계수(SSV)의 결정

AASHTO 설계법에서는 설계 CBR값으로부터 노상지지력계수(SSV)를 다음 식에 의해 산정하고 있다.

$$SSV = 3.8 \log CBR + 1.3 = 3.8 \log 10.68 + 1.3 = 5.2$$

3. 수정 CBR 산출 순서

1) 포장두께 설계 과정에서 보조기층이나 기층의 강도를 산정하기 위해 수정 CBR을 산출한다.
2) 먼저 [Fig. 2.8]의 건조밀도 – 함수비 곡선에서 시공다짐도 90%를 얻을 수 있는 시공함수비의 범위를 결정한다.
3) 시공함수비의 범위 내에서 17회, 42회, 92회씩 다져서 3개의 공시체를 만들어, 4일(96시간) 동안 수침 후 [Fig. 2.9]의 건조밀도 – CBR 곡선에서 CBR을 측정한다.
4) [Fig. 2.8]에서 시공다짐도 90%에 해당하는 건조밀도를 기준으로 CBR을 찾으면, [Fig. 2.9]에서 수정 CBR 74%를 산출할 수 있다.
5) [Table 2.15]에서 수정 CBR 74%는 기층(하상골재 쇄석 사용)용 재료의 품질기준에 약간 부족한 수준이다.

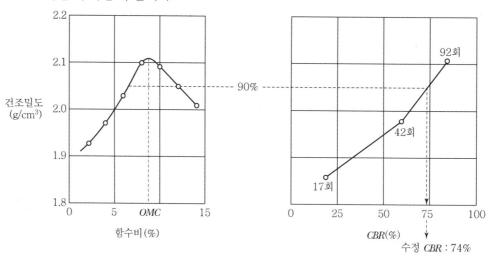

[Fig. 2.8] 건조밀도 – 함수비 곡선   [Fig. 2.9] 건조밀도 – CBR 곡선

[Table 2.15] 수정 CBR 적용 사례(아스팔트포장 보조기층·기층 재료)

구분	재료	품질기준	상대강도계수
기층	하상골재 쇄석	수정 CBR 80% 이상	0.053
보조기층	강모래+강자갈 선별	수정 CBR 30% 이상	0.034

2.7 노상회복탄성계수(M_R)

노상토의 강도 특성을 AASHTO 잠정지침(1972)에서는 수정 CBR로 표현하지만, AASHTO 설계법(1986)에서는 노상회복탄성계수(M_R, Resilient Modulus)로 표현한다. 노상회복탄성계수(M_R)는 계절적으로 함수상태 및 점토함유량 등 흙의 성질에 따라 달라지므로, 각 계절 동안에 일어난 상대손상을 고려하여 구한다. 국내에는 노상토의 계절적 자료 축적이 빈약하여 AASHTO 설계법(1986)을 적용하지 못한다.

1. 노상회복탄성계수(M_R) 시험방법

노상회복탄성계수(M_R)를 구하는 실내 회복탄성계수시험은 습윤 계절의 응력과 습윤 상태를 대표하는 실제 노상재료를 이용하여 실시한다(AASHTO T274). 노상재료 시험이 어려운 동절기 M_R값은 1,400~3,500kg/cm²을 적용한다. 해빙기 M_R값은 여름과 가을 동안 정상 M_R값의 20~30%를 적용한다.

이와 같이 M_R 평균값을 사용하므로 변동계수(Coefficient of Variation)가 동일 계절 내에서 0.15보다 클 경우, 시간을 더욱 작게 세분하여 적용한다. 즉, M_R의 평균값이 700kg/cm²인 경우, 99%의 자료가 385~1,015kg/cm² 범위이어야 한다.

2. 노상회복탄성계수(M_R) 산정절차

1) 각각의 기간에 계절계수를 기입

최소 계절기간이 15일인 경우 모든 계절을 15일 간격으로 나누고, 각각의 칸에 기입한다.

최소 계절기간이 1개월인 경우 모든 계절을 1개월 간격으로 나누고, 1개월당 1칸에 기입한다.

2) 각 계절계수에 일치하는 상대손상(U_r, Relative Damage)값을 산정한다.

3) 평균상대손상을 구하기 위해 상대손상(U_r)값을 모두 합한 다음, 계절 개월의 수(12 또는 24)로 나눈다. 이 경우 유효 노상회복탄성계수(M_R)는 $M_R \cdot U_r$ 계산자에 의해 구한 평균상대손상과 일치되는 값이다.

[Table 2.16] 월별 노상회복탄성계수(M_R)과 상대손상(U_r) 값

월	노상회복탄성계수 M_R(psi)	상대손상 U_r	M_R과 U_r 도표
1	1,400	0.01	
2	1,400	0.01	
3	175	1.51	
4	280	0.51	
5	280	0.51	
6	500	0.13	
7	500	0.13	
8	500	0.13	
9	500	0.13	
10	500	0.13	
11	280	0.51	
12	1,400	0.01	
합계		3.72	

노상회복탄성계수 $M_R (psi)$

상대손상 U_r

계산식 $= 1.18 \times 10^8 \times M_R^{-2.32}$

- 합계 $\sum U_r = 3.72$

- 평균 $\overline{U_r} = \dfrac{\sum U_r}{n} = \dfrac{3.72}{12} = 0.31$

- 노상회복탄성계수 M_R (psi) $= 350$

2.8 노상반력계수(K)

노상토의 재료 특성을 아스팔트포장 설계에서 유효 노상회복탄성계수(MR)로 표현하는 것처럼, 콘크리트포장 설계에서 유효 노상반력계수(K)로 표현한다. 노상회복탄성계수(MR)와 노상반력계수(K)는 비례하므로 계절기간과 계절길이 값을 동일하게 적용한다. 그러나 유효 노상회복탄성계수(MR)와 유효 노상반력계수(K)가 보조기층의 재료 특성에 따라 변화하므로 다음과 같은 8단계의 시산(試算)설계에 의해 그 값을 결정한다.

[단계 1] 유효 노상반력계수(K)에 대한 영향요소 결정
- 보조기층의 비용·효과에 대한 평가기준을 설정하여 보조기층의 형태를 결정하고, 보조기층의 형태에 따라 보조기층의 설계두께를 결정한다.
- 강성기초, 즉 기암반(Bedrock) 깊이가 노상면에서 3.0m 이내에 있는 경우에는 그 깊이가 전체 노상반력계수(K)와 슬래브 두께에 미치는 영향을 검토한다.
- 보조기층 재료의 잠재적 침식에 의해 결정되는 지지력 손실계수(LS ; Loss of Support)를 사용하여 지지력의 감소를 검토한다.

[단계 2] 계절적인 노상회복탄성계수(M_R) 산정
계절변화의 최단기간이 15일인 경우에는 모든 계절을 15일 간격으로 나누어서 계산에 반영하여 계절적인 노상회복탄성계수(M_R)를 산정한다.

[단계 3] 각 계절별 보조기층의 탄성계수(E) 산정
- 각 계절별 보조기층의 탄성계수(E_{SB})는 계절적인 노상회복탄성계수(MR) 산정시 사용되는 계절구분에 대응되도록 설정한다.
  * 계절에 영향 없는 시멘트안정처리 재료 : 각 계절마다 E값 일정
  * 계절에 민감한 입상 재료 : 동절기 E=3,500, 해빙기 E=1,000kg/cm²
- 입상 재료의 노상회복탄성계수(M_R)에 대한 보조기층의 계수비가 인위적인 방법으로 4를 초과하지 않도록 설정한다.

[단계 4] 합성노상반력계수(K) 산정
- 기암반(Bedrock) 깊이를 3.0m 이상인 노상으로 가정하여 각 계절별 노상반력계수(K)를 산정한다.
- 콘크리트포장 슬래브를 보조기층 없이 직접 노상에 설치하는 경우 합성노상반력계수(K)는 평판재하시험(PBT)에서 구한 K값과 노상회복탄성계수(M_R) 사이에 성립되는 다음 관계식으로 산정한다.
  * 합성노상반력계수 $K = M_R/19.4$ (단위 : psi)

[단계 5] 강성기초 효과를 고려한 노상반력계수(K) 산정

산정된 합성노상반력계수(K)에 대해 강성기초 효과를 고려하여 수정한다. 만약, 강성기초 깊이가 3.0m 이상일 경우 [단계 5] 수정을 생략한다.

[단계 6] 상대손상(U_r) 산정

콘크리트포장의 슬래브 두께를 결정하기 위하여 각 계절별 상대손상(U_r)을 산정한다.

[단계 7] 평균상대손상(U_r) 결정

총 상대손상(U_r)값을 구분한 계절수로 나누어 평균상대손상(U_r)을 결정한다. 이때 유효 노상반력계수(K)는 평균상대손상(U_r) 및 슬래브 두께와 부합되는 값으로 결정한다.

[단계 8] 지지력 손실에 대한 수정 유효 노상반력계수(K) 산정

보조기층 침식에 의해 야기되는 잠재적인 지지력 손실을 고려하여 유효 노상반력계수(K)를 수정하고, [Fig. 2.10]에서 지지력 손실계수(LS)에 따라 수정 유효 노상반력계수(K)를 산정한다. 이 값을 최종설계 K값으로 사용한다.

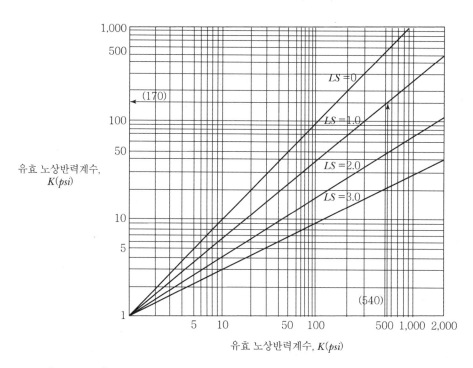

[Fig. 2.10] 보조기층 지지력 손실에 대한 유효 노상반력계수(K) 추정도

2.9 노상지지력계수(SSV)

노상지지력계수(SSV)는 설계 포장층이 설치될 노상의 지지강도를 표시하는 가상적 척도로서, AASHO 도로시험을 통하여 다음 단계에 따라 개발된 지표이다.

[단계 1] 첫 번째 평가 기준점 SSV=3.0으로 지정한 노상토의 지지강도 산정
  - 평균 CBR값 : 2.89(표준편차=1.0, 변동계수=34.6%)
  - 다짐밀도 : 약 80%
  - 플랜트 배합 아스팔트 두께 11.25cm(SN=0.176×11.25=2.98)
  - 최종 서비스지수 Pt=2.0일 때, 8.2톤 단축하중을 2.5회/일(20년간 18,250회) 통과시키는 지지용량

[단계 2] 두 번째 평가 기준점 SSV=10.0으로 지정한 노상토의 지지강도 산정
  - 쇄석기층 두께 : 포장층에 대한 노상토 영향을 극소화시킬 수 있는 정도
  - SN=1.98이고, Pt=2.0일 때,
    8.2톤 단축하중을 1,000회/일(20년간 7,300,000회) 통과시키는 지지용량

[단계 3] 두 기준점(3.0과 10.0) 사이에서 SSV는 log 직선관계가 성립한다고 가정
    AASHO 도로시험 노상토 지지강도과 다른 지지강도에 대한 8.2톤 등가하중통과횟수의 보정식을 다음과 같이 제안

$$\log_{10}(W_{8.2}) = \log_{10}(\overline{W}_{8.2}) + 0.372(SSV - 3.0)$$

여기서, $\overline{W}$: AASHO 도로시험에서 산정되는 8.2톤 등가하중통과횟수

[단계 4] 노상지지력계수(SSV) 산정
    노상토의 지지강도를 나타내는 CBR, R값, 군지수, 회복탄성계수 등과 같은 강도정수와의 관계도 [Fig. 2.11]에서 SSV 산정

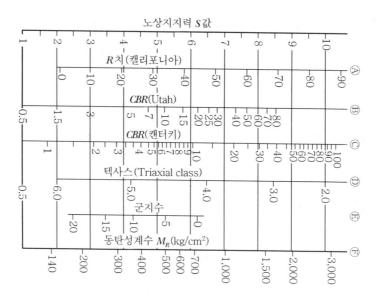

[Fig. 2.11] SSV와 강도정수 관계도

2.10 지역계수(R)

지역계수(R)는 도로포장이 시공되는 지역의 기후조건을 반영하기 위한 척도로서, AASHO 도로시험을 실시한 지역 조건과 기후적·환경적으로 차이가 있는 다른 지역 조건을 포장설계에 고려하기 위해 개발되었다.

1. 지역계수(R) 산정

'AASHTO 설계법'에서 지역계수(R)는 노상토의 온도와 함수량의 연간 변화를 고려하는 가중 평균값으로 0~5 사이의 계수로 정의하며, [Table 2.17]과 같은 연중 대표적 상태를 나타내는 계수를 월(月)단위 기준으로 연간 가중 평균하여 산정한다. 국내에서는 관습적으로 [Table 2.18]과 같은 지역계수 값을 사용하고 있다.

[Table 2.17] AASHTO 지역계수

노상토의 대표적 상태	지역계수 값
노상토가 13cm 깊이 이상 동결되는 경우	0.2~1.0
노상토가 건조한 상태를 유지하는 경우(여름, 겨울)	0.3~1.5
노상토가 젖은 상태를 유지하는 경우(봄철 융해기)	4.0~5.0

[Table 2.18] 우리나라 지역계수

우리나라의 지역조건	지역계수 값
대전 이남 지역	1.5
서울 북부 지역 및 기타 표고 500m 이상 지역	2.5
기타 지역	2.0

주) 프랑스 BCEMO社, 『Study of National and Provincial Network』 최종보고서(1980.2)

2. 지역계수(R) 적용

우리나라의 지역계수는 1980년 수행된 BCEMO社 용역과업 보고서의 값을 현재까지 사용하고 있는데, 보통 4.0을 넘지 않도록 사용하고 있다. 국내의 교통·노상·재료·환경 등의 조건을 고려하여 현실적인 지역계수(R)를 구할 필요가 있다.

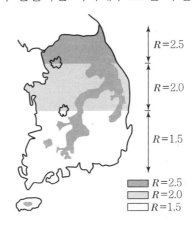

[Fig. 2.12] 지역계수의 경계

2.11 아스팔트포장 상대강도계수(a_i)

1. 상대강도계수(a_i)

상대강도계수(a_i)는 아스팔트포장 각 층의 재료 특성을 나타내는 탄성계수, CBR, K치 등을 고려하여 [Fig. 2.13]~[Fig. 2.14]에 따라 산정하고, [Table 2.19]처럼 층별로 계산한다.

아스팔트의 탄성계수(또는 회복탄성계수)가 클수록 아스팔트포장이 강하고 휨에 대한 저항력은 증대되지만, 온도나 피로균열 발생 확률이 커진다.

Road Engineering

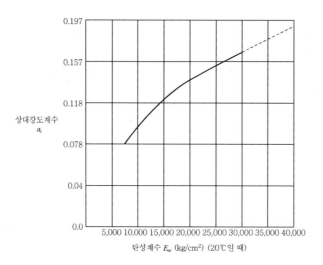

[Fig. 2.13] 아스팔트 표층 a_i와 EAC 상관도표

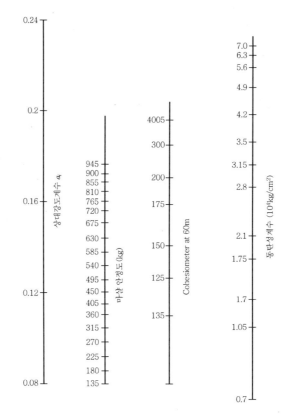

[Fig. 2.14] 표층재료 강도에 따른 a_i 변동

[Table 2.19] 포장층 재료별 상대강도계수

층별	공법·재료	품질규격	상대강도계수 (cm당)
표층 (a_1)	아스팔트 콘크리트	마샬안정도 500kg 이상	0.145
	아스팔트 콘크리트	마샬안정도 750kg 이상	0.157
기층 (a_2)	아스팔트 안정처리	마샬안정도 350kg 이상	0.110
	시멘트 안정처리	1축압축강도(7일) 30kg/cm² 이상	0.075
	린 안정처리	1축압축강도(7일) 50kg/cm² 이상	0.080
	입상재료(석산쇄석)	CBR 80 이상	0.055
	입상재료(하상골재쇄석)	CBR 80 이상	0.053
보조기층 (a_3)	막자갈(강모래+자갈)	CBR 30 이상	0.034
	석산쇄석	CBR 80 이상	0.051
	고로 슬래그	CBR 30 이상	0.034

2. 포장두께지수(SN)

포장두께지수(SN)는 AASHTO 설계법에서 아스팔트포장 각 층의 상대강도계수(a_i)와 두께(D_i)의 상관관계를 나타내는 지수이다. 포장두께지수(SN)는 도로 공용 후에 서비스 능력이 최종 서비스수준(Pt)까지 저하될 때 교통량, 노상지지력계수, 지역계수 등의 변수로 구성된 기본식(또는 설계도표)을 이용하여 산출한다.

3. AASHTO 설계법에서 상대강도계수(a_i)에 의한 포장두께지수(SN) 계산

1) 포장두께지수(SN) 산정

$$SN = a_1 D_1 + a_2 D_2 + a_3 D_3$$

여기서, a_1, a_2, a_3 : 표층, 기층, 보조기층 등 각층의 상대강도계수
D_1, D_2, D_3 : 표층, 기층, 보조기층 등 각층의 두께(cm)

2) 설계값 SN*가 소요값 SN보다 커야 하므로 층별 소요값 SN 차이로부터 설계값 SN*, 설계두께 D*을 계산

$$SN_1{}^* = a_1 D_1{}^* \geq SN_1 \qquad \Rightarrow \text{표층두께 } D_1{}^* \geq \frac{SN_1}{a_1}$$

$$SN_2{}^* = a_2 D_2{}^* \geq SN_2 - SN_1{}^* \qquad\qquad \Rightarrow \text{기층두께 } D_2{}^* \geq \frac{SN_2 - SN_1{}^*}{a_2}$$

$$SN_3{}^* = a_3 D_3{}^* \geq SN_3 - (SN_1{}^* + SN_2{}^*)$$

$$\Rightarrow \text{보조기층두께 } D_3{}^* \geq \frac{SN_3 - (SN_1{}^* + SN_2{}^*)}{a_3}$$

a_1, a_2, a_3	: 층별 상대강도계수
D_1, D_2, D_3	: 층별 소요두께(cm)
$D_1{}^*$, $D_2{}^*$, $D_3{}^*$	: 층별 설계두께(cm)
SN_1, SN_2, SN_3	: 층별 소요포장두께지수
$SN_1{}^*$, $SN_2{}^*$, $SN_3{}^*$	: 층별 설계포장두께지수

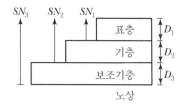

[Fig. 2.15] 층별 D_i와 SN_i의 관계

2.12 콘크리트포장의 휨강도(S_C), 탄성계수(E_C), 하중전달계수(J)

1. 콘크리트포장의 휨강도(S_C)

1) 콘크리트포장의 휨강도는 28일 강도를 말하며, 3등분 점하중(Third Point Loading) 시험을 실시하여 구한다.

2) 시험방법

   - KSF 2403 : 시험실에서 콘크리트 압축강도 및 휨강도 시험용 공시체를 제작·양생 하여 시험을 실시하는 방법
   - KSF 2408 : 콘크리트의 휨강도 시험방법으로, 단순보에 3등분 점하중을 재하하여 시험을 실시하는 방법

   * 시험방법을 따르지 않고 시방규정을 사용할 때는 배합강도를 사용한다.

2. 콘크리트포장의 탄성계수(E_C)

1) 시험으로 산정하는 방법

   시험실에서 시험에 의하여 직접 산정

2) 공식으로 계산하는 방법

   $$E_c\,(\mathrm{kg/cm^2}) = 15{,}000\,\sqrt{f_{28}}$$

여기서, E_c : 콘크리트 탄성계수(kg/cm²)

f_{28} : 콘크리트 압축강도(kg/cm²)

3. 콘크리트포장의 하중전달계수(J)

하중전달계수(J)는 줄눈, 균열, 포장과 길어깨 사이 등 콘크리트포장 슬래브의 불연속 지점에서 하중전달능력을 나타내는 계수로서, 하중전달이 잘 될수록 작은 값을 사용한다. 하중전달계수(J)는 주어진 하중에서 콘크리트에 발생하는 응력에 비례한다. 하중전달계수가 클수록 콘크리트 응력도 커지며, 슬래브 두께도 커진다.

[Table 2.22]에서 보듯 CRCP의 하중전달계수가 JCP나 JRCP보다 작다. 따라서, 같은 조건에서 슬래브 두께를 약간 줄일 수 있음을 알 수 있다.

[Table 2.20] AASHTO 추천 콘크리트 형태별 포장의 하중전달계수

구분		아스팔트 길어깨	콘크리트 길어깨 (타이바로 연결)
JCP 또는 JRCP	다웰바 사용	3.2	2.5~3.1
	다웰바 미사용	3.8~4.4	3.6~4.2
CRCP		2.9~3.2	2.3~2.9

2.13 콘크리트포장 배수계수(C_d)

콘크리트포장의 배수계수(C_d)는 배수조건이 포장수명에 미치는 영향을 나타내는 계수로서, 계획된 배수시설에 대해 설계자의 주관적인 판단에 의해 결정된다. 배수계수(C_d)는 배수조건이 좋을수록 큰 값을 사용한다.

AASHTO 설계법에서 배수계수는 [Table 2.21]~[Table 2.23]과 같다. 이는 AASHO 도로시험의 배수계수를 1.0으로 보고 상대적으로 산정한 값이다.

[Table 2.21] 아스팔트포장의 기층과 보조기층 입상재료에 대한 배수계수(m_i)

배수상태	포장체가 물의 포화상태에 있는 시간			
	1% 이하	1~5%	5~25%	25% 이상
매우 우수	1.40~1.35	1.35~1.30	1.30~1.20	1.20
우수	1.35~1.25	1.25~1.15	1.15~1.00	1.00
보통	1.25~1.15	1.15~1.05	1.00~0.80	0.80
불량	1.15~1.05	1.05~0.80	0.80~0.60	0.60
매우 불량	1.05~0.95	0.95~0.75	0.75~0.40	0.40

[Table 2.22] 콘크리트포장 설계를 위한 배수계수(C_d)

배수상태	포장체가 물의 포화상태에 있는 시간			
	1% 이하	1~5%	5~25%	25% 이상
매우 우수	1.25~1.20	1.20~1.15	1.15~1.10	1.10
우수	1.20~1.15	1.15~1.10	1.10~1.00	1.00
보통	1.15~1.10	1.10~1.00	1.00~0.90	0.90
불량	1.10~1.00	1.00~0.90	0.90~0.80	0.80
매우 불량	1.00~0.90	0.90~0.80	0.80~0.70	0.70

[Table 2.23] 배수상태의 결정기준

배수상태	배수에 소요되는 시간
매우 우수	2시간 이내
우수	1일 이내
보통	1주일 이내
불량	1개월 이내
매우 불량	1개월 이상

3 아스팔트혼합물의 배합설계

1. 아스팔트혼합물 재료의 종류

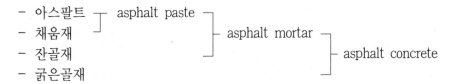

- 아스팔트 ┐ asphalt paste ┐
- 채움재 ┘ ├ asphalt mortar ┐
- 잔골재 ┘ ├ asphalt concrete
- 굵은골재 ┘

2. 아스팔트혼합물 재료의 품질기준

- 아스팔트 : 포장용 석유아스팔트. 침입도 $60 \sim 70 (AP-5)$
- 채움재　　: mineral filler, 석회암의 분말. No.200 체를 통과
- 잔골재　　: 강모래, 돌가루. No.8 체를 통과하고 No.200 체에 남는 골재
- 굵은골재 : 부순 돌(쇄석). No.8 체에 남는 골재(13, 19, 25mm)

3. 아스팔트혼합물의 최적아스팔트양(OAC) 결정방법

최적 아스팔트양(OAC)은 골재 표면을 최적두께의 아스팔트로 피막할 때의 최적 아스팔트양(=아스팔트 피막두께×골재 표면적)이다. 골재는 아스팔트의 피막두께가 $5 \sim 6 \mu m$ 일 때 결합력이 가장 높다. 현장에서 골재 표면적, 아스팔트 피막두께 등을 구하기 어려워 실험적인 방법, 즉 Marshall 안정도시험으로 OAC를 결정한다.

3.1 최적 아스팔트양(OAC)의 결정 절차 : Marshall 안정도시험

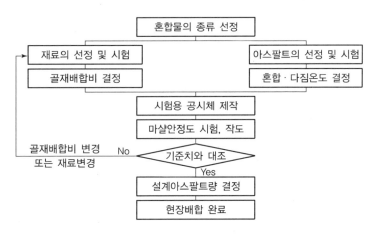

[Fig. 3.1] Marshall 안정도시험 흐름도

1. 아스팔트혼합물의 종류에 따라 규정된 아스팔트량을 기준으로 0.5%씩 변화시키면서, 규정된 혼합온도에서 아스팔트와 골재를 비빈다.

2. Marshall 시험용 공시체를 제작하여 밀도, 안정도, 흐름치 등을 측정한다.

   - 측정된 밀도(d)로부터 공극률(v)과 포화도(VFA) 등을 계산한다.

   - 밀도(Density) $\quad d = \dfrac{중량}{체적} = \dfrac{W}{V}(\text{g/cm}^3)$

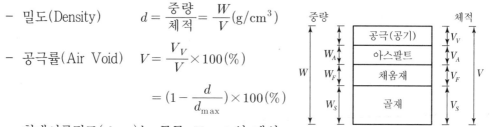

[Fig. 3.2] 중량(W)과 체적(V)

   - 공극률(Air Void) $\quad V = \dfrac{V_V}{V} \times 100(\%)$

   $\qquad\qquad\qquad\quad = (1 - \dfrac{d}{d_{\max}}) \times 100(\%)$

   - 최대이론밀도($d_{\max}$)는 공극 $V_V = 0$ 일 때의 밀도로서

   $$d_{\max} = \dfrac{W}{V_A + V_F + V_S}$$

   - 포화도(Void Filled with Asphalt)

   $$VFA = \dfrac{V_A}{V_V + V_A} \times 100(\%) = (1 - \dfrac{V}{VMA}) \times 100(\%)$$

   - 골재간극률(Void in Mineral Aggregate)

   $$VMA = \dfrac{V - (V_F + V_S)}{V} \times 100(\%) = \dfrac{V_V + V_A}{V} \times 100(\%)$$

3. 각 공시체의 아스팔트함량을 횡축에, 특성치를 종축에 놓고 곡선을 연결한다.

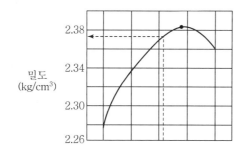

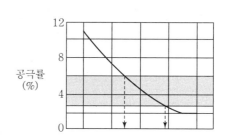

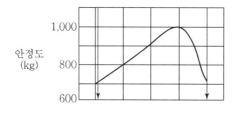

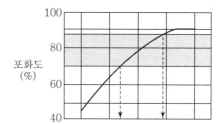

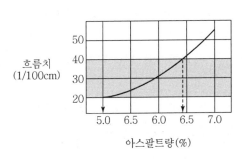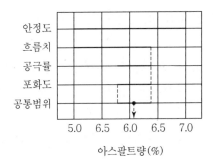

[Fig. 3.3] Marshall 시험의 결과

4. Marshall 시험의 기준치를 만족하는 아스팔트량의 공통범위를 구하여, 그 범위의 중앙값을 최적 아스팔트량(OAC ; Optimum Asphalt Content)으로 결정한다.

　1) 소성변형이 예상되는 지역은 중앙값보다 약간 적은 값을 택한다.

　2) 마모가 예상되는 적설한랭지역은 중앙값보다 약간 큰 값을 택한다.

5. 최적 아스팔트량(OAC)에 해당하는 밀도(d)를 아스팔트량의 밀도곡선에서 구하여, 이 값을 다짐기준으로 한다.

3.2 아스팔트혼합물의 배합설계 기준

1. 국내에서 아스팔트혼합물의 배합설계는 Marshall 시험에 의해 개립도, 조립도, 밀입도, 세립도 등으로 나누어 기준치를 규정한다.

[Table 3.1] 아스팔트혼합물의 배합설계 기준

혼합물 (최대입경)	① 조립도 (19)	② 밀입도 (19,13)	③ 세립도 (13)	④ 밀입도갭 (13)	⑤ 밀입도 (19F, 13F)	⑥ 세립도갭 (13F)	⑦ 세립도 (13F)	⑧ 밀입도갭 (13F)	⑨ 개립도 (13)
다짐횟수 (회)	50(75)*						50		50(75)**
안정도 (kg)	500 이상	500 이상 (750 이상)*	500 이상				350 이상	500 이상	350 이상
흐름치 (1/100cm)	20~40						20~80	20~40	
공극률 (%)	3~7	3~6	3~7	3~5			2~5	3~5	-
포화도 (%)	65~85	70~85	65~85	75~85			75~90	75~85	-

주) 1. 13F, 19F 등은 채움재(filler)가 많이 들어간 혼합물로 적설한랭지역에 적합
　　2. ( )*은 대형차 교통량이 1방향 1,000대/일 이상에서 소성변형 예상지역에 적용
　　3. ( )**은 물의 영향을 받는 지역에 적용하며, 잔류안정도 75% 이상이 바람직

$$수침 잔류 안정도(\%) = \frac{60℃ \; 48시간 \; 수침 \; 후의 \; 안정도(kg)}{안정도(kg)} \times 100$$

2. 최적 아스팔트량(OAC)은 밀도, 안정도, 흐름치, 공극률(v), 포화도(VFA) 등을 기준으로 결정하는데 공극률(v)은 대략 3~6%이다.

3. SMA 포장의 최적 아스팔트량(OAC)은 골재간극률(VMA)을 기준으로 하여 별도로 규정하고 있다.

4. 최근 중교통도로의 아스팔트포장에서는 Marshall 시험을 보완하기 위해 압밀·유동저항성을 평가하는 Wheel Tracking(동적안정도) 시험을 실시한다.[57]

3.3 아스팔트혼합물의 밀입도, 개립도

1. 개요

포장용 아스팔트혼합물은 굵은골재의 비율 및 입도분포에 따라 Macadam, 개립도, 조립도, 밀입도, 세립도, Topeka, Gap Asphalt 등으로 분류한다. Topeka는 미국 캔사스주(州) Topeca시(市)에서 일반아스팔트의 안정성 개선을 위해 세립의 쇄석을 혼입하여 처음 시공한 이후 붙여진 이름이다. Gap Asphalt는 입도분포가 불연속적인 경우를 말한다.

[Table 3.2] 밀입도와 개립도의 비교

구분	밀입도 (Dense graded asphalt concrete)	개립도 (Open graded asphalt concrete)
골재입도	-2.36mm 통과량 35~50% -굵은골재 최대치수부터 0.075mm까지 연속적으로 분포	2.36mm 통과량 5~20%
마샬안정도	500kg 이상	350kg 이상
OAC	5~7%	3~5%
특징	-표면이 치밀하다. -내유동성이 우수하다. -내마모성이 우수하다. -내구성이 우수하다.	-표면이 거칠다. -미끄럼저항성이 우수하다. -공극이 많아 주행소음이 적다. -강우시 수막현상이 감소된다. -빗물침투로 박리현상이 발생하여 내구성이 저하된다.
적용성	가열아스팔트포장 표층	미끄럼저항용 마찰층

---

57) 한국건설기술연구원/건설기술교육원, '도로포장기술교육 B 아스팔트혼합물', B5-6~10, B4-39~44, 2009.4.

2. 개립도의 품질관리

1) 골재관리 – 잔골재는 굵은골재를 부풀지 않도록 하면서, 굵은골재 사이의 공극을 채우는 수준이어야 한다.

2) 온도관리 – 개립도는 공극이 많아 온도저하가 빠르다. 온도가 저하되면 골재피복이 되지 않으므로, 개립도의 혼합온도는 밀입도의 혼합온도보다 높게 관리해야 한다.

3) 다짐관리 – 과도한 다짐은 공극감소, 미끄럼저항성 저하를 초래한다. 공극을 과도하게 메우지 않도록 철륜 Roller로 2~3회 다진다. 다만, 타이어 Roller는 개립도 혼합물의 다짐에 사용을 금지한다.

4) 공극관리 – 공극이 많아 차선 도색이 어렵고, 공극을 통해 빗물이 들어간다. 특히, 동절기에 공극 내의 물이 얼어 표면이 미끄럽다.

3.4 아스팔트혼합물의 품질시험

아스팔트혼합물의 배합설계 과정에서 마샬(Marshall) 안정도시험을 통하여 아스팔트함량 변화에 따른 안정도를 평가하고, 최적 아스팔트량(OAC)을 결정한다.

[Table 3.3] 국내 포장설계에 적용되는 마샬 안정도 값

구분	재료	품질조건	상대강도계수
표층	아스팔트콘크리트	Marshall 안정도 750kg 이상	0.157
중간층	아스팔트콘크리트	Marshall 안정도 500kg 이상	0.145
기층	아스팔트안정처리	Marshall 안정도 350kg 이상	0.110

1. 마샬안정도시험(Marshall Stability Test)

아스팔트혼합물의 원통형(직경 10cm, 높이 6.35cm) 공시체 측면을 시험기구에 고정시키고, 60℃에서 5cm/分의 재하속도로 하중을 증가시켜 공시체가 파괴될 때의 최대하중(kg)을 측정하는 시험이다.

이 시험은 25mm 이하 굵은골재로 생산된 아스팔트혼합물의 소성변형 저항성을 측정하는 데 사용된다. 따라서 25mm 이상 혼합물에는 적용이 곤란하고 시험 중 온도변화에 따라 측정오차가 크게 발생하는 문제점이 있다.

이 시험은 오래 전부터 경험적으로 시행하고는 있으나, 실제 혼합물의 거동상태를 파악하기 곤란하다. 이에 대한 대책으로 중교통 아스팔트포장에는 마샬 안정도시험과 동적 안정도

시험(Wheel Tracking)과 병행하고 있다.

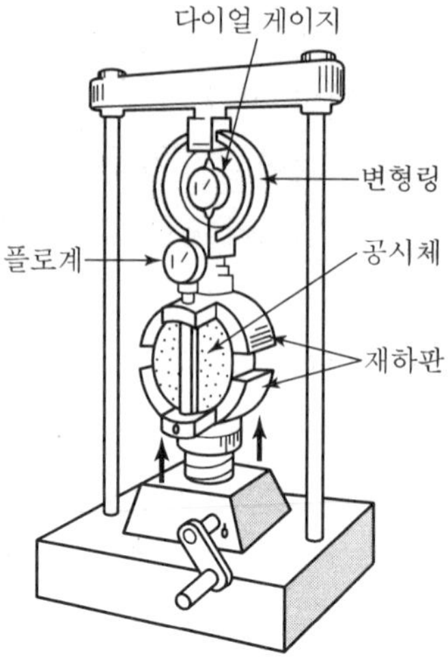

[Fig. 3.4] 마샬 안정도시험

2. 수침잔류안정도시험

아스팔트포장이 집중호우로 48시간 이상 침수되었다고 가정하여 포장의 내구성을 측정하는 시험이다. 이 시험은 마샬(Marshall) 안정도시험의 원통형 공시체를 실온에서 12시간 양생한 후, 60℃ 항온수조에서 48시간 수침시켜서, 공시체에 하중을 점차 증가시켜 파괴될 때의 최대하중(kg)을 측정한다. 이 시험 결과, 아스팔트포장 표층의 경우에는 수침잔류안정도가 75% 이상 되어야 한다.[58]

$$수침잔류안정도(\%) = \frac{60℃\ 48시간\ 수침\ 후의\ 안정도(kg)}{안정도(kg)} \times 100$$

3. 동적안정도(Wheel Tracking)시험

중교통도로의 아스팔트포장에서는 마샬(Marshall) 안정도시험을 보완하기 위하여 압밀·유동 저항성을 평가하는 동적 안정도(Wheel Tracking)시험을 실시한다. 동적 안정도는 아스팔트포장이 1mm 변형하는 데 소요되는 차륜의 통과횟수로 나타낸다.

1) Wheel Tracking 공시체 제작 순서

① 혼합물을 30×30×5cm Mold에 넣고, Roller Compactor로 다진다.

---

58) 한국건설기술연구원/건설기술교육원, '도로포장기술교육 B 아스팔트혼합물', B3-20~27, 2009.4.

② 동일한 배합의 공시체 3개를 제작하여 1조로 한다.

③ 제작한 공시체는 실내에서 12시간 양생한다.

④ 시험 시작 전에 60℃의 항온실에서 5시간 양생한다.

2) Wheel tracking 주행시험 방법

① Test wheel을 공시체의 중앙에 놓고, 하중을 70kg(접지압 6.5±0.15kg/cm^2) 이상 재하한다.

② Test wheel은 공시체의 중앙부를 1분에 42회의 속도로 수평왕복운동을 하고, 주행거리는 1방향 23cm 정도이다.

③ 처음 5분간은 1분마다 변형량을 측정하고, 그 후에는 5분마다 측정한다.

④ 측정을 2~3시간 동안 계속 실시하여 시간-변형량곡선을 그려 나간다.

3) Wheel tracking 시험성과 판정

① 방안지에 횡축-시간, 종축-변형량으로 정하고 시간경과에 따른 변위량을 plot하여 시간-변형량곡선을 그린 후, 변형특성을 정량적으로 표기한다.

- 변형률(Rate of Deformation) $RD = \dfrac{d_2 - d_1}{t_2 - t_1}$ (mm/분)

- 동적 안정도(Dynamic Stability) $DS = \dfrac{42 \times (t_2 - t_1)}{d_2 - d_1}$ (회/mm)

여기서, d_1은 t_1(45분)의 변형량(mm), d_2는 t_2(60분)의 변형량(mm)

② 시험성과가 [Fig. 3.6] 그래프와 같은 경우 동적 안정도(DS)로 판정한다.[59]

$$DS = \frac{42 \times (60 - 45)}{9.2 - 8.3} = 700 (회/mm)$$

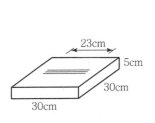

[Fig. 3.5] 동적 안정도시험 공시체

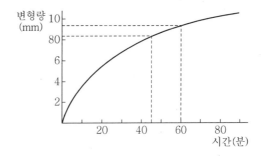

[Fig. 3.6] 동적 안정도시험 그래프

---

59) 한국건설기술연구원, '한국형 포장설계법 연구 : 2단계 3차년 최종', 2007, 3.2.2.

Road Engineering

4 아스팔트포장의 종류 및 구성

포장공사용 가열아스팔트혼합물(HMA ; Hot Mix Asphalt) 재료로 사용되는 아스팔트는 가열하면 매우 쉽게 액화되어 골재와 잘 혼합되며, 그 자체가 매우 끈끈하기 때문에 골재와 잘 부착된다. HMA가 냉각되면 상온에서 매우 단단해져서 도로포장이나 공항포장에 사용하면 중차량에도 충분히 견딜 수 있을 정도로 강하다.

4.1 아스팔트의 종류

1. 유화아스팔트 : 액체아스팔트, 상온아스팔트

1) 유화아스팔트의 특성

유화아스팔트(아스팔트유제)는 아스팔트, 물 및 유화물의 혼합물로서, 물에 녹지 않으므로 자연에서는 물과 분리된 상태로 존재한다. 유화아스팔트는 상온에서 액체상태이므로 액체아스팔트로 분류되는데, 낮은 사용온도에서 아스팔트의 점도를 줄이기 위해 제조한다. 유화제(비누와 같은)가 섞인 물에 가열아스팔트를 압력을 가하여 콜로이드 밀을 통과시키면 아스팔트는 작은 방울($5\mu m$ 이하)로 되면서 물에 분산된다. 유화제는 아스팔트 방울 표면에 전하(電荷)를 띠게 만들어 방울끼리 서로 달라붙지 않도록 하는 작용을 한다.

2) 유화아스팔트의 종류

① 음이온계 : 사암, 석영 등 규산질 골재들은 표면이 음으로 대전되어 있어, 양이온계 유화아스팔트에 적합하다.

② 양이온계 : 석회석 골재는 표면이 양으로 대전되어 있어, 음이온계 유화아스팔트에 적합하다.

3) 유화아스팔트의 용도 : 경화속도에 따라 구분

① 급속경화(RS ; Rapid Setting) : 표면처리 및 침투식 머캐덤 포장

② 중속경화(MS ; Medium Setting) : 개립도 상온아스팔트혼합물

③ 완속경화(SS ; Slow Setting) : 밀입도 상온아스팔트혼합물

2. 커트백 아스팔트

1) 커트백 아스팔트 특성

커트백 아스팔트는 아스팔트에 휘발성 용제를 혼합한 것으로, 아스팔트와 골재를 혼합한 후 휘발성 용제가 증발되면 표면에 아스팔트만 남아 있도록 만든 제품이다. 커트백 아스팔트는 아스팔트가 저온에서도 낮은 점도를 유지하여 작업성을 좋게 하기 위해 제조된 액체 아스팔트이다. 최근에는 포장공사 현장에서 커트백 아스팔트를 유화아스팔트로 대체하여 사용하는 추세이다.

2) 커트백 아스팔트 종류 : 용제의 증발속도에 따라 구분

① 급속경화(RC ; Rapid Curing) : 아스팔트에 휘발성이 높은 용제(휘발유)를 혼합한 제품. Tackcoat, 표면처리 등에 사용
② 중속경화(MC ; Medium Curing) : 아스팔트에 휘발성이 보통인 용제(등유)를 혼합한 제품. Prime Coat, 응급보수(Patching) 등에 사용
③ 완속경화(SC ; Slow Curing) : 아스팔트에 휘발성이 낮은 용제(경유)를 혼합한 제품. 방진처리용 살포제에 사용

[Table 4.1] 커트백 아스팔트가 유화아스팔트로 대체되어 수요가 줄어드는 이유

구분	유화아스팔트	커트백 아스팔트
환경성	공기 중에 증발되는 휘발성분이 매우 많아 환경피해가 있다.	공기 중에 증발되는 휘발성분이 매우 적어 공해가 없다.
경제성	유화제는 비누와 비슷한 성분이다.	휘발용제는 연료의 일종으로, 대기 중에 휘발시키는 것은 낭비이다.
안전성	사용하기 쉽고, 안전하며, 화재의 위험도 적다.	화재의 위험이 있다.
작업성	더 낮은 온도에서 작업할 수 있고, 습한 표면에도 사용할 수 있다.	상온에서 작업하고, 잘 건조된 표면에서만 사용해야 한다.

4.2 아스팔트의 재료적 특성

1. 아스팔트의 침입도

침입도란 아스팔트의 단단하고 유연한 정도를 나타내는 값으로, 중량 100kg의 바늘이 아스팔트 속으로 관입되는 깊이를 말한다. 침입도는 아스팔트 시료에 중량 100kg의 바늘이 25℃에서 5초 동안에 관입되는 깊이 0.1mm를 침입도 1로 표시하는 시험방법이다. 유지하며, 같은 시료로 3회 실시하여 평균값으로 결정한다.

[Table 4.2] 침입도에 따른 아스팔트의 분류

침입도	상태	아스팔트 분류	비고
40~50	단단한 상태	AP-7	- 일반 아스팔트에는 소성변형 방지를 위해 60~70의 AP-5 권장 - Guss asphalt에는 접착성을 고려하여 20~40의 AP-7 사용
60~70	↑	AP-5	
85~100		AP-3	
120~150	↓	AP-1	
200~300	연한 상태	AP-0	

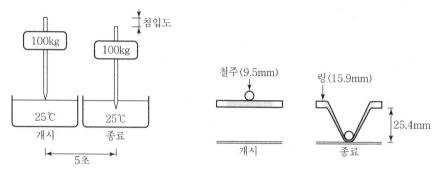

[Fig. 4.1] 침입도 시험   [Fig. 4.2] 연화점 시험

2. 아스팔트의 연화점(Softening point)

연화점이란 아스팔트 온도가 상승할수록 점점 물러지는데, 일정한 값(25.4mm 처짐)만큼 물러졌을 때의 온도를 말한다. 연화점 시험은 한 쌍의 황동제 링(안지름 15.9mm) 사이에 아스팔트를 충진하고, 그 위에 3.5g 철주(ϕ9.5mm)를 놓고, 5℃ 항온수조 속에 삽입한 후, 항온수조를 5℃/분 속도로 가열하여 25.4mm 처질 때 온도를 측정하는 방법이다. 아스팔트가 단단할수록 침입도는 작고 연화점은 높다. 아스팔트의 연화점에서 침입도는 800 정도이다. 아스팔트의 연화점이 높으면 감온성이 낮아, 포장용으로 적합하다.

4.3 아스팔트포장의 종류

1. 사용하는 바인더(결합재)의 종류 또는 공법에 의한 분류

1) 수지(樹脂)와 고무를 첨가한 개질아스팔트포장
2) 세미 블로운 아스팔트포장
3) 구스 아스팔트포장
4) 롤드 아스팔트포장

5) 전단면(Full-depth) 아스팔트포장 : 필요한 층의 두께를 전부 아스팔트혼합물로 구성하여 노상 위에 직접 아스팔트혼합물을 포설

2. 기능에 의한 분류

1) 미끄럼방지포장
2) 내유동성 포장
3) 투수성 포장 : 빗물을 노면으로 침투시켜 지하수의 함양(涵養)과 하천으로의 유입을 줄이기 위한 포장
4) 배수성 포장 : 포장체 표면의 배수를 위한 포장

3. 사용되는 장소에 의한 분류

1) 차도포장   2) 보도포장
3) 교면포장   4) 버스장류장포장
5) 주차장포장   6) 터널 내 포장
7) 단지 내 포장

4.4 아스팔트포장의 구성

1. 표층

1) 위치

포장의 최상부에 설치

2) 기능

- 교통하중을 분산시켜 하부층으로 전달
- 하부층으로 빗물의 침투 방지
- 교통차량에 의한 마모와 전단에 저항
- 주행 쾌적성과 노면 평탄성 유지

3) 재료

밀입도(密粒度) 가열아스팔트혼합물을 사용

2. 기층

1) 기능

표층에서 전달되는 힘에 견디기 위해 포장을 구조적으로 지지

2) 재료

- 입도 조정, 시멘트안정처리, 역청안정처리, 침투식 등
- 최대입경 40mm 이하, 1층 마무리두께 1/2 이하(단, 침투식은 제외)

3) 입도조정 공법

- 재료는 수정 CBR 80 이상, 0.425mm(No.40) 체 통과분의 소성지수 4 이하
- 수정 CBR을 구하기 위한 다짐도는 최대건조밀도의 95%

4) 시멘트안정처리 공법

- 재료는 6일 양생, 1일 수침 후의 1축압축강도 $30km/cm^2$ 유지
- 안정처리 후의 윗면이 포장표면보다 10cm 이상 깊도록 표면을 마무리
- 큰 침하가 예상되는 지역에서 기층에 시멘트안정처리 공법은 부적합

5) 주의

- 시멘트, 자갈, 세립도의 품질이 양호해도 기층에 직접 사용 금지
- 기층재료는 반드시 시멘트, 역청 등을 첨가하여 안정처리 필요

3. 보조기층

1) 위치

보조기층은 기층과 함께 포장과 노상의 중간에 설치

2) 기능

- 표층과 기층을 통해 전달되는 교통하중을 분산시켜 노상에 전달
- 노상토의 세립자가 기층으로 침입하는 것을 방지
- 동결에 의한 손상 최소화, 자유수의 포장 내부 고임 방지
- 표층과 기층의 시공장비를 위한 작업로 제공

3) 재료

- 경제성을 고려하여 공사현장 부근에서 발생하는 재료를 이용
- 비안정처리 : 쇄석, 슬래그, 쇄석모래자갈 또는 이들의 혼합골재
- 안정처리 : 아스팔트, 시멘트, 석회, 플라이애시 등의 혼화제
- 비안정처리 또는 안정처리된 입상재료를 전압하여 마무리

4. 동상방지층

1) 기능

포장을 동결로부터 보호하기 위해 포장 내부에 빙막 형성을 방지

2) 재료

- 최대입경 : 골재의 최대입경 100m 이하
- 세립토 함유량 : 직경 0.02mm 이하 세립토의 함유량 3% 이하
  0.075mm(No.200)체 통과분의 함유량 15% 이하
- 모래당량 : 모래당량 시험치는 20% 이상

5. 노상

1) 기능

포장층의 기초로서 포장에 작용하는 모든 하중을 최종적으로 지지

2) 재료

노상토의 토질상태가 다음과 같을 경우 특별시방을 규정하여 관리
- 과민한 팽창성 또는 탄성적 반응성 토사층 : 제거하고 치환
- 동상에 민감한(0.02mm 이하 토사>15%) 토사층 : 제거하고 치환
- 고유기질 토사(Organic Soil)가 국부적으로 존재 : 제거하고 치환
- 토사 종류가 불규칙하게 분포 : 재다짐 또는 치환
- 장비에 의해 쉽게 변위되는 습윤 점성토 : 입상재료를 혼합[60]

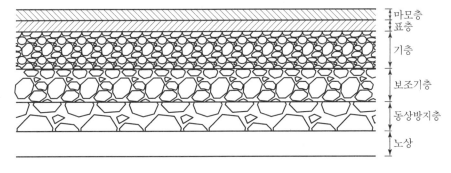

[Fig. 4.3] 아스팔트포장의 단면 구성

---

60) 국토교통부, '도로설계편람 제4편 도로포장', 2012, pp.403-1.

5 한국형 아스팔트포장 설계법

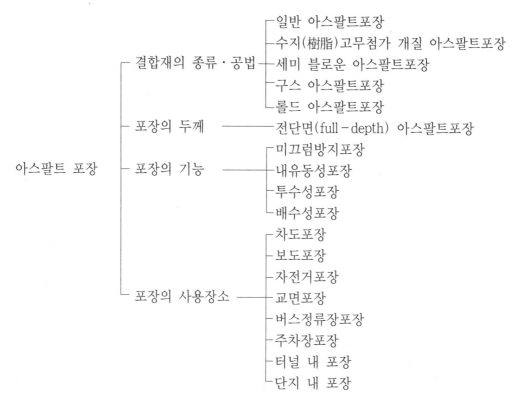

[Fig. 5.1] 아스팔트포장의 구분

5.1 한국형 아스팔트포장 설계법

1. 아스팔트포장은 다음 흐름도와 같이 설계프로그램 S/W 절차에 따라 설계한다.
2. 먼저 설계대상 지역에 적합한 포장단면을 설정하고, 기상·교통정보를 입력한다.
3. 입력변수를 통해 포장 거동을 분석하고, 그 결과를 이용하여 공용성을 예측한다.

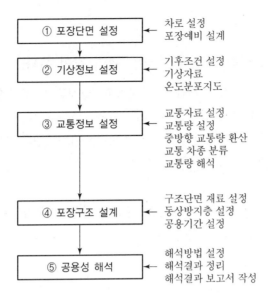

[Fig. 5.2] 아스팔트 포장의 설계흐름도

5.2 프로그램 실행 환경

NAVER 한국형 도로포장설계 프로그램 ▾ 🔍 을 실행하면, 개발기관 및 프로그램 버전을 보여주는 초기화면 창이 나타나며, 실행 환경은 다음과 같다.

1. 지원 O/S : Windows 2000, Windows XP, Windows 7 32비트
2. 필수 설치 S/W : Microsoft Office 2003 이상(MS Access 포함)
3. 지원 언어 : 한글(영문 O/S는 지원하지 않음)

[Fig. 5.3] 한국형 포장설계법 프로그램 초기화면 창

5.3 일반사항 입력

1. 초기화면 창이 나타난 후에는 과업 관리 창이 뜬다.

1) 설계의 기본단위로서 '과업'을 생성하고, 설계등급, 포장종류 등을 확인
2) 과업은 DB 파일(MDB Access File)단위로 관리되며, 과업 수정도 가능
3) '새 과업' 버튼을 클릭하여 과업정보, 기하구조, 교통량, 환경조건, 재료조건 및 공용성 기준 등을 새롭게 입력하면서 진행

2. 과업 정보 입력 창에는 설계과업의 특징을 확인할 수 있는 일반정보를 입력한다.

1) '과업 명'은 저장되는 파일이름이므로 기존 과업 명과 중복되지 않도록 입력
2) '설계등급 1'은 매우 구체적인 실험결과를 요구하면서 신뢰성 높은 결과를 제시하지만, '설계등급 2'는 입력값을 추정할 수 있는 단순한 실험결과를 요구하면서 설계등급 1보다는 다소 낮은 설계 결과를 제시

3. 일반사항 입력은 아스팔트포장과 콘크리트포장 설계에 동일하게 적용된다.

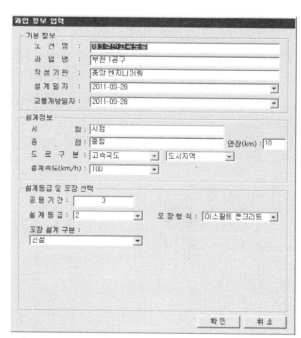

[Fig. 5.4] 과업 정보 입력

5.4 설계과업 입력

1. 횡단설정 : 설계대상 도로의 차로수, 차로폭, 길어깨의 폭·종류를 결정한다.

1) 차로수는 양방향, 차로폭은 3.6m, 길어깨 폭은 1.5m 등과 같이 DB에 기준값이 설정되어 있으므로, 작성자가 설계 요구값으로 다음과 같이 수정하여 입력
   - 차로수 : 일반적으로 2~8차로 사이에서 선택
   - 차로폭 : 일반적으로 3.00~3.60m 사이에서 선택
   - 길어깨 폭 : 일반적으로 0.25~3.00m 사이에서 선택
   - 길어깨 종류 : 아스팔트 콘크리트 또는 시멘트 콘크리트를 선택
2) 구조설계를 위한 자료는 다음단계 버튼을 눌러 순서대로 입력하며, 최종단계에서 공용성 해석을 수행하면 해석 결과를 확인 가능

2. 예비단면설계 : 설계 대상 도로포장 단면의 각 층 두께를 입력한다.

1) 포장단면의 두께는 최대골재 크기를 고려하여 각 층별 최소두께 및 최대두께의 제한 범위 내에서 m 단위의 정수로 입력
2) 포장단면 두께를 표층-중간층-기층-보조기층-노상으로 구성하여, 각 층 재료의 탄성계수를 설계등급(1, 2)에 따라 실내시험이나 설계DB 값으로 입력
3) 만약 덧씌우기 포장 형식을 선택하였다면, 다음과 같이 포장 단면도에 덧씌우기가 나타나므로, 동일하게 원하는 두께를 입력하고 다음 단계로 진행

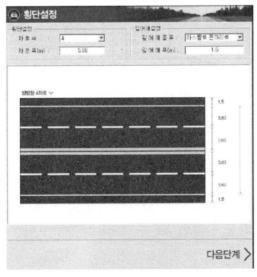

[Fig. 5.5] 횡단설정

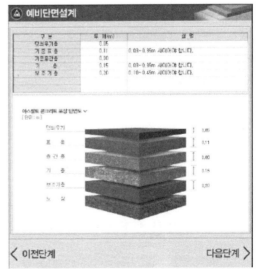

[Fig. 5.6] 예비단면설계(덧씌우기창)

3. 기상관측소 선택 : 설계대상 지역에서 최단거리 3개소의 기상관측소를 선택하는 것이 바람직하지만, 최단거리 1개소를 선택할 수도 있다.

1) 각 관측소에 제시되어 있는 기상정보의 평균값을 산출하여 입력하면 기준으로 설계적용 기상관측소 정보 창이 뜬다.

2) 기상관측소 선택 창에서 마우스 우측을 클릭하고 'Pan' 메뉴를 선택하여 지도를 이동시켜 대상 지역이 나타나면 다시 우측을 클릭하여 위도·경도를 선택한 후, 해당 지점에서 마우스 왼쪽을 클릭한다.

3) 이때 선정된 지역에 적용되는 동결지수가 자동 계산되어 우측 하단에 표시되며, 이 값은 다음 단계에서 동상방지층 결정에 활용된다. 또한 이때 선정된 기상관측소 위치는 다음 단계에서 포장층 온도 해석에 활용된다.

4. 기상자료분석 : 기상관측소 위치를 선택하면 선택된 지역의 요약된 기상자료 (최고·최저온도, 강수량)를 월별 도표 및 그래프로 보여준다.

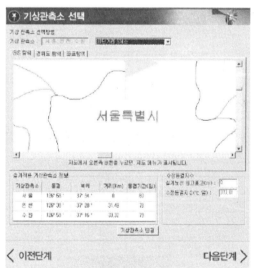 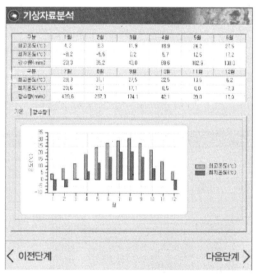

[Fig. 5.7] 기상관측소 선택　　　　　[Fig. 5.8] 기상자료분석

5. 포장층 온도분석 결과 : 기상자료분석 창에서 다음 단계를 선택하면 포장층의 내부온도를 분석하여 온도 데이터를 자동 산출한 후, 그 분석 결과를 보여준다.

1) 깊이·시간에 따른 온도변화를 확인하려면 '온도분석결과 보기'를 선택

2) 온도변화를 확인하지 않고 계속 진행하려면 '교통량 입력'을 선택

6. **교통량 입력** : 앞서 과업 정보 입력 창에서 입력했던 자료를 기준으로 적절한 도로등급, 공용개시년도, 설계지역구분, 설계속도, 차로수, 교통량 환산계수, 시간별 교통량 비율 등의 교통량 관련 자료가 제시된다.

1) 교통량 연 증가율 : 초기연도 교통량이 증가하지 않으면 '증가율 미적용'을 선택하며, 교통량이 (비)선형으로 증가하면 '(비)선형증가율'을 선택하고 수식에 증가율을 추가 입력한 후 '계산'을 선택한다. 향후 공용기간 중 교통량 추정자료가 있으면 '교통량 추정자료'를 선택하여 공용기간 중 年단위 교통량을 입력한다.

2) 차종별 교통량 : 초기연도 연 평균 일 교통량(AADT)를 입력하고 '교통량 초기화'를 선택하면 이미 선택된 교통량 연 증가율을 자동 적용하여 공용기간 중의 차종별 AADT가 연도별로 결정된다.

3) 교통량환산계수 : 도로등급 및 차로수에 따라 이미 결정된 DB값이 화면에 나타나지만, 특별한 경우에는 이를 수정하여 적용할 수 있다.

4) 시간별 교통량 비율 : 24시간별 교통량 비율이 DB값을 바탕으로 표시된다.

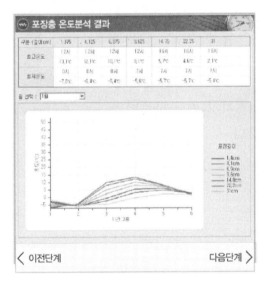

[Fig. 5.9] 포장층 온도분석 결과   [Fig. 5.10] 교통량 입력

7. **차종/시간별 교통량 분석** : 앞서 입력한 교통량 정보에 따른 AADT 초기값을 기준으로 차종별/24시간대별 교통량 분석 결과를 보여준다. 연도별 교통량 분포의 변화는 창에서 화살표를 선택하면 확인할 수 있다.

월별 교통량 : 차량대수와 차종비율에 따라 DB에 저장되어 있는 자료를 바탕으로 AADT의 월별 교통량 변화를 계산하여 표시

8. **설계차로 교통량 분석 : 차로계수와 방향계수가 고려된 실제 설계교통량으로 환산한 결과를 보여준다.**

이 값은 다음 9단계에서 차축별 교통량 환산을 위한 기본자료에 활용

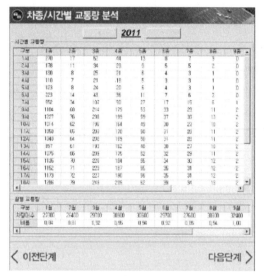

[Fig. 5.11] 차종/시간별 교통량 분석

[Fig. 5.12] 설계차로 교통량 분석

9. **차종별 차축구성 : '차축구성'에서는 4가지 차축의 하중별 교통량 계산에 사용되는 차종의 하중별 교통량을 보여준다.**

1) 차종별 차축의 구성상태를 숫자 또는 타이어그림으로 표시하고 있으므로, '차축구성도'를 클릭하면 각 차축의 하중별 분포를 확인 가능
2) 차축 구분은 4가지 축(단축단륜, 단축복륜, 복축복륜, 삼축복륜)별로 각 차종의 교통량 계산에 사용되는 하중별 교통량을 확인 가능

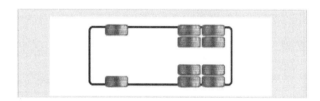

[Fig. 5.13] 타이어그림 5종(중형트럭 B)

10. 교통량 해석 : 최종적으로 설계에 사용되는 4가지 차축의 월별/시간별/하중별 차량 AADT를 추정하여 보여준다.

교통량 저장중...

[Fig. 5.14] 교통량 계산 프로세스

1) 공용기간 중에 설계교통량의 AADT의 변화는 화살표를 선택하면 확인 가능
2) 교통량 출력 : 교통 차종을 선택하면 선택된 차종에 대하여 교통량을 해석한 후, 출력 가능

[Fig. 5.15] 차종별 차축구성

[Fig. 5.16] 시간별 교통하중분석결과

11. 재료물성 입력 : 예비단면에서 결정된 포장층과 각 층의 두께에 대한 재료를 선택하고 설계등급에 따라 해당하는 재료물성값을 입력한다.

'설계등급 1'은 실내실험을 수행하여 역학적 물성(탄성계수 등)을 직접 입력하고, '설계등급 2'는 역학적 물성을 추정 가능한 실험결과를 입력하는 것이 기본이다. 이 화면에서는 각 포장층별 재료물성 입력 버튼을 클릭하여 반드시 적절한 재료물성을 입력하고 확인 버튼을 클릭해서 입력해야 올바른 공용성 해석이 수행된다는 점에 유의한다.

1) 표층(아스팔트층) : 일부 혼합물은 이미 설계등급 1수준의 실험이 완료되어 있으므로 설계등급 2수준의 혼합물을 선택하여 설계를 수행하더라도 추가 실험비용 없이 '포장재료선택(DB)활용'을 클릭하여 설계를 진행할 수 있다.

① 실험이 진행된 표층의 골재는 밀입도 13mm, 밀입도 19mm, 갭입도 13mm이며, 바인더는 PG58-22, PG64-22, PG76-22가 있다.

② 중간층 재료는 표층 재료와 동일한 재료를 사용하는 것으로 가정한다.

③ 기층의 골재는 밀입도 25mm, 바인더 PG64-22를 활용할 수 있다.

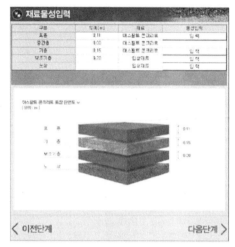

[Fig. 5.17] 재료물성 입력

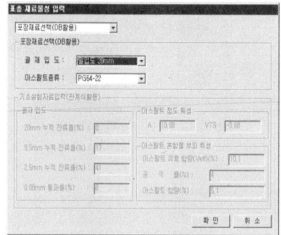

[Fig. 5.18] 표층(아스팔트층)

④ 포장재료-설계등급 1 : 동탄성계수 실험을 통하여 알파(α), 베타(β), 감마(γ), 델타(δ)를 결정한 후에 이를 입력한다.

⑤ 포장재료-설계등급 2 : DB에 내장된 혼합물 창의 기본사항 탭에서 골재와 바인더를 선택한다. 아스팔트 기층은 표층과 동일한 절차를 따른다.

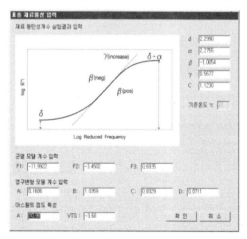

[Fig. 5.19] 표층 설계등급 1

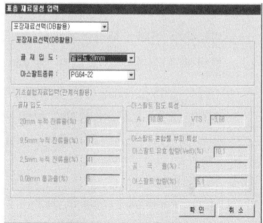

[Fig. 5.20] 표층 설계등급 2

2) 기층 : DB에 아스팔트 기층과 쇄석 기층의 2가지로 입력되어 있으므로, 이 중에서
　　선택하여 물성을 입력하면 각각 다른 종류의 폼에서 물성이 정해진다.

　　① 아스팔트 기층에서는 쇄석 기층 재료 외의 입력값은 표층과 동일하다. 설계 수준
　　　1과 2에서 입력되는 기층 물성 종류가 다르다는 점에 유의한다.

　　② 쇄석 기층은 최대건조중량의 기본 디폴트 값이 입력되어 있으므로, 수정사항이
　　　있을 경우에는 별도 입력한다.

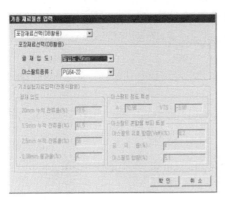
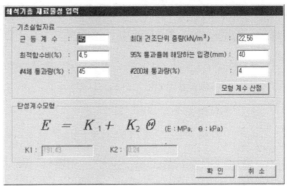

[Fig. 5.21] 아스팔트 기층　　　　　　　　　　[Fig. 5.22] 쇄석 기층

3) 보조기층, 노상층 : 탄성계수 예측 물성 값은 실험을 통해 얻는다. 기본 디폴트 값으로
　　입력된 DB자료에 대하여 수정사항이 있을 경우에는 별도 입력한다.

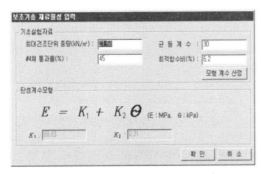

[Fig. 5.23] 보조기층　　　　　　　　　　[Fig. 5.24] 노상층

4) 덧씌우기층 : 설계구분에서 신설이 아닌 덧씌우기로 선택한 경우, FWD 측정값 등을
　　입력할 때는 기존 표층 재료물성과 관련된 값으로 입력한다.

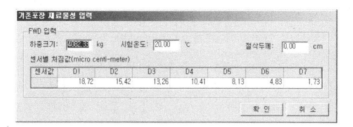

[Fig. 5.25] 덧씌우기층

12. 동상방지층 설계 : 설계대상 지역의 현장조건(성토부 높이 H)과 토질조건 (0.08mm 통과량 %, 소성지수 PI)을 입력한다.

1) 동결깊이 설정에 필요한 건조단위중량(kg/m^3)과 함수비(%)를 결정하여 입력하면 동결심도가 자동 산정된다.

2) 수정동결지수 및 설계동결깊이 산정(노상동관결관입 허용법) 정보 창이 나타나고, 최종적으로 동상방지층 두께 산정 정보 창이 나타난다.

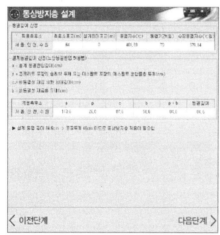

[Fig. 5.26] 동결깊이 산정

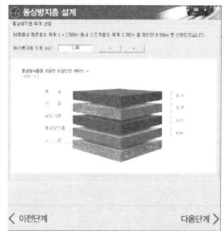

[Fig. 5.27] 동상방지층 두께 산정

13. 설계공용성 및 신뢰도 입력 : 공용기간에 대하여 설계된 아스팔트 포장의 공용성을 평가하기 위한 기준을 입력한다.

1) '공용성 기준'에서 피로균열 20%, 영구변형 1.3cm, IRI 3.5를 기준값으로 설정하며, 도로등급에 따라 각 기준값을 증가시켜 기준을 완화하거나 감소시켜 기준을 엄격하게 적용할 수 있다.

2) 종합적인 해석결과를 포함하여 시간경과에 따른 피로균열, 영구변형 및 IRR 추이를 확인하기 위하여 해당 탭을 클릭하면 구체적인 해석결과를 보여준다.

3) '공용성 해석'을 선택하면 공용성 해석이 시작되며, 사용되는 PC에 따라 소요시간이
   길어질 수 있으므로, 입력값을 확인한 후에 시작하도록 한다.

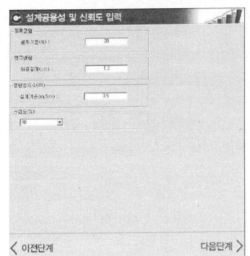
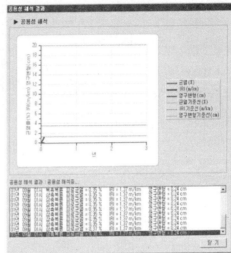

[Fig. 5.28] 설계공용성 및 신뢰도 입력

14. 공용성 해석 결과 : 공용성 해석이 종료되면 주어진 단면과 재료가 공용성 기준을 통과하는지에 대한 검토결과가 나타난다.

① '공용성 기준'을 통과하지 못한 경우에는 단면과 재료를 조정하여 다시 공용성 해석을
   수행해야 한다.

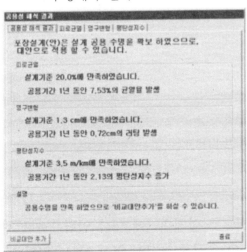

[Fig. 5.29] 공용성 해석 결과

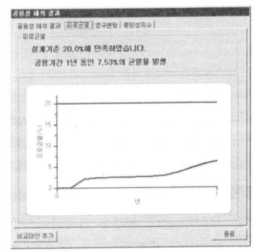

[Fig. 5.30] 피로균열

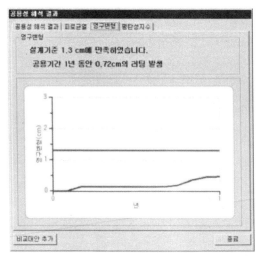

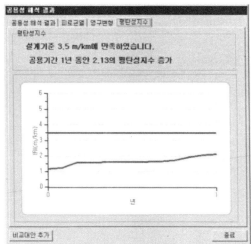

[Fig. 5.31] 영구변형   [Fig. 5.32] 평탄성지수

② '공용성 기준'을 통과한 경우에는 동일한 조건에서 단면과 재료를 수정하면서 '대안비교'를 통해 경제성 분석을 수행한다.

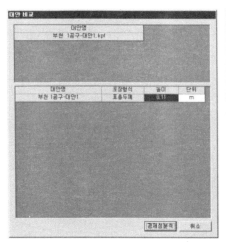

[Fig. 5.33] 대안 비교

5.5 설계보고서 출력

1. '보고서 출력' 버튼을 클릭하면 최종적으로 설계대안에 대한 입력값과 설계의 결괏값이 기본 기하구조 및 입력값과 함께 설계 보고서 형식으로 출력된다.[61]

---

61) 국토교통부(2011), 도로포장 구조 설계 프로그램 사용자 매뉴얼, p.3-54.

제3 경인고속도로 설계 보고서[62]

작성일자 : 20××년 9월 28일
작성기관 : 중앙 엔지니어링

1. 과업 정보

1.1 노선명 : 제3 경인고속도로
1.2 과업명 : 부천 1공구
1.3 설계 일자 : 20××년 9월 28일
1.4 시점/종점 : 시점/종점
1.5 연　　장 :
1.6 도로 구분 : 고속국도/도시지역
1.7 설계 속도 : 100km/h
1.8 공용 기간 : 1년
1.9 설계등급 : 설계등급 2
1.10 포장 형식 : 아스팔트 콘크리트
1.11 교통 개방 일자 : 20××년 9월 28일
1.12 기상관측소 : 서울, 인천, 수원

2. 설계 정보

2.1 차로 설정
(1) 차로수 : 양방향 4차로
(2) 차로폭 : 3.6m
2.2 길어깨 설정
(1) 길어깨 종류 : 아스팔트 콘크리트

[Fig. 5.34] 아스팔트 포장 구조설계 보고서

---

62) 국토교통부(2012), 도로설계편람, 제4편 도로포장, 402 포장설계 일반사항, p.403-1~14.

6 콘크리트포장의 종류 및 구성

콘크리트포장은 콘크리트 슬래브, 보조기층, 노상으로 구성되는데, 콘크리트 슬래브의 휨저항에 의해 대부분의 하중을 지지한다. 우리나라에서 콘크리트포장 설계는 미국 AASHTO 설계법을 기본으로 하여 콘크리트 슬래브(PCC : Portland Cement Concrete) 두께를 결정하고 있다. 고속도로의 경우 보조기층 재료에 입상재료(안정처리) 대신 린(Lean)콘크리트를 사용하고, 하부에 동상방지층을 설치한다. 콘크리트 슬래브와 보조기층을 합한 총 두께가 동결깊이보다 얇은 경우 부족한 만큼 노상의 상부에 동상방지층을 설치한다.

6.1 콘크리트포장의 종류

1. 횡방향 줄눈과 보강철근의 유무 및 형식에 따른 종류

1) 무근콘크리트포장(JCP : Jointed Concrete Pavement)
2) 철근콘크리트포장(JRCP : Jointed Reinforced Concrete Pavement)
3) 연속철근콘크리트포장(CRCP : Continuously Reinforced Con'c Pavement)
4) 프리스트레스콘크리트포장(PCP : Prestressed Concrete Pavement)
5) 롤러다짐콘크리트포장(RCCP : Roller Compacted Concrete Pavement)

2. AASHTO 설계법에 따른 콘크리트포장의 종류

1) 무근콘크리트포장(JCP) : '81 AASHTO Interim Guide 적용

무근콘크리트포장(JCP)의 형태는 Dowel Bar나 Tie Bar를 제외하고 일체의 철근 보강이 없으며, 필요에 따라 하중전달을 위해 줄눈부에도 Dowel Bar를 설치한다. 줄눈 이외의 부분에서는 균열발생을 불허하며, 일정한 간격의 줄눈을 설치하여 균열발생 위치를 인위적으로 조절한다. 온도변화와 건조수축에 의한 슬래브의 활동을 억제하는 구속력을 줄이기 위해 슬래브와 보조기층 사이에 분리막을 설치한다.

2) 연속철근콘크리트포장(CRCP) : '86 AASHTO 설계법 적용

연속철근콘크리트포장(CRCP)의 형태는 횡방향 줄눈을 완전히 제거하여 승차감이 좋고 포장수명도 길지만, 시공과정에 품질관리를 위해 고도의 숙련기술이 필요하다. 균열발생을 허용하되, 종방향 철근을 상당량(콘크리트 단면적의 0.5~0.7%) 사용하여 균열틈의 벌어짐을 억제한다. 온도변화와 건조수축에 의한 슬래브의 활동을 억제해야 하므로 슬래브와 보조기층 사이에 분리막은 설치하지 않는다.

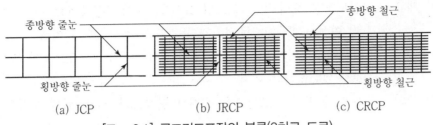

(a) JCP   (b) JRCP   (c) CRCP

[Fig. 6.1] 콘크리트포장의 분류(2차로 도로)

6.2 콘크리트포장의 구성

1. 콘크리트 슬래브

1) 단면 – 포장의 슬래브는 콘크리트 슬래브, 하중전달장치, 줄눈재로 구성

2) 강도 – 콘크리트 슬래브의 강도특성은 휨강도 기준(KS F 2403)

3) 재료 – 일반적으로 보통 포틀랜드 시멘트를 주로 사용, 플라이애시 시멘트와 고로
슬래그 시멘트는 장기강도, 내구성 유리

          – 플라이애시는 타설 중 유동성 확보에 유리

          – 고로슬래그는 수화열 저감, 수축균열 억제, 하절기 공사에 유리

          – 국내 고속도로의 린콘크리트에 고로슬래그 시멘트를 시험적용 중

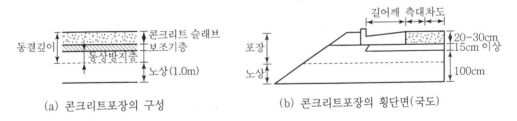

(a) 콘크리트포장의 구성   (b) 콘크리트포장의 횡단면(국도)

[Fig. 6.2] 콘크리트포장의 단면 구성

2. 보조기층

1) 위치 – 콘크리트 슬래브와 노상의 사이에 설치

2) 목적 – 안정적·지속적인 균등 지지력 확보, 노상반력계수(K) 증대

          – 콘크리트 슬래브의 줄눈과 균열 부분에서 펌핑현상 방지

          – 폴팅(faulting)과 균열 감소, 동상 영향 경감

          – 슬래브 시공장비의 작업공간 제공

3) 재료   – 입도조정 쇄석 및 입도조정 슬래그 : 최대입경 40mm 이하, 수정 CBR
              80 이상, 0.425mm(No.40)체 통과분의 소성지수 4 이하
          – 시멘트 안정처리 및 역청 안정처리 : 재료는 6일 양생, 1일 수침 후의 1축압축
              강도 20km/cm² 유지

4) 주의   – 배수 목적상 보조기층을 슬래브 단부보다 90cm 넓게 포설*

*보조기층을 슬래브 단부보다 90cm 넓게 포설하는 이유
  ① 포장 단부, 측면 거푸집 및 슬립폼 페이버의 트랙 지지대 확보
  ② 팽창성 흙을 사용하거나 동상현상에 의해 슬래브 단부에 발생되는 불균형 팽창
    방지
  ③ 길어깨 포장에 대한 보조기층으로 역할 수행
  ④ 표층의 평탄성 확보 및 유지

[Table 6.1] 보조기층의 포설여유폭 비교

구분	여유폭
PCA	0.6m 이상
영국 콘크리트포장 지침	• 슬립폼 : 1.00m • 거푸집 : 0.35m
AASHTO	0.3~0.9m
일본 콘크리트포장 요강	0.5m 이상
한국 도로포장 설계시공지침	0.5~1.0m

[Table 6.2] 보조기층 공법의 비교

구분		Lean 콘크리트		아스팔트 안정처리
		습식	건식	
포장단면		콘크리트 슬래브 30cm / 15cm / 보조기층·선택층 (동상방지층) / └린콘크리트	콘크리트 슬래브 30cm / 15cm / 보조기층·선택층 (동상방지층) / └린콘크리트	콘크리트 슬래브 30cm / 15cm / 보조기층·선택층 (동상방지층) / └아스팔트 안정처리
시공성	압축강도	$\sigma_{bk} = 7.5\text{kg/cm}^2$ 이상	$\sigma_{bk} = 7.2\text{kg/cm}^2$ 이상	–
	시멘트양	150kg/cm³	185kg/cm³	–
	혼합	배치플랜트	노상혼합, 플랜트 혼합	믹싱플랜트
	혼화재	3% 이내	–	–
	함수량	배합설계에 의함	골재+시멘트 혼합 중량의 6%	
	운반	덤프트럭	덤프트럭	덤프트럭
	포설	Slipform Paver	Finisher, Slipform Paver	Finisher
	다짐	–	진동, 타이어, 텐덤롤러	타이어, 텐덤, 머캐덤롤러
	양생	피막양생제 살포 10일간 빙점 이하 금지	습윤상태	포설다짐 후 즉시 교통개방
장단점	공사비	보통	저렴	고가
	양생기간	길다.	보통	짧다.
	지지력	우수	보통	보통
	시공장비	슬래브와 동일 장비 사용으로 공기 연장 B/P와 Paver 추가 소요	Finisher 사용으로 장비 수급 용이	A/P와 포설다짐장비 추가 소요

3. 노상

1) 두께 – 포장층(슬래브+보조기층)의 기초가 되는 흙 부분으로 약 1m 두께
2) 지지력 – 평판재하시험(PBT) 또는 CBR 시험에 의해 판정
   – 노상면에서 깊이방향으로 약 1m까지의 평균 설계 CBR을 적용[63]

---

63) 국토교통부, '도로설계편람 제4편 도로포장', 2012, p.404-1.

7 콘크리트포장의 줄눈

콘크리트포장의 줄눈은 포장의 팽창과 수축을 수용함으로써 온도·습도 등 환경변화, 마찰, 시공에 의해 발생하는 응력을 완화시키기 위해 설치한다. 콘크리트포장의 줄눈은 줄눈간격, 줄눈배치, 줄눈규격 등을 고려하면서, 가능하면 적게 설치하고 강한 구조가 되도록 설계한다. 줄눈은 하나의 횡단면 상에서 동일하게 배열이 되도록 설치하여 포장의 공용성과 주행성을 저하시키지 않도록 설계한다.

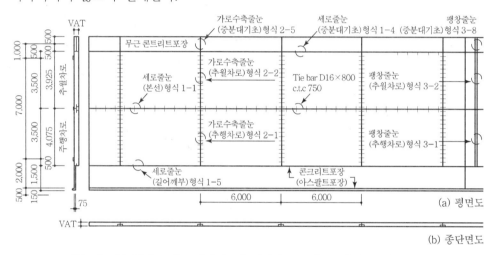

주) 세로줄눈형식 1-5는 길어깨포장 형식이 콘크리트포장일 때 적용한다.

[Fig. 7.1] 콘크리트포장 줄눈의 일반도

7.1 수축줄눈

수축줄눈 또는 맹줄눈(Dummy Joint)은 수분, 온도, 마찰 등에 의해 발생하는 슬래브의 긴장력을 완화시켜 균열을 억제하기 위하여 설치한다. 연속철근 콘크리트포장에서는 횡방향 수축줄눈을 생략한다.

1. 가로수축줄눈[횡방향]

    1) 간격   - 철망을 사용하지 않는 무근 콘크리트포장의 수축줄눈 간격은 슬래브 두께에 따라 6m 이하에 횡방향으로 설치, Dowel Bar 삽입

                  - 철망(철근)을 사용하는 무근 콘크리트포장의 수축줄눈 간격은 슬래브 두께가 20cm 미만이면 8m, 25cm 이상이면 10m 정도로 설치

2) 깊이   – 슬래브 두께의 1/4 이하에 설치
3) 줄눈폭 – 줄눈폭의 벌어짐은 포장체의 허용변형량을 고려하여 계산

$$\Delta L = \frac{C \cdot L(a_c \times DT_D + Z)}{S} \times 100$$

여기서, ΔL : PCC의 온도변화와 건조수축에 의한 줄눈의 벌어짐(cm)
C : 보조기층과 슬래브의 마찰저항에 대한 보정계수
안정처리 보조기층 0.65, 입상재료 보조기층 0.80
L : 줄눈 간격(cm)
a_c : 포틀랜드 시멘트 콘크리트의 열팽창계수(cm/cm/℃)
굵은골재로 화강암을 사용한 경우 9.5×10^{-6}
DT_D : 온도 범위(℃)
Z : PCC 슬래브의 건조수축계수(cm/cm)
간접인장강도가 35kg/cm²인 경우 0.00045, 재충진한 경우 무시
S : 줄눈재의 허용변형량, 보통 25% 적용
대부분의 줄눈재는 25~35%의 변형을 허용할 수 있도록 제작

2. 세로수축줄눈[종방향]

1) 간격   – 차량이 종방향 줄눈 위를 주행하지 않도록 차로를 구분하는 차선 위치에
4.5m 간격으로 설치
2) 깊이   – 슬래브 두께의 1/3 이하에 설치
3) 줄눈폭 – 줄눈폭은 6~13mm 정도를 확보

7.2 팽창줄눈

팽창줄눈은 슬래브 크기 변화로 발생되는 압축응력에 의한 손상 악화를 억제하고, 인접
구조물로 압축응력이 전달되는 것을 방지하기 위해 설치한다.

1. 가로팽창줄눈[횡방향]

1) 간격   – 횡방향 가로팽창줄눈은 [Table 7.1]의 표준값을 적용, 필요한 경우 아스팔
트포장과 콘크리트포장 접속부, 교차로 등에 설치
– 최근 기술발전으로 간격을 넓게 하여 시공 마무리 지점에만 설치

[Table 7.1] 횡방향 팽창줄눈 간격의 표준값

시공시기 〳 슬래브두께	10~5월	6~9월
15, 20cm	60~120m	120~240m
25cm 이상	120~240m	240~480m

2) 깊이 – 콘크리트포장 슬래브 두께를 완전히 절단하여 설치

3) 줄눈폭 – [Table 7.1] 표준간격 적용 시 줄눈폭은 25mm 정도로 설치, 일반적으로 팽창줄눈 규격은 수축줄눈 규격보다 더 크게 설치

2. 세로팽창줄눈[종방향]

– 종방향 팽창줄눈의 상부에 주입줄눈재를, 하부에 줄눈판을 병행 설치하며, 주입하는 줄눈재는 수밀성 유지할 수 있도록 깊이 20~40mm 정도 주입

– 팽창줄눈을 보강하는 Dowel bar는 직경 25~32mm, 길이 500mm로 설치

7.3 시공줄눈

시공줄눈은 1일 포설 종료, 강우 등으로 시공을 중지할 때 설치하는 줄눈이다. 시공줄눈은 수축줄눈 예정위치에 설치하는 것이 좋고, 이 경우 맞댄형으로 설치한다. 만약 강우, 기계고장 등으로 수축줄눈 예정위치에 설치가 불가능할 때는 수축줄눈에서 3m 이상 떨어진 위치에 맞댄형으로 설치한다.[64]

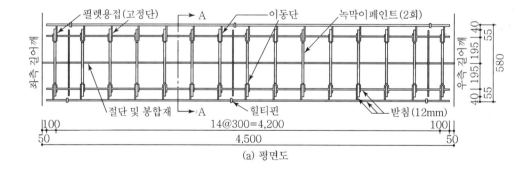

(a) 평면도

---

64) 국토교통부, '도로설계편람 제7편 포장', 한국건설기술연구원, 2001, pp.105~109.

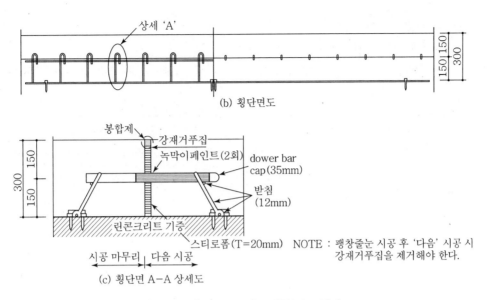

[Fig. 7.2] 횡방향 가로팽창줄눈 설계

7.4 다웰바(Dowel Bar)와 타이바(Tie Bar)의 설계

다웰바(Dowel Bar)는 콘크리트포장 슬래브의 가로줄눈부에 설치하는 역학적 하중전달장치이며, 가로줄눈부의 가로방향 변위를 구속하지 않아야 한다. 또한 타이바(Tie Bar)는 콘크리트포장 슬래브의 세로줄눈부에 설치하는 역학적 하중전달장치이며, 세로줄눈부(차로와 차로 사이)의 단차 발생을 방지하여야 한다.

1. 다웰바(Dowel Bar) 및 타이바(Tie Bar)의 요구조건

1) 하중전달장치는 설계구조가 간단하고, 설치방법이 용이하며, 콘크리트 내에 완전히 삽입이 가능할 것
2) 하중전달장치와 접촉되는 부위의 콘크리트에 과잉응력을 발생시키지 않고, 재하되는 하중응력을 적절히 분산시킬 수 있을 것
3) 실제 통과 예정 윤하중과 통과빈도에 대해 역학적으로 안정된 구조일 것
4) 해양지역에서는 부식에 저항할 수 있는 재료일 것

2. 다웰바(Dowel Bar) 설계

1) 다웰바의 간격

- 원형봉강철근을 사용하고, 슬래브 두께에 따라 [Table 7.2] 간격으로 배치하며, 도로 중심선에 평행하게 매설되도록 Chair로 지지한다.
- Chair는 시공 중 변형되지 않도록 직경 13mm 철근 용접하여 제작한다.

[Table 7.2] 다웰바 간격의 설치 기준

콘크리트 슬래브의 폭(m)[1]	다웰바의 간격(cm)
2.75	$(10)+17.5+20+6@30+20+17.5+(10)$[2]
3.00	$(10)+15+20+7@30+20+15+(10)$
3.25	$(10)+22.5+25+7@30+25+22.5+(10)$
3.50	$(10)+20+25+8@30+25+20+(10)$
3.75	$(10)+17.5+25+9@30+25+17.5+(10)$
4.00(측대 포함)	$(10)+15+25+10@30+25+15+(10)$
4.25(측대 포함)	$(10)+17.5+25+10@30+25+17.5+(10)$
4.50(측대 포함)	$(10)+20+25+11@30+25+20+(10)$

주 1) 슬래브의 폭은 세로연단부(縱緣)와 세로줄눈의 간격 또는 세로연단과 세로연단의 간격을 말한다.
  2) ( ) 내의 숫자는 세로연단 또는 세로줄눈과 다웰바의 간격을 표시한다.

2) 다웰바의 직경과 길이 : 미국 PCA 규정

- 다웰바의 직경은 슬래브 두께의 $\frac{1}{8}$로 하고, 콘크리트포장의 응력을 감소시켜 단차를 조절할 수 있도록 직경 32~38mm의 다웰바를 사용한다.
  - 슬래브 두께 25.4cm(10inch) 이하에는 32mm(1.25inch) 다웰바 사용
  - 슬래브 두께 25.4cm(10inch) 이상에는 38mm(1.50inch) 다웰바 사용

3) 다웰바의 설치방법

- 다웰바의 일단(一端)은 고정하고 타단(他端)은 신축으로 설치한 후, 부착방지재를 씌우거나 역청재료로 도포한다.
- 부착방지재 길이는 다웰바 길이의 1/2에서 5cm를 더한 길이로 하고, 다웰바에 접속설치되는 Chair 철근도 방청페인트로 도포한다.

[Table 7.3] 다웰바의 직경과 길이 : (미국 PCA 규정)

콘크리트 슬래브의 두께(m)	다웰바의 직경(mm)	다웰바의 길이(cm)
5	$\frac{5}{8}$	12
6	$\frac{3}{4}$	14
7	$\frac{7}{8}$	14
8	1	14
9	$1\frac{1}{8}$	16
10	$1\frac{1}{4}$	18
11	$1\frac{3}{8}$	18
12	$1\frac{1}{2}$	20

주) 모든 다웰바는 중심부에서 12inch 간격으로 배열된다.

3. 타이바(Tie Bar)의 설계

1) 타이바의 규격

타이바는 이형봉강철근으로 제작하며, 직경 16mm, 길이 80cm의 철근을 75cm 간격을 배치한다.

2) 타이바의 설치방법

- 타이바는 2차로 동시 시공 시 맹줄눈, 1차로 단독 시공 시 맞댄줄눈으로 설치한다. 맹줄눈의 경우 표면홈(Groove)만으로는 타이바 위치에서 빗나간 곳에 균열발생 가능성이 있으므로 저면까지 완전히 절단한다.
- 표면홈(Groove)과 저면의 절단부분을 합하여 슬래브 두께의 30%로 하고, 타이바의 내구성 향상을 위해 방청페인트를 중간 10cm에 칠한다.

3) 타이바의 설치를 생략하는 방법

- 평면곡선반지름 100m 이하의 곡선구간을 4등분하여 전체길이 1/2의 중앙부는 통상

간격의 1/2 정도로 세로방향줄눈을 설치하고, 곡선의 시작과 끝부분의 1/4 정도는 타이바의 설치를 생략한다.

- 타이바의 설치를 생략 구간에는 팽창줄눈의 설치도 생략한다.

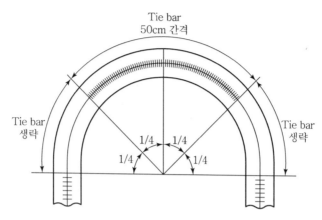

[Fig. 7.3] 평면곡선구간에서 타이바의 생략

4. 다웰바(Dowel Bar) 및 타이바(Tie Bar) 설치 시 유의사항

콘크리트포장 설계에서 지반이 좋고 보조기층 위에 빈배합 콘크리트를 설치하거나 보조기층을 시멘트 안정처리하여 노상지지력이 충분히 발휘되는 구간에는 다웰바를 생략할 수 있다. 그러나 타이바는 줄눈이 벌어지는 것을 방지하면서, 종방향으로 차로 사이의 단차 발생을 방지하고, 하중전달능력을 발휘하여 슬래브 연단부를 보강하는 효과가 크므로 가급적 사용하는 것이 효과적이다.[65]

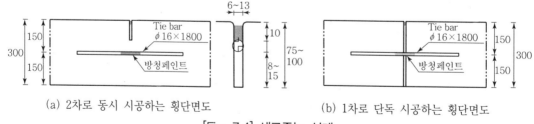

(a) 2차로 동시 시공하는 횡단면도   (b) 1차로 단독 시공하는 횡단면도

[Fig. 7.4] 세로줄눈 설계

---

65) 국토교통부, '도로설계편람 제4편 도로포장', 2012, p.404-3.

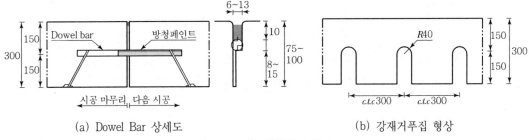

(a) Dowel Bar 상세도　　　　　　　　(b) 강재거푸집 형상

[Fig. 7.5] 시공줄눈 설계

7.5 줄눈잠김(Joint Freezing)

1. Joint Freezing 정의

1) 콘크리트의 건조수축·온도변화에 따른 인장응력으로 발생하는 균열이 줄눈을 관통하도록 Slab 두께의 1/4을 절단하여 가로수축줄눈을 설치하므로, 줄눈부는 역학적으로 약화단면(Weakened Section)이 된다.

2) 이 약화단면 때문에 무근 콘크리트포장의 가로수축줄눈에서 수평변위가 허용되지 못하는 현상을 줄눈잠김(Joint Freezing)이라 한다. 줄눈잠김이 발생한 줄눈부에서는 줄눈이 과다하게 벌어져 줄눈채움재가 조기 파손된다.

2. Joint Freezing 발생원인

1) 콘크리트포장의 종류(JCP, RCP), 시멘트 종류

2) 초기 양생조건, 재령(1년 이내 발생 가능)

3) 보조기층의 종류, 연중 강우량, 동결지수

4) Concrete Slab 두께와 줄눈 깊이의 비율

5) 줄눈의 간격, Dowel Bar 시공상태 등

3. Joint Freezing 방지대책 : 가로수축줄눈 절단방법 개선

1) 현행 방법

- 절단시기 : 타설 후 24시간 이내에 전폭을 동시에 절단한다.
- 절단깊이 : Slab 두께의 1/4 이상을 절단한다.
- 절단 폭 : 전폭을 6mm로 절단하되, 1차 Cutting 시 3mm를 절단하고, 2차 Cutting 시 6mm 전폭을 다시 절단한다.

2) 개선방안

가로수축줄눈부를 현행 방법으로 절단하면서 좌·우측 횡단 끝부분에서 연장 12cm, 깊이 12cm를 각각 절단한다. 이와 같이 절단하면 줄눈부로 균열이 유도되는 효과가 증대되므로 줄눈잠김(Joint Freezing)을 방지할 수 있다.

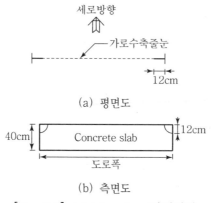

(a) 평면도

(b) 측면도

[Fig. 7.6] Joint freezing 방지대책

8 한국형 콘크리트포장 설계법

1. 『도로설계편람(2012, 국토교통부)』에 제시된 '콘크리트포장의 설계방법'에 따른 콘크리트포장의 설계법을 전술한 아스팔트포장과 비교하여 기술하고,
2. '2012 한국형 콘크리트포장 설계법'과 기존 콘크리트포장 설계법과의 차이를 요약하면 다음과 같다.

8.1 콘크리트포장의 종류

1. 종류 및 적용성

1) 콘크리트포장의 종류는 횡방향 줄눈과 보강철근 유무 및 형식에 따라 구분된다.
2) 프리스트레스 콘크리트포장(PCP)은 상당한 시공기술과 비용이 필요하여 외국에서 공항포장 등 제한적인 시설에 적용 중이며, 롤러 다짐 콘크리트포장(RCCP)은 적용빈도가 매우 낮은 편이다.

3) 콘크리트포장의 종류를 열거하면 다음과 같다.

① 줄눈 콘크리트포장(JCP ; Jointed Concrete Pavement)

② 줄눈철근 콘크리크포장(JRCP ; Jointed Reinforced Concrete Pavement)

③ 연속철근 콘크리트포장(CRCP ; Continuously Reinforced Concrete Pavement)

④ 롤러 다짐 콘크리트포장(RCCP ; Roller Compacted Concrete Pavement)

2. 줄눈 콘크리트포장(JCP), 줄눈철근 콘크리트포장(JRCP)

1) 줄눈 콘크리트포장은 다웰바(dowel bar)나 타이바(tie bar)를 제외하고는 일체의 철근보강이 없는 형식으로, 일정간격의 줄눈을 설치하여 균열 발생위치를 인위적으로 조절하고, 필요에 따라 줄눈부에 다웰바를 사용하여 하중을 전달한다.

2) 줄눈 콘크리트포장은 줄눈 이외의 부분에서는 균열 발생을 허용하지 않는다. 그 이유는 철근보강이 없어 줄눈부 외에 발생한 균열이 과다하게 벌어지는 것을 막을 수가 없기 때문이다.

3) 줄눈 콘크리트포장은 콘크리트 슬래브와 보조기층 사이에 분리막을 설치한다. 그 이유는 마찰력을 줄여 온도변화·건조수축에 의한 슬래브 움직임을 억제하는 구속력을 감소시켜, 콘크리트 응력을 줄여 균열 발생을 줄일 수 있기 때문이다.

4) 줄눈 콘크리트포장은 시간이 경과하면 줄눈부위 파손(단차, 우각부 균열, 펌핑 등)으로 승차감 저하를 초래할 수 있다. 줄눈 콘크리트 포장에 많은 줄눈을 설치함에 따른 문제점을 감소시키는 대안이 줄눈철근 콘크리트포장(JRCP)이다.

5) 줄눈철근 콘크리트포장(JRCP)은 줄눈 개수를 감소시키는 대신(줄눈과 줄눈 사이의 간격 증가) 줄눈 이외의 부분에서 발생되는 균열을 어느 정도 허용한다. 그 이유는 발생된 균열이 과대하게 벌어지는 것을 방지하기 위하여 일정량의 종방향 철근을 사용하는 포장형식이다.

6) 줄눈철근 콘크리트포장(JRCP)은 줄눈 콘크리트포장(JCP)에 비해 줄눈 개수가 줄어들긴 하지만, 여전히 줄눈 부위에서 발생하는 문제점이 존재한다.

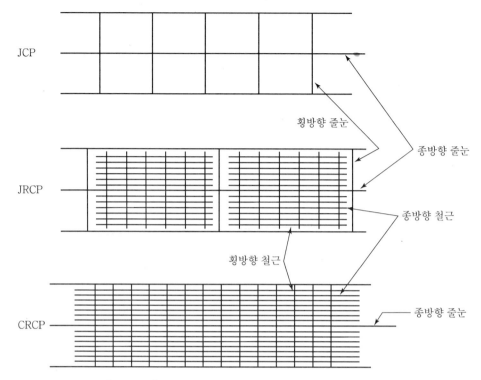

[Fig. 8.1] 콘크리트포장의 종류(2차로 도로 기준)

3. 연속철근 콘크리트포장(CRCP)

1) 연속철근 콘크리트포장은 가로줄눈을 완전히 제거한 포장형식으로, 균열 발생을 허용하고 상당량(콘크리트 단면적의 0.5~0.7%)의 종방향 철근을 사용하여 균열틈이 벌어짐을 억제한다.

2) 연속근 콘크리트 포장은 온도변화·건조수축에 의한 슬래브의 움직임을 막아야 하므로 콘크리트 슬래브와 보조기층 사이에 분리막을 사용하지 않는다.

3) 연속철근콘크리트 포장은 줄눈이 없으므로 승차감이 좋고, 포장수명도 다른 형식보다 긴 장점이 있으나, 콘크리트 품질관리 등 고도의 숙련기술이 필요하다.

8.2 한국형 콘크리트포장 설계법

1. 설계절차

1) 콘크리트포장은 다음 흐름도와 같이 설계프로그램 S/W 절차에 따라 설계한다.

2) 콘크리트포장 설계흐름도 중에서 아스팔트포장과 동일한 내용은 생략하고, 현저히

다른 부분만 발췌하여 요약 기술면 다음과 같다.

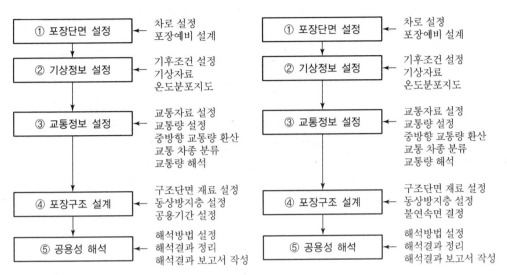

[Fig. 8.2] 아스팔트포장의 설계흐름도   [Fig. 8.3] 콘크리트포장의 설계흐름도

2. 프로그램 실행 환경

1) 아스팔트포장과 동일하므로, 기술 생략

3. 포장형식 선택

1) 콘크리트포장 형식은 JCP 공법과 CRCP 공법이 설계DB에 입력되어 있으므로, 어느 공법을 선택하느냐에 따라 재료물성 입력 방식이 달라진다.

2) 즉, 재료물성을 입력할 때 JCP에서는 바인더 종류를 입력하지만, CRCP에서는 철근정보와 종결 시의 온도정보를 입력해야 한다.

3) 다음 그림은 콘크리트포장 형식 중 JCP 공법을 선택한 경우를 보여주고 있다.

[Fig. 8.4] 포장형식 선택

4. 설계과업 입력

1) 횡단설정 : 아스팔트 포장과 동일하므로, 기술 생략

2) 예비단면설계 : 설계하려는 포장층 종류를 선택하고, 포장층 단면 각 층의 두께를

m 단위로 입력한다. 차후 재료물성 입력 창에서 선택된 포장층 종류에 따라 각층의 재료물성을 입력하므로 이를 고려하여 선택한다.

① 포장층 선택
- 예비단면을 '슬래브＋보조기층＋노상'으로 구성하려는 경우 노상＋보조기층＋슬래브 창을 선택한다.
- 예비단면을 '슬래브＋노상＋린콘크리트'로 구성하려는 경우 노상＋린콘크리트＋슬래브 창을 선택한다.
- 예비단면을 '슬래브＋아스팔트기층＋보조기층＋노상'으로 구성하려는 경우 노상＋보조기층＋아스팔트기층＋슬래브 창을 선택한다.
- 예비단면을 '슬래브＋린콘크리트＋보조기층＋노상'으로 구성하려는 경우 노상＋보조기층＋린콘크리트＋슬래브 창을 선택한다.

② 포장층 두께 입력 : 포장층 선택에 따른 입력 창에서 두께를 선택

③ 포장단면개략도 : 포장층과 두께를 선택하여 입력하면 단면개략도가 표시

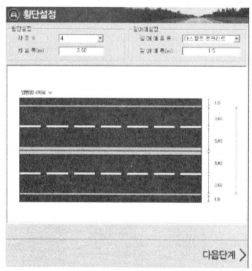

[Fig. 8.5] 횡단설정

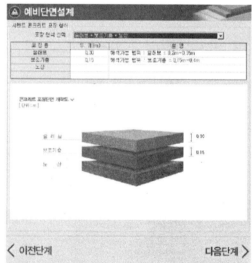

[Fig. 8.6] 예비단면설계

3) 기상관측소 선택부터
4) 기상자료분석,
5) 포장층 온도분석 결과,
6) 차종/시간별 교통량 분석,
7) 설계차로 교통량 분석,
8) 차종별 차축구성,

9) 교통량 해석까지 아스팔트 포장과 동일하므로, 기술 생략

10) 불연속면 설계 : 콘크리트 포장 줄눈부의 간격정보를 입력하기 위하여 불연속면 설계 정보를 입력한다. 이 값은 설계자가 직접 입력할 필요 없이, DB 기본값을 그대로 입력하면 된다. 다른 값으로 수정할 수 있다.
   ① 도로정보 : 도로등급 및 차로폭을 표시
   ② 줄눈정보 : 줄눈간격 및 줄눈채움재를 표시, '입력'을 통해 변경 가능
   ③ 타이바·다웰바 : 지름·길이·간격 등을 표시, '입력'을 통해 변경 가능
   ④ 콘크리트 줄눈 일반도 : 콘크리트의 평면도·종단도를 표시, 평면도에는 다웰 바·타이바에 대한 정보를 표시

11) 철근정보 입력 : 연속 철근 시멘트 콘크리트(CRCP) 포장 형식의 경우에는 철근배근 정보를 입력하기 위해 철근정보를 입력한다. 이 값은 설계자가 직접 입력할 필요 없이, DB 기본값을 그대로 입력하면 된다. 다른 값으로 수정할 수 있다.
   ① 일반정보 : 시공 착수일자, 도로등급, 차로폭 정보를 표시
   ② 철근배근 정보 : 세로철근비, 철근봉의 지름·평균간격 정보를 표시, 수정 가능

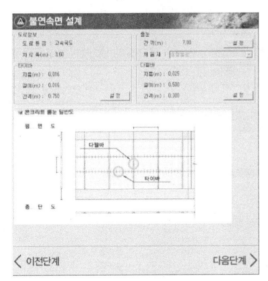
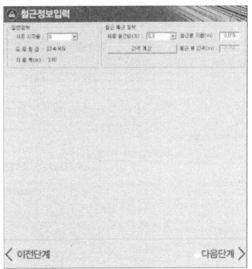

[Fig. 8.7] 불연속면 설계   [Fig. 8.8] 철근정보 입력

12) 콘크리트 재료 입력 : 예비단면으로 설계된 포장층과 각층의 두께에 대한 재료를 선택하고 설계등급에 따라 해당하는 재료물성 값을 클릭하여 입력한다.
   '설계등급 1'은 실내실험을 수행하여 역학적 물성(탄성계수 등)을 직접 입력하고,

Road Engineering

'설계등급 2'는 역학적 물성을 추정 가능한 실험결과를 입력하는 것이 기본이다.

① 콘크리트 슬래브

콘크리트 슬래브-설계등급 1 : 포장 공용성 해석을 위해 직접 실험한 28일 강도, 단위중량, 열팽창계수, 포아송비, 탄성계수 등을 직접 입력한다.

콘크리트 슬래브-설계등급 2 : 시멘트 및 골재 종류, 혼화재료 종류, 재료실험 자료, 탄성계수 산정식 등을 DB에서 클릭하면 자동으로 입력된다.

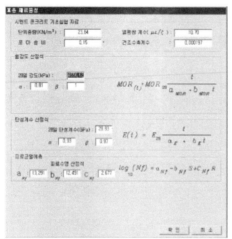 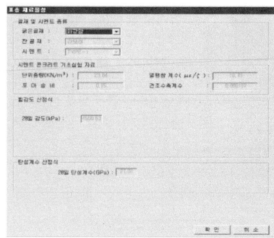

[Fig. 8.9] 콘크리트 슬래브–설계등급 1 　　　 [Fig. 8.10] 콘크리트 슬래브–설계등급 2

② 린콘크리트 : 콘크리트 슬래브-설계등급 2와 같은 방식으로 시멘트, 골재, 혼화재료, 단위중량, 포아송비, 탄성계수 산정식 등을 DB에서 클릭하면 자동 입력된다.

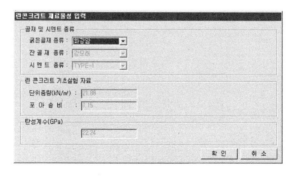

[Fig. 8.11] 린콘크리트

③ 아스팔트기층 : DB에 입력되어 있는 수식에 의해 자동으로 계산된 월별 탄성계수 정보를 보여준다.

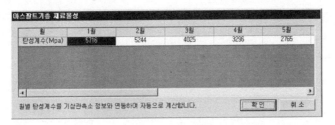

[Fig. 8.12] 아스팔트기층

④ 보조기층, 노상층 : 아스팔트 포장과 동일하므로, 기술 생략

13) 동상방지층 설계 : 아스팔트 포장과 동일하므로, 기술 생략

14) 설계공용성 및 신뢰도 입력 : 공용기간에 대하여 설계된 콘크리트 포장의 공용성을 평가하기 위한 기준을 입력한다.

① '공용성 기준'은 피로균열(20%), IRI(3.5)을 기준값으로 설정하며, 영구변형은 평가대상이 아니다. 도로등급에 따라 각 기준값을 증가시켜 완화하거나 감소시켜 엄격하게 적용할 수 있다. 다음 단계 버튼을 눌러 '공용성 해석'을 진행한다.

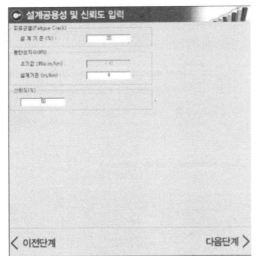

[Fig. 8.13] 설계공용성 및 신뢰도 입력

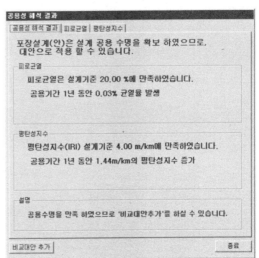

[Fig. 8.14] 공용성 해석 결과

② '공용성 해석' 결과, '공용성 기준'을 통과한 경우에는 동일한 조건에서 단면과 재료를 수정하면서 '대안비교'를 통해 경제성 분석을 수행한다. 다만, 통과하지 못한 경우에는 단면과 재료를 조정하여 다시 공용성 해석을 수행해야 한다.

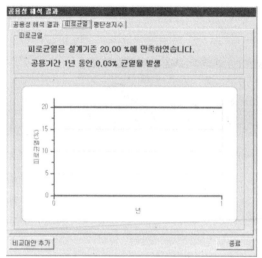

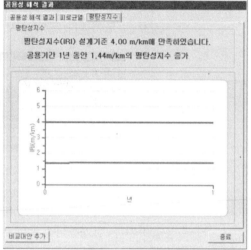

[Fig. 8.15] 피로균열   [Fig. 8.16] 평탄성지수

③ 종합적인 해석결과를 포함하여 시간경과에 따른 피로균열, 영구변형 및 IRR 추이를 확인하기 위하여 해당 탭을 클릭하면 구체적인 해석결과를 보여준다.

5. 설계보고서 출력

'보고서 출력' 버튼을 클릭하면 최종적으로 설계대안에 대한 입력값과 설계의 결과값이 기본 기하구조 및 입력값과 함께 설계보고서 형식으로 출력된다.[66]

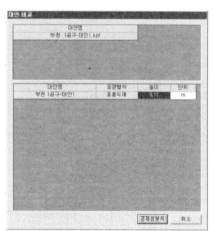

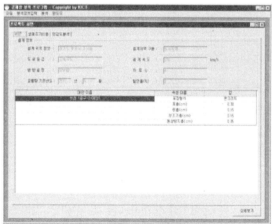

[Fig. 8.17] 대안 비교

---

66) 국토교통부(2011), 도로포장 구조 설계 프로그램 사용자 매뉴얼, 콘크리트 포장, pp.3~52.
국토교통부(2012), 도로설계편람, 제4편 도로포장, 402 포장설계 일반사항, pp.404-1~18.

제3 경인고속도로 설계 보고서

작성일자 : 20××년 9월 28일
작성기관 : 중앙 엔지니어링

1. 과업 정보

1.1 노선명 : 제3 경인고속도로

1.2 과업명 : 부천 1공구

1.3 설계 일자 : 20××년 9월 28일

1.4 시점/종점 : 시점/종점

1.5 연　장 :

1.6 도로 구분 : 고속국도/도시지역

1.7 설계 속도 : 100km/h

1.8 공용 기간 : 1년

1.9 설계등급 : 설계등급 2

1.10 포장 형식 : 아스팔트 콘크리트

1.11 교통 개방 일자 : 20××년 9월 28일

1.12 기상관측소 : 서울, 인천, 수원

2. 설계 정보

2.1 차로 설정

(1) 차로수 : 양뱡향 4차로

(2) 차로폭 : 3.6m

2.2 길어깨 설정

(1) 길어깨 종류 : 아스팔트 콘크리트

[Fig. 8.18] 콘크리트포장 설계 보고서

9 한국형 포장설계법의 연구과제

우리나라는 오래전부터 미국의 'AASHTO 설계법'을 국내에 사용하여 왔다. 이 설계법은 경험적인 설계법으로 다양한 포장단면에 대한 공용수명 예측이 불가능하고, 특히 국내에 적합한 새로운 재료값을 입력하는 것이 불가능하다. 2001년부터 국토교통부 주관으로 한국 건설기술연구원, 한국도로공사, 한국도로학회 등 산·학·연 도로전문가들이 연구에 참여한지 10년 만에 국내 특성에 적합한 맞춤형 '한국형 도로포장설계법'을 개발하였다. 현재 미국과 유럽 대부분 국가들은 자체 개발한 역학적-경험적 포장설계법을 사용하고 있으며, 한국형 포장설계법 또한 역학적-경험적 방식을 채택하였다. 한국형 포장설계법의 기본개념은 외국과 동일하나, 여기에 사용되는 여러 모형은 국내 데이터를 이용하여 자체 개발된 것으로 국내 현실을 반영한 값이다. 한국형 포장설계법은 도로포장의 내구수명 연장 및 설계기술 향상에 크게 기여하면서, 향후 설계수출을 통해 새로운 부가가치 창출도 기대된다.

9.1 한국형 포장설계법의 연구과제

1. 포장형식 결정

1) 포장형식은 아스팔트포장 및 콘크리트포장의 국내 대표적인 포장단면을 선정하여, 교통량 및 노상상태에 따른 생애주기비용 분석을 통해 결정한다.
2) 주어진 교통량과 지반환경에서 공용성 분석을 통해 유지보수의 시기·비용을 산정하고, 부가적인 결정요인을 정량적으로 합산하여 포장형식을 선정한다.

2. 입력변수 정량화

1) 교통하중 정량화를 위해 기존의 등가단축하중계수를 대체할 수 있도록 실제 포장에 재하되는 교통하중에 의한 축하중분포를 이용하여 누적손상 개념을 도입하였다.
2) 재료물성 정량화를 위해 아스팔트포장 재료는 동탄성계수를 측정하여 D/B화하고, 간편식을 개발하였다. 콘크리트포장 재료는 강도, 열팽창계수, 탄성계수, 재령에 따른 예측식을 개발하였다.
3) 환경하중 정량화를 위해 국내·외 포장체 온도예측 모형 현황을 파악하고, 현장실험 및 기상대 자료를 이용하여 포장체의 온도예측 모형을 개발하였다.

4) 하부구조 정량화를 위해 하부구조(노상, 보조기층)의 탄성계수와 푸아송비(Poisson's Ratio)를 연구하고, 이를 바탕으로 간편식을 개발하였다.

5) 불연속면 정량화를 위해 무근콘크리트포장에서 줄눈부의 하중전달률을 연구하고, 하중전달장치 및 줄눈의 폭과 길이에 대한 연구를 수행하였다.

3. 포장구조 해석 모형

1) 아스팔트포장에서는 온도, 주행속도, 층간 깊이 등을 고려하여 기층 하부의 인장변형률, 각 층 중간의 수직변형률 해석프로그램을 연구하였다.

2) 콘크리트포장에서는 건조수축, 온도하중, 교통하중에 대하여 구조해석을 수행하여 D/B화하고 예측식을 개발하였다.

4. 공용성 모형

1) 기존 AASHTO 설계법에서는 기능적 공용성 개념인 PSI 모형을 사용하였다.

2) 한국형 설계법에서는 공용성 모형을 소성변형 모형, 피로파손 모형, Spalling 모형, IRI 모형으로 구분하여 포장의 구조적 파손 진전상태를 추정한다.

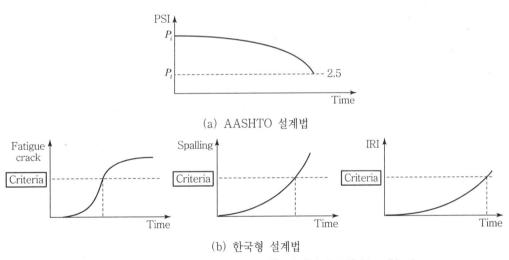

[Fig. 9.1] AASHTO 설계법과 한국형 설계법의 공용성 모형 비교

5. 경제성 분석 모형

1) 한국형 설계법에서는 다양한 입력변수를 통해 구조해석하고 공용성을 예측하여, 설계수명기간 동안 설계기준을 통과하는 설계대안들을 제시한다.

2) 즉, 설계대안별 포장상태를 비교하여 초기투자비가 크더라도 유지관리비용이 적은 공법이 있다면 경제성 분석을 통해 이를 선정한다.

6. 신뢰성 모형

1) 일반적으로 포장설계를 할 때 포장재료의 품질·시공, 교통하중, 환경인자 등의 요인들을 정확히 예측하기 어렵기 때문에 불확실성이 존재한다.
2) 한국형 설계법에서는 포장파손을 정량적으로 예측하기 위하여 신뢰도 개념을 도입하여 산출하였다. 2단계까지의 연구결과를 바탕으로 연구하고 있다.

7. 덧씌우기포장 설계법 개발

1) 경제성 분석을 위하여 2단계까지의 아스팔트포장 및 콘크리트포장에서의 덧씌우기 포장 설계에 필요한 입력변수를 선정하였다.
2) 3단계에서는 덧씌우기포장 설계법의 논리를 구현하기 위하여 각 입력변수의 선정방법에 대해 각 재료 물성별로 설계프로그램에 반영할 계획이다.

9.2 한국형 포장설계법의 특징

1. 기존 설계법은 도표에 입력변수를 적용하는 방법이지만, 한국형 설계법은 차트에 선을 그리는 방법을 사용하지 않는다. 하지만 설계자가 각각의 입력변수에 대하여 정확히 이해해야만 설계할 수 있다. 즉, 그만큼 설계자의 전문성이 강화되어야 한다는 의미이다.
2. 기존 설계법은 획일화된 단면을 제시하지만, 한국형 포장설계법은 구조적·환경적 특성을 고려한 구조해석과 공용성 모형을 사용한다. 각 층별 물성을 입력하고, 매 시간/일/월별 환경조건에 따른 물성 변화를 계산하여 구조 해석과 공용성 해석을 하므로 다양한 단면으로 설계된다.
3. 기존 설계법은 등가단축하중 개념을 사용하지만, 한국형 포장설계법은 축하중 분포 개념을 사용한다. 타이어의 간격·압력·축간거리 등 차량의 기하학적 요소를 바탕으로 포장에 대한 교통하중의 영향을 평가하므로 정량적으로 포장구조물을 해석할 수 있다.
4. 기존 설계법은 경험적 포장설계법이지만, 한국형 포장설계법은 역학적-경험적 설계방법 으로서 좀 더 과학적 개념이 강화된 방법이다. 역학적 모형인 구조해석과 경험적 모형인 공용성 해석이 동시에 이루어져 정확히 설계할 수 있다.

9.3 한국형 포장설계법의 경제적 기대효과

1. 포장두께 감소(기층 3cm)에 따른 건설공사비 절감

최근 7년간 도로연장 평균 증가율 2,130km/년을 감안하면, 포장두께 3cm 감소에 따라 연간 약 670억 원의 건설공사비 절감

2. 포장수명 증가에 따른 유지보수비 절감

PMS 결과 포장수명 31.5%(7.6년 → 10년) 증가를 감안하면, 2010년 전체 도로 연간 유지보수비 4,200억 원×0.315＝1,323억 원 절감

3. 유지보수 구간 감소에 따른 공사 지 · 정체 비용 절감

『도로점용공사로 인한 교통지체완화대책연구(교통연구원, 1998년)』를 인용하면, 2010년 전체 도로 기준으로 연간 약 224억 원 절감

4. 포장두께 감소(기층 3cm)에 따른 탄소발생량 절감

전체 도로포장 연장에 따른 연간 이산화탄소 배출 절감량 24,492ton을 기준으로, 연간 소나무 690만 그루 식재 효과

9.4 한국형 포장설계법 시험도로

국토교통부 주관하에 한국도로공사는 2004년 3월 24일 중부내륙고속도로에 7.7km의 '실물시험도로'를 아시아 최초로 개통하였다. 이 시험도로는 고속도로 본선과는 별도로 운영되는 도로로서, 실험실이 아닌 실제의 고속도로에서 각종 실험데이터를 얻기 위하여 1999년에 착공하여 6년 만에 완공하였다.

중부내륙고속도로와 나란히 달리는 7.7km의 2차로 고속도로인 시험도로는 '한국형 포장설계법 개발 및 포장성능 개선방안'을 정립하고, 최적의 포장두께, 유지보수의 재료선정, 포장수명 연장 등 포장 관련 기술발전에 기여할 것으로 기대된다.

[Fig. 9.2] 시험도로 위치도

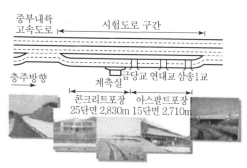

[Fig. 9.3] 시험도로 배치도

1. 시험도로의 특징

1) 중부내륙고속도로 충주방향 이용차량은 여주분기점 1.1km 지점부터 계측기가 매설된 7.7km 시험도로를 통과하게 된다.

2) 운전자는 기존의 고속도로를 운행할 때와 전혀 차이점을 느끼지 못한 상태로 시험도로를 주행하게 된다.

2. 시험도로의 구성

1) 시험도로는 구간별로 포장두께와 포장재료가 다른 콘크리트포장 25개 단면과 아스팔트포장 15개 단면으로 구성

   - 포장종류별, 포장두께별, 구간별로 포장성능을 검증할 계획이다.

2) 시험도로에는 콘크리트포장에 11종 1,261개와 아스팔트포장에 6종 636개의 계측기를 각각 매설

   - 도로의 통과차량의 하중에 의한 반응과 환경에 따른 변화를 파악한다.

3. 시험도로의 계측방법

1) 초기계측

   - 시험도로 공사 완료 후, 초기계측을 통하여 공용 전 포장상태 확인
   - 시험도로에 매설된 모든 계측기들의 초기 계측값 유효성 확인
   - 통합 계측시스템(자동, 수동)의 시범 운영

2) 자동계측

- 환경영향에 따른 변화 및 기후변화는 자동계측으로 자료 수집
- 축하중 조사장비(WIM)로 전체 시험기간의 누적교통량 자료 수집
- * 고속축충계 WIM(Weight-In-Motion) : 차량별 하중을 정확히 파악하기 위하여 100km/h로 달리는 차량의 축 무게와 축 개수를 측정함으로써 과적차량이 포장도로에 미치는 영향을 정확히 규명하게 된다.

3) 수동계측(정기계측)

- 평상계측 시는 시험도로의 주행교통량을 계측하고, 정기계측 시는 본선도로의 주행교통량을 계측
- 매년 3, 5, 7, 9, 11월 중 교통 및 기상상황을 고려하여 4회 교통차단 후 시험도로 정기계측을 수행
- 매회당 계측 소요기간 : 2주[67]

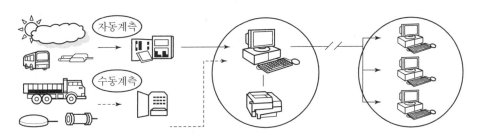

• 포장체 온도, 함수비, 결빙 감지 • 포장체 응력, 토압, 층별 변화 감지 • 계측 신호 취합 및 결과 취득	• 자동/수동 계측기기 제어 및 구동 • 계측결과 D/B화 및 전송 • 계측결과 관리 및 분석 • 계측관리 프로그램 구동	• 계측시스템 관리/운영 • 계측관리 프로그램 구동 • 계측관리 백업 및 분석

[Fig. 9.4] 시험도로 계측시스템

---

67) 국토교통부 간선도로과, '맞춤형 한국형 도로포장설계법 개발', 2011.12.14.

9.5 한국형 포장설계법 적용 사례

1. 과업명

강원 백복령~달방댐 2 도로건설공사 실시설계 용역(원주지방국토관리청 발주)

2. 검토 목적

기존 도로선형 유용구간인 백두대간의 핵심·완충구간에 대한 기존 포장형태를 파악하고, 향후 선형 개량구간에 대한 덧씌우기 두께 등을 검토하며, 경제적인 도로포장 계획을 수립하는 데 그 목적이 있다.

3. 기존 포장 조사

1) 조사 위치도

2) 조사 현황

측점	조사내용	위도	경도
10+000	기존 포장층 두께 확인	37°32′15.39″	128°58′26.10″
11+400	기존 포장층 두께 확인	37°31′59.09″	128°59′09.88″
13+720	기존 포장층 두께 확인	37°32′30.81″	128°59′48.54″
15+400	기존 포장층 두께 확인	37°32′30.54″	129°00′27.08″
16+400	기존 포장층 두께 확인	37°32′29.03″	129°00′03.80″

3) 기존 도로대장 포장현황(STA 8+400~STA 11+000 백두대간 통과구간)

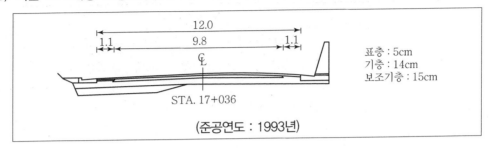

4. 기존 포장의 공용성 검토

1) 포장의 공용성 검토 입력 변수

① 설계등급 적용

본 검토구간의 평탄성, 균열, 영구변형에 대해서 일반국도 유지관리기준 등을 고려하여 '설계등급 2'를 기준으로 적용한다.

설계기준등급	피로균열	영구변형	평탄성 지수	비고
설계등급 1	15% 이하	10mm 이하	3.5m/km	
설계등급 2	20% 이하	15mm 이하	4.0m/km	적 용
설계등급 3	–	–	–	

본 검토구간의 등급은 교통량을 볼 때 '설계등급 3'에 해당되어 카탈로그 설계 단면으로 적용해야 한다. 그러나 '설계등급 3'은 한국형포장설계법에서 포장 공용성 분석 대상이 아니므로 '설계등급 2'를 기준으로 분석한다.

② 재료의 물성

– 아스팔트 종류

구 분	적 용 도 로	비고
PG64-22	일반적인 포장의 도로	
PG76-22	교통량이 많은 교차로, 신호대기 지역, 오르막 구간 및 지정체가 심한 도로와 중(重)교통이 통행하여 소성변형 발생 위험이 높은 지역	사업지 인근 생산업체 없음

- 표층용 아스팔트혼합물의 종류

구 분	적 용 도 로		비고
	일반적인 도로	중차량이 많은 도로	
표 층	WC-3(밀입도 20mm)	WC-5(내유동 20Rmm)	
중간층	MC-1(밀입도 20mm)	WC-5(내유동 20Rmm)	중간층 상태에서 교통개방이 있는 경우 WC-5
기층	BB-3(밀입도 25mm)	BB-4(내유동 25Rmm)	

본 사업노선의 중차량 비율이 32.1%로 상대적으로 높아 소성변형 발생 가능성이 높은 지역으로 내유동성이 우수한 표층과 기층의 아스팔트혼합물은 WC-5, BB-4를 적용하였다. 중간층은 교통처리단계에서 중간층 상태에서 교통개방이 발생하므로 WC-5를 적용함이 타당하다고 사료된다.

③ 교통 분석(12종 차량 분류 기준)
- 연도별 장래 차종별 교통량(화천동 교차로~남면 교차로)

(단위 : AADT 대/일)

연도	승용차	버스		트럭			특수	합계	비고
		소형	보통	소형	중형	대형			
2017	2,454		83	838	192	47		3,614	공용개시연도
2018	2,459		83	840	192	47		3,621	
2019	2,464		83	842	192	47		3,628	
2020	2,468		84	843	193	47		3,635	
2021	2,473		84	845	193	47		3,642	
2022	2,478		84	847	193	47		3,649	
2023	2,482		84	848	194	48		3,656	
2024	2,487		84	850	194	48		3,663	
2025	2,492		84	851	195	48		3,670	
2026	2,496		85	853	195	48		3,677	
2027	2,504		85	855	195	48		3,687	개통 10년
2028	2,506		85	856	196	48		3,691	
2029	2,509		85	857	196	48		3,695	
2030	2,512		85	858	196	48		3,699	
2031	2,515		85	859	196	48		3,703	

2032	2,518		85	860	196	48		3,707	
2033	2,520		85	861	197	48		3,711	
2034	2,523		85	862	197	48		3,715	
2035	2,525		86	863	197	48		3,719	
2036	2,528		86	864	197	48		3,723	
2037	2,529		86	864	197	48		3,724	개통 20년

- 연도별 장래 차종별 교통량(남면 교차로~종점부)

(단위 : AADT 대/일)

연도	승용차	버스		트럭			특수	합계	비고
		소형	보통	소형	중형	대형			
2017	2,631		89	899	205	50		3,874	공용개시연도
2018	2,636		89	901	206	50		3,882	
2019	2,642		89	902	206	51		3,890	
2020	2,646		90	904	207	51		3,898	
2021	2,652		90	906	207	51		3,906	
2022	2,658		90	908	207	51		3,914	
2023	2,663		90	910	208	51		3,922	
2024	2,669		90	912	208	51		3,930	
2025	2,673		91	914	209	51		3,938	
2026	2,680		91	915	209	51		3,946	
2027	2,684		91	917	209	51		3,952	개통 10년
2028	2,686		91	918	210	51		3,956	
2029	2,689		91	919	210	51		3,960	
2030	2,691		91	920	210	52		3,964	
2031	2,694		91	921	210	52		3,968	
2032	2,696		91	922	211	52		3,972	
2033	2,700		91	922	211	52		3,976	
2034	2,702		92	923	211	52		3,980	
2035	2,705		92	924	211	52		3,984	
2036	2,708		92	925	211	52		3,988	
2037	2,710		92	926	212	52		3,992	개통 20년

④ 기존 포장의 3구간(STA.12+600~14+500)에 대하여 기존 포장의 활용방안 공용성 분석 결과[68]

구분	포장두께		분 석 결 과	내용(요약)	
기존 포장 13+720	전 체	27cm	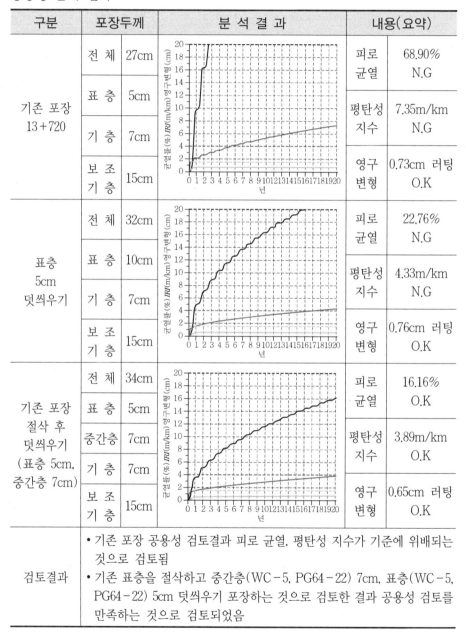	피로 균열	68.90% N.G
	표 층	5cm			
	기 층	7cm		평탄성 지수	7.35m/km N.G
	보 조 기 층	15cm		영구 변형	0.73cm 러팅 O.K
표층 5cm 덧씌우기	전 체	32cm		피로 균열	22.76% N.G
	표 층	10cm			
	기 층	7cm		평탄성 지수	4.33m/km N.G
	보 조 기 층	15cm		영구 변형	0.76cm 러팅 O.K
기존 포장 절삭 후 덧씌우기 (표층 5cm, 중간층 7cm)	전 체	34cm		피로 균열	16.16% O.K
	표 층	5cm			
	중간층	7cm		평탄성 지수	3.89m/km O.K
	기 층	7cm			
	보 조 기 층	15cm		영구 변형	0.65cm 러팅 O.K
검토결과	• 기존 포장 공용성 검토결과 피로 균열, 평탄성 지수가 기준에 위배되는 것으로 검토됨 • 기존 표층을 절삭하고 중간층(WC-5, PG64-22) 7cm, 표층(WC-5, PG64-22) 5cm 덧씌우기 포장하는 것으로 검토한 결과 공용성 검토를 만족하는 것으로 검토되었음				

---

68) 원주지방국토관리청, '백복령~달방댐 2 도로건설공사 실시설계용역보고서', 2013.

10 실습문제

실습 1	안동에서 최대표고 150m 구간에 도로를 설계하고자 한다. 다음과 같은 설계조건에서 동상방지층 두께를 구하시오. [설계조건] 　　안동지역 좌표 북위 36.62, 동경 128.8 　　포장단면은 표층 5cm, 기층 20cm, 보조기층 30cm 　　노상토의 함수비 $w = 15\%$ 　　보조기층의 함수비 $w = 7\%$, 　　보조기층 재료의 건조단위중량 $r_d = 2.16\text{g/cm}^3$

정답 1. 안동지역의 동결지수

[Table 10.1]과 같이 예시된 좌표별 전국 동결지수(표고 100m 기준)에서 북위 36.62, 동경 128.8로부터 359 ℃ · 일을 찾는다.

[Table 10.1] 좌표별 전국동결지수(표고 100m)　　(단위 : ℃ · 일)

북위(radian) 동경(radian)		36			37					38	
		0.42	0.62	0.81	0.01	0.20	0.43	0.63	0.82	0.02	0.21
128	0.0	298	333	424	517	566	593	600	588	575	535
	0.2	285	280	377	472	535	556	560	553	548	475
	0.4	337	339	372	428	476	504	504	477	423	350
	0.6	401	373	367	388	416	441	447	392	309	219
	0.8	385	359	342	342	350	357	357	275	220	179

2. 안동지역의 수정동결지수

– [Table 10.2]에 예시된 지역별 동결지수 및 동결기간으로부터 '안동'에서 가장 가까운 '영주'의 동결기간은 77일이다.

– 수정동결지수(℃ · 일) = 동결지수[Table 6.3] + 0.5×동결기간× $\dfrac{\text{표고차(m)}}{100}$

　표고차 = 설계노선 최고표고(m) − 측후소 지반고

∴ 수정동결지수 = $359 + 0.5 \times 77 \times \dfrac{150-100}{100} = 378$ (℃ · 일)

[Table 10.2] 지역별 동결지수 및 동결기간

측후소	지반고(m)	동결지수	동결기간	측후소	지반고(m)	동결지수	동결기간
원 주	149.8	613.0	94	문 경	172.1	279.4	55
울릉도	221.1	129.3	32	영 주	208.0	417.8	77

3. '미공병단 도표' 활용을 위해 수정동결지수를 화씨(°F)로 변환
   - 섭씨(°C)동결지수×1.8＝화씨(°F) 동결지수
     ∴ 378°C・일×1.8＝680°F・일

4. 노상동결 관입허용법에 의한 동결심도
   - 설계조건에서 표층＋기층＝5＋20＝25cm이므로 [Fig. 10.1]에서
     c＝a−p＝115−25＝90cm
     여기서, c : 비동결성 재료 치환 최대깊이(cm)
        a : 설계 동결관입깊이(cm)
        p : 콘크리트포장의 슬래브 두께 또는 아스팔트포장의 아스팔트혼합물층 두께(cm)
     $$\therefore\ r=\frac{\text{노상토 함수비}(w_s)}{\text{보조기층 함수비}(w_b)}=\frac{15}{7}=2.1$$
   - r＝2.1이므로 중차량 교통량이 많은 곳의 r값은 2.0보다 큰 경우에는 2.0을 적용한다.
   - [Fig. 10.1]에서 c＝90m의 연직선과 r＝2.1이 만나는 점의 좌측 값인 비동결성 재료층의
     두께 b＝60cm를 얻는다.
   - 동상방지층의 두께는 비동결성 재료층의 두께 b＝60cm에서 보조기층의 두께 30cm를
     뺀 30cm이다.
     ∴ 노상동결 관입허용법에 의한 동결심도는 p＋b＝25＋60＝85cm이다.

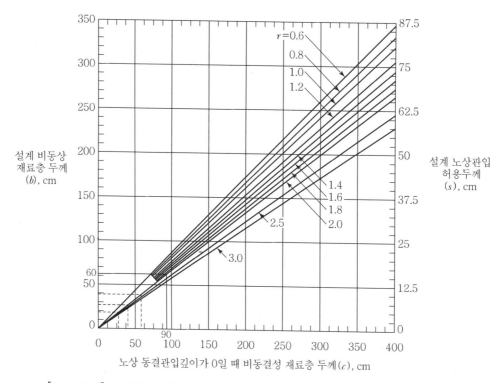

[Fig. 10.1] 노상동결 관입허용법에 의한 설계 비동결성 재료층 두께결정 도표

> **실습 2**
>
> 2019년 기준 아스팔트포장의 각 층별 소요포장두께지수(SN) 결정을 위한 설계조건이 다음과 같을 때, 공용 10년 후의 포장두께를 설계하시오.
>
> [설계조건]
>   노상 CBR = 10.7, SSV = 5.2
>   보조기층 CBR = 50, SSV = 7.8
>   지역계수 R = 2.0
>   차로당 환산누계 교통량
>   공용 10년 후(2029년) 기준 $W_{8.2} = 7,169 \times 10^6$
>   공용 20년 후(2039년) 기준 $W_{8.2} = 7,169 \times 10^6$

정답 I. 공용 10년 후의 각층별 설계 포장두께지수(SN*) 산정

1. 표층(가정)
   1) 사용재료 : 아스콘 마샬안정도 750kg 이상
   2) 상대강도계수 : $a_1 = 0.157$
   3) 최소표층두께 : $D_1^* = 5\text{cm}$(다짐관리를 고려한 전형적 선택)
   4) 실제 표층의 포장두께지수 : $SN_1^* = a_1 D_1^* = 0.157 \times 5\text{cm} = 0.785$

2. 기층(2029년 기준)
   1) 사용재료 : 아스콘 마샬안정도 350kg 이상
   2) 상대강도계수 : $a_2 = 0.138$
   3) 포장두께지수 : $SN_2 = 2.9$(최소 소요값)

   $$D_2^* \geqq \frac{SN_2^* - SN_1^*}{a_2} = \frac{2.9 - 0.785}{0.132} = 15.3\text{cm} \quad \therefore \ D_2^* = 15\text{cm}(계산값)$$

   4) 계산값 포장두께지수 : $SN_2^* = a_2 D_2^* = 0.138 \times 15\text{cm} = 2.07$
   5) 검산 : 계산값 $SN_1^* + SN_2^*$가 최소 소요값 SN_2보다 더 많은지 확인
      $SN_1^* + SN_2^* \geqq SN_2$에서 $0.785 + 2.07 = 2.9 \geqq 2.9$ $\therefore$ O.K

3. 보조기층(2029년 기준)
   1) 사용재료 : 석산쇄석 CBR 80 이상
   2) 상대강도계수 : $a_3 = 0.051$
   3) 포장두께지수 : $SN_3 = 4.2$(최소 소요값)

   $$D_3^* \geqq \frac{SN_3 - (SN_1^* + SN_2^*)}{a_3} = \frac{4.2 - (0.785 + 2.07)}{0.051} = 26.3\text{cm}$$

   $\therefore \ D_3^* = 25\text{cm}(계산값)$

   4) 계산값 포장두께지수 : $SN_3^* = a_3 D_3^* = 0.051 \times 26\text{cm} = 1.326$
   5) 검산 : 계산값 $SN_1^* + SN_2^* + SN_3^*$가 최소 소요값 SN_3보다 더 많은지 확인
      $SN_1^* + SN_2^* + SN_3^* \geqq S3_2$에서 $0.785 + 2.07 + 1.326 = 4.181 < 4.2$ $\therefore$ No

II. 공용 10년 후의 각 층별 포장두께 설계

공용 10년 후에 overlay를 고려하여 포장두께를 계산함으로써, 포장두께 전체의 SN값을 크게 하는 경제적인 설계방법을 채택하고 있다. 예를 들어 공용 10년 후(2029년)에 overlay 5cm를 시행하는 경우, 증가되는 SN값은

$$\Delta SN = 0.157 \times 5 = 0.785$$

$$\therefore \ SN_1^* + \Delta SN = 0.785 + 0.785 = 1.57$$

$$SN_2^* + \Delta SN = 2.9 + 0.785 = 3.69 \geq SN_2 = 3.4 \ \therefore \ O.K$$

2.9는 10년 후의 SN_2값

3.4는 20년 후의 SN_2값(계산 생략)

$$SN_3^* + \Delta SN = 4.2 + 0.785 = 4.99 \geq SN_3 = 4.8 \ \therefore \ O.K$$

4.2는 10년 후의 SN_3값

4.8은 20년 후의 SN_3값(계산 생략)

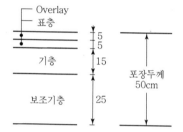

[Fig. 10.2] 포장두께의 설계

07

도로의 포장공법 및 유지관리

1 개질아스팔트포장

개질아스팔트는 포장용 석유아스팔트의 성질을 포장의 내구성 향상을 목적으로 개선한 것으로, 그 종류에는 아스팔트에 고분자재료(고무, 수지 등)를 첨가하여 성능을 개선시킨 것과 촉매제를 이용한 것이 있다. 아스팔트는 개질재를 첨가한다고 성능이 개선되는 것이 아니며, 화학적 결합이 부적합하면 역효과를 나타내므로 시방규정을 반드시 지켜야 한다. 세계적으로 널리 사용되고 있는 개질아스팔트의 대부분은 고분자 개질아스팔트이며, 재료특성과 배합조건에 따라 다양한 물성과 성능을 나타낸다. OECD 선진국들은 교통하중이 많고 재하하중이 큰 공항포장을 고분자 개질아스팔트로 설계하고 있다. 예를 들어, 독일 포장공법인 SMA(Stone Mastic Asphalt) 포장에서도 일반아스팔트 대신 고분자 개질아스팔트를 사용하고 있다.

[Table 1.1] 아스팔트 개질재의 종류

구분	개질재의 종류
고분자 개질재	− 열경화성 고무 　• 천연고무, 합성고무(SBR Latex, 폴리클로로프렌 Latex 등) − 열가소성 중합체 　• 스틸렌블록공중합체(SBS, SEBS, SIS 등) − 열가소성 수지 　• 폴리에틸렌(PE), 폴리프로필렌(PP), 에틸렌 비닐 아세테이트(EVA ; Ethylene Vinyl Acetate) 등
첨가성 개질재	− 길소나이트(Gilsonite), TLA(Trinidad Lake Asphalt) 등 − 섬유질(Cellulose), 카본블랙, 유황, 실리콘(Silicon), 석회(lime) 등
화학 촉매제	캠크리트(Chemcrete), 무기산, 금속촉매제(Fe, Mn, Co, Cu) 등

1.1 개질방식에 의한 개질아스팔트의 종류

1. 고분자 개질아스팔트(PMA ; Polymer Modified Asphalt)

　1) 원리 　− 기존 아스팔트에 SBS, PE, EVA 등의 고분자를 혼합하여 성능 향상
　2) 제품 　− 개질재에 따라 2가지로 분류되며, 전 세계적으로 가장 널리 사용
　　　　　　− 고분자 개질아스팔트 Ⅰ형 : 고무계의 고분자재료를 첨가한 것으로, 아스팔트의 감온성과 저온취성이 개량되어 유동 및 마모 저항성 향상

– 고분자 개질아스팔트 Ⅱ형 : 열가소성 수지와 고무를 병용한 것으로, 아스팔트 내에 겔(gel)구조를 만들어 유동 저항성 향상

2. 화학적 개질아스팔트

1) 원리 – 금속원소가 함유된 촉매제로 아스팔트를 화학적으로 산화시키거나, 포설 후 대기와 산화시켜 아스팔트의 경화를 촉진
2) 적용 – 소성변형 저항성은 우수하나, 균열에 취약하고 사용 시 악취가 발생하여 제한적 용도에만 사용

3. 산화 개질아스팔트

1) 원리 – 아스팔트를 고온에서 공기와 접촉시켜 침입도를 감소시키고 연화점을 상승시켜 소성변형 저항성을 향상
2) 제품 – Semi-blown Asphalt. Straight Asphalt에 Blown(가열한 공기 공급)하여 감온성을 개선하고 60℃ 점도를 높인 개질아스팔트
3) 특징 – 아스팔트의 60℃ 점도를 높이면 공용시 점성을 높여주므로, 중교통도로에서 유동대책(소성변형 저항) 도모
   – 점성이 높으므로 충분히 다짐하고, 다짐 시 온도관리에 주의 필요
   – 아스팔트 내에 Stiffness가 증가하여 균열에 취약

[Table 1.2] Semi-blown Asphalt의 품질기준

항목	기준값	항목	기준값
점도(60℃) poise	2,000~10,000	침입도(25℃) 1/10mm	40 이하
점도(60℃) cSt	200 이하	인화점(L.O.C) ℃	260 이상
점도비(60℃) 박막 전/후	5 이하	밀도(15℃) g/cm³	1,000 이상
박막가열질량 변화율 %	0.6 이하	삼연화에탄 가용분 %	99.0 이하

1.2 생산방식에 의한 개질아스팔트의 종류

1. 사전배합(Pre-mix) 생산방식

아스팔트 생산공장에서 미리 개질시킨 후 개질아스팔트로 공급하므로, 현장 믹서에 개질재 투입시설의 설치를 생략한다. 품질관리가 용이하고 대량 포장생산에 사용된다. SBS, PE, EVA 등 고분자 개질아스팔트가 쓰인다.

2. 현장배합(Plant-mix) 생산방식

아스콘플랜트에서 골재와 아스팔트 혼합 시 개질재를 함께 투입하므로, 현장 믹서에 개질재 투입시설의 설치가 필요하다. 품질관리가 어렵고 소량 포장생산에 사용된다. 합성고무(SBR, Latex), 첨가성 개질재(섬유질), 금속촉매제 등이 쓰인다.[69]

2 배수성 포장과 투수성 포장

배수성 포장은 1980년대 벨기에를 중심으로 보급되기 시작한 공법으로, 차도를 대상으로 강도저하를 방지하기 위해 기층 이하에는 물을 침투시키지 않는 구조이다. 배수성 포장을 포장표층에 적용하면 우천시 제동거리 단축, 수막현상 방지, 물튀김 방지, 소음 감소, 야간 시인성 향상 등을 기대할 수 있다.

투수성 포장은 포장체를 통하여 빗물을 노상에 침투시켜 흙속으로 환원시키는 기능을 갖는 구조로서, 보도, 경교통이 통과하는 차도, 자전거도로, 주차장 등에 이용되고 있다. 국내에서 투수성 포장은 88서울올림픽 대비하여 1987년에 서울시 각 대학로에서 소요사태 방지를 위해 도입한 후, 여의도공원조성사업 등에 적용하였다.

기능성 포장(배수성 포장 및 투수성 포장)은 특수한 아스팔트, 골재를 사용하기 때문에 배합설계나 시공관리가 부실한 경우 박리현상이 발생하고, 불순물이나 분진 등으로 공극이 막히면 배수기능이 저하될 우려가 있다.

2.1 배수성 포장

1. 배수성 포장의 구성

배수성 포장의 표층은 배수 기능을 갖는 아스팔트혼합물로 설계하며, 표층과 불투수층 사이의 시일층에는 고무를 첨가한 유화아스팔트 $0.4 \sim 0.6 L/m^2$를 살포한다. 하부층은 빗물이 내부에 정체되지 않는 불투수층으로 구성하여 기층 이하로 빗물 침투를 방지하고, 배수성 포장 내의 물고임을 방지하여야 한다. 측구는 표층 내의 물이 충분히 배수되도록 구멍 뚫린 구조로 설계한다.

---

69) 국토교통부, '도로설계편람 제4편 도로포장', 2012, p.409-3.

Road Engineering

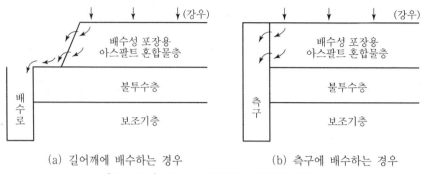

(a) 길어깨에 배수하는 경우　　　　　(b) 측구에 배수하는 경우

[Fig. 2.1] 배수성 포장의 표준적인 구성

2. 배수성 포장의 재료 및 배합

1) 결합재

고점도 특수 개질아스팔트는 높은 점성을 지닌 결합재를 첨가하기 때문에 피막두께가 증가되어 내구성이 확보되고, 고온에서 안정성, 연화점, Toughness, Tenacity, 60℃ 점도 등이 우수하다. 결합재에는 식물성 섬유(셀룰로스)를 사용하여 모르터의 흘러내림을 방지하고 골재 피막을 두껍게 형성하여 내노화성과 내구성 향상, 골재의 비산 방지가 가능하다. 결합재는 다음 5종류 중에서 선정하여 첨가한다.

① 일반아스팔트＋식물성 섬유(셀룰로스)

② 일반아스팔트＋천연아스팔트＋식물성 섬유(셀룰로스)

③ 개질아스팔트

④ 개질아스팔트＋식물성 섬유(셀룰로스)

⑤ 고점도 특수 개질아스팔트

[Table 2.1] 배수성 아스팔트 결합재의 요구성능

항목	요구성능
내비산성	혼합물의 안정도 확보를 위해 골재를 강하게 부착하는 성능이 필요하고, Toughness, Tenacity가 큰 아스팔트가 요구된다.
내구성	혼합물의 큰 공극에 의해 햇빛이나 공기의 영향을 받지 않도록 아스팔트 피복두께를 어느 정도 확보하고 점도가 큰 아스팔트가 요구된다.
내박리성	포장 내부로 빗물이 통과하므로 아스팔트 피복두께를 두껍게 하고 골재와의 부착강도가 큰 아스팔트가 요구된다.
내유동성	중교통도로에 적용하는 경우 혼합물의 동적 안정도가 커야 하므로 연화점, Toughness, Tenacity, 60℃ 점도 등이 큰 아스팔트가 요구된다.

2) 골재

개립도 골재를 사용한 아스팔트혼합물의 중요한 평가요소는 굵은골재의 연석 함유량, 형상 등이다. 특히, 편석과 장석의 함유율이 높으면 골재 부스러짐이 많이 발생한다. 쇄석골재의 품질기준은 표건비중 2.45 이상, 흡수용 3% 이하, 마모감량 30 이하 등을 만족하여야 한다.

[Table 2.2] 배수성 아스팔트혼합물의 품질기준

항목	품질기준	항목	품질기준
다짐횟수(회)	50	흐름치(1/100cm)	20~40
공극률(%)	20 이상	잔류안정도(%)	75 이상
마샬안정도(kg)	500 이상	동적 안정도(회/mm)	3,000 이상

3) 배합설계

골재의 입도분포는 목표 공극률(20% 정도)을 얻을 수 있는 기준(하한입도, 중앙입도, 상한입도)을 만족하여야 한다. 이 기준에 만족하도록 아스팔트량을 조절하면서 내구성과 흐름 손실률을 측정한다. 아스팔트혼합물의 내구성은 로스앤젤레스 마모시험기에 마샬 공시체 1개를 넣고(철구는 넣지 않는다), 30rpm 회전속도로 300회전 후에 공시체의 손상률을 계산하여 측정한다. 아스팔트혼합물의 흐름 손실률은 혼합물을 특정용기에 넣고 일정한 온도조건에서 방치할 때, 아스팔트가 용기에서 흘러내린 정도를 판정하여 측정한다.

3. 배수성 포장의 시공관리

1) 고점도의 결합재를 사용하므로 일반 혼합물보다 높은 온도를 유지한다.

[Table 2.3] 배수성 아스팔트혼합물의 온도조건

구분		온도범위(℃)		구분	온도범위(℃)
생산	골재	170~185	시공	포설 시	155~170
	아스팔트	170~180		1차 다짐	145~160
	혼합 시	170~185		2차 다짐	70~90

2) 표층 바로 아래에 시일층을 배치하여 방수성과 구조적 안정성을 확보한다. Tack coat는 고무첨가 유제를 사용하고, 살포량은 $0.4L/m^2$ 정도로 정한다.

3) 다짐기계의 전압시기, 기종편성, 다짐횟수 등은 시험시공을 통해 결정한다. 배수성 혼합물의 다짐에는 Tire Roller는 사용하지 않는다.

4. 배수성 포장의 유지관리

1) 장기적인 내구성 확보

- 배수성 포장용 아스팔트 결합재의 품질 고급화가 우선적으로 요구된다.
- 골재의 물성 측면, 형상 측면에서 최적화가 요구된다.
- 스파이크 장착 차량, 스노체인 착용 차량의 통행제한이 요구된다.

2) 지속적인 배수기능의 확보

- 배수성 저하는 매우 짧은 주기로 도래하므로 배수성 회복이 요구된다.
- 배수성 유지를 위해 적설시 염화물 살포(모래 금지) 제설이 요구된다.

[Table 2.4] 배수기능의 회복대책

구분	회복대책	구분	회복대책
화학적 방법	과산화수소 용액의 살포	물리적 방법	고압수 고압수+흡입 살수+흡입 압축공기+흡입 압축공기

2.2 투수성 포장

1. 투수성 포장의 구성

투수성 포장은 노상 위에 필터층, 보조기층, 기층 및 표층 순으로 구성된다. 투수성을 유지하기 위해 접착층(Prime Coat, Tack Coat)은 생략한다. 투수성 포장의 혼합물은 10^{-2}cm/sec의 높은 투수계수를 유지하고, 공극률을 높이기 위해 잔골재가 없는 단입도의 개립도 아스팔트혼합물이다.

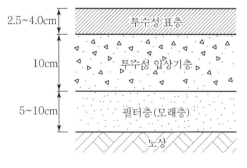

[Fig. 2.2] 투수성포장(보도)

2.5~4.0cm 투수성 표층
10cm 투수성 입상기층
5~10cm 필터층(모래층)
노상

2. 투수성 포장의 특징

1) 장점

- 노면배수시설 생략, 미끄럼저항성 증대, 보행성 개선, 난반사에 의한 시력 보호 등이 가능하다.
- 도시하천 범람 방지, 하수도 부담 경감, 지하수 저장, 식생 등 지중 생태계의 개선과 같은 친환경적인 공법이다.

2) 단점

- 잔골재가 생략된 혼합물이므로 차도에 사용하면 쉽게 박리(재료분리)되고, 공극률이 커서 물과 공기에 의해 노화되기 쉽다.
- 포설 후 혼합 – 운반 – 포설 과정에 엄격한 온도관리가 필요하고, 공용 후 먼지와 토사가 공극을 메워 투수기능이 저하된다.

3. 투수성 포장의 재료 및 배합

1) 필터층(모래층)

모래층은 물이 흙속에 침투하는 필터 기능을 하며, 연약한 노상토가 보조기층이나 기층 속으로 침입하는 것을 방지한다. 모래의 품질은 투수계수 10^{-4}cm/sec 이상, 입도 0.08mm(No.200) 체 통과분 6% 이하를 사용한다.

2) 투수성 기층 및 보조기층 입상재료

보도용 투수성 입상재료는 쇄석 또는 단립도 부순돌로서, 최대입경 19~30mm, 수정 CBR 20 이상, PI 6 이하이어야 한다.

차도용 투수성 입상재료는 부순 돌로서, 포설두께 7~12cm, 수정 CBR 60 이상, PI 4 이하, 아스팔트혼합물 사용 시 마샬안정도 250kg 이상이어야 한다.

3) 투수성 표층 아스팔트혼합물

투수성 표층 아스팔트혼합물은 일반 표층용 아스팔트혼합물의 품질기준과 동일한 것을 사용한다. 잔골재 중량의 2% 정도를 소석회나 시멘트로 혼합하여 박리현상을 방지한다. 개질아스팔트를 사용하면 내구성이 향상된다. 아스팔트혼합물의 최적 아스팔트량은 시험포설 후 결정하고, 마샬기준치는 [Table 2.5]를 목표로 설정한다.

[Table 2.5] 투수성 아스팔트혼합물의 마샬기준치

항목＼층별	표층		기층
	보도	차도	
안정도(kg)	400 이상	500 이상	–
플로값(1/100)	20~40		
공극률(%)	12 이상		
포화도(%)	40~55		–
투수계수(cm/sec)	1.0~10 이상		

4. 표면마무리

표면마무리를 위해 가로방향 및 세로방향 줄눈, 구조물 접속부는 충분히 다져서 밀착시킨다. 진동 Roller 사용 시 쇄석골재의 부스러짐에 주의한다(Tire Roller 사용금지). 표면마무리 후에는 투수시험을 실시하여 투수기능을 확인한다.

5. 투수기능 유지지침

국내에서 많은 도로에 투수성 포장을 시공하였지만, 주기적으로 공극 청소를 하지 않고 방치하여 투수기능이 대부분 상실된 상태이다. 지하 생태계 보존차원에서 투수성 포장의 공극 막힘 방지를 위하여 투수기능(초기 투수율) 유지지침을 제정하는 등 청소시스템 구축이 필요하다.

일본의 경우에는 청소 직후 투수율 1×10^{-2}cm/sec(15초 이내에 400cc 투수성)를 유지하는 지침을 제정하였다.[70]

---

70) 국토교통부, '도로설계편람 제4편 도로포장', 2012, pp.409-6~13.

3 저탄소 중온 아스팔트포장

석유연료 사용 및 유해가스(이산화탄소, 황산화물 등) 배출을 줄일 수 있도록 아스팔트 제조온도를 30℃ 낮추어서 130~140℃에서 시공하는 「저탄소 중온 아스팔트포장의 생산 및 시공지침」이 제시되었다(국토교통부, 2010). 현재 160~170℃의 고온에서 생산되는 도로 포장용 가열 아스팔트혼합물의 제조온도를 30℃ 낮추면 이산화탄소 배출량을 크게 줄일 수 있고, 우리나라 1년 사용량 2억 6천만L의 벙커-C유 중에서 30%인 7,800만L를 절감할 수 있다.

3.1 국내·외 가열 아스팔트혼합물 현황

국내의 경우 일반국도의 도로포장에 적용하고 있는 가열 아스팔트혼합물은 160~170℃의 고온에서 생산되며, 연간 약 2천9백만 톤의 아스콘 생산과정에 골재 가열을 위해 약 2억 6천만L의 벙커-C유 연료를 사용한다. 골재를 가열하면서 약 80만 톤의 이산화탄소와 유해 온실가스인 질소산화물(NOx), 황산화물(SOx) 등이 발생한다.

외국의 경우, OECD 국가를 중심으로 저탄소 중온 아스팔트혼합물 관련 다수의 제품을 개발하여 활용하고 있다. 유럽은 1996년부터 기술개발 및 실용화를 통해 정착단계이며, 미국은 2002년 기술을 도입하여 2008년 연방정부가 표준화 연구를 수행하고 있다. 현재 국제적으로 약 20여 종의 관련 공법 및 제품이 등록되어 있다.

3.2 저탄소 중온 아스팔트혼합물의 특징

저탄소 중온 아스팔트포장은 가열 아스팔트포장 이상의 품질을 유지하면서, 30℃ 정도가 낮은 130~140℃ 온도에서 생산되는 저에너지 소비형 포장기술이다. 중온화 첨가제가 혼입된 중온화 아스팔트를 사용하여 생산한 중온 아스팔트혼합물로 시공한다. 중온화 첨가제는 유기 왁스, 오일베이스 화학조성물 등을 사용하며, 고온에서 아스팔트 점도를 낮추고 저온에서 아스콘의 생산·시공이 가능하다. 저탄소 중온 아스팔트포장은 가열 아스팔트포장에 비해 석유연료는 30~35% 저감되고, 이산화탄소 등 온실가스 배출은 약 35% 감소되는 효과가 기대된다.

1. 중온화 아스팔트의 품질기준

1) 아스팔트에 중온화 첨가제를 혼합한 중온화 아스팔트의 품질기준은 교통조건, 기온조건 등을 고려하여 3가지 등급(W76, W70, W64)으로 구분한다.
   - W는 Warm의 약자로서 중온을 의미
   - 숫자가 높을수록 공용 중에 내구성이 우수한 재료
2) 가열 아스팔트혼합물보다 30℃ 낮은 온도에서 중온 아스팔트혼합물의 배합설계, 온도기준 등을 제시한다.
3) 중온화 첨가제를 믹서에 직접 투입하는 건식 생산의 경우, 첨가제의 용해특성에 따른 품질변동을 최소화하기 위해 용해시간 기준을 제시한다.

[Table 3.1] 중온화 아스팔트의 품질기준

항목 \ 중온화 아스팔트등급	W64	W70	W76
공용성 등급(PG 64-22 아스팔트와 혼합 후)	PG 64-22	PG 70-22	PG 76-22
배합설계 시 표준혼합온도에서 용해시간(분)	5 이하	5 이하	20 이하
배합설계 시 최고혼합온도(℃)	130	135	140
배합설계 시 최고다짐온도(℃)	115	120	125

2. 저탄소 중온 아스팔트혼합물의 품질기준

1) 다양한 종류의 중온화 아스팔트를 적용할 수 있도록 가열 아스팔트혼합물의 품질기준보다 강화된 새로운 추가 품질기준을 제시한다.

[Table 3.2] 저탄소 중온 아스팔트혼합물의 품질기준

특성치			아스팔트혼합물의 종류	
			WC-1~4	WC-5, 6
추가 품질기준	간접인장강도(N/mm²)[1]		0.8 이상	
	터프니스(N·mm)[1]		8,000 이상	
	인장강도비(TSR)[2]		0.75 이상	
	동적 안정도[3] (회/mm)	W64 등급	750 이상	1,000 이상
		W70 등급	1,500 이상	2,000 이상
		W76 등급	2,000 이상	3,000 이상

주 1) 간접인장강도, 터프니스 : 균열에 대한 성능을 평가하는 시험규격
　　 2) 인장강도비 : 장마철 및 해빙기에 나타나는 노면패임 현상인 포트홀 등에 대한 성능을
　　　　 평가하는 시험규격
　　 3) 동적 안정도 : 여름철 온도와 차량 하중에 의해 나타나는 노면변형 현상인 소성변형에
　　　　 대한 성능을 평가하는 시험규격

2) 중온 아스팔트혼합물 생산 시 1일 1회 이상 품질시험을 실시하는 규정을 마련한다(단,
　　 인장강도비, 동적 안정도 시험은 배합설계에서 실시).

3. 저탄소 중온 아스팔트포장의 시공온도

1) 일반적인 저탄소 중온 아스팔트혼합물의 생산·다짐온도를 중온화 아스팔트의 종류에
　　 따라 구분하여 규정한다.

2) 현행 가열아스팔트포장의 시공온도보다 약 30℃ 낮은 온도로 규정한다.

[Table 3.3] 저탄소 중온 아스팔트혼합물의 롤러 초기진입 시 다짐온도

구분	다짐온도(℃)					
	일반		하절기(6~8월)		동절기(11~3월)	
	W64,W70	W76	W64,W70	W76	W64,W70	W76
생산온도	130	140	130	140	135	145
1차 다짐	105~125	115~130	100~125	110~135	110~130	120~140
2차 다짐	90~110	100~120	80~115	90~125	95~115	105~125
3차 다짐	60~100					

4. 아스팔트혼합물의 성능 특성 비교

1) 저탄소 중온 아스팔트혼합물은 가열 아스팔트혼합물에 비해 동일하거나 향상된
　　 내구성을 발휘한다.
　　 - 여름철 소성변형 저항성을 나타내는 동적 안정도는 최대 5배 향상
　　 - 장마철 및 해빙기 노면 패임 현상이 포트홀 파손에 대한 저항성을 나타내는 수분저
　　　 항성은 최대 1.4배 향상
　　 - 차량에 의한 균열파손 저항성을 나타내는 회복탄성계수는 최대 3배 향상

2) 저탄소 중온 아스팔트혼합물의 가격은 가열 아스팔트혼합물과 비교하여 약 0.4%의
　　 가격하락(2009년 기준)이 예상된다.

[Table 3.4] 아스팔트혼합물의 성능 특성 비교

구분	생산온도	공극률 (%)	동적 안정도 (회/mm)	수분저항성 (TSR, %)	회복탄성계수 (M_R, GPa)
기준		3~5%	–	–	–
가열	160℃	4%	500	60%	1.08
저탄소	130℃	4%	2480	81%	3.18
향상비율	30℃ 절감		약 5배	1.4배	약 3배

3.3 저탄소 중온 아스팔트혼합물의 생산

1. 발포계

발포계를 첨가하면 Asphalt Mortar 내에 미세거품이 발생·분산되어 혼합물의 용적이 증가함으로써, 제조시에 혼합성이 향상되고 포설시에 페어링 효과에 의해 다짐성이 향상된다. 포설 후에 온도가 저하되면 미세거품 영향도 없어져 품질이 확보된다.

2. 활제계(滑濟系)

활제계를 첨가하면 아스팔트점도에 대한 영향이 거의 없이 아스팔트 및 골재 계면에서의 윤활성을 높이게 된다. 윤활효과에 의해 혼합성과 다짐성을 향상시키며, 포장 후에 활제의 움직임이 없어지므로 혼합물의 품질이 확보된다.

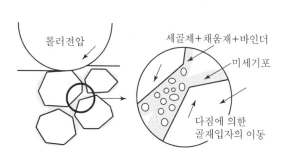

[Fig. 3.1] 발포계

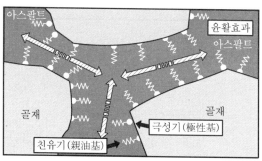

[Fig. 3.2] 활제계

3. 점탄성 조정계 A

점탄성 조정계 A는 상온에서는 고체이지만 일정 온도 이상에서는 급격히 액체로 변하는 첨가제이다. 제조시 및 포설 시 아스팔트혼합물의 점탄성을 조정하여 온도를 저하시킨다.

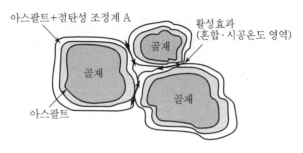

[Fig. 3.3] 점탄성 조정계 A

4. 점탄성 조정계 B

점탄성 조정계 B를 첨가하면 아스팔트혼합물의 점탄성(Consistence)이 조정되어 제조 시 및 시공 시 온도를 저하시킨다. 공용온도에서 점탄성은 조정제 미첨가 포장과 같으므로 품질이 확보된다.[71)]

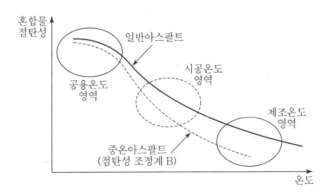

[Fig. 3.4] 점탄성 조정계 B

---

71) 국토교통부 간선도로과, '저탄소 중온 아스팔트 공법', 2010.12.24.

4 Post-Tensioned 콘크리트포장

Post-Tensioned Concrete Pavement(PTCP)는 차륜 및 환경하중에 의해 포장체에 발생하는 인장응력을 Prestressing 기법을 도입하여 감소시킴으로써 포장체의 장기 공용성을 보장할 수 있는 우수한 포장공법이다. OECD 국가는 오래전부터 PTCP 공법을 적용하고 있으나, 국내는 근래에 관심이 집중되고 있다.

4.1 PTCP 공법의 특징

1. 슬래브 두께를 무근콘크리트포장 두께의 1/2 이하로 대폭 축소 가능
2. 무근콘크리트포장보다 줄눈간격 200m까지 연장, 줄눈개수 1/2 이하로 감소
3. 줄눈 부분의 잦은 손상을 방지하여 보수로 인한 교통통제 해소
4. Prestressing 도입으로 인장응력 감소, 피로파손 감소, 내구성 보장
5. 횡방향으로도 Prestressing을 가함으로써 종방향 줄눈도 생략 가능

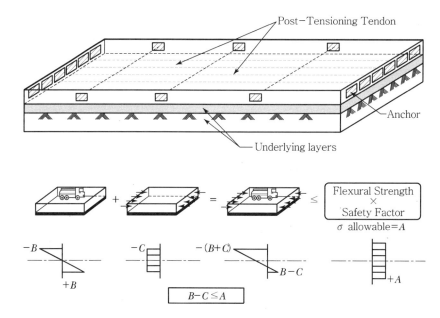

[Fig. 4.1] PTCP 구성 및 설계 개념

4.2 PTCP 공법의 거동 분석

1. 종방향 긴장에 따른 응력 분포

긴장 간격이 1m이면 종방향으로 약 1m 이내에서만 어느 정도의 응력손실이 발생하여, 영향이 매우 작다. 따라서, 정착구 사이 간격을 1m 이하로 유지하면서 보강철근을 사용하면 종방향 긴장 간격에 따른 정착구 사이의 응력손실을 예방할 수 있다.

2. 횡방향 긴장에 따른 응력 분포

횡방향 긴장 간격은 종방향과 같이 촘촘히 할 수 없다. 따라서, 횡방향 긴장은 실제 차륜하중이 작용하는 부분을 선정하여 응력분포를 고려하는 것이 합리적이다.

3. 환경 및 차륜하중에 의한 응력 분포

콘크리트 상·하부 온도차이에 의한 컬링 거동은 단부에서는 종·횡방향으로 휘어지고, 내부는 횡방향으로만 휘어진다.

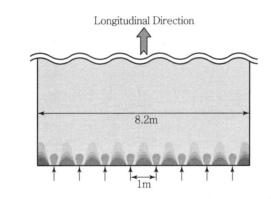

[Fig. 4.2] 종방향의 응력 분포

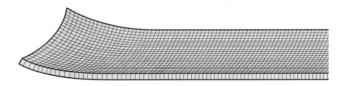

[Fig. 4.3] 슬래브의 변형 및 응력 분포

4.3 PTCP 공법의 긴장 설계

1. 설계하중 및 허용 휨강도

1) 슬래브의 최대인장응력 산정 시 수직온도구배는 0.5℃/cm를 사용하고, 차륜하중은 80kN/축(AASHTO 설계하중 기준)을 사용한다.

2) 긴장응력은 환경 및 차륜하중에 의한 인장응력에서 콘크리트 허용 휨강도를 뺀 값이 슬래브에 가해지도록 설계한다.

$$긴장응력 \geq 하중에 의한 인장응력 - 콘크리트 허용 휨강도$$

2. 유효 긴장량 및 긴장 손실

1) 긴장용 강선을 선정한 후 강선의 극한인장강도의 80%, 항복강도의 94% 중 작은 값을 강선당 긴장하중으로 사용한다.

2) 강선의 긴장하중에서 감소되는 손실량의 발생 원인
   - 하부층 마찰저항에 따른 슬래브 중앙에서의 긴장력 손실
   - Tendon과 Sheath관 사이의 마찰저항에 의한 손실
   - 콘크리트의 건조수축 및 Creep, 강선의 Relaxation에 의한 손실

3. 강선의 긴장 손실량으로 고려한 긴장 설계 방안

$$\frac{(강선의 긴장하중 - \sum 손실량) \times 강선의 개수}{슬래브 긴장 단면적} \geq 최대인장응력 - 허용휨강도$$

$$긴장간격 = \frac{강선의 긴장하중 - \sum 손실량}{(최대인장응력 - 허용휨강도) \times 슬래브 두께}$$

4.4 PTCP 공법의 시험시공 사례

1. 시험시공 현황

- 일시·장소 : 2008년 10월, 영동고속도로 동수원IC 부근 강릉방향 폐광장
- PTCP 크기 : 120m×8.2m×0.15m
- 긴장방법 : 슬래브 중앙의 포켓 부분에서 Central Prestressing으로 긴장

2. 시험시공 순서

1) 하부지반 정리 : 노상 표면 마감상태 확인

2) 분리막 및 사이드 폼 설치, 이때 Central 포켓도 함께 설치

3) 횡방향 강선 및 보조철근 설치, 이어서 종방향 강선 설치

4) Slipform Paver에 의해 콘크리트 타설 작업

5) 1차 긴장, 횡방향 2차 긴장을 통해 PTCP 슬래브에 긴장력 도입

6) 최종 마무리 작업 : Central 포켓에 Grouting 실시

(a) 사이드폼 설치   (b) 종·횡방향 강선 설치   (c) 콘크리트 타설   (d) 긴장 실시

[Fig. 4.4] PTCP 공법의 시공 순서

3. 시험시공 결과

사이드폼의 지지력 부족, 콘크리트 타설시간 연장, Central Prestressing의 경제성 부족 등 다양한 문제점이 도출되었다. PTCP 슬래브의 거동을 파악하기 위해 변위계측기, 변형률계 등을 매설하여 계측 데이터의 취득이 필요하다. 현장 Sand-bed에서 제작한 공시체의 압축강도와 향후 실제 강도를 분석할 필요가 있다.[72]

---

72) 김성민 외 3인, 'PTCP-포스트텐션 콘크리트 도로포장시스템', 대한토목학회지, 2010.1.

5 섬유보강 콘크리트포장

섬유보강 콘크리트포장은 콘크리트 내에 섬유를 혼입, 강제로 분포시켜 콘크리트의 균열 발생과 확대를 구속하여 인성(Toughness)을 크게 증가시키고 휨강도, 내충격성, 내마모성을 증가시키는 특수포장이다. 섬유보강 콘크리트는 균열, 인장강도 등을 크게 개선할 수 있지만, 제조과정에 섬유뭉침현상(Fiber Ball) 억제, 분산성 확보를 위한 시공관리가 필요하다.

5.1 섬유보강 콘크리트

1. 혼입되는 섬유의 종류

1) 강섬유(Steel Fiber) : 포장용
2) 유리섬유(Glass Fiber) : 고가, 항공기용
3) 나일론(Nylon), 아스베톡스(Asbetox), 인조견사(Rayon), 면(Cotton)섬유
4) 프로필렌(Propylene), 폴리에틸렌(Plyethlene)섬유 : 건조수축균열 억제용
5) 탄소섬유(Carbon Fiber) : 스포츠용

2. 섬유보강 콘크리트의 특징

1) 장점

- 인장강도 증진, 인성 증진, 균열확대 억제
- 내마모성 증진, 내충격성 향상
- 휨, 압축, 할열 인장강도 등이 약간 증가

2) 단점

- 섬유뭉침현상(Fiber Ball) 발생
- 표면보수, Grinding 작업 시 시공성 저하
- 전용믹서(Alumni-Mixer)가 필요하여 생산단가 상승

3. 섬유보강 콘크리트의 효과

1) 구조재료에 사용하면 인성은 15배 이상 증가, 강도 증가는 별로 없다.
2) 콘크리트에 사용하면 균열 발생을 구속하여 견실한 구조물을 유지한다.
3) 포장표층에 사용하면 교통하중에 대한 내충격성, 내마모성이 향상된다.

5.2 강섬유(Steel Fiber) 보강 콘크리트포장

1. 강섬유 재료

1) 콘크리트포장에 고강도 강섬유(Steel Fiber)를 사용하면 기존 무근 콘크리트포장의 가로줄눈, 세로줄눈 간격을 더 넓힐 수 있다.

2) 강섬유의 규격은 일반적으로 형상비(길이/직경) 50~100, 길이 13~63mm, 직경 0.15~0.76mm 정도가 사용된다.

3) 강섬유의 형상은 원형, 판형, 봉형 등이 있으며, 주로 봉형을 사용한다. 강섬유의 사용량은 콘크리트 1m³당 기준으로 [Table 5.1]과 같다.

[Table 5.1] 강섬유 사용량(콘크리트 1m³당)

용도	사용량	강섬유 길이	V_F	비고
주요 콘크리트 미세균열 억제용	900g	19~25mm	0.1%	비중 0.9 기준
Pre-cast concrete 또는 차량 충돌대상 구조물 (중앙분리대 방호벽)	2,700g	19~25mm	0.3~	비중 0.9 기준

2. 강섬유 혼합

1) Batch Plant에 투입 시 계량투입구 또는 믹서 내부에 강섬유를 포함한 1batch량 재료를 직접 투입한다. 혼합시간은 섬유를 고르게 분산시킬 수 있는 플랜트 성능에 따라 결정한다.

2) Agitator Mixer Truck에 투입 시 저속회전에서 1분 내 재료를 투입하고, 중속회전하면서 3~4분간 혼합한다. 혼합 중에 섬유뭉침현상(Fiber Ball) 없이 고르게 분산되도록 배합상태를 확인한다.

3) 재료혼합 중에 물의 추가 투입은 절대 금지한다. 슬럼프가 1~2cm 정도 감소하지만, Workability, Pumping, Consistency(반죽질기)에 영향이 없다.

5.3 탄소섬유(Carbon Fiber) 보강 콘크리트

1. 적용대상

1) 포장공사, 터널공사, 해양구조물공사

2) 고강도 흄관 제작, 고성능 비구조재(지붕, 천장, 계단 등) 조립 등

2. 탄소섬유 제조방법

1) Poly‒Acrylonitrile(PAN)계 섬유 : Acrylic 섬유를 소성하여 만든 섬유
2) Pitch계 섬유 : 석탄 Pitch를 원료로 만든 섬유

3. 탄소섬유 특징

1) 인장강도 : PAN계는 1.7∼2.4배, Pitch계는 1.5∼1.9배 증가
2) 휨강도 : PAN계는 2.6∼3.5배, Pitch계는 2.2∼3.0배 증가
3) 보통콘크리트보다 내충격성, 동결융해저항성 개선
4) Silica Fume을 사용하면 질량 5% 감소, 동탄성계수 95% 향상[73]

---

6 라텍스 콘크리트포장

라텍스 콘크리트(LMC : Latex‒Modified Concrete)포장은 콘크리트에 Polymer Latex를 첨가하여 혼합하는 공법이다. Polymer Latex는 수성 Latex Paint 용액이지만 콘크리트에도 사용할 수 있다. LMC는 도로포장의 덧씌우기나 패칭에 사용하면 효과적이다. 특히 교면포장에 사용하면 초기공사비가 비싸지만 Paste 안에서 연속적인 Polymer 막을 형성하여 인장강도가 향상되고 내구성이 매우 우수하다. LMC는 교면포장의 평탄성 확보, 균열 억제, 표면마무리 등의 신기술·신공법을 향상시킬 수 있는 신기술 축적의 계기를 부여하였다.

6.1 라텍스 콘크리트의 원리

1. 라텍스

Latex는 스틸렌과 부타디엔을 주성분으로 하여 합성한 폴리머 고분자 50%와 물 50% 비율로 혼합하여 만든 우윳빛 액상물질이다. Latex는 고형분의 점성적 성질에 의해 굳지 않는 콘크리트의 재료분리 저항성을 향상시키고, 굳은 콘크리트의 부착성을 향상시킨다.

---

73) 국토교통부, '도로설계편람 제4편 도로포장', 2012, p.409‒1.

2. 라텍스 개질콘크리트

라텍스 개질콘크리트는 Latex를 보통콘크리트에 일정량 혼합하여 만든 콘크리트로서, 배합 시 Latex 고형분이 물에 분산되어 균일하게 분포된다. 경화 후 Latex 고형분이 필름막을 형성하여 미세공극을 채우는 충진재 역할을 함으로써 콘크리트 성능을 크게 개선시킬 수 있다.

$$\boxed{\text{Water(50\%)}} + \boxed{\text{Polymer(50\%)}} = \boxed{\text{Latex}}$$

$$\boxed{\text{Latex}} + \boxed{\text{Concrete}} = \boxed{\text{LMC}}$$

[Fig. 6.1] 라텍스 개질콘크리트의 제조과정

6.2 라텍스 콘크리트포장의 특징

1. 장점

- 유동성, 점착력, 부착력 증가
- 휨강도, 인장강도 증가로 내구성 우수
- 빗물·염화물 침투, 체수로 인한 교량 바닥판의 손상을 최소화
- 미세한 균열을 충전하여 균열 확산 억제, 유지관리비 저렴

2. 단점

- 엄격한 시공관리가 필요하여 초기공사비 고가
- 시공시 기존 콘크리트포장보다 더 많은 인력이 필요

6.3 라텍스 교면포장의 적용성 검토

1. 교면포장의 단면 비교

[Table 6.1] LMC 교면포장과 일반 아스팔트 교면포장의 비교

구분	LMC 교면포장		일반 아스팔트 교면포장	
단면	LMC / Slab	5~8cm	방수층	SMA (4cm) / Guss asphalt (4cm) / Slab

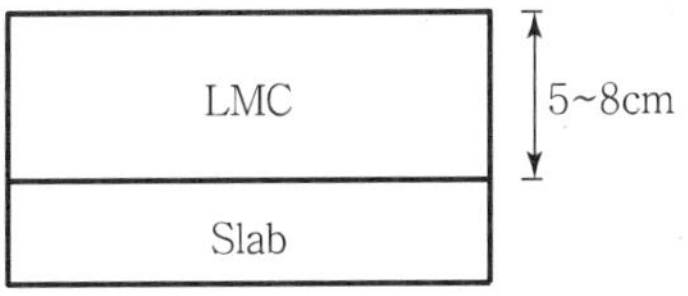

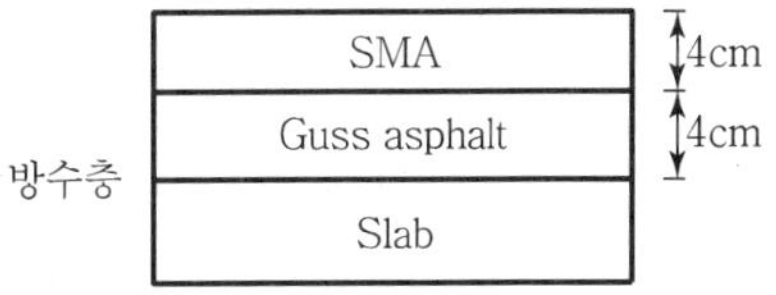

[Table 6.2] 국내·외 라텍스 콘크리트포장의 품질기준 비교

구분	국내	국외	적용 방안
단위시멘트양	$400kg/m^3$	$390kg/m^3$	국내기준 적용
라텍스 사용량	시멘트의 15%	시멘트의 15%	동일
W/C	35%	최대 40%	국내기준 적용
공기량	4.5~1.5%	최대 6.5%	국내기준 적용
슬럼프	23±3cm	10~15cm	국외기준 검토 후 적용

2. 교면포장의 적용기준

1) 고속도로 본선의 통상적인 곡선부(R=700m 이상, i=5% 이내)의 교량 교면포장에 LMC의 적용성이 우수하지만, 타설 후 미끄럼 방지용 Saw Cutting을 실시할 때 평탄성 확보가 필요하다.

2) 고속도로 접속부의 심한 곡선부(R=50m 이상, i=8%)의 IC Loop Ramp에서는 LMC Slump(15~20cm)가 커서 콘크리트가 흘러내려 단차가 발생하므로 LMC는 부적합하다. 이 경우 상층은 SMA, 하층은 Guss Asphalt로 한다.

[Table 6.3] 신설 교면포장과 단순확장 교면포장의 비교(한국도로공사 기준)

구분	신설 교면포장	단순확장 교면포장
콘크리트포장	LMC(두께 5cm)	기존 교면포장과의 연계성 검토 후 LMC 적용
아스팔트포장	교면방수＋아스팔트 교면포장	

6.4 라텍스 교면포장의 시공순서

1. 시공 전 교면준비

1) 측벽(방호벽, 중분대)은 Chipping하여 거친면을 만들어서, 들뜬 콘크리트 부스러기, 폐유, 흡착된 이물질 등을 완전히 제거한다.

2) 교량슬래브 표면이 건조하면 LMC의 배합수량을 흡수하므로, 포설 전 24시간 이상 거적을 덮고 살수하여 습윤상태를 유지한다.

3) Concrete Roller Paver Rail은 교면포장용 레일받침대를 이용하여 움직임이 없도록 고정시킨 상태에서 마무리면을 계획고에 일치시킨다.

4) 표면건조포화상태를 유지하기 위해 LMC 포설 12시간 전에 그라인딩 작업으로 인한 이물질을 고압수로 청소하고 비닐을 덮어둔다.

2. LMC 생산 및 포설

1) LMC 혼합물은 모바일 믹서를 이용하여 생산하며, 모바일 믹서에서 배출된 LMC 혼합물의 반죽질기는 포장종료 시까지 균등해야 한다.
2) 부착력 증진과 신·구 경계면 결함 방지를 위해 타설 직전에 LMC Mortar를 Deck Brush로 쓸면서 교면에 엷게 도포(Brooming)한다.
3) LMC 포설두께는 최소 40mm 이상, 포설높이는 계획고보다 3~10mm 높게 확보하고, 진동다짐으로 마무리한다. 양쪽 단부, 국부적인 보수 등은 흙손으로 인력마무리한다. 이때 LMC 표면마무리면은 소요 평탄성, 종·횡 계획고, 내구성을 유지해야 한다.

3. 시공마무리

1) 표면마무리가 끝나고 표면 성형이 유지되면 즉시 교면포장용 타이닝(Tining) 장비를 이용하여 홈의 깊이 3mm, 간격 2~3cm 정도로 표면마무리한다.
2) 타이닝(Tining)이 끝나면 교면포장용 균일분사식 양생제 살포기를 이용하여 유성(油性) 제품 피막양생제를 살포한다.
3) 피막양생제 살포 후 교통개방 시까지 건조, 온도변화, 하중, 충격 등 외부로부터 나쁜 영향을 받지 않도록 보호한다.
4) 곧이어 양생포(비닐)를 덮어 48시간 습윤양생을 실시하고, 습윤양생 후에 양생포를 걷어내고 72시간 이상 기건양생을 실시한다.[74]

6.5 유지보수용 초속경 VES-LMC 교면포장

교면포장은 조기파손으로 콘크리트 구조물의 노후화를 촉진하여 4~5년마다 재포장 보수공사비가 소요되고, 그에 따른 교통정체 등의 문제점도 많다. 교면포장의 문제점을 개선하기 위해 초속경시멘트에 Latex 수지를 혼입한 초속경 SB Latex 개질콘크리트(VES-LMC ; Very Early Strength Latex Modified Concrete)가 개발되었다.

---

74) 국토교통부, '시방서-라텍스혼합개질콘크리트(LMC)포장', 2008.11.14.

1. VES – LMC 교면포장의 특징

1) 교량구조물에서 보통시멘트 계열과 재료적 거동이 동일하다.

2) 초기 슬럼프 20±3cm로 Workability가 우수하다.

3) Latex의 계면활성 및 점착력으로 재료분리가 억제된다.

4) 재령 3~4시간 압축강도 21MPa, 휨강도 4.5MPa 발현, 조기교통개방한다.

5) 재령 1일 부착강도 1.4MPa 발현으로 교면포장과 교량슬래브가 일체화된다.

6) 콘크리트를 불투수성 재료로 개선한다.

7) 야간작업, 새벽교통개방으로 경제적 이익은 극대화하고, 이용자 불편은 최소화한다.

2. VES – LMC 교면포장의 주요내용

1) 노후 손상된 교량을 보수 및 재포장하여 주행성을 회복시킨다. 노면파쇄기와 Water Jet을 이용하여 열화된 바닥판 콘크리트를 절삭하고, 초속경 LMC로 보수, 재포장, 마무리하여 주행성을 회복시킨다.

2) 8~10시간 이내에 교통개방이 가능한 1차로 전폭을 동시 시공한다. 교통량이 적은 야간에 부분 교통통제한 상태에서 보수 및 재포장을 완료할 수 있어 교통이용자의 불편과 비용부담을 최소화할 수 있다.

3) 교량 바닥판 콘크리트의 보수·보강 효과가 있다. Water Jet로 절삭 마무리하여 표면손상이 없고 신선한 바닥판 콘크리트면을 완전 노출시켜 초속경 LMC를 시공하므로 부착력이 향상되고 일체화된다.

4) 교량의 내구수명을 증가시킨다. 초속경 LMC의 재료적 특성과 구조적 보수·보강 효과로 교면포장의 열화촉진을 억제하고 공용수명을 연장시킨다.

3. VES – LMC 교면포장의 시공순서

1) 기존교량의 바닥판 콘크리트 절삭작업

   - 시공면적이 120m² 이상인 경우에는 노면파쇄기, 덤프트럭, Power Pack, Robot, 물차, 진공흡입트럭 등의 장비로 절삭작업 시행
   - 절삭방법은 노면파쇄기에 의한 1차 절삭 3~4cm, Water Jet에 의한 2차 절삭 2~3cm 정도 시행

2) 절삭폐기물 청소 및 표면건조포화상태 유지

   진공흡입트럭+Bab Cat 조합으로 절삭폐기물을 제거한 후, 고인 물을 흡입하고 표면건조상태 유지

3) 초속경 Latex 개질콘크리트 생산

- 생산절차 : 재료계량 → 물+혼화제 희석 → 골재 → 시멘트 → Latex → 물 투입
- 장비구성 : 초속경 Latex 개질콘크리트 혼합용 믹서 또는 모빌믹서

4) 포설 및 마무리

- 작업절차 : 포설 → 다짐 → 마무리 → Tining
- 장비구성 : 포설 폭 3m 이하는 인력마무리 또는 Truss Screed 마무리

4. VES-LMC 교면포장의 기대효과

1) 활용분야

① 콘크리트 노출슬래브 바닥판 콘크리트의 보수 및 재포장공사
② 아스팔트 교면포장 바닥판 콘크리트의 보수 및 재포장공사
③ 콘크리트포장 도로의 부분 보수공사

2) 적용사례

① 2001년 11월 홍천지역 국도상의 대진교에서 최초 시험시공
② 2003년 05월 영동고속도로 둔내T/G에서 최적의 VES-LMC 공법 완성
③ 최근 중부고속도로 평동육교(통영구간)의 교면포장 보수공사에 적용

3) 기술적 파급효과

① 보통콘크리트와 유사한 작업성을 가지는 초속경 LMC를 적용
② 기존 콘크리트보다 탄성적 성질에 의한 신·구 콘크리트의 거동 일체화
③ 동결융해, 표면박리, 염해 등에 대한 저항성이 우수한 내구성 유지

4) 경제적 파급효과

① 유지보수형 초속경 VES-LMC 교면포장은 8~10시간 내에 교통개방
② 기존 도로보수에 교통 지·정체에 의한 비용을 대폭 절감하는 신공법
③ 기존 유사공법을 대체하는 신기술 파급효과가 매우 클 것으로 전망[75]

---

75) 건설기술연구원, '초속경VES-LMC를 이용한 공용중 교량바닥판콘크리트 보수 및 재포장공법', 2004.

7 교량 교면포장

교량의 교면포장은 교통하중의 충격, 기상변화, 빗물과 제설용 염화물 침투 등에 의한 교량 상판의 부식을 최소화하여 내하력 손실을 방지하고, 통행차량의 쾌적한 주행성을 확보하기 위해 포장재료로 교량 상판 위에 덧씌우는 방법이다. 교면포장 재료인 아스팔트혼합물은 온도에 매우 민감하게 물성이 변하는 점탄성 재료이므로, 사용될 지역의 기온특성이 재료에 충분히 반영되어야 한다.

교량 교면포장 하부의 강상판은 기름이나 녹을 제거해야 하므로 희산, 중성세제로 씻거나 Sand Brush & Wire Brush로 문질러야 한다. 교면포장 하부의 콘크리트 슬래브와의 부착을 위해 염화비닐 양생피막을 시행하고 레이턴스를 제거한다.

7.1 교량 교면포장의 특성

1. 표면이 평탄하여 승차감 확보
2. 미끄럼에 대한 저항능력, 즉 마찰능력 보유
3. 차량의 제동력, 추진력 및 환경영향에 대한 내구성·안정성 확보 및 유지
4. 빗물과 제빙용 염화물 침투로 인한 상판의 부식 방지를 위한 불투수층 형성
5. 포장 하부층, 즉 강상판 또는 콘크리트 상판과의 부착력 유지 및 전단력 저항
6. 사하중이 과도하게 증대되어 피로가 유발되지 않도록 방지
7. 교량 구조체의 신축팽창 거동을 수용하고, 구조적으로 교통 충격하중에 저항

7.2 교량 교면포장의 구조

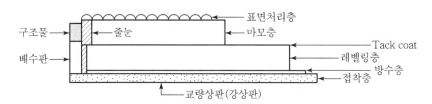

[Fig. 7.1] 가열아스팔트 교면포장(2층)

1. 교량 상판의 표면은 강상판의 부식 방지를 위해 Sand Blasting하거나 도장을 한다. 강상판이 볼트나 리벳으로 연결된 경우 접착력 감소에 주의한다.

2. 접착층은 교량 상판과 방수층을 일체화시킬 수 있도록 하층이 구스아스팔트혼합물인 경우 고무접착제로 설계한다.

3. 방수층은 물 침투를 방지하여 상판 내구성을 향상시킬 수 있도록 [Table 7.1]과 같은 방수재(침투계, 도막계, 시트계, 포장계 등)로 설계한다.

4. 레벨링층은 상판 표면의 요철 조정, 평탄성을 확보하고 마모층과 일체로 거동하면서 마모층 역할도 겸할 수 있도록 구스아스팔트, 개질아스팔트로 설계한다.

5. Tack Coat는 포장의 상층(마모)과 하층(레벨링)을 접착시키기 위하여 유화아스팔트와 고무가 첨가된 아스팔트유제로 설계한다.

6. 마모층은 차량주행과 교량진동에 의한 반복재하 하중에 저항하고, 하절기 고온안정성 및 동절기 균열저항성을 구비하는 재료로 설계한다.

7. 표면처리층은 미끄럼 저항성이 요구되는 경우 마모층 상부에 Sand Blasting 하거나 도장을 실시하는 표면처리층을 설계한다.

8. 줄눈은 빗물이 침투하는 포장과 구조물 사이 또는 신축이음장치 이음부분에 설치하며, 재료는 성형줄눈재나 주입줄눈재로 설계한다.

9. 배수관은 시공중 사면에 모인 물, 공용중 줄눈에 침투한 물을 배수시킬 수 있도록 상판 모서리 포장부분에 배수관을 설계한다.

[Table 7.1] 방수재의 재료별 특성

구분	침투계 방수층	도막계 방수층		시트계 방수층	포장계 방수층
		용제형	가열형		
재료	유기화합물계, 무기화합물계	클로로프렌을 용제에 용해	아스팔트, 합성고무	부직포에 고무 아스팔트를 함유	경질아스팔트와 골재로 구성되는 아스팔트 혼합물
두께 (mm)	–	0.4~1.0	1.0~1.5	1.5~4.0	15~25
공용	–방수성 우수	–방수성 우수		–방수성 균일	–방수성 균일
	–내한, 내열성 우수 –내한, 내염성 우수	–내한, 내열성 우수 –내한, 내염성 우수		–내한, 내염성 우수	
	–내구성 우수			–내구성 우수	
		–접착력 우수		–자체 접착성	–접착력 우수

구분	침투계 방수층	도막계 방수층		시트계 방수층	포장계 방수층
		용제형	가열형		
특성	- 내마모성 증진	- 진동에 내성			- 하중으로 작용하여 포장층 역할 수행
	- 고강도 콘크리트 슬래브	- 균열에 대처 가능		- 균열에 대처 가능	- 균열에 대처 가능
		- 부풂 현상 발생			- 부풂 현상 없음
시공	- 시공이 간편	- 시공이 복잡		- 시공이 용이	- 시공이 용이
	- 보수가 용이	- 보수가 곤란		- 자기보수성	
	- 비교적 저가	- 비교적 고가		- 비교적 고가	

7.3 교량 교면포장의 종류

1. 가열아스팔트 교면포장

공용단계에서 마모층 역할을 하는 상층은 상층부만 절삭하여 덧씌우기하고, 바닥판과 마모층 사이의 레벨링층 역할을 하는 하층은 상판의 요철을 보정한다.

2. 고무혼입아스팔트 교면포장

가열아스팔트공법에서 아스팔트 대신 고무를 혼합하여 슬래브와의 부착성을 높이는 방식으로, 첨가재료로 SBS, SBR 등의 개질재를 사용한다.

3. LMC 교면포장

1) LMC(Latex-Modified Concrete)포장은 폴리머 고분자 50%와 물 50%를 섞어 latex를 만들고, latex와 콘크리트를 혼합하여 교면포장에 사용한다.
2) LMC포장은 물속에 스틸렌(Styene)-부타디엔(Butadiene)계 폴리머를 고르게 분산시켜 라텍스를 보통 콘크리트에 일정량 혼합하여 성능을 크게 개선한 포장공법이다.
3) 라텍스(latex)는 스틸렌과 부타디엔이 주요성분으로 구성되어 있는 고분자 물질로서, 폴리머와 물을 일정비율로 혼합해서 만든 우유빛을 띠는 액상(液狀)이며, 폴리머가 차지하는 비율은 45~47% 정도이다.

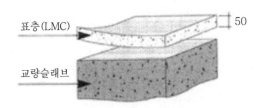

[Fig. 7.2] LMC 교면포장

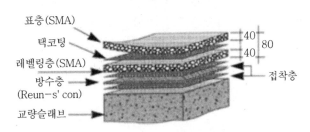

[Fig. 7.3] 구스아스팔트 교면포장

5. 에폭시수지 교면포장

보통 0.3~1.0cm 두께로 시공하며 슬래브와의 부착성을 충분히 확보하고, 에폭시수지는 경화될 때까지 3~12시간 동안 물 침투가 없도록 주의한다.[76]

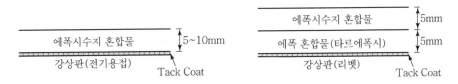

[Fig. 7.4] 에폭시수지 교면포장

7.4 교량 교면포장의 파손원인 및 방지대책

1. 교량 교면포장의 방수층 요구조건

1) 설치 중 요구조건
 - 상부구조의 형상에 구속받지 않고 설치가 용이할 것

---

76) 국토교통부, '도로설계편람 제4편 도로포장', 2012, p.407-1.

- 낙하물체, 포장장비 등에 손상을 받지 않을 것
- 아스팔트 포설온도 180℃에서도 손상을 받지 않을 것
- 포설 후 표면의 조도(거칠기)가 양호하여 기층 설치가 용이할 것

2) 공용 중 요구조건

- 소정의 부착성, 방수성을 유지할 수 있을 것
- 빗물, 염화물에도 영향을 받지 않을 것
- 기온변화($-40℃ \sim +60℃$)에 영향을 받지 않을 것
- 교통하중에 의한 기층골재의 관입을 막을 수 있을 것
- 교량상판 slab의 균열에 대한 저항성이 양호할 것

2. 교면포장 파손의 발생원인

1) 교면포장 방수형식에 따른 파손

- 침투식 방수는 별도의 방수막을 설치하지 않으므로, 포장체로 우수가 침투할 때 제설용 염화물이 함께 침투하면 슬래브 열화가 빨라진다.
- 도막식 방수는 방수막이 차량 진행방향으로 발생하는 수평전단응력에 저항해야 하는데, 부착강도를 상실한 경우 교면포장이 파손된다.
- 시트식 방수는 시공 중 혼합물 온도가 저하되면 부착강도 저하, 다짐 부족으로 우수가 침투하여 슬래브에 체류하면 방수막이 분리되어 파손된다.

2) 교면포장 다짐부족에 따른 파손

- 아스팔트혼합물은 포설과정에 다짐이 부족하면 공용 중에 우수가 침투하여 교면포장이 파손된다.
- 공극률이 높으면 물과 공기가 침투하여 산화, Ravelling, 균열 등이 발생하고, 공극률이 낮으면 소성변형, 혼합물 밀림현상 등이 발생한다.

3) 배수시설 기능상실에 따른 파손

- 배수구 상단이 슬래브 면보다 높은 경우, 포장체로 침투한 우수가 배수되지 못하므로 동결융해가 반복되면 포장체가 융기되어 파손된다.
- 종방향 유도배수관(Drain Pipe)은 시공한 경우에도, 갓길 쪽 종방향 침투수에 대하여 배수기능에 한계가 있어 파손원인으로 작용한다.

3. 교면포장 파손의 저감대책

1) 신설교량의 설계 · 시공 시 대책

① 교면방수 형식

적설지역에서는 시트식 방수로 시공하고, 침투식은 사용을 제한한다. 시트식 방수는 부착강도 증진을 위해 접착 후 Roller로 2~3회 다짐한다. 도막식 방수의 두께는 1.0mm를 표준으로 시공한다. 조립도 혼합물은 Punching이 발하므로, SMA 포장에 도막식을 적용하는 경우 두께를 1.2mm로 상향 조정한다.

② 교면포장 두께

교면포장의 총 두께는 8cm 이상, 2개층으로 나누어 시공하여 하부층은 수밀성을 확보하고, 상부층은 내유동성을 확보한다.

③ 온도관리, 다짐관리

교면포장은 토공부보다 혼합물의 온도저하가 빠르므로 5℃ 높게 관리한다. Cold Joint 발생을 최소화하기 위해 Finisher 2대로 동시에 포설 · 다짐한다.

④ 교면 침투수의 처리

교면포장과 구조물 접속부 사이로 침투한 우수를 배수하기 위해 상판과 신축이음장치가 만나는 접속부 바닥면에 Drain Pipe를 설치한다. 다차로 구간에는 종단방향 배수관을 추가로 설치하고, 레벨이 가장 낮은 곳의 신축이음장치 부근에서 침투수가 배수되도록 횡배수관을 설치한다.

2) 기존 교량의 유지관리시 대책

① 교면방수 시공

침투식 방수로 시공된 부분은 부득이한 경우를 제외하고, 침투식으로 재시공하는 것을 피한다. 도막식이나 시트식으로 시공된 부분은 교면방수 재시공시 층간 부착이 잘 되도록 철저히 시공한다.

② 교면포장 시공

교면포장에서 다짐이 부족하면 우수가 침투하므로 다짐 취약부가 발생하지 않도록 다짐관리를 철저히 한다. 교면포장용 혼합물은 일반 혼합물보다 5℃ 정도 높게 시공관리한다.

③ 슬래브 보호

기존 교면포장의 하부 슬래브가 열화된 부분은 파손원인이 되므로 완전히 제거하고, 초속경 에폭시콘크리트로 보수한다.

8 터널 인버트포장

터널 인버트포장은 일반 토공부와 다른 지지력 조건 및 기후·환경적 특수한 조건이 있기 때문에 토공부와는 다른 포장설계법을 적용해야 한다. 터널 내부에서는 용수가 많이 발생하여 함수비가 높아지고, 수분에 민감한 포장은 쉽게 파손될 수 있으며, 파손 시 유지관리가 어려우므로 내수성을 가진 포장형식으로 설계해야 한다. 또한 터널 내부에서는 자동차 주행 중 차량소음이 훨씬 크게 발생하므로 터널 내 저소음 포장공법의 적용도 필요하다.

8.1 터널 인버트포장의 특징

1. 계절적인 온도변화가 적다. 다만, 출입구는 외기(外氣)의 영향을 받는다.
2. 함수비가 높아 내수성 재료가 필요하다.
3. 동절기 Snow Tire, Chain에 의한 마모가 크다.
4. 주행 안전성을 위해 표면의 명색화(明色化)가 필요하다.
5. 소음이 크기 때문에 저소음포장이 필요하다.

8.2 터널 인버트포장의 설계

1. 인버트의 단면

터널 인버트포장의 형식은 콘크리트포장으로 설계하고, 용수량에 따라 필터층의 설치 여부를 [Fig. 8.1], [Table 8.1]과 같이 결정한다.

콘크리트 슬래브
시멘트안정처리필터층(15~25cm)

(a) 용수가 있는 경우

콘크리트 슬래브
필터층(15cm)

(b) 용수가 없는 경우

[Fig. 8.1] 터널 인버트포장의 단면

[Table 8.1] 용수량에 따른 필터층의 두께

용수량(m³/min/km)	0.5 미만	0.5~1.5	1.5 이상
필터층 두께(cm)	15	20	25

2. 인버트 하부의 동상방지층

동결지수 100℃·일 이상에 해당하는 지역, 즉 동절기에 일평균 기온이 0℃ 이하인 지역에서는 인버트 단면의 하부에 동상방지층을 설치한다. 일방통행터널의 경우는 입구부터 50m까지 동상방지층을 설치하고, 출구부는 터널 내 보온효과 및 차량 배기가스를 고려하여 생략한다. 대면통행터널의 경우는 양쪽 입구에 모두 설치한다.

3. 터널 인버트의 콘크리트포장 재료

터널 인버트포장은 용출수에 의해 습윤상태가 되기 쉬우므로 콘크리트포장으로 설계하되, 표층재료는 내수성을 확보하고, 하층재료는 투수성을 확보해야 한다.

용수가 없는 경우에 설치하는 필터층은 투수계수 1×10^{-6}cm/sec를 확보하기 위해 0.075mm 체 통과량 4% 이하의 모래를 사용한다. 필터층의 다짐은 최대건조밀도의 95% 이상으로 마무리한다. 용수가 있는 경우에 설치하는 시멘트안정처리필터층은 1축압축강도 30kg/cm² 이상이며, 입도는 필터층과 동일한 골재로 설계한다.

4. 터널 인버트의 콘크리트포장 줄눈

가로수축줄눈은 토공부와 동일한 6m 간격으로 설치하고, 가로팽창줄눈에만 Dowel bar를 설치한다. 세로줄눈은 토공부와 설치간격을 일치시키면서, 주행차로와 추월차로 경계부에만 설치한다.

8.3 터널 인버트의 콘크리트포장 저소음공법

1. 다공질 콘크리트포장공법

공극률 20%의 다공질 콘크리트 배수성 포장으로 인버트를 시공한다. 다공질 콘크리트는 자동차 주행시 펌핑소음을 표면공극에서 흡수하고, 높은 투수성을 확보하므로 수막현상 (Hydro Plaining)이 방지된다.

2. 종방향 마무리공법

인버트의 콘크리트포장 표면마무리를 횡방향 대신 종방향으로 시행한다. 횡방향보다 종방향의 교통소음이 4~5dB 정도 줄고, 노면배수 속도가 증가한다.

3. 소(小)입경골재 노출공법

인버트의 콘크리트포장 표층(두께 10cm)에 4~8mm의 소입경 골재를 혼입하고 저진동 마무리하여, 타이어와 포장면 사이의 접지 표면적을 감소시킨다. 자동차 주행 시 펌핑소음이 5~8dB 정도 줄고, 시멘트양을 400~450kg/㎥로 증가시켜(일반 300~350kg/㎥) 포장체의 밀도를 높여 강도와 내구성이 향상된다. 그러나, 표층과 기층의 배합이 달라 2종류의 콘크리트를 교대로 타설하므로 재료공급, 시공순서 등에 대한 공법 표준화가 필요하다.[77]

9 버스전용차로 컬러포장

2004년부터 서울시 주요 간선도로의 버스전용차로를 컬러아스팔트로 재포장하여 교통소통을 원활히 하고 있다. 그러나 버스정류장과 교차로구간은 버스의 빈번한 정차·서행·발진으로 소성변형이 발생하여, 도로의 관리자나 이용자에게 불편을 주고 있다. 이를 방지하기 위해 서울시 구로구 경인로 중앙버스전용차로에 보수성(保水性)을 가지는 고흡수성 Polymer를 혼합하여 반강성 컬러포장으로 시공하였다.

보수성(保水性)을 가지는 반강성 컬러포장을 서울시 버스전용차로에 시공한 결과, 여름철 혹서기(7~8월)에 일반 아스팔트포장에 비해 포장체의 최고온도를 10℃ 이상 낮게 유지할 수 있어, 보행환경 개선, 열섬현상 억제 효과가 있었다. 시공 후 3시간 양생으로 Cement Paste의 압축강도를 50kg/cm² 이상 확보하여 교통을 개방한다.

9.1 도심지 열섬완화를 위한 친환경 포장시스템

1. 일본의 친환경 포장시스템

일본 국토교통성은 저소음 배수성 포장을 기반으로 보수성(保水性)포장과 차열성(遮熱性)포장을 개발하였다. 2003년 일본 관동지방 정비국에서 시험시공하여 노면온도를 조사한 결과, 배수성 포장의 표면온도보다 최고 10℃ 정도 낮아졌다.

우리나라도 최근 여름철에 아스팔트의 표면온도가 60℃를 초과하는 기간이 점차 길어져

---

77) 국토교통부, '터널 내 포장설계지침', 2005.

열대야현상을 초래하는 원인이 되고 있다. 강우 시 포장체에서 다량의 수분을 함유하고 강우 후 서서히 증발시키면, 여름철에 포장체 온도를 저하시켜 사람이 느끼는 체감온도를 낮출 수 있다.

2. 보수성(保水性)포장과 차열성(遮熱性)포장

보수성(保水性)포장은 포장체가 우수나 지하수로부터 연속적으로 수분을 흡수하여 함유함으로써 보수(保水)기능을 높이는 공법이다. 배수성 포장의 표층재료에 강우 후 보수기능을 유지시키는 자연형 보수성포장과 인공펌프로 강제 급수하여 보수기능을 유지시키는 강제형 보수성포장이 있다.

차열성(遮熱性)포장은 배수성 포장의 표면에 차열재(중공세라믹의 입자)를 도포함으로써, 차열재가 태양광을 반사시켜 아스팔트포장의 온도를 낮추는 공법이다.

9.2 보수성(保水性) 반강성 컬러포장

1. 시공방법

기존 아스팔트포장을 두께 5cm 절삭한 후, 모체로 사용되는 개립도 아스팔트혼합물을 5cm 포설하고, 그 위에 보수성 Cement Paste를 침투시켜 완성하는 공법이다. 버스통행이 종료된 야간과 교통량이 적은 휴일에 집중 시공한다.

2. 모체로 사용되는 개립도 아스팔트혼합물

1) 배합설계

- 아스팔트 : 일반 아스팔트혼합물용 재료를 Marshall 시험으로 선정
  마샬 안정도가 양호한 개질아스팔트(SK Superpalt) 사용
- 굵은골재 : 자연산의 붉은색 컬러골재로서 최대치수 19mm 사용
- 적색안료 : 채움재 대용으로 적색안료를 혼합

2) 시공방법

- 포설 : 일반 Asphalt Finisher를 사용하여 두께 5cm를 살포
- 다짐 : Macadam Roller와 Tandem Roller 사용
  공극 감소를 방지하기 위해 Tire Roller 사용 금지
- 온도 : 개립도혼합물은 온도저하가 빠르므로 조기에 다짐 완료
  여름철에 시공하면 포설과 다짐 과정에 온도관리 용이

3. 보수성을 가지는 침투용 Cement Paste

1) 배합설계

침투용 Cement Paste에 고흡수성 Polymer를 혼합함으로써 초속경형으로 배합하여, 시공 후 3시간 양생으로 교통개방하도록 계획한다. Cement Paste의 3시간 압축강도는 50kg/cm² 이상을 확보하고, 충분한 침투성 확보를 위해 40~60분간 슬럼프 값을 유지한다. 공장에서 시멘트와 재료를 pre-mix하여 포대에 넣어서 현장까지 운반하며, 현장에서는 믹서에 투입하고 물만 계량하여 혼합한다.

2) 시공방법

모체 아스팔트혼합물을 살포한 후, 표면온도가 40℃까지 내려가면 침투용 Cement Paste를 살포·다짐하여 침투시키는 작업을 한다. 침투작업은 아래와 같이 특수 제작한 충전장비를 사용하여 균질성과 시공성을 확보한다.
- Spray Nozzle : Cement Paste의 균일한 살포
- 고주파 진동장치 : 살포된 Cement Paste를 침투
- 회전식 Scraper : 표면의 잉여 Cement Paste 제거, 표면마무리

모체 아스팔트혼합물에 Cement Paste의 침투작업이 완료된 후에는 코어를 채취하여 포장 밑면까지의 침투 여부를 확인한다.[78]

9.3 간선급행버스체계(BRT)의 컬러포장 파손

최근 중앙버스전용차로(Median Bus Lane)와 간선급행버스체계(BRT)를 확대 적용하면서 컬러포장에 관한 신공법이 지속적으로 개발되고 있다. BRT는 적은 비용으로 대중교통체계의 효율성을 증대시킬 수 있어 도시교통문제 해결에 적합하고, 연계된 포장공법 기술개발도 가능하다.

BRT 차로는 일반차로와 구분하고 버스를 자연스럽게 유도하기 위하여 연석으로 분리하거나 컬러포장으로 시행하고 있다. BRT 컬러포장에 버스통행이 반복되면서 골재탈리, Pot Hole, 소성변형 등의 포장파손이 심화되고 있어 대책이 필요하다.

1. BRT 컬러포장 파손의 발생원인

1) 획일적인 절삭, 덧씌우기 시공

현재 중앙버스전용차로는 기존 아스팔트표층을 절삭한 후 덧씌우기 시공한 것으로,

---

78) 국토교통부, '장수명·친환경도로포장 재료 및 설계시공기술 개발연구보고서 제1권', 2010, pp.181~193.

일반적인 도로포장의 Overlay 공법과 동일하다. 이 공법은 기존 아스팔트 표층 하부의 건전도를 고려하지 않고 시공한 것으로, 하부층 보강대책이 필요하다.

2) 버스하중의 반복적인 통행

최근 버스의 고급화·대형화·다양화로 차체 중량이 증가하는 추세이다(버스의 평균 축하중 : 1986년 5.6t, 2008년 8.4t). 최근 버스는 엔진을 후미에 설치하므로 정원초과 탑승한 경우에는 뒤축의 하중제한기준(10t 미만)을 초과하여 운행한다.

3) 버스전용차로의 시공여건 악화로 품질확보 곤란

버스전용차로의 포장공사는 도심부의 교통혼잡을 고려하여 야간에 긴급시공하므로, 시간적·공간적인 제한을 받아 품질확보가 곤란하다. 특히 컬러포장의 경우는 일반 밀입도아스팔트보다 생산온도가 높아야 하므로 포설온도 관리가 필요하다.

2. BRT 컬러포장 파손의 처리대책

1) 전용차로 파손형태에 따른 방지대책

① 골재탈리
- Interlocking이 좋고, 아스팔트의 점성이 높은 포장형식을 적용
- 양호한 재료를 사용하고, 포설시 세부적인 품질시험을 실시
- 포장층에서 골재 탈리가 발생하면 즉시 보수

② Pot hole
- 빗물이 신속히 배수될 수 있도록 집수구, 배수구를 설치
- 양호한 재료를 사용하고, 포설시 다짐관리를 철저히 시행
- 포장층에서 Pot Hole이 발생하면 즉시 보수

③ 소성변형
- 버스하중을 실측하여 등가단축하중계수를 다시 산정
- 교통량은 추정치 대신 실측치를 적용
- 소성변형 저항성이 높은 신공법·신기술에 대한 시공기준을 반영

2) 전용차로 포장형식에 따른 방지대책

① 주행로
- 버스가 주행하는 구간이므로 승차감이 좋은 포장을 선정
- Pot Hole 등의 파손에 잘 견딜 수 있는 포장을 선정

② 교차로
  - 制動하중에 의한 소성변형저항성이 높은 포장을 선정
  - 버스의 制動거리를 고려하여 미끄럼저항성이 높은 포장을 선정
③ 버스정류장
  - 수시로 制動, 停止하중이 재하되므로 소성변형, 미끄럼저항성 고려
  - 강수량이 많은 지역에서는 별도의 배수시설 고려
④ 고가차로
  - 교면포장과 동일한 포장을 선정
  - 교량구조물의 부식, 파손을 최소화할 수 있는 포장을 선정
⑤ 지하차도
  - 빗물 유입으로 인한 노면 결빙을 방지할 수 있도록 배수시설을 설치
  - 노면 결빙시 염화칼슘 살포에 따른 저항성이 높은 포장을 선정

[Table 9.1] 전용차로 컬러포장의 형식별 특징

포장형식	장점	단점	적용구간
컬러 연성포장 (아스팔트포장)	- 시공과정이 간편 - 교통 통제시간을 단축	- 소성변형, Pot hole 발생 - 포장의 탈색 발생 - 유지보수비 증가	주행로
컬러 반강성포장	- 소성변형 저항성 우수 - Pot hole 저항성 우수 - 다양한 색상 발현	- 시공과정이 복잡 - 미끄럼 저항성 저하 - 차선 도색이 불리	교차로 버스정류장
컬러 강성포장 (콘크리트포장)	- 내구성 높아 파손 적음 - 포장의 탈색 없음 - 생애주기비용 우수	- 시공과정이 복잡 - 교통 통제시간이 긺 - 초기공사비 고가	주행로 교차로 버스정류장

10 아스팔트포장의 유지관리시스템(PMS)

10.1 PMS 업무흐름도

현재 국내에서는 일반국도 PMS의 조사대상으로 매년 약 3,000km(2차로 환산)를 선정하여 노면상태조사장비를 이용해서 포장상태(균열, 소성변형, 종단평탄성) 자료를 수집하고 있다. 이 중 교통량, 보수이력 등을 감안하여 상세조사구간을 선정하고, 이 구간에서는 포장상태등급을 부여한다.

[Fig. 10.1]의 PMS 업무흐름도와 같이 포장상태등급에 따라 보수공법을 결정하고, 현장실사를 통해 재검증한다. 이때 파손이 심각한 구간, 재생공법을 적용한 구간, 기능성 포장이 필요한 구간 등은 다른 공법의 적용성을 검토한 후, 경제성 분석을 통해 보수공법의 우선순위를 결정하여 시행하고 있다.

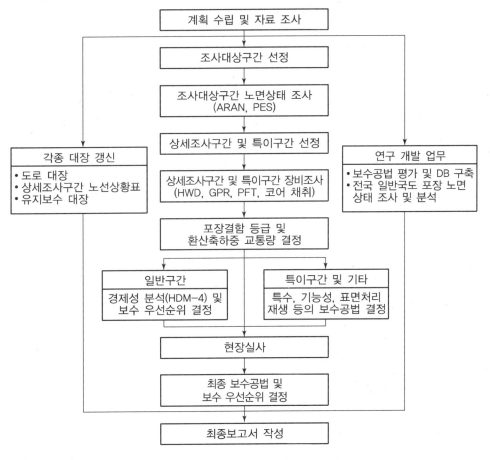

[Fig. 10.1] 일반국도 PMS의 업무흐름도

10.2 PMS 노면상태조사 장비

PMS 조사대상 구간에 대하여 진행방향 차로를 조사하고, 이 중에서 4차로 이상은 상·하행선을 분리하여 양방향 바깥 차로를 조사한다. 이때 [Fig 10.2]와 같은 노면상태조사 장비(ARAN ; Automatic Road Analyzer)를 사용하고 있다. ARAN은 포장도로 상을 주행하면서 균열, 소성변형, 종단평탄성 등의 노면상태를 다음과 같은 방법으로 자동적으로 측정할 수 있는 첨단장비이다.

1. 포장균열의 길이와 폭은 고해상도 라인스캔(Line Scan) 카메라를 이용하여 1mm 이하의 미세한 균열까지 이미지를 정확히 획득한다.
2. 소성변형의 깊이는 레이저 빔과 디지털 카메라를 이용하여 소성변형 깊이를 화면에서 육안으로 확인하면서 측정하여 기록한다.
3. 종단평탄성은 장비의 주행궤적과 동일하게 양측 바퀴에 고정밀 고속레이저를 장착하여 0.01mm 이하의 미세한 요철까지 측정한다.

ARAN은 장비 자체에는 다음과 같은 기능을 수행할 수 있는 웹 기반 프로그램이 장착되어 있어 보다 효율적으로 측정할 수 있다.

1. 도로시설물의 유지관리 데이터를 재편집하는 기능(Surveyor)
2. 유지관리 데이터의 절대위치 좌표를 위성위치정보 시스템에 의하여 표시하는 기능(GPS System)
3. 기하구조를 관성항법장치로 조사하는 기능(Gyroscope)

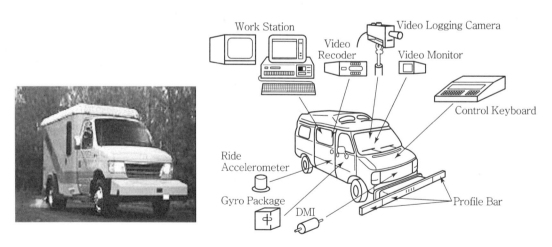

[Fig 10.2] 노면상태조사 장비(ARAN)

10.3 PMS 노면상태의 분석 및 평가

1. 균열 분석

균열을 분석하기 위하여 PES 장비로 획득한 이미지 파일을 탐색하고, 그 결과를 'Pavement Analyzer' 프로그램으로 수치화하여 텍스트 파일로 출력한다. 균열을 수치화하기 위하여 30cm×30cm 크기의 격자망 분석 방법을 채택하고 있다. 균열 크기는 도로연장 10m 단위로 분석하고, 균열률(%)은 500m 단위로 다음 식을 이용하여 구한다.

$$균열률(\%) = \frac{면적\,균열개소 \times (0.09\text{m}^2) + 선형\,균열개소 \times (0.09\text{m}^2)}{10\text{m} \times 차로폭(\text{m})} \times 100$$

2. 소성변형 분석

소성변형은 도로연장 10m 단위로 좌측 소성변형량과 우측 소성변형량을 비교하여, 큰 값을 기준으로 500m 단위로 소성변형량(mm/km)을 구한다.

$$소성변형(\text{mm}) = \frac{\sum Max(Rut)}{50}$$

여기서, $Max(Rut)$ = 좌측과 우측을 비교하여 큰 값

3. 종단평탄성 분석

종단평탄성은 도로연장 10m 단위로 좌측 종단평탄성과 우측 종단평탄성을 비교하여, 큰 값을 기준으로 500m 단위로 종단평탄성(m/km)을 구한다.

$$종단평탄성(\text{m/km}) = \frac{\sum Max(IRI)}{50}$$

여기서, $Max(IRI)$ = 좌측과 우측을 비교하여 큰 값

4. 노면상태 평가

소성변형 깊이(mm) \ 균열률(%)		Low (<5)	Medium (5~15)	High (>15)
Low	(<5)	1	2	3
Medium	(5~15)	3	4	5
High	(>15)	5	6	7

소파보수, 포트홀 면적이 10% 이상이면 1등급 상향 조정
최대 VI등급은 7등급으로 한다.

VI등급 범위(1~7등급)

[Fig 10.3] 포장결함 상태의 등급(VI) 결정 흐름도

전술한 절차에 따라 분석된 포장결함 자료를 바탕으로 도로연장 500m마다 균열, 소성변형, 종단평탄성 등의 값에 따라 노면상태를 3등급으로 분류한다. 소파보수 면적은 파손 종류별 분포면적을 백분율로 계산한 후 [Fig 10.3] 포장결함 상태 등급에 따라 결정한다. 이때 결정된 등급은 IV등급이며, IV등급 값은 1~7 범위에 있다.

10.4 PMS 포장결함 등급의 결정

표면결함 상태는 [Fig 10.3]의 포장결함 상태 등급에 따라 1~7등급으로 분류한다. 이 등급을 기준으로 상세조사구간 전체에 대한 평균치를 최종 포장결함 상태의 등급(VI)으로 결정한 후, 다시 아래와 같이 A, B, C의 세 그룹으로 세분한다.

A=등급 1 : 균열이 없고 변형도 없는 양호한 구간
B=등급 2~3 : 약간의 변형과 함께 균열이 발생한 보통 구간
C=등급 4~7 : 심한 균열과 변형이 발생한 불량한 구간

처짐량(deflection)은 상세조사구간에서 포장지지력측정기(HWD)로 측정한 값을 하중보정과 온도보정을 거쳐 조사대상 전체 구간에 대한 대표처짐량(DC)으로 환산한다. 이와 같은 과정을 거쳐 구한 포장결함상태 등급(VI)과 DC 값을 조합하여 [Fig 10.4]의 '포장상태 등급 기준표'를 결정한다. Q1부터 Q9까지 9단계로 분류되는 포장상태 등급의 세부내용은 다음과 같다.

Q1, Q2 : 포장상태가 양호하여 일상적인 유지보수 작업이 요구되는 구간

Q3 : 포장상태가 불량하고 처짐량이 양호하여 향후 나빠질 위험이 있는 구간

Q4 : 처짐량은 작으나 파손 정도가 높아, Q3 또는 Q6으로 재조정하는 구간

Q5 : 처짐량과 파손정도가 중간상태로서, Q2 또는 Q3, Q6으로 재조정하는 구간

Q6 : 처짐량이 불량하고 표면결함도 매우 불량하여 덧씌우기하는 구간

Q7, Q8, Q9 : 처짐량이 매우 불량하여 적절한 보수공법을 적용하는 구간

처짐량(mm) VI등급	I	0.5 미만 / II	0.85 미만 / III
1	Q1	Q2	Q7
2~3	Q3 ←	Q5	Q8
4~7	Q4 →	Q6	Q9

[Fig 10.4] 포장관리 시스템의 포장상태 등급 기준표

10.5 PMS 환산축하중교통량(ESAL)의 결정

표준축하중은 가장 일반적인 차량의 단축하중을 기준으로 설정하는 것이 원칙이다. 국내에서는 「자동차안전기준에 관한 규칙」 제6조에 최대축하중을 10톤으로 규정하고 있다. 외국에서 도로구조물의 표준설계에 적용하고 있는 표준축하중 값은 [Table 10.1]과 같다. 이와 같은 국·내외 규정을 감안하여 한국건설기술연구원은 2개의 복륜을 갖는 10톤 단축하중을 표준축하중으로 결정하였다.

[Table 10.1] 국가별 단축하중과 탠덤하중의 표준축하중 값

국가 축중(ton)	Geneva convent	AASHTO	미국	프랑스	독일	영국	이탈리아	대만	일본
단축하중	8.0	9.1	10.9~8.2	13.0	10.0	9.0~11.0	10.0	8.0	10.0
탠덤하중	14.5	14.5	18.4~14.5	21.0	16.0	16.0~18.0	14.5	11.0	

한국건설기술연구원은 국토교통부에서 매년 발간하는 『도로교통량통계연보』의 연평균 일교통량(AADT)을 기준으로 하여 『국도유지보수조사 최종보고서(1987)』에 차종별 표준 축하중환산계수(ESAL)를 [Table 10.2]와 같이 버스 0.30, 경트럭 0.10, 중트럭 1.20, 트레일러 2.00 등으로 제시하였다.

[Table 10.2] 국내 차종별 표준축하중환산계수 값

차종	대수	축 1	축 2	축 3	축 4	축 5	축 6	계	적용
버스	19,256	0.043	0.187					0.230	0.30
경트럭	28,302	0.004	0.099					0.103	0.10
중트럭									
−2축	11,556	0.158	0.744					0.902	
−3축	12,662	0.169	1.166	1.166				1.335	1.20
트레일러									
−4축	103	0.074	0.666	0.807	0.632	0.632		2.199	
−5축	3,263	0.093	0.909	0.909	0.923	0.923		1.925	2.00
−6축	105	0.081	0.617	0.617	1.041	1.041		1.739	

10.6 PMS 최종 보수공법 및 보수우선순위의 결정

한국건설기술연구원은 보수공법 투자대안을 선정할 때 [Fig 10.4]의 흐름도에 따라 먼저 보수의 필요성 여부를 판정한 후, 우선보수구간이 선정되면 파손요소의 정도, 보수공법별 특징 등을 고려하여 공법을 적용한다. 아스팔트포장 구간의 경우 균열률 30% 이상에는 내유동성(5cm) 또는 균열보강+5AC를 적용하고, 특수포장에는 균열보강+5AC 또는 현장 재생 공법을 적용한다.

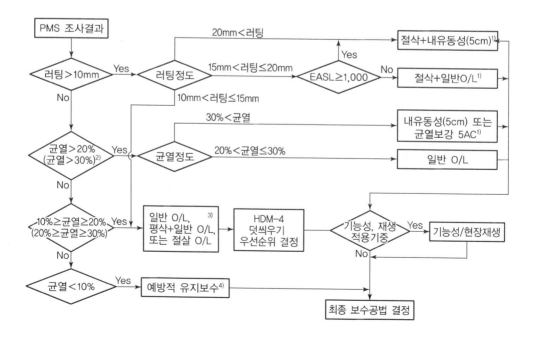

주 1) 절삭＋내유동성(5cm), 절삭＋일반 O/L, 내유동성(5cm) 또는 균열보강＋5AC 등은 현장 여건에 맞도록 적용
   2) 우선보수 : 당해연도 우선보수대상 구간은 예산배정을 고려하여 균열률 30% 초과에 대해 일시적으로 적용
   3) 10%≤균열 20%이면 일반 O/L, 10mm≤소성변형≤15mm이면 평삭＋일반 O/L 적용. 다만, O/L 구간 중 주변 여건에 의해 절삭 O/L 가능
   4) 예방적 유지보수 : 현장실사를 통해 당해 사무소와 협의하여 공법 선정
      ① 균열실링 : 선형 균열이 발생한 구간
      ② 소파보수 : 거북등 균열 등 심각한 면형 균열이 국부적으로 발생한 구간
      ③ 표면처리 : 교통량(ESAL)≤1,000이며, 구조적으로 문제가 없는 2차로 구간 중에서 다음과 같은 경우에 적용
         - 미세한 균열이 구간 전체에 넓게 분포한 경우
         - 오랜 공용기간으로 라벨링 발생 등 표면이 노후한 경우에 적용

[Fig 10.5] 아스팔트포장 구간의 보수공법 결정체계 흐름도

보수우선순위 결정은 우선보수대상 구간을 제외하고, 경제성 분석 대상 구간에 대하여 수행한다. 경제성 분석은 [Fig 10.5]의 흐름도와 같이 소성변형 10mm 초과～15mm 이하이면서 균열 10% 초과～15% 이하 구간을 대상으로 수행한다. 이 구간에 대하여 5cm 덧씌우기 보수공법을 검토할 때는 차기연도에 수행하는 것과 수행하지 않는 것에 대한 분석기간 5년 동안의 총 비용 차이, 즉 할인율 5%를 고려한 순현재가치(NPV ; Net Present Value)를 기준으로 경제성 분석을 수행한다. 경제성 분석은 세계은행(World Bank)에서 개발한 HDM(Highway Development Management)-4 모델을 활용하며, 그 결과에 따라 보수우선순위를 결정하여 시행한다.[79]

11 아스팔트포장의 예방적 유지보수공법

예방적 유지보수란 도로포장이 파손되기 전에 미리 저비용의 표면처리 등을 적용하여 파손 발생시기를 늦추고 우수한 공용성을 유지하는 공법을 말한다. 예방적 유지보수의 시점은 포장의 재령, 포장의 상태, 다음에 계획된 유지보수 등을 고려하여 결정한다. 예방적 유지보수를 적기에 실시하면 포장공용성의 증가, 장기비용의 절약, 감소, 안전성 증가, 소비자 만족도 증가 등을 기대할 수 있다.

---

79) 국토교통부, '2011 도로포장관리시스템 최종보고서', 2011.

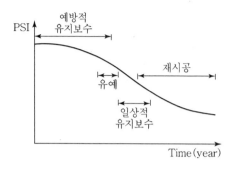

[Fig. 11.1] 예방적 유지보수의 시점

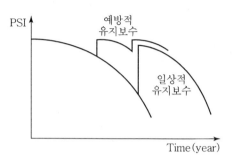

[Fig. 11.2] 예방적 유지보수의 중요성

11.1 예방적 유지보수를 위한 균열보수공법

균열보수공법은 예방적 유지보수공법의 하나로서 균열이 발생된 곳에 균열을 충전시킴으로써 균열이 더 이상 확대되지 않도록 보수하는 공법이다. 포장표면에 발생된 균열을 실런트(Sealent)로 보수하면 우수침투를 차단하여 2차 균열, 거북등균열, Pot Hole 등을 저감할 수 있다.

[Table 11.1] 균열보수공법 비교

	균열충전공법(Crack Filling Method)	균열실링공법(Crack Sealing Method)
목적	물의 침투 방지	포장구조를 보강
대상	비활동성균열(종방향균열) 5~25mm	활동성 균열(횡방향 균열) 5~20mm
효과	공용수명 2년 정도	공용수명 3~5년 정도
재료	- 열가소성 실런트, 아스팔트시멘트, 유화아스팔트, 고무아스팔트, 섬유보강아스팔트 등 - 낮은 수준, 저급품질의 충전재를 사용	- 열가소성 또는 열경화성 실런트. (저탄성) 고무아스팔트, 폴리머 개질 유화아스팔트, 섬유보강아스팔트 등 - 높은 수준, 고급품질의 충전재를 사용
준비	- 사전에 시공준비가 불필요 - 먼지를 압축공기로 제거 후, 충전 시작	사전에 시공준비가 필요
시공	- 보수시점은 외부온도에 상관없이 가능 - 표면보수가 필요한 최초시점에 시공	- 보수시점은 봄 또는 가을이 적합 - 균열이 발생된 직후에 가장 효과적

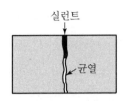
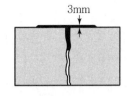

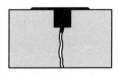

(a) 균열충전 : 단순채움   (b) 균열충전 : 밴드형상   (c) 균열실링 : 단순채움   (d) 균열실링 : 밴드형상

[Fig. 11.3] 균열보수공법 비교

11.2 예방적 유지보수를 위한 표면처리공법

표면처리공법은 기존 아스팔트포장의 표면에 부분적인 균열, 변형, 마모, 붕괴 등의 파손이 발생한 경우 2.5cm 이하의 얇은 층으로 보수하는 공법이다. 이 공법은 더 이상의 포장파손을 방지하고 일정 수준 이상의 평탄성 확보를 위해 실시하므로, 예방적인 조치로서 매우 효과적이다.

1. 표면처리용 유화아스팔트

유화아스팔트는 아스팔트, 물, 유화제로 구성되며 이 중에서 순수한 아스팔트는 50~75% 정도이다. 희석된 유화아스팔트는 일반 유화아스팔트에 2배까지 물을 추가한 것이며, 잔류아스팔트양은 물이 증발된 후 남아 있는 아스팔트의 양을 말한다. 유화아스팔트의 종류는 경화속도에 따라 다음 3종류로 분류된다.

- 급속경화성(Rapid Setting) : Tack Coating용, Sand Seal용
- 중속경화성(Medium Setting) : 골재 혼합용
- 완속경화성(Slow Setting) : Fog Seal용

2. Fog Seal

Fog Seal은 물로 희석시킨 완속경화 유화아스팔트를 포장표면에 $0.5 \sim 0.8 \ell /m^2$ 살포하여 작은 균열이나 공극을 채워 표면을 코팅한다.

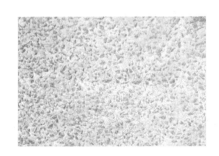

(a) Fog Seal 전   (B) Fog Seal 후

[Fig. 11.4] Fog Seal 전·후 비교

3. Sand Seal

Sand Seal은 물로 희석하지 않은 급속경화 유화아스팔트를 포장표면에 0.7~1.25L/m² 살포(Fog Seal의 2배)한 후 즉시 모래(최대치수 2mm 이하)를 얇게 2~5mm 두께로 살포하고, Tire Roller로 다짐, 2시간 후에 교통을 개방한다.

4. Scrub Seal

Scrub Seal은 폴리머 개질 유화아스팔트를 살포하고 1차 Brooming한 후, 모래를 얇게 살포하고 2차 Brooming과 최종다짐을 실시하고, 2시간 후에 교통을 개방한다. Brooming은 유화아스팔트를 표면에 침투시켜 공용성을 증진시키는 역할을 한다.

5. Slurry Seal

Slurry Seal은 유화아스팔트, 잔골재, 채움재, 물의 혼합물을 13mm 이하의 두께로 포설한다. 약간의 균열이 있는 표면(바퀴 자국, 피로균열이 없는 표면)에서 표면방수와 공극채움에 효과적이지만, 구조적 향상 효과는 없다.

6. Micro Surfacing

Micro Surfacing은 폴리머 개질 유화아스팔트, 잔골재, 채움재, 물 등의 혼합물을 포설한다. 채움재는 교통량이 많은 구간에서 혼합물을 조기에 안정시킬 수 있어 혼합시간이 단축되고, 재료분리가 감소된다.

7. Chip Seal

Chip Seal은 기존 포장표면에 급속경화 유화아스팔트를 살포하고 그 위에 골재칩을 살포한 후, 롤러로 다져서 골재를 바인더 속으로 침투시킨다.

(a) Sand Seal   (b) Single Chip Seal   (c) Double Chip Seal

[Fig. 11.5] Sand Seal & Chip Seal

11.3 예방적 유지보수를 위한 (초)박층 덧씌우기공법

1. 박층 덧씌우기(Thin HMA Overlay)

덧씌우기 두께는 19~38mm로서 골재 최대치수의 2.0배 정도이며, 입도에 따라 SMA, 밀입도, 개립도(Open Graded Friction Course) 등이 있다.

2. 초박층 덧씌우기(Ultra-thin HMA Overlay)

덧씌우기 두께는 10~20mm로서 골재 최대치수의 1.5배 정도이며, 폴리머 개질 유화아스 팔트로 Tack Coating을 하며 밀입도, Gap 입도 등이 있다.[80]

12 포장도로의 성능평가 기준

포장도로의 유지관리단계에서 도로의 평가하기 위해 국·내외 적으로 널리 사용되고 있는 기준에는 서비스지수(PSI ; Present Serviceability Index)와 국제평탄서지수(IRI ; International Roughness Index)가 있다.

미국 AASHTO설계법에서 개발된 서비스지수(PSI)는 포장의 소성변형, 평탄성, 균열, 패칭 등을 그 포장의 사용수명(Service Life, 공용기간 또는 해석기간) 동안에 특정한 시기에 측정한다. 평탄성은 포장의 서비스지수(PSI)를 평가하는 인자로서, 7.6m Profile Meter로 측정하여 평탄성 지수(PrI ; Profile Index)로 나타낸다. PrI는 재래식 방법으로 측정에 장시간 소요되며, 사용자에 따라 편차가 발생될 수 있다.

1982년 세계은행(World Bank)에 의해 개발된 국제 평탄성 지수(IRI)는 차량에 레이저 장비를 부착하고 주행하면서 포장도로 표면의 평탄성을 측정한다. IRI의 측정단위는 m/km 또는 mm/m로 표시된다. 포장상태에 따라 IRI값이 0.5~10.0으로 측정되는데, 10.0 이상은 비포장도로와 같이 포장면의 상태가 매우 불량함을 뜻한다.

---

80) 김낙석, '연성 포장의 예방적 유지보수공법 현장적용성 연구', 대한토목학회논문집, 2011.7, pp.565~569.

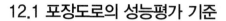

12.1 포장도로의 성능평가 기준

1. 서비스지수(미국 PSI)

미국 AASHTO 설계법에서 서비스지수(PSI)는 운전자 입장에서 승차감(평탄성, 소성변형, 균열 등)을 고려하여 산출한 값으로 포장상태를 평가한다. 아스팔트포장과 콘크리트포장에 대한 PSI의 산출식은 각각 다음과 같다.

- 아스팔트포장 : $PSI = 5.03 - 1.91\log(1+SV) - 0.01\sqrt{C+P} - 0.21RD^2$

- 콘크리트포장 : $PSI = 5.41 - 1.80\log(1+SV) - 0.05\sqrt{C+3.3P}$

여기서, SV : 바퀴 통과위치의 요철분산 평균
RD : 소성변형 깊이(cm)
C : Crack 정도
P : Patching 정도

[Table 12.1] 미국 서비스지수(PSI)의 등급

PSI	노면상태	보수공법
0~1	Very Poor(매우 불량)	재시공
1~2	Poor(불량)	덧씌우기
2~3	Fair(보통)	표면처리
3~4	Good(양호)	보수 불필요
4~5	Very Good(매우 양호)	보수 불필요

2. 포장상태지수(한국 HPCI)

우리나라 고속도로의 성능을 평가하기 위하여 한국도로공사에서 개발하여 사용하고 있는 포장상태지수(HPCI ; Highway Pavement Control Index)는 미국의 서비스지수(PSI)와 유사하다. HPCI는 평가위원들이 실제 주행하면서 주관적으로 판단한 값과 손상항목(평탄성, 표면손상, 소성변형 등) 간의 상관관계를 회귀분석하여 산출한다. HPCI 3.0을 기준으로 개량 대상구간과 유지 대상구간을 구분하며, 보수우선순위는 HPCI값에 교통량을 추가 반영하여 결정한다.

[Table 12.2] 한국 포장상태지수(HPCI)의 등급

HPCI	노면상태	보수공법
2.0 이하	Very Poor(매우 불량)	시급히 개량 필요
2.0~3.0	Poor(불량)	개량 필요
3.0~3.5	Fair(보통)	보수유지 필요
3.5~4.0	Good(양호)	예방적 유지 필요
4.0 이상	Very Good(매우 양호)	Do Nothing

3. 유지관리지수(일본 MCI)

일본의 유지관리지수(MCI ; Maintenance Control Index)는 자동차 주행의 승차감 외에 차량의 대형화·중량화로 소성변형만이 현저히 발생하는 특이한 경우에도 평가할 수 있다.

[Table 12.3] 일본 유지관리지수(MCI)의 등급

MCI	유지관리상태	보수공법
3 이하	균열 심화	시급히 보수 필요
4 이하	균열 발생	보수 필요
5 이하	표면 양호	보수 불필요

12.2 평탄성 지수(PrI ; Profile Index)

포장도로의 평탄성 지수(PrI ; Profile Index) 측정에는 노면요철측정기(Profilemeter)라고 부르는 장비가 사용되는데, 이 장비는 [Table 12.4]와 같이 California Profilemeter와 GMR Profilemeter로 나누어 볼 수 있다.

California Profilemeter는 도로공사 현장에서 노상 표면의 평탄성을 측정하여 불량 구간에 대한 추가다짐 또는 재시공 여부를 판단하는 데 쓰인다. 이 장비는 길이 7.6m의 뼈대로 구성되며 양단에 부착된 지지용 바퀴(Supporting Wheel)에 의해 지탱된다. 중앙부의 측정용 바퀴(Measuring Wheel)가 회전하면서 접촉표면과의 고저차가 프로파일에 기록된다. 프로파일의 축척은 주행방향 1 : 300, 연직방향 1 : 1로 기록된다. 기록지상에서 펜이 튀는 것을 방지하기 위해 주행속도는 보행속도인 4km/h 이내로 제한한다. 추진력은 수동으로 조작하거나 중앙부에 장착된 엔진에 의하여 작동된다.

[Table 12.4] 평탄성 측정 Profilemeter 특징 비교

구분	California Profilemeter	GMR Profilemeter
용도	도로포장공사 현장에서 노상 표면을 마무리할 때 평탄성 측정	기존 포장도로의 유지관리단계에서 포장표면의 평탄성 측정
속도	4km/h 정도	50~90km/h 정도
구조		
사진		

GMR Profilemeter는 차량에 진동센서를 장착하고 포장도로를 주행하면서 평탄성을 측정하여 보수 우선순위 및 보수·보강공법을 결정하는 데 쓰인다. 이 장비는 주행하면서 노면으로부터 느껴지는 진동변위를 감지용 바퀴를 통해 변위계와 가속도계에 전달한다. 가속도계에 진동변위가 입력되면 적분되어 속도데이터로 전환되고, 속도가 다시 적분되어 변위데이터로 환산된다. 이러한 과정을 반복하면서 평탄성을 측정한다. 차량을 이용하여 50~90km/h 속도로 주행하면서 긴 구간의 평탄성을 측정할 수 있다. 이 장비는 도로관리자가 여러 구간에 대해 평탄성을 전체적으로 측정하여 문제구간을 선정하고, 보수 여부를 결정하는 데 유효하다.[81]

---

81) 한국도로공사 도로연구소, '포장평탄성 측정 및 관리지침', 1996.
　　한국건설기술연구원, '도로성능 사용효율 증대 자산관리기법개발(Ⅰ)', 2008, p.37.

1. 평탄성 지수(PrI) 측정

1) 측정에 장애가 되는 교량접속부·맨홀 등을 확인하고, 노면을 청소한다.

2) 측정구간은 시점부터 종점까지 연속하여 차로 중심선에 평행하게 1개의 측정선을 설정한다.

3) 신설 포장도로의 준공검사 경우에 California Profilemeter를 차로의 길어깨에서 중앙 분리대 쪽으로 80~100cm 부근(차바퀴 위치)에서 측정한다.

4) 기존 포장도로의 덧씌우기검사 경우에는 GMR Profilemeter를 차바퀴 자국으로 생긴 소성변형 요철의 저부에서 측정한다.

2. 평탄성 지수(PrI) 평가

1) 테이프에 기록된 측정구간 전체를 100~300m 구간씩 분할한다.

2) 각 구간별로 종방향 요철에 대하여 대략 중간치를 잡아 중심선을 긋고, 중심선에서 상하 2.5mm 떨어져 평행선을 그어 띠를 만든다.

3) 상하 띠를 벗어나는 요철마다 그 높이(h_i)를 측정하여 PrI를 산정한다.

$$\text{PrI} = \frac{\sum(h_1 + h_2 + \dots + h_n)}{L}(\text{cm/km})$$

여기서, h_i : 上下 2.5mm 이상의 요철(cm)

L : 측정구간의 연장(km)

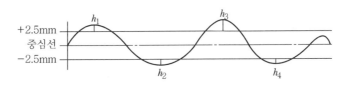

[Fig. 12.1] 노면요철측정기(Profilemeter)의 상하 평행선 궤적

4) 포장도로의 평탄성은 [Table 12.5]와 같이 도로의 현장조건에 따라 평탄성 지수(PrI)값을 별도로 규정하여 평가한다.

[Table 12.5] 포장도로의 평탄성 지수(PrI) 평가 기준

구분	신설포장	덧씌우기	구조물 접속부
평탄성 지수(PrI)	10	16	24

12.3 국제 평탄성 지수

세계은행(World Bank)이 개발도상국가의 도로상태를 비교하기 위하여 1982년에 국제 평탄성 지수(IRI ; International Roughness Index)를 개발하여 컴퓨터 알고리즘과 사용법을 수록한 지침서를 발표하였다. 현재 IRI는 국제적으로 통용되는 평탄성 지수의 기준이다. [Table 12.6]에 예시된 포장도로의 성능 평가용 Profiling 장비들은 대부분 IRI를 자동적으로 계산할 수 있는 소프트웨어를 장착하고 있다.

[Table 12.6] 포장도로의 성능 평가용 profiling 장비

측정기기 방식	지수표현 방식
1. ICC(Ultrasonic)	1. Half-car Roughness Index(HRI)
2. ICC(Laser)	2. Mays Response Meter(MRM)
3. AREN(Laser)	3. Texas MO
4. PRORUT(Laser)	4. Brazil QI
5. K.J. Law(Optical)	5. Present Serviceability Index(PSI)
6. Dipstick	6. International Roughness Index(IRI)
7. 레벨측량기	7. Ride Number
8. 직선자 등	8. Mean Panel Rating 등

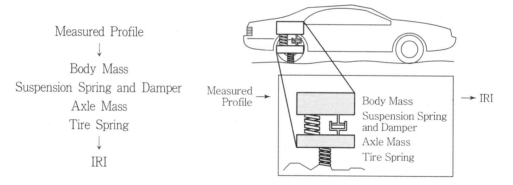

[Fig. 12.2] IRI 측정기기의 작동원리(Computer Algorithm)

1. 국제 평탄성 지수(IRI)의 장점

1) IRI는 실제 포장상태의 승차감을 나타내는 재현성이 좋아, 포장상태를 종합적으로 나타내는 지수로 활용할 수 있다.

2) IRI는 여러 종류의 측정기기에 사용할 수 있어, 다른 평탄성 측정장치의 결과를 IRI값으로 전환할 수 있다.

3) IRI값은 profile meter를 주행시키면서 수학적인 모델을 사용하여 통계적으로 구하므로 계산이 쉽다.

4) 일정시간이 경과한 후에도 IRI값으로 측정 당시의 포장상태를 알 수 있다.

2. 국제 평탄성 지수(IRI)에 의한 평탄성 분석의 특징

1) Quarter-car Model은 Response-type과의 상호 관련성을 표현할 수 있다.

　- Quarter-car Model(자동차의 한쪽 모서리 1/4 의미)은 평탄성 측정 시스템의 Response-type과 상호 관련성을 최대한 나타내는 'Gold Car'의 차량특성에 맞도록 표현하였다.

　- 'Gold Car' Parameter는 Quarter-car가 일반차량보다 Damping이 높은 점을 제외하고 대부분의 고속도로 주행차량처럼 조율할 수 있다.

2) IRI는 자동차의 진동을 발생시키는 평탄성을 나타낸다.

　- Sinusoids(사인파곡선)인 IRI Response는 고속도로 주행차량의 물리적 반응을 측정한 것과 매우 유사하다.

　- IRI는 다음 3가지 자동차 반응변수와 상호관련성이 매우 뛰어나다.

　　• Road Meter Response for Historical Continuity
　　• Vertical Passenger Acceleration for Ride Quality
　　• Tire Load Vehicle Controllability and Safety

3) IRI는 1.2m에서 30m 범위의 파장에 영향을 받는다.

　- IRI Filter는 Wave Number가 0.065cycle/m(파장 15m)와 0.042cycle/m(파장 2.4m)에서 사인파곡선의 기울기가 최대로 민감하다.

　- IRI Filter는 0.033cycle/m(파장 30m)와 0.8cycle/m(파장 1.25m)에서 바깥쪽 사인파곡선의 기울기가 0.5로 떨어진다.

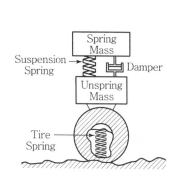

[Fig. 12.3] Quarter – car Model

Gain for Profile Slope IH(v)I

Wave Number (cycle/m)

[Fig. 12.4] IRI Sinusoids(사인파곡선)

4) IRI scale은 평탄성이 선형적으로 비례한다.

- Profile의 Elevation이 몇 % 증가하면 IRI도 똑같이 몇 % 증가한다.
- IRI가 '0'이라면 Profile은 완전히 편평하다. IRI가 8m/km 이상이면 속도의 감속 없이 통과할 수 없으나, 이론적으로 평탄성의 상한값은 없다.

5) IRI는 최초로 여러 장비에 사용 가능한 높은 수준의 평탄성 지수이다.

세계은행에 의해 보급된 Software는 각기 다른 Profiler를 사용한 경우에도 거의 동일한 IRI값을 얻을 수 있다.[82]

13 포장도로의 파손형태 및 보수공법

13.1 기존 아스팔트포장의 파손 형태

1. 균열(Crack) : 인장력을 받는 아스팔트포장 표층의 일부에 재료결함, 과대하중 등으로 인하여 원래 연결되어 있던 재료가 분리되어 발생하는 작은 틈을 말한다. 아스팔트포장에서는 피로 균열, 거북등 균열(Map Crack), 반사 균열, 종방향(차륜통과부) 균열, 횡방향 균열 등이 발생한다.

2. 소성변형(Rutting) : 아스팔트포장의 차량주행 궤적부에서 도로의 종단방향으로 연속하

---

82) 엄정현 외 4인, '노면종・횡단요철 자동측정시스템 개발', 전기전자학회논문지 통권 제8호, 2001.7, pp.75~84.

여 생기는 요철을 말한다. 바퀴 자국, 포장의 마모, 아스팔트포장의 유동, 노상 · 노반의 침하 등이 원인이 되어 발생한다.

3. 박리(Ravelling) : 아스팔트포장의 표면이 거칠어지면서 Concrete Mortar로부터 골재가 이탈되어 분리되는 현상을 말한다.

4. 단차(Faulting) : 아스팔트포장과 구조물(또는 지하매설물) 접속부, 아스팔트포장의 차로와 길어깨 사이 등에서 상 · 하로 어긋나 발생하는 단차를 말한다.

5. Scaling : 아스팔트포장의 표면이 마모되면서 골재입자가 노출되어 골재가 닳아 표면이 반들반들해지는 현상이다. 아스팔트포장의 표층과 마찰층의 부착력이 부족하거나 반복교통으로 파괴되어 벗겨지는 현상이다.

6. Flushing : 여름철에 아스팔트포장 내부의 역청재가 포장 표면으로 스며나와, 표면이 검게 광택이 나며 끈적거리는 현상이다.

7. Stripping : 아스팔트표장의 표면에서 골재와 아스팔트의 접착성이 소멸되어 골재가 벗겨지는 현상을 말한다. 아스팔트포장의 표면을 덮고 있는 표피가 벗겨지는 탈형을 뜻한다.

8. Aging : 아스팔트포장의 공용기간이 오래되어 아스팔트가 풍화(Weathering)되고 노화(Aging)되면서 혼합물의 결합이 풀어지는 현상이다. 구조물이 긴 세월의 풍설(風雪)에 의하여 노화되는 가령(加齡)현상이다.

9. Bump : 자동차의 급정거 및 변속 위치에서 표면이 국부적으로 밀리면서 혹처럼 솟아오르는 현상이다.

10. Pot Hole : 아스팔트포장에서 공용 중에 표면에 발생하는 국부적인 작은 구멍을 말한다. 시공시의 전압부족, 혼합물의 품질불량, 배수구조물의 시공불량 등에 의해서 발생한다.

13.2 기존 콘크리트포장의 파손 형태

1. 가로(세로)균열 : 콘크리트포장의 슬래브 중앙에서 교통하중과 온도응력에 의한 균열, 줄눈에 근접한 곳에서 줄눈 Cutting 시기가 늦어 생기는 균열, 줄눈에서 조금 떨어진 곳에서 보조기층의 지지력 부족으로 생기는 균열 등이 있다.

2. 우각부균열 : 콘크리트포장의 가로줄눈과 세로줄눈 교점 부근에서의 삼각형 균열은 시공시 다짐부족, 차륜통과 시 Pumping 현상에 의해 발생한다. 특히 우각부에 차륜통과 시 최대하중이 작용하면 발생한다.

3. 침하균열 : 콘크리트포장의 철근이나 철망의 매설깊이가 부적당하여 콘크리트의 침하가 방해될 때, 망모양으로 균열이 발생한다. 콘크리트 경화단계에서 발생하는 현상이다.

4. 구속균열 : 콘크리트포장의 가로줄눈과 세로줄눈의 교점에 비압축성 입자가 침입하면,

교점에서 비늘모양의 균열이 발생한다.

5. 압축파괴 : 콘크리트의 압축강도가 국부적으로 약한 곳에서 열팽창을 흡수하지 못하여 슬래브가 파괴되면서 균열이 발생한다.

6. 줄눈부단차 : 콘크리트포장에서 교통진행 전방의 슬래브는 내려가고 후방은 올라가는 현상으로, Dowel Bar가 설치되지 않은 가로줄눈에서 발생한다.

7. Blow Up : 콘크리트포장의 줄눈부에 비압축성 입자가 침입하여, 온도·습도가 높을 때, 열팽창을 흡수하지 못하여 슬래브가 솟아오르는 현상이다. 줄눈의 성형시기, Cutting 시기가 빠를 때 발생한다.

8. Plastic 균열 : 콘크리트포장의 표면이 직사광선, 급격한 온도저하, 심한 강풍 등에 노출되어 양생불량 시 발생하는 균열이다. 콘크리트 경화단계에서 발생하는 소성수축균열을 말한다.

9. Scaling : 콘크리트포장의 표면이 얇게 박리되고 골재가 이탈되어 거친 면이 나타나는 현상을 말한다.

10. Ravelling : 콘크리트포장의 줄눈부에서 콘크리트가 깨지거나 부서져서 불규칙하게 발생하는 균열을 말한다.

11. Pumping : 콘크리트포장의 노상과 보조기층의 흙이 우수 침입과 교통하중 반복으로 이토화되어 균열이나 줄눈부로 뿜어오르는 현상을 말한다.

12. Spalling : 교통·환경에 의한 콘크리트포장의 수평거동으로 줄눈부에 과다한 응력이 작용하여 콘크리트와 Sealing재가 파손되는 줄눈부 균열을 말한다.

13.3 아스팔트포장의 소성변형(Rutting)

최근 차량의 지·정체로 인하여 아스팔트포장에서 소성변형이 급격하게 발생함에 따라 기존의 밀입도 혼합물은 그 한계를 드러내고 있다. 국내 아스팔트포장에서 발생되는 소성변형은 차량하중에 의해 전단력이 작용하여 아스팔트혼합물의 표층부가 유동(流動)하면서 발생된다. 정부도 한국형 포장설계법 연구용역에서 「소성변형 저감을 위한 잠정지침」을 발표하는 등 소성변형에 대해 적극 대처하고 있다.

1. 소성변형(Rutting) 종류

1) 유동(불안정성) 소성변형

안정도의 한계를 초과하는 하중을 받아, 표층이 유동하여 발생하는 변형

2) 구조 소성변형

강도의 한계를 초과하는 하중을 받아, 표층에서 노상까지 발생하는 변형

3) 마모 소성변형

동절기에 스파이크 타이어에 의한 마모로 발생하는 변형

2. 소성변형(Rutting) 특징

1) 소성변형 발생부위

소성변형은 주로 아스팔트 포장체의 표층, 중간층 및 아스팔트 안정처리 기층(Black Base층)에서 발생한다.

2) 소성변형 발생장소

① 자동차전용도로 중에서 중차량 통행량이 많은 저속구간
② 도시 간선도로의 버스전용차로, 버스정류장
③ 급커브 길의 바깥쪽, 오르막구간, 교차로 등

3) 소성변형 발생원인

① 내적 원인
- 최적아스팔트량(OAC)이 너무 많은 혼합물
- 골재입도가 불량하고, 최대입경이 작은 골재
- 다짐이 불량하여, 침입도와 공극률이 큰 골재

② 외적 원인
- 중차량 통행량이 많은 경우(차량이 무겁다.)
- 교통정체가 심하여 저속으로 운행한 경우(속도가 느리다.)
- 혹서기에 아스팔트 자체의 온도가 상승한 경우(온도가 높다.)

3. 소성변형(Rutting) 최소화 방안

1) 역청재료의 선정

① 아스팔트 침입도가 높을수록(점도가 낮을수록) 혼합물의 강성이 저하되므로, 소성변형 방지를 위해 침입도 60~70의 AP-5를 사용한다.
② 포장표면이 한여름의 최고기온 60℃에서 혼합물의 내유동성이 커야 하므로, 개질재

를 첨가하여 아스팔트 물성을 개선한다.

- 국내에서 사용되는 개질재는 SBR(Latex), SBS(Superpalt), 폐타이어(CRM), PVC(Ecophalt), Chemcrete, Gilsonite 등이 있다.

2) 골재의 선정 및 배합설계

① 골재의 크기와 표면상태

- 골재의 편평세장석 함유량을 20% 이하로 엄격히 적용한다.
- 골재는 크기가 클수록, 표면상태가 거칠수록 소성변형에 유리하다.
- 공극률이 같은 경우, 쇄석골재가 하천골재보다 소성변형에 유리하다.

② 골재의 입도분포

- No.4 체 통과 골재량을 최소화한다(5mm 이상 골재가 전단저항).
- 표층 : 입도 WC-5, 골재최대치수 19mm(SMA 혼합물)
- 중간층 : 입도 BB-4, 골재최대치수 25mm(내유동성 입도)

③ 배합설계 기준

- 시공 직후의 공극률은 6~8%를 유지한다.
- 최적아스팔트양(OAC)은 5% 이하로 배합한다.

3) 혼합물의 포설 및 다짐

① 혼합물의 취급

골재가 분리되지 않도록 혼합물의 포설 및 다짐 시 유의한다.

② 혼합물의 온도관리

- 아스팔트의 점도를 유지하려면 다짐완료 시까지 적정 온도를 유지한다.
- 개질아스팔트혼합물은 일반 혼합물보다 15℃ 높은 온도에서 포설한다.

③ 혼합물의 다짐관리

- Marshall 다짐시험 기준밀도의 95% 이상으로 충분히 다진다.
- Bleeding 방지를 위해 포설 후 상온까지 식힌 다음에 교통을 개방한다.

4) 포장단면의 구성

① 교통하중에 대해 표층 7cm 깊이에서 최대전단력이 발생하므로, 표층두께를 5cm로 최소화하여 설계한다.

② 표층 아래에 내유동성이 높은 중간층을 7~10cm 정도 삽입하여 소성변형 저항성을 높인다.[83]

---

83) 한국건설기술연구원/건설기술교육원, '도로포장기술교육 A 아스팔트포장개론', A3-4~9.

13.4 콘크리트포장의 초기균열

콘크리트포장의 초기균열은 굳지 않은 콘크리트에서 발생하는 균열과 굳은 콘크리트에서 발생하는 균열로 나눌 수 있다. 특히, 콘크리트포장의 초기균열은 건조수축응력이 인장강도보다 클 때 발생하므로, W/C비를 작게 하여 건조수축응력이나 온도응력이 크지 않도록 한다.

콘크리트의 초기균열은 여러 원인에 의해 복합적으로 발생하므로, 포장재료, 배합설계, 타설, 다짐, 양생 등 모든 과정에 세심한 주의가 필요하다. 콘크리트구조물에 초기균열이 발생한 경우 인장응력 증가에 기인하는 것인지, 인장강도 저하에 기인하는 것인지를 판단하고, 균열 정도를 고려하여 적절한 보수·보강공법을 선정한다.

1. 콘크리트포장의 초기균열 발생형태

1) 굳지 않은 콘크리트의 균열

① 소성수축균열(Plastic Shrinkage Crack)
  - Concrete Slab를 타설한 후 갑자기 대기 중의 온도·습도에 노출됨으로써 양생이 시작되기 전에 나타나는 균열
  - 수분증발이 Bleeding보다 빠를 때 표면에 인장응력이 생겨 발생하는 균열이므로, 재진동이나 Tamping으로 제거한다.

② 침하균열(2차 균열, Settlement Crack)
  - 타설 직후 콘크리트재료의 불균등침하에 의해 발생하는 균열
  - 철근직경이 클수록, Slump가 클수록, 피복이 얇을수록, 거푸집이 약할수록 침하균열이 발생한다.

③ 거푸집변형에 의한 균열
  - 발생원인 : 거푸집 연결 철물의 부족
            : 동바리 불량에 의한 부등침하
            : 콘크리트 측압에 의한 거푸집 변형
  - 방지대책 : 거푸집은 볼트, 강봉으로 조임
            : 동바리는 충분한 강도와 안정성 확보
            : 콘크리트의 타설속도, 타설순서를 준수

④ 진동·재하에 의한 균열
  - 발생원인 : 타설 완료된 콘크리트주변에서 말뚝 박기

: 기계류의 진동

- 방지대책 : 거푸집의 강성 증대

: 초기재령시 재하 금지

2) 굳은 콘크리트의 균열

① 건조수축균열(Drying Shrinkage Crack)

- 콘크리트가 건조해지면 Workability에 기여한 잉여수가 증발하면서 콘크리트가 수축되는데, 이때 외부에서 발생하는 인장응력이 인장강도를 초과하면 균열이 발생한다.
- 건조수축균열은 단위수량이 많을수록 커지므로, 단위수량 감소, 굵은골재량 증가, 수축줄눈 설치, 철근의 적절한 배치, 중용열 시멘트 사용 등으로 억제한다.

② 온도균열(Thermal Stressing Crack)

- 콘크리트슬래브의 구속조건, 대기 중의 온도·습도·바람 등에 의하여 타설 다음 날부터 수일 동안 발생한다.
- 수화작용에 의한 온도차이로부터 체적변화, 인장변형이 발생하므로, 내부온도를 낮추고(Pre-cooling, Pipe Cooling) 냉각속도를 제어한다.
- 콘크리트의 인장변형이 증가하지 않도록 보온성 거푸집을 사용한다.

③ 화학적 반응에 의한 균열(Chemical Reaction)

- 알칼리성의 시멘트와 실리카성의 골재반응으로 팽창균열이 발생하므로, 저알칼리성 시멘트, Pozzolan 등을 사용하여 억제한다.

④ 기상작용에 의한 열화균열(Weathering Reaction, Deterioration)
동결융해에 의해 건조습윤, 가열냉각되어 콘크리트가 점차 열화되므로, W/C비 최소화, 내구성이 좋은 골재 사용, 습윤양생 등으로 억제한다.

⑤ 기타 원인에 의한 균열

- 철근의 부식으로 인한 균열
- 시공불량으로 인한 균열(Poor Construction Practice)
- 시공과정에 초과하중으로 인한 균열(Construction Overloading)
- 설계 잘못으로 인한 균열(Errors in Detail Design)

2. 콘크리트포장의 초기균열 방지대책

1) 재료관리

- 발열량과 수축량이 적은 시멘트를 사용한다.
- 고온(70℃ 이상)의 시멘트를 사용하지 않는다.
- 장시간 직사광선에 노출되어 건조된 골재는 Pre-wetting으로 습윤시킨다.
- 양질의 혼화재료를 사용한다.
- 밀도가 좋은 골재를 사용한다.

2) 배합관리

- 단위시멘트양을 적게 배합한다.
- 단위수량을 적게 배합한다.

3) 시공관리

- 콘크리트 슬래브의 수축·팽창이 원활하도록 분리막을 설치한다.
- 콘크리트 슬래브와 인접 구조물과의 마찰구속이 적도록 한다.
- 온도 상승, 표면건조가 되지 않도록 충분히 양생한다.

3. 콘크리트포장의 초기균열 보수공법

1) 표면처리공법

경미한 균열에는 Cement Paste로 도막을 형성한다.

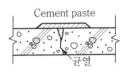

(a) 표면처리공법

2) 충진공법(V-cut)

- 주입이 어려운 0.3mm 이하의 균열에 충진한다.
- 깊이 10mm 정도를 V형태로 제거하고(V-cut), 에폭시 봉합제, 우레탄 등으로 충진한다.

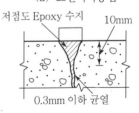

(b) 충진공법(V-cut)

3) Epoxy 주입공법

- 0.05mm 정도의 균열에 주입한다.
- 주입용 pipe를 10~30cm 간격으로 설치하고, 저(低)점도 epoxy 수지를 주입한다.

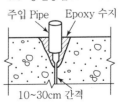

(c) 주입공법

4) 강재 anchor공법

- 균열이 더 이상 진행되지 않도록 막을 수 있다.
- 균열의 직각방향으로 꺾쇠형 Anchor를 사용하여 양쪽을 조여 짜집기한다.

(d) 강재 anchor공법

5) 강판부착공법

균열부위에 강판을 대고 Anchor로 고정 후, 접착부위를 Epoxy 수지로 채운다.

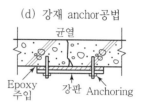

(e) 강판부착공법

6) Prestress 공법

균열부위가 절단될 우려가 있는 경우, PS강선으로 긴장하여 잡아준다.

(f) Prestress 공법

[Fig. 13.1] 초기균열 보수공법

7) 덧씌우기공법(Overlay and Surface Treatment)

- Concrete slab 전체를 덧씌우기하여 보수한다.
- 건조수축에 의하여 표면에 미세한 균열이 많이 발생한 경우에 유효하다.

8) 기타 FRP 부착, 섬유시트 부착, 치환공법 등[84]

13.5 덧씌우기포장의 설계

도로이용자에게 쾌적하고 안전한 도로를 지속적으로 제공하기 위해서는 도로포장에 대하여 주기적·체계적인 유지관리가 필요하다. 국내에서 일반국도는 포장유지관리시스템(PMS)에 따라 유지보수공법을 결정하며, 덧씌우기포장의 두께는 포장구조해석 프로그램(ALIZE -3)에 의해 설계한다. 현재 국내에서 도로포장의 유지보수에 사용되는 덧씌우기포장은 '93AASHTO Guide 덧씌우기 설계방법을 기본으로 하여 설계하고 있다.

1. 유지보수공법의 종류

1) 덧씌우기포장 이외의 보수공법

① 전체(Full Depth) 재포장
② 부분(Partial Depth) 재포장

---

84) (사)한국콘크리트학회, 최신콘크리트공학, 2011.10. pp.578~583.

③ 줄눈 및 균열부 실링(Sealing)

④ 콘크리트포장의 하부 실링(Subsealing of Concrete Pavement)

⑤ 포장의 그라인딩/밀링(Grinding/Milling of Pavement)

⑥ 하중전달기능 회복(Restoration of Joint Load Transfer)

⑦ 표면처리(Surface Treatments)

2) 덧씌우기포장 보수공법

① 기존 아스팔트포장 위에 아스팔트 덧씌우기

② 기존 콘크리트포장 위에 아스팔트 덧씌우기

③ 기존 아스팔트포장 위에 콘크리트 덧씌우기

④ 기존 콘크리트포장 위에 콘크리트 덧씌우기

3) 특수한 보수공법

① 재생공법(Recycling)

② 파쇄/실링 공법(Break/Sealing)

2. 덧씌우기포장의 설계요령

1) 덧씌우기 이전의 보수

① 덧씌우기 이전의 보수규모 산정은 선택된 덧씌우기 종류와 관계가 있다.

② 덧씌우기 이후 파손의 대부분은 기존 포장을 보수하지 않아서 발생한 것이므로, 덧씌우기포장의 공사비와 덧씌우기 이전의 보수비를 비교한다.

2) 적절한 교통하중 적용

① 등가단축하중계수(ESAL)는 기존포장의 종류와 덧씌우기포장의 종류에 따라 [Table 13.1]과 같이 적용한다. 혼합포장 ESAL은 콘크리트로 적용한다.

② 콘크리트포장 ESAL에서 아스팔트포장 ESAL로 환산하는 경우에는 콘크리트포장 ESAL에 0.67승(乘)을 한다.

- 15만 대의 콘크리트포장 ESAL은 10만 대의 아스팔트포장 ESAL과 같고, 5만 대의 아스팔트포장 ESAL은 7.5만 대의 콘크리트포장 ESAL과 같다.

[Table 13.1] 등가단축하중계수(ESAL)의 적용

기존포장 종류	덧씌우기포장 종류	ESAL 적용
아스팔트포장	아스팔트	아스팔트
아스팔트포장	콘크리트	콘크리트
무근콘크리트포장	아스팔트 또는 콘크리트	콘크리트
연속철근콘크리트포장	아스팔트 또는 콘크리트	콘크리트

3) 배수시설 개선

기존포장의 배수시설을 개선하면 덧씌우기의 공용성이 향상되며. 접속부의 배수시설 개선은 침식이 제거되고, 기층과 노상의 강도가 증가된다.

4) 덧씌우기의 구조적 · 기능적 결함

기존포장의 구조적 결함이 미미한 경우 덧씌우기포장이 불필요하겠지만, 기능적 결함을 보완하기 위해서는 덧씌우기가 필요할 수도 있다.

5) 덧씌우기의 재료

덧씌우기포장의 재료 선정시 해당 지역의 하중 · 기후 조건, 기존 포장의 구조적 · 기능적 결함 원인 등을 고려하여 결정한다.

6) 반사균열 억제

'93년 AASHTO Guide 덧씌우기 설계에서 반사균열은 고려하지 않으나, 국내에서 덧씌우기포장의 파손 중 가장 빈번한 것이 반사균열이다.

7) 덧씌우기포장 설계를 위한 기존 포장 평가

① 표면조사, 코아채취 및 재료시험을 실시하여, 기존 포장의 파손상태를 파악하고 구조적 능력을 평가한다.

② 비파괴시험(Nondestructive Deflection Testing)을 통해 파손된 기존 포장의 노상과 강성을 간접적으로 평가한다.

③ 교통하중으로 인한 피로손상은 과거 교통량을 기준으로 평가하여 기존 포장의 잔존수명을 추정한다.[85]

---

85) 국토교통부, '도로설계편람 제4편 도로포장', 2012, pp.405-1~8.

13.6 반사균열(Refraction Crack)

기존 콘크리트포장 위에 아스팔트 덧씌우기포장을 시행하는 경우에 가장 빈번하게 발생하는 포장의 파손형태가 반사균열이다. 반사균열은 하부층(기존 콘크리트슬래브) 줄눈부의 불연속성 때문에 상부층(Overlay 아스팔트층)에서 균열이 발생하는 현상을 말한다.

1. 반사균열(Refraction Crack) 생성과정

1) 기존 Concrete Slab는 온도변화에 따라 수축·팽창을 반복하면서, 줄눈부에는 열변형에 의해 수평방향의 응력이 집중된다.

2) 이때 교통하중이 줄눈부의 상부를 통과하면, 아스팔트 덧씌우기층에 휨응력과 전단응력이 발생한다.

3) 그 결과, 하부의 수평방향 응력이 상부의 노면으로 반사(상승)하여 아스팔트 덧씌우기층의 표면에 균열이 발생한다.

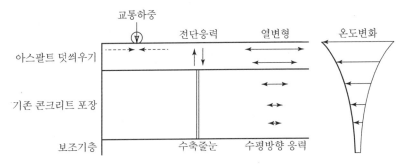

[Fig. 13.2] 반사균열의 생성과정

2. 반사균열(Refraction Crack) 억제방법

1) 하부층 콘크리트 슬래브를 작은 조각으로 파쇄하고 무거운 다짐장비로 다짐하여 보조기층 속으로 밀어 넣는다. 이때 상부층 아스팔트포장(HMA)의 덧씌우기 두께는 10cm로 한다.

2) 하부층 콘크리트 슬래브를 아주 잘게 부순다. 이때 상부층 덧씌우기 두께는 방법 1)보다 더 두꺼워야 반사균열을 확실히 억제할 수 있다.

3) 덧씌우기 시공 후 반사균열 발생 전에 하부층 콘크리트 슬래브의 줄눈부 위치와 동일한 지점을 절단한다. 하지만 임의로 발생하는 균열에는 효과가 없다.

4) 덧씌우기와 하부층 사이에 가열 아스팔트혼합물 또는 Slurry Seal을 사용하여 분리층을 설치하면 수평방향 응력의 전달을 방지할 수 있다.

14 순환골재를 사용하는 재생포장

국토교통부는 2009년 9월 11일 「콘크리트표준시방서」를 개정하여 최근 전 세계적으로 대두되고 있는 친환경 녹색성장시대에 적합하도록 친환경적인 재료의 활용범위를 확대하고 품질확보 기준을 마련하였다. 이번에 개정된 「콘크리트표준시방서」에는 건설현장에서 건설폐기물을 재활용할 수 있도록 '순환골재 콘크리트 재료품질 및 배합 기준'을 신설하여, 순환골재 함유비중을 설계기준강도에 따라 최대 30% 이하로 규정하고 있다.

1. 개정된 『콘크리트표준시방서』의 순환골재 콘크리트

1) 용어의 정의

순환골재(Recycled Aggregate)는 건설폐기물을 크러셔로 분쇄하는 물리적·화학적 처리과정을 거쳐 인공적으로 만든 골재를 말한다.

2) 순환골재의 입도

순환골재는 입도에 따라 순환잔골재와 순환굵은골재로 구분하며, 순환골재 콘크리트 제조시 순환굵은골재 최대치수는 25mm 이하로 제한한다.

3) 순환골재의 계량 및 배합

① 순환골재의 1회 계량분량에 대한 계량오차는 ±4% 이내로 한다.

② 순환골재 콘크리트의 설계기준압축강도(σ_{ck})는 27MPa(270kgf/cm²) 이하로 하며, 적용 가능 부위는 [Table 14.1]과 같다.

③ 설계기준압축강도(σ_{ck}) 21~27MPa의 순환골재 콘크리트 제조시 순환굵은골재의 최대 치환량은 총 굵은골재 용적의 30%로 제한한다.

④ 설계기준압축강도(σ_{ck}) 21MPa 미만의 순환골재 콘크리트 제조시 순환골재의 최대 치환량은 총 골재 용적의 30%로 제한로 제한한다.

⑤ 순환골재 콘크리트의 공기량은 일반골재 콘크리트보다 1% 크게 한다.

[Table 14.1] 순환골재 사용방법 및 적용 가능 부위

설계기준압축 강도(MPa)	사용 골재		적용 가능 부위
	굵은골재	잔골재	
21 이상 27 이하	일반굵은골재 및 순환굵은골재	일반잔골재	기둥, 보, 슬래브, 내력벽, 교량 하부공, 옹벽, 교각, 교대, 터널 라이닝공 등
21 미만		일반잔골재 및 순환잔골재	콘크리트 블록, 도로 구조물 기초, 측구, 집수받이 기초, 중력식 옹벽 등

2. 폐콘크리트 관련 품질기준

1) 도로공사용 보조기층 재료는 견고하고 내구적인 부순 돌, 자갈, 모래, 슬래그, 기타 승인받은 재료 또는 이들의 혼합물로 구성되어야 하며, 점토덩어리, 유기물, 유해물 등을 함유해서는 안 된다.

2) 도로공사용 보조기층 재료는 [Table 14.2] 도로공사 표준시방서의 품질기준을 만족해야 하며, 혼합골재의 입도분포 기준은 [Table 14.3]과 같다.[86)]

[Table 14.2] 보조기층재료의 품질기준(KS F 2508 기준)

구분	도로공사 시방서	구분	도로공사 시방서
마모감량	50% 이하	실내 CBR값	30% 이상
액성한계	25% 이하	모래당량	25% 이상
소성지수	6% 이하	No.200 체 통과량	10% 이하

[Table 14.3] 혼합골재의 입도분포 기준(KS F 2302 기준)

구분	통과 중량 백분율(%)							
	80mm	50mm	40mm	19mm	4.76mm (No.4)	2.38mm (No.8)	0.42mm (No.40)	0.074mm (No.20)
SB-1	100	-	70~100	50~90	30~65	20~55	5~25	2~10
SB-2	-	100	80~100	55~100	30~70	20~55	5~30	2~10

---

86) 국토교통부, '도로설계편람 제4편 도로포장', 2012, pp.406-1~2.

3. 재생 아스팔트포장공법의 종류

1) 플랜트재생공법(Central Plant Recycling) : 가열혼합재생

① 공법의 원리

플랜트재생공법은 아스팔트포장의 표층을 제거한 후, 폐재료를 고정플랜트로 운반하여 넣고 가열혼합하는 과정에 신재료를 첨가한다. 회수된 결합재가 건조로에서 연소될 때 산화되는 문제점 해결을 위해 2중 공급장치를 이용한 열전도방식으로 골재를 가열한다. 표층 제거 후, 기층과 보조기층을 재시공하므로, 기존포장의 근본적 결함을 해결하여 구조적 성능을 개선할 수 있다. 플랜트재생공법은 열전도방식에 따라 배치플랜트 재활용방식과 드럼믹서 재생방식으로 구분할 수 있다.

② 배치플랜트 재활용방식

신골재를 건조로에서 가열하면서 회수된 결합재를 건조로 측면을 통해 배치플랜트 타워에 직접 공급한다. 회수된 결합재가 신골재에 섞여 가열되어 아스팔트의 산화가 방지된다.

③ 드럼믹서 재생방식

드럼 앞쪽에 있는 신골재를 높은 온도로 먼저 가열하여 드럼 중앙에 있는 회수된 결합재 쪽으로 밀어 넣는다. 열전도(환류)에 의하여 드럼 중앙에서 함께 가열되어 산화가 방지된다.

④ 플랜트재생공법의 적용성

플랜트재생공법에 사용되는 배치플랜트는 기존의 장비를 사용해도 되지만, 개조하거나 재활용 Kit를 추가하면 더욱 효율적이다.

2) 현장재생공법(In-place Surface and Base Recycling) : 상온혼합재생

① 공법의 원리

현장재생공법은 노후된 도로 표면을 2.5cm 이상 두께로 분쇄하여 재생한 후, 다시 포설하여 다짐한다. 가장 일반적인 형식은 상온현장재활용 방법이며, 재생과정에서 신골재나 결합재를 첨가할 수 있다.

② 공법의 특징

노면에서 직접 재생하고 가열하지 않으므로 교통소통에 지장이 없다. 기존의 도로건설장비를 이용하여 노면에서 직접 수행할 수 있다. 열에너지 소모가 적기 때문에 재활용 비용이 상당히 절약된다. 그러나 사용되는 장비와 기술이 너무 다양하여 재생되는 최종 생산물의 품질관리를 수행할 수 없다는 문제점이 있다.

③ 공법의 적용성

재생아스팔트 생산을 위해 사용되는 장비는 재활용 비율을 조절하고, 재활용 비용에 커다란 영향을 미친다.

3) 표면재생공법(Surface recycling) : 현장가열재생

① 공법의 원리

표면재생공법은 기존 아스팔트포장 표면을 현장에서 절삭(Cutting)하거나, 분쇄(Milled) 또는 가열(Heated)하여 재활용한다. 아스팔트 재령이나 산화와 관련된 표면결함 처리에 적합하며, 포장표면을 부분 제거하거나 기능 회복시켜 결합재 특성을 거의 복원할 수 있다. 이 공법은 포장표면의 가열 여부에 따라 저온 표면재생공법과 가열 표면재생공법으로 구분된다.

② 저온 표면재생공법

저온 표면재생공법은 포장 표면 제거를 위해 기계에너지를 이용하는 방법으로, 절단날과 회전드럼이 장착된 절삭기계(Milling Machine)를 주로 사용한다. 온도와 관련된 아스팔트 결합재의 품질 저하, 산화작용 우려가 없다. Cold Miller 는 단위작업당 에너지 소모가 적고 통과횟수당 제거량이 많으며 정확히 절삭할 수 있다.

③ 가열 표면재생공법

가열 표면재생공법은 포장 표면 제거를 위해 열에너지를 이용하는 방법으로, Heater-planers, Heater-scarifies, Hot-millers 등의 기계를 주로 사용한다. 가열표면 재활용을 위하여 열에너지의 적정한 수준을 결정하는 것이 어렵다. 이는 온도가 너무 높으면 포장재료 손상과 대기오염 유발, 온도가 너무 낮으면 제거과정 지연과 재생공정 지장을 받기 때문이다.

④ 표면재생공법의 적용성

절취한 기존 아스콘을 현장에서 재활용하여 신재료 아스콘을 80% 절감하며 폐기물 처리비용이 없다. 구조물의 보수비 및 개수비를 절감할 수 있다. 기존의 폐아스콘을 100% 재활용하여 폐기물 처리에 따른 환경오염을 방지하고, 사용연료를 완전 연소 후 배출하므로 대기오염 공해문제를 해결할 수 있다. 장비조합으로 공정이 진행되어 도심지에서 차량체증을 완화할 수 있다.

1. 1차 가열기(Pre-heater)
2. 2차 가열기(A Unit, 재생첨가제 투입)
3. 덤프트럭(신재아스콘 운반)
4. 3차 가열기(B Unit, 신재아스콘 투입)
5. 1차 혼합(Pugmill)
6. 2차 혼합(2축식 믹서를 제작하여 부착)
7. 피니셔(종방향 조인트 가열기를 제작하여 부착)
8. 다짐(Macadam Roller, Tire Roller, Tandem Roller)
9. 노면온도 50℃ 이하에서 교통개방

[Fig. 14.1] 표면재생공법의 시공순서

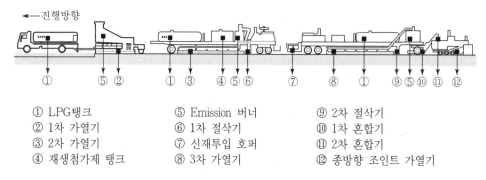

① LPG탱크	⑤ Emission 버너	⑨ 2차 절삭기
② 1차 가열기	⑥ 1차 절삭기	⑩ 1차 혼합기
③ 2차 가열기	⑦ 신재투입 호퍼	⑪ 2차 혼합기
④ 재생첨가제 탱크	⑧ 3차 가열기	⑫ 종방향 조인트 가열기

[Fig. 14.2] Surface Recycling 장비의 명칭

참고문헌

01. 국토교통부, '녹색성장시대의 도로포장기술 개발방향', 2009.

02. 국토교통부, '도로계획지침', 대한토목학회, 2009.

03. 국토교통부, '도로설계편람 제4편 도로포장', 2012.

04. 국토교통부, '도로용량편람', 2013

05. 국토교통부, '도로의구조·시설기준에 관한 규칙', 2013

06. 국토교통부, '도로포장관리시스템 최종보고서', 2011.

07. 국토교통부, '맞춤형 한국형 도로포장설계법 개발', 간선도로과, 2011.

08. 국토교통부, '시방서 – 라텍스혼합개질콘크리트(LMC)포장', 2008.

09. 국토교통부, '아스팔트혼합물생산및시공지침', 2009.

10. 국토교통부, '입체교차로 설계지침', 2015.

11. 국토교통부, '자동차 등록현황', 자동차운영보험과, e-나라지표, 2019.

12. 국토교통부, '자전거 활성화 방안', 도시광역교통과, 2009.

13. 국토교통부, '장수명·친환경도로포장재료및설계시공기술개발연구보고서 제1권', 2010.

14. 국토교통부, '저탄소 중온아스팔트 공법', 간선도로과, 2010.

15. 국토교통부, '터널 내 포장설계지침', 2005.

16. 국토교통부, '평면교차로 설계지침', 2015.

17. 국토교통부, '회전교차로 부활', 간선도로과, 2011.

18. 국토연구원, '스마트 하이웨이(Smart Highway) 개발과 개발방향', 국토정책 Brief 제149호, 2007.

19. 한국건설기술연구원, '도로성능 사용효율 증대

20. 한국건설기술연구원, '도로포장관리시스템 최종보고서', 2009.

21. 한국건설기술연구원, '도로포장관리체계 조사 및 분석: 연구보고서', 2000.

22. 한국건설기술연구원, '중앙고속도로 1단계구간 1차로 확장공사 특별시방서', 1995.

23. 한국건설기술연구원, '초속경VES-LMC를 이용한 공용중 교량바닥판콘크리트 보수및재포장공법', 2002.

24. 한국건설기술연구원, '콘크리트포장유지관리요령 1.9 거친면마무리공법 개발', 1989.

25. 한국건설기술연구원, '한국형포장설계법 연구 : 2단계 3차년 최종', 2007.

26. 한국건설기술연구원/건설기술교육원, '도로포장기술교육 B 아스팔트혼합물', 2009.

27. 한국도로공사 도로연구소, '포장평탄성 측정 및 관리지침', 1996.

28. (사)한국콘크리트학회, '최신콘크리트공학', 2011.

29. 행정중심복합도시건설청, '세종시 중앙자전거전용도로 개통', 2012.

30. 권수안 외, '도로포장관리의 첨단화에 따른 운영효과', 도로학회지, 2010.

31. 김낙석, '연성포장의예방적유지보수공법 현장적용성연구', 대한토목학회논문집, 2011.

32. 김낙석·박효성, '앞서가는 토목시공학', 예문사, 2018.

33. 김성민 외, 'PTCP-포스트텐션 콘크리트 도로포장시스템', 대한토목학회지, 2010.

34. 남영국, '도로포장공학(Highway Pavement Engineering)', 구미서관, 2006.

35. 남인희, '남인희의 길', 삶과꿈, 2006.

36. 노정현, '교통계획', 나남출판, 1999.

37. 박효성, '일반국도 자산관리시스템 도입을 위한 서비스수준 설정에 관한 연구', 경기대학교, 2014.

38. 박효성 외, 'Final 도로및공항기술사', 예문사, 2012.

39. 엄정현외 4인, '노면 종·횡단요철 자동측정시스템 개발', 전기전자학회논문지 통권 제8호, 2001.

40. 임강원, '도시교통계획', 서울대학교출판부, 1997.

41. 원제무, '알기쉬운 도시교통', 박영사, 2010.

42. 윤대식, '교통수요분석', 박영사, 2010.

43. 이석홍, '국내 구스아스팔트포장의 역사', 한국도로교통협회 도로교통 제111호, 2008.

44. 임용택·백승걸·엄진기·김현명·이준·박진경, '교통계획', 청문각, 2013.

45. 최정철, '아스팔트바인더의 레올리지 특성과 PG등급에 관한 연구', 중앙대학교, 1999.

저자 소개

성명	김낙석(金洛錫, Kim, Nakseok)
학력	고려대학교 공과대학 토목공학과, 학사 North Carolina State University in U.S.A. 공학석사 North Carolina State University in U.S.A. 공학박사 (Ph.D.)
저서	"아스팔트 포장공학 원론", 경성문화사 "공업수학", 구미서관 "앞서가는 토목시공학", 예문사 외 다수
현재	경기대학교 창의공과대학 학장

성명	이관호(李寬鎬, Lee, Kwanho)
학력	고려대학교 공과대학 토목공학과, 학사 고려대학교 공과대학 토목공학과, 공학석사 Purdue University in U.S.A. 공학박사 (Ph.D)
저서	"가열아스팔트혼합물의 배합설계지침", 정보나라 "친환경 재생아스팔트 포장기술", 구미서관
현재	공주대학교 공과대학 건설환경공학부 교수

성명	사봉권(史鳳權, Sa, Bongkwon)
학력	한경대학교 토목공학과 졸업, 학사 한양대학교 공학대학원 졸업, 공학석사 안동대학교 대학원, 공학박사
자격	도로 및 공항기술사
경력	1978.1.~ 현재 엔지니어링 회사 근무(도로계획 및 설계 총괄)
논문	인터체인지 유출연결로 노즈부 최소평면곡선 반지름기준 개선에 관한 연구
현재	(주)예성엔지니어링 대표이사, 안동대학교 토목공학과 겸임교수

성명	박효성(朴孝城, Park, Hyosung)
학력	육군사관학교 졸업, 학사 Nottingham University in U.K. 공학석사 경기대학교 공과대학 공학박사
자격	도로 및 공항기술사, 토목시공기술사
경력	국토교통부 서울지방국토관리청 도로시설국장
저서	박효성, "Final 도로 및 공항기술사", 예문사
현재	경기대학교 공과대학 토목공학과 초빙교수

앞서가는 **도로공학**

[횡단구성, 선형, 교차로, 포장]

발행일 | 2014. 8. 10   초판 발행
2019. 8. 10   개정 1판1쇄

저 자 | 김낙석·이관호·사봉권·박효성
발행인 | 정용수
발행처 | 예문사
주 소 | 경기도 파주시 직지길 460(출판도시) 도서출판 예문사
T E L | 031) 955-0550
F A X | 031) 955-0660
등록번호 | 11-76호

• 이 책의 어느 부분도 저작권자나 발행인의 승인 없이 무단 복제하여
  이용할 수 없습니다.
• 파본 및 낙장은 구입하신 서점에서 교환하여 드립니다.
• 예문사 홈페이지 http : //www.yeamoonsa.com

정가 : 23,000원

ISBN 978-89-274-3182-4 13530

이 도서의 국립중앙도서관 출판예정도서목록(CIP)은 서지정보유통지원시스템
홈페이지(http://seoji.nl.go.kr)와 국가자료공동목록시스템(http://www.nl.go.kr
/kolisnet)에서 이용하실 수 있습니다. (CIP제어번호 : CIP2019029556)